トーマス・S・クーン

科学革命における本質的緊張

安孫子誠也・佐野正博 訳

みすず書房

THE ESSENTIAL TENSION

Selected Studies in Scientific Tradition and Change

by

Thomas S. Kuhn

わが敬愛する終末論者
K・M・Kにささぐ

凡　例

一、本書は Thomas S. Kuhn, *The Essential Tension; Selected Studies in Scientific Tradition and Change*, The University of Chicago Press, Chicago and London, 1977 の全訳である。

一、原注は原書では該当ページに脚注の形でつけられているが、本訳書では各巻末にまとめた。

一、本文中の〔　〕は訳者の補足した語句ならびに訳注を示す。ただし訳注は最小限にとどめた。

目　次

第二部　クーン科学哲学論集

自伝的序文

私の論文を集めて一冊にまとめたいと思うようになってから何年にもなる。だが、もしフランクフルトのズールカンプ出版社が私の論文の何編かをドイツ語訳で出版したいので許可してほしいと申し出てこなければ、この計画はけっして実現しなかっただろう。そのとき私は、先方の提示した論文のリストについても、私が完全には掌握できない著者公認訳の件についても態度を保留していた。しかしそこに、ある魅力的なドイツ人が訪れて、ドイツ語版の計画の変更と編集責任の請け負いとを約束してくれたので、私の懸念は解消した。それ以来友人となったそのドイツ人、ビーレフェルト大学哲学教授のローレンツ・クリューガーと私は、親密な協力のもとに論文の選定と内容調整の作業とに携わった。さらに、私に新たな序文を書くよう説得して、収録される論文が私のよく知られた著書『科学革命の構造』(*The Structure of Scientific Revolution*)のための準備なのかそれともその発展・修正であるのか、その関係を明らかにするよう勧めてくれたのも彼であった。彼の主張によると、そのような序文は、科学の発達に関する私の見解の、中心的ではあっても見かけ上不明瞭な諸側面に対する読者の理解を助けてくれるに違いないというのであった。本書は、彼の監修のもとに出版されたドイツ語版のもともとの英語原文とほとんど同じなのであるから、[1] 私は彼に特別な恩恵をこうむっているわけである。

　クリューガーが心に抱いていたような序文は、必然的に自叙伝風のものとなる。この仕事にとりかかって以来、しばしば過去の知的生活の有様が私の目の前をよぎった。にもかかわらず本書の内容は、この仕事がよびさました自伝的な概要《アペルスー》とある中心的な点で一致してはいない。『科学革命の構造』が出版されたのは一九六二年の暮れになってからのことである。だが、そのような書物を書く必要があるという確信が生じたのは、それより一五年も前、私が物理学の大学院生として博士論文の仕事に携わっていたときのことである。その直後、私は科学から科学史へと転向したが、その後数年間に発表した研究は通常、叙述 narrative の形式をとりまさに歴史的であった。当初の計画では、私は本書にこれら初期の論文を収録して、いま欠けている自伝的要素——私の見解の展開における科学史実践 historical practice の決定的な役割——を示そうとしたのであった。しかし、本書の内容目次について種々の可能性を検討するにつれて、私は次第に、科学史叙述 historical narrative は私が心に思い描く点を示すには不十分であり、重大な誤解を招く結果にすらなるかもしれないと考えるに到った。科学史家としての経験を示すことによって実例で哲学を教えることは可能ではあろうが、完成した科学史叙述からは教訓が消え失せてしまっているのである。そこで私を最初に科学史に導いたエピソードを説明すれば、何が問題だったのかを示唆し、同時に以下の論文を考える上で役立つ基礎を提供することになるだろうと思う。

完成された科学史叙述は主として過去に関する事実からなっていて、それらの大部分は一見したところ疑問の余地はない。その結果、多くの読者は、科学史家の主な仕事はテキストを吟味して当面する事実を抜き出し、それらをほぼ年代順に意匠を凝らして語ることだと考えがちである。物理学者であったころの私にとっても、それが科学史家の専門に対する見方だったので、私は科学史をあまり重要なものとはみなしていなかった。私が方向転換した頃（端的には職業を変えた頃）、私が生みだした科学史叙述は同様の誤解を招きがちな性質のものであった。科学史においては、私の知るどの学問分野よりも、完成された研究作品はそれを作りだした作業の性格を偽るのである。

私自身の目覚めが訪れたのは一九四七年、しばらく現代物理学の研究を中断して、一七世紀力学の起源について一連の講義をしてほしいと依頼されたときであった。この目的のためにまず必要だったのは、ガリレオとニュートンの先行者たちが力学について何を知っていたかということであった。準備的調査によって私は、アリストテレスの『自然学』（*Physica*）における運動についての議論およびその系統を引くいくつかの研究へと導かれた。それまでの大部分の科学史家と同じく、私はニュートン力学やニュートン物理学が何であるかを知った上でこれらのテキストにアプローチした。彼らと同様に私もこれらのテキストに「アリストテレス主義の伝統の中でどれだけ力学が知られていたか」とか、「一七世紀の科学者たちにどれだけ発見すべきことが残されていたか」という問いを投げかけたのである。ニュートン力学の言語で発せられたこれらの問いは、ニュートン力学の言語での答えを要求していた。したがって答えは明らかであった。明白に記述的といえるレベルにおいてさえ、アリストテレス主義者は力学についてほとんど何も知らなかったし、それについて何かを語っている場合にも端的に間違っていた。このような伝統が、ガリレオやその時代の人びとの研究に何らかの基礎を提供したということはありえないことであった。ガリレオたちは、そのような伝統を拒絶して、まったく最初から力学研究を始め直さなければならなかったわけである。

この種の一般化は広く行なわれていて、それから逃れることはほとんど不可能に思われた。しかし、この一般化もまた私を困惑させるものであった。物理学 physics 以外の主題を扱うときには、アリストテレスはきわめて鋭い博物学的な観察者であった。そのうえしばしば、生物学や政治行動のような諸分野において、彼の現象理解は洞察力に富んだ深いものでもあった。どうして彼特有のこの才能が、運動を扱うときに限って、失敗を犯すなどということがありえたのだろうか。どうして彼は、運動についてあれほど多くの明らかに馬鹿げたことを語るということがありえたのだろうか。そして何よりも、いったいなぜ彼の見解は、あれほど長いあいだにわたって、あれほど多くの後継者によって、あれほど真面目に受け止められてきたのだろうか。読めば読むほど私の疑問は深まっていった。もちろんアリストテレスであろうと間違いは犯したに違いない——私は一度もそれを疑ったことはなかった——、それにしても、彼がそれほど見え透いた誤りを犯すなどと想像することができるだろうか。

忘れられない(非常に暑かった)ある夏の日、突然これらの困惑が消え失せた。それまで格闘していたテキストのもう一つの読み方を与える一貫した基本原理を、私はたちまちのうちに悟ったのである。はじめて私は、アリストテレスの研究テーマは質的変化一般なのであって、石の落下も子供から大人への成長も共に含むのだという事実に正当な重点を置いた。後に力学になるはずの主題は、彼の自然学においてはせいぜいのところまだ十分に分離されない特殊ケースなのであった。いっそう重要だったのは、私が次のことに気づいたことであった。それは、アリストテレスの宇宙の永久的な構成要素、つまり存在論的に第一で不滅な諸原素 elements とは、物体というよりも質なのであって、遍在する中性の質料の一部に質が押しつけられると個々の物体や実体が構成されるということである。ところが、アリストテレス自然学では位置それ自体が質なのであり、したがって、物体が位置を変えてもやはり同じ物体のままだというのは、子供が成長しても同じ個人のままだという蓋然的 problematic な意味においてにすぎないのである。質が第一次的であるような宇宙においては、運動は状態ではなく状態の変化でなければならなかった。

きわめて不十分であまりにも乱暴な言い方ではあるが、アリストテレスの営みに対する私の新しい理解のこれらの諸側面は、一連のテキストの新しい読み方の発見ということで私が意味していたところを示すに違いない。それを成し遂げて以来、それまで不自然な比喩と思えていたことがしばしば写実的な描写にみえてきて、みかけ上の不自然さも消えうせた。その結果として、私は、アリストテレス主義の物理学者になったというわけではないにせよ、ある程度までは彼らのように考えることを学んだのであった。それ以後私は、アリストテレスはなぜ彼が運動について述べたところを語ったのか、彼の言説はなぜあれほど真面目に受け止められたのかを理解する上で何の障害も感じなくなった。依然として私は彼の物理学に難点を感じはしたものの、それらは見え透いたものではなかったし、その中でたんなる誤解として片づけるのが適当なものはほとんどなかった。

一九四七年夏の決定的な出来事以来、最善の、あるいは可能な限り最善に近い読み方の探求が、私の科学史研究の中心となった（そして、この探求もまた結果を報告するにすぎない叙述の中では系統的に消去されてきている）。アリストテレスを読むあいだに身に付けた教訓は、ボイルとニュートン、ラヴォアジエとドルトン、ボルツマンとプランクのような人びとの読み方をも教えた。手短かにいえば、この教訓は二つあった。一つは、テキストには多くの読み方があって、現代人にとってもっとも近づきやすい読み方は、過去に適用されると往々にして不適切であるということである。もう一つは、テキストが可塑的であるということはすべての読み方が同等であるという意味ではなく、そのうちのいくつか（究極的にはただ一つであることが望ましい）が、他の読み方にはない説得性と整合性をもっているということである。このような教訓を学生たちに伝えようとするとき、私は次の指針を与えることにしている。「重要な思想家の著作を読むときには、まず、テキストの中に一見ばかげていると思われる箇所を捜しなさい。そして、良識ある人がそのようなことを書くことがいったいなぜありえたのかと自問しなさい」。さらに続けて、「もし答えが見つかって意味が通じるようになったら、そのときには、以前に理解したと思っていたもっと中心的な文が意味を変えてしまっていることに気づくでしょう(2)」と。

もし本書が主に科学史家を対象とするものであったら、このような自伝的断片は記録に値しないかもしれない。物理学者としての私が自分で発見しなければならなかったことは、たいていの科学史家なら専門家としての訓練の中で実例によって学んでいるからである。意識していようといまいと、科学史家はすべて解釈学的方法 hermeneutic method の実践者である。しかし私は、解釈学の発見からは、科学史の重要さを学んだばかりではなかった。そのうえさらに、そのもっとも直接的で決定的な影響は、私の科学観にも及んだのである。以上が、その詳細をここに留めることになった私とアリストテレスとの出会いの事情である。

一七世紀力学の基礎を築いたガリレオ、デカルトといった人びとは、アリストテレス主義の科学的伝統の中で育った。そして、この伝統は彼らの業績に本質的な寄与をした。にもかかわらず、彼らの業績の基本的な要素は、当初、私をあれほどの誤解へと導いていたテキストの読み方を創出したということであり、彼ら自身もしばしばそのような誤読に加担していたのである。たとえば、デカルトは『宇宙論』(*Le monde*) の初めの方で、アリストテレスによる運動の定義をラテン語のままで引用することによって彼を皮肉っている。デカルトは、もしフランス語に翻訳したとしてもほとんど意味をなさないのでラテン語のままでも同じことだと断わっておいてから、実際にフランス語訳を与えてその論点を証明してみせている。しかしながら、アリストテレスの定義はそれまで何世紀にもわたって意味をなしてきたのであり、おそらくデカルト自身にとってもある時期には意味をなしていたに違いないのである。したがって、私によるアリストテレスの読み方が明らかにしたと思われることは、人が自然を見た見方および自然へ言語を適用した仕方における全面的な変化なのであって、それは知識を付加するとか、僅かずつ誤りを正すとかからなるものとして記述することのできない性格のものなのである。この種の変化は、その後すぐにハーバート・バターフィールドによって「思考の帽子のかぶり替え」として記述されることとなり、[3] この点に関する疑問から私は即座にゲシュタルト心理学や関連する分野の書物へと向うことになった。科学史を発見する一方において、私は私自身の最初の科学革命を発見していたのであり、引き続く最善の読み方の探求はしばしば同様のエピソードの探求となってもいたのである。それらは、時代遅れのテキストの時代遅れの読み方を取り戻すことによってのみ、認知され理解されるような類いのエピソードなのである。

以下で収録される最初の論文は「科学史と科学哲学の関係」と題する講義の再録であるが、これを最初に選んだのは、その中心的な関心事の一つが、科学史家の仕事の性格とその哲学に対する意義だからである。この講義は一九六八年の春に行なわれたものだが、印刷に付されるのは今日がはじめてである。というのはその結語の内容、つまり、もし哲学者が科学史をもっと真剣に受け止めれば何が得られるのか、をもっと敷衍したいと私はいつもまず考えていたからである。しかし、本書の場合にはその不十分さは本書の他の論文で補えるし、そのうえこの講義自体が、この序文ですでに述べた論点をさらに深めるための努力として読むこともできる。よくご存知の読者はこの講義を時代遅れだと思うかもしれない。ある意味ではその通りである。発表以後の九年の間に、より多くの科学哲学者が彼らの関心事に対する科学史の重要性を認めるようになってきた。その結果生じた科学史への関心はおおいに結構なのではあるが、しかし、私が中心的な哲学的重要性をもつと考えていた点は、これまではとんど見失われたままになっているのである。その点というのは、科学史家が過去を取り戻すために、逆にいえば過去が現在へと展開してくるために、必要な基本的な概念上の再調整なのである。

第一部の残りの五論文のうち二つについては簡単に言及するに留めたい。「科学の発達における原因の諸概念」という論文は、明らかに先ほど述べたアリストテレスとの出会いの副産物である。もしその出会いによって彼の四原因説の完全さを教えられることがなかったなら、一七世紀における形相因 formal causes の拒絶と力学的原因あるいは作用因 efficient causes の支持が、その後に続く科学的説明の議論を束縛した仕方に気づくことはなかったに違いない。エネルギー保存を扱った第四論文は、第一部の中で『科学革命の構造』以前に書かれた唯一の論文であって、これに関する私のいくらかの注記は、同時期の他の論文への注記とともに以下の各所に散在している。第六論文「科学史と歴史の関係」は、ある意味で、第一部の第一論文の姉妹篇である。大勢の科学史家がこの論文を不公平であると考えたし、それが個人的でしかも論争的性格のものであることは疑いない。しかし、この論文を発表してから気づいたことだが、この論文で表明されているような不満は、科学思想の展開に主要な関心をもつ人びとならほとんど誰もが共有しているのである。

他の目的で書かれたものではあったが、「科学史」と「数学的伝統と実験的伝統」は『科学革命の構造』で展開されたテーマといっそう直接的な関連をもっている。たとえば、前者の最初の数ページは、拙著のよりどころである科学史へのアプローチが、今世紀の最初の三分の一以後になってはじめて諸科学へと適用されるようになったのは何故だったのかの説明を助けてくれるであろう。同時にこの部分は、次のような明らかに奇妙な事態をも示唆している。それは、私や私の科学史における同僚たちにあれほどの影響を与えた種類の科学史の初期のモデルが、実は私や私の哲学における同僚たちが愚かしいとみなし続けてきたカント以後のヨーロッパの伝統の産物なのだということである。たとえば私自身の場合についていうと、さきほど少しだけその助けを借りた「解釈学」という用語ですら、たった五年前までの私の用語にはなかったものである。誰であれ、科学史が深い哲学的な重要性をもつと信じる者ならば、大陸と英語圏の二つの哲学的伝統の間の長年にわたる溝の橋渡しを学ぼうとせねばなるまい、と私はますます思うようになってきている。

「科学史」はさらに、その最後から二番目の節において、『科学革命の構造』にこれまで絶えず向けられてきた一連の批判に対する答えの出発点をも与えている。一般の歴史家も科学史家も時おり次のような不満を表明してきた。いわく、科学発達に対する私の説明はあまりにも科学自体の内的要因に基礎を置きすぎている。いわく、私は科学者集団をそれを支えその成員をそこから引き出している社会の中に位置づけることに失敗している。いわく、したがって私は科学の発達がそれを取り巻く社会的・経済的・宗教的・哲学的な環境に対する免疫性をもつと信じているらしい。明らかに、あの著書はそのような外的影響についてほとんど何も語ってはいない。しかし、それはそのような影響の存在を否定していると解釈されてはならない。逆に、次のような試みであると理解することができるのである。すなわち、工学、医学、法律、芸術（おそらく音楽を除いて）などの専門分野にくらべて、より高度に発達した科学の発展ほど、けっして完全にではないまでも、より十分にその社会的環境から絶縁されることになるのは何故なのか、を説明する試みなのである。そのうえ、もしそのように理解されれば、外的影響がいかにして、またどのような経路をへて現れるのかを探求しようとする人びとに、『科学革命の構造』は準備的な手段を提供することにもなろう。

外的影響が存在する証拠は、以下に収録される他の論文、とくに「エネルギー保存」と「数学的伝統と実験的伝統」の中にも見出されるであろう。しかし、後者の論文は『科学革命の構造』に対して、それとは別種の関連をもっている。この論文は、私の初期の論文中に重大な誤解が存在していたことを強調し、同時に、この誤解を究極的には取り除くと思われる方法を示唆してもいるのである。『科学革命の構造』の中のどこでも、私は科学者集団を研究主題によって規定しかつ区別していた。すなわち、たとえば「物理光学」「電気学」「熱学」といった用語が、たんにそれらが研究主題を指定するという理由で、個々の科学者集団を指定するとみなしていた。ひとたび指摘されれば、その時代錯誤は明らかである。今では私は、各グループがどのような研究課題に携わっているかを問う前に、教育と情報伝達のパターンを調べることによって科学者集団を見出すべきであると主張したい。このようなアプローチのパラダイム概念に及ぼす効果は、第二部の第六論文に示されているが、また、『科学革命の構造』の第二版に付した補章でもその本の他の側面についてとともに詳しく論じた。「数学的伝統と実験的伝統」では、長年続いているある科学史上の論争点に対してこのようなアプローチを適用してみせている。

『科学革命の構造』と第二部に収録した諸論文との関係は議論を要しないほど明らかであるから、

ここでは違ったアプローチをとることにしよう。そこで、科学上の変化に対する私の考えの発展において、これらの諸論文が果たした役割と、それらが記録している諸段階とについて言いうることを述べることにする。そのため、この序文は再びしばらくのあいだは明らかに自伝的なものとなる。一九四七年に科学革命の概念に偶然に行き着いてから、まず先に博士論文の完成に時間を費やした後、私は科学史を独学で学び始めた。(4) 熟しつつあった私の考えを発表する最初の機会は、一九五一年春に一連のローウェル講義をするよう招かれたときに訪れた。この冒険の結果まず悟ったことは、私はまだ、科学史についても私自身の考えについても、出版にとりかかれるほど十分には理解していないということであった。短期間ですむという予想に反して結局七年間続いたこの時期に、私はより哲学的な興味を脇へ押しやって、まっすぐ科学史の研究へと取りかかった。私が意識的に哲学上の問題へと戻ったのは、やっと一九五〇年代の末になってからで、コペルニクス革命に関する著書(5)を仕上げ、大学に定職を得てからであった。

このときまでの私の見解の到達点は、第二部の巻頭を飾る論文「科学上の発見の歴史構造」に示されている。この論文が書かれたのは一九六一年末になってからのこと（このときまでに『科学革命の構造』は実質的にはすでに完成していた）ではあったが、そこで述べられている諸観念や援用されている主な例は、私にとってすでに馴染み深くなっていたものばかりであった。科学の発達は、量的な増大ではない革命的な変化に一部依存するのである。いくつかの革命は、コペルニクス、ニュートン、ダーウィンのような名前と結びついたような大きなものであるが、大部分はもっと小さいもので、酸素の発見や天王星の発見といったものである。私の信じるところでは、この種の変化に対する普通の前触れは、変則性 anomaly、つまり諸現象を秩序正しく配列するそれまでのやり方に適合しないような一つのあるいは一連の出来事、に気づくことである。したがって、結果として生じる変化は「新しい思考の帽子をかぶること」を必要とし、その帽子は変則性を法則的なものにするとともに、その過程で、それまで問題のなかった他の諸現象によって表現される秩序をも変換してしまうのである。革命的変化の性格に関するこのような考えは、暗黙のうちにではあるが、第一部に収録した「エネルギー保存」の論文、特にその冒頭の数ページの基礎にもなっている。この論文は一九五七年の春に書いたものであるが、「科学上の発見の歴史構造」もそれと同じ頃、ないしはもっとずっと以前に、書いていたに違いないと私は記憶している。

私のテーマに対する私の理解の上での重要な前進は、第二部の第二論文「測定の機能」の準備と密接に結びついている。この主題は、それまで全く考えてみようともしていなかったものである。その発端は一九五六年一〇月にバークレーのカリフォルニア大学で開催された社会科学シンポジウムで講演するよう招待されたことであったが、一九五八年春に改訂と増補を施して現在の形になった。その第二節「通常測定の目的」Motives for Normal Measurement はこの改訂の産物である。この表題において、私が「通常科学」Normal Science とよぶのにあと一歩まで近づいた事柄の記述は、その第二段落に含まれている。この段落をいま読み返してみると、次のような文章に感動を覚える。「したがって、科学的活動の大半は複雑でしかも消耗な掃討戦である。それは最近の理論上での敵線突破によって利用可能となった基礎を固め、さらには次の突破のための本質的な準備を提供するのである」。このような考え方から『科学革命の構造』第四章の表題「パズル解きとしての通常科学」への移行は、もはや多くの歩みを必要とはしなかった。その数年前から私は、革命と革命の間にあれこれの伝統的な活動様式が支配する時代が必ず介在することには気づいてはいたが、このような伝統に縛られた活動の特殊な性格はそれまで大部分見逃していたのである。

次の論文「本質的緊張」Essential Tension は本書の表題を提供している。これは一九五九年六月に開催された会議のために準備し、その会議の議事録としてはじめて刊行されたもので、通常科学の考えのその後の堅実な発展を示すものである。しかし、自伝的な観点から言えば、その第一の重要性はパラダイム概念 the concept of paradigm の導入である。パラダイム概念はこの論文を報告するほんの数ヵ月前に思いついたものであるが、一九六一年と六二年に私が再びこの語を使用するまでの間に、その内容は大きく拡大されて私の本来の意図を偽ってしまっていた。(6) やはり本書に収録されている「パラダイム再考」の末尾の段落は、この拡大がどのように起ったかを示唆している。この自伝的序文は、たぶんその示唆を拡げてみせるのに適当な場であろう。

一九五八年から五九年にかけて、私はカリフォルニア州スタンフォードの行動科学高級研究センターに特別研究員として滞在し、その間に『科学革命の構造』の原稿の作成を目指していた。到着してまもなく、革命的変化に関する章の最初の粗稿を作成したが、それと対になる革命間の通常の出来事normal interlude に関する章を準備しようとして大きな壁に突き当った。そのころ私は、通常科学を科学者集団の成員どうしの合意の結果と考えていた。しかし困難が生じたのは、その合意を、ある集団の成員が一致したと思われる諸要素を数えあげることによって特定しようとしたときであった。彼らの研究方法を説明したり、とりわけ他の研究者の研究を評価する際に通常みられる全員一致を説明したりするためには、彼らの間で、「力」と「質量」、「混合物」と「化合物」といった準理論的用語を定義する特質に関して一致があると仮定せねばならなかった。しかし、科学者としての経験からいっても科学史家としての経験からいっても、このような定義が教えられることはまずなかったし、ときに行なわれた定義をする試みは往々にして断固たる反論に見舞われていた。明らかに、私が探していたような合意は存在してはいなかった。しかし私は、それなしでは、通常科学に関する章を書くすべを見つけようがなかったのである。

一九五九年の初めになってようやく分ったことは、実際にこのような合意はまったく必要がないということであった。たとえ定義を教えられてはいないとしても、科学者は精選された問題の標準的な解き方は教えられているのであって、それらの問題中には「力」とか「化合物」とかの用語が登場するのである。もし彼らが十分な一連の標準例 standard examples を受容するならば、それらの諸例のどのような一連の特質がそれらを標準的とし受容を正当化したかについて一致の必要なしに、彼らはその後の自分の研究をそれらを手本にして行なうことができるのである。この手続きは、語学を学ぶ学生たちが動詞の活用や名詞・形容詞の格変化を学ぶ際の手続きに非常に近いように思われた。彼らは、たとえば amo, amas, amat, amamus, amatis, amant と暗唱し、次にこれを標準形として用いて他の第一種活用ラテン語動詞の能動態現在をつくり出すのである。語学教育においてこのような標準例を表すのに普通に用いられる英単語は「パラダイム」paradigm であり、この用語を私が、斜面とか円錐振子というような、科学の標準的な例題に拡張して適用しても、この用語を明らかに歪曲したということにはならないと思う。「本質的緊張」の中に「パラダイム」が入ったのはこの形においてであり、この論文はこの用語の有用性に気づいてから一ヵ月かそこらで仕上げたのであった（「（教科書は）専門家がパラダイムとして受容するようになった具体的な問題解答を提示し、次に彼らは学生に、教科書やそれに沿う講義で学生を指導した問題と、方法においても実質においても、きわめて密接に関連した問題をみずから解くことを求めるのである」）。この論文の他の箇所でその後の二年の間に何が起ることとなったかが示唆されてはいるが、そこで通常科学を論じる際に主として用いられる用語は「パラダイム」よりもどちらかというと、まだ「合意」consensus の方である。

パラダイム概念は、私が『科学革命の構造』を書くために必要な失われていた要素 missing element だったのであり、最初の完全草稿は一九五九年夏から一九六〇年末の間に仕上がった。ところが不幸なことに、この間にパラダイムはそれ自身の歩みを始め、合意というそれまでの話題から大きくそれていった。たんなる模範的な例題解答 exemplary problem solutions から始まったにもかかわらず、パラダイムはその支配領域を拡大してゆき、まず、このような受容された諸例題が最初に現れる古典的な書物を指すようになり、ついには、特定の科学者集団の成員が共有する完全で包括的な一連の立場を指すようにまでなった。『科学革命の構造』の大多数の読者が見出した唯一の用語法は、このようないっそう包括的な用語法だけであったから、当然、混乱は避けられなかった。その本でパラダイムについて述べた多くのことは、この用語の本来の意味だけにしか当てはまらない。どちらの意味合いも私には重要に思えるが、それらはぜひ区別されねばならず、「パラダイム」という用語は最初の意味だけに当てはまるのである。明らかに、私は多くの読者に不必要な困惑を味わわせてしまっていた。[7]

本書の残りの五つの論文については個々に論じる必要はほとんどない。この中で「思考実験の機能」だけが『科学革命の構造』以前に書かれ、その本の成り立ちにはほとんど影響を与えなかった。「パラダイム再考」は、パラダイムの本来の意味を取り戻すための三つの試みのうち最初に書かれたものだが、発表されたのは最後であった。[8]「客観性・価値判断・理論選択」は、これまで印刷物には付されていなかった講義で、私が理論選択を完全に主観的とみなしているという非難に答えるためのものである。これらの論文も、まだ言及していない二つの論文も、改めて説明するまでもないと思う。それらを一度に論じる代わりに、これら五つの論文すべてを互いに結びつけている一つのテーマの二つの側面を取り出して、この序文の締めくくりとしたい。

科学的方法に関する伝統的な議論は、それに従うどのような個人にも確実な知識を生み出すことを許す一組の規則の探求であった。これに対し、私は次のような主張をしようと試みてきた。科学は諸個人によって営まれはするものの、科学的知識は本来的に集団の産物なのであって、その独特の有効性もそれが発達した様式も、それを生み出した諸集団の特殊な性格と無関係には理解できないであろうと。この意味において私の研究はこれまで深く社会学的であったが、しかしそれは科学的知識が認識論から切り離されてしまうことを許す仕方においてではなかった。

このような確信は「発見の論理か探求の心理か」という論文全体を通じて潜在している。この中で私は、私の見解をカール・ポパー卿の〔次の括弧内のような〕見解と比較している。（個人による仮説はテストされるが、このとき彼の属する集団が共有している立場は前提となっている。ところが一方、集団の立場はテストされることがなく、集団の立場が変異する過程は、仮説を評価する過程とは根本的に異なった過程である。「誤謬」というような言葉は、第一の文脈では何の問題もなく機能するが、第二の文脈においては機能をもたないであろう。等々。）私の見解は、この論文の末尾と理論選択についての講義全体を通じて明白に社会学的なものとなる。この講義で私が説明しようとしたのは、共有価値は個人の判断を規定することはできないにもかかわらず、その価値を共有している集団の選択を判定するのはどのようにしてなのか、ということであった。非常に異なった表現ではあるが、同じ関心が本書の最後の論文の基礎をなしている。その論文で私は、解説者だけに許される特権を利用して、共有価値（および鑑賞者）における差異が、どのようにして科学と芸術に特徴的な発展パターンに決定的な影響を及ぼすかを探求している。私が思うに、さまざまな専門分野に携わる人びとを支配している価値体系どうしの比較を、これまで以上に、しかも、より知的で体系的に行なうことが、いまや、差し迫って必要とされているのである。おそらくそれは、より密接に関連し合う集団どうし、たとえば物理学者と工学者、生物学者と生理学者、から始めるべきであろう。「本質的緊張」

への結語はこの問題に関係している。

科学社会学の文献中では、科学の価値体系は特にR・K・マートンとその弟子たちによって論じられてきた。このグループは最近、次のような社会学者たちによって、繰り返し、時には声高に批判されてきている。その社会学者たちは、私の著作に依存しつつ時には非公式に「クーン主義者」と自称し、諸価値は集団から集団へと、また時から時へと変化するということを強調している。さらに、これらの批判者は、ある集団の諸価値がどうあろうとも、あれこれの価値はその集団の成員によって繰り返し破られると指摘する。このような事情のもとで、彼らは、価値分析を科学上の行動を明らかにするための重要な手段であるとみなすのはばかげていると思っているのである。(9)

しかしながら、以上のような論評や彼らが提出した論文から、そのような批判の仕方を私がどれほどひどく誤っていると考えているかが分るに違いない。私自身の研究はいつも科学的価値の特定とはほとんど無関係であり、しかし、科学的価値の存在と役割は最初からつねに前提としていた。(10)この役割は、科学的価値がすべての科学者集団について、あるいは特定の科学者集団のすべての時代について、同一であることは必要としてはいない。さらにまたこの役割は、たとえ抽象的な原理としてでさえ、価値体系が個々の科学者の選択を明確に決定することができるほど、正確に特定されていることも内的な矛盾をはらんでいないことも必要とはしていないのである。この範囲内では、たとえ価値が、ある主張のように、特定の利害を守るために発達したたんなる利益の合理化であったとしても、行動の指針としての価値の意義がそれゆえに失われてしまうことはないのである。もし歴史学や社会学における共謀理論に縛られることがなければ、利益の合理化は通常、それが向けられた相手以上に大きい影響を、それを提起した者にも与えていることを認めるのはたやすい。

「パラダイム再考」の後の部分と「思考実験の機能」の全体は、科学的知識を特定グループの産物と考えることから生じるもう一つの問題を探求している。科学者集団の成員を一緒に結びつけ、同時に外見上類似した他の集団の成員と区別するものの一つは、彼らが共通の言語あるいは特殊な専門用語をもっているということである。この二つの論文は次のようなことを語っている。すなわち、新人が集団の仕事に参加するために必要とされる言語を学ぶことによって、彼らは、その言語自身の内部だけでは原則的に完全には分析不可能な一連の認識上の立場を獲得する、ということである。このような認識上の立場は、その言語の用語や慣用句や文を自然に対して適用する仕方からの帰結なのであって、本来の狭い意味での「パラダイム」がそれほどの重要性をもつのは、それがこのような〈言語‐自然〉連結と不可分に関係しているからである。

『科学革命の構造』を書いたとき、私は科学革命を、そこでいくつかの科学用語の意味が変化するエピソードとして記述し、その結果として生じるのは、観点間の共約不可能性 incommensurability〔共通要素の欠如。ピタゴラス学派の無理数発見にちなむ用語〕と異なった理論の支持者間の部分的な相互理解困難 a partial breakdown of communication であると示唆した。それ以来私は、「意味変化」は一つの単独で取り出せる現象というよりも一つの問題を指示しているのだということに気づいた。そして現在私は、主にクワインの研究によって、共約不可能性と部分的な相互理解困難はもっと違ったやり方で扱われるべきだと信じている。異なった理論（つまり異なった広義のパラダイム）の支持者は、異なった言語――異なった世界にふさわしい異なった認識上の立場を表現する言語――を用いている。したがって、相互の観点を把握する能力は翻訳過程と準拠枠決定 reference determination 過程の不完全さとによって不可避的に限定されてしまうのである。これらの問題が、目下のところ私にとって最も興味ある問題であり、近い将来それについてもっと語らねばならないと考えている。

第 I 部

クーン科学史論集

第一章　科学史と科学哲学との関係*

今日、私が話すことを求められている主題は、科学史と科学哲学との関係である。私にとってこの問題は、大多数の人びと以上に深い個人的意義と深い知的重要性とをもつ問題である。私は科学史の研究者として諸君の前に立っている。また、私の学生の大部分は科学史家をめざしているのであり、哲学者をめざしているのではない。さらに、私はアメリカ歴史学会の会員であって、アメリカ哲学会の会員ではない。しかし、大学の新入生としてはじめて哲学に出会って以来およそ一〇年間ほどというもの、哲学は私が最も関心を抱いた第二専門であって、本式に訓練を受けたことがあると自称できる唯一の分野である理論物理学に代えて、これを天職にしようと考えたことが何度もあった。この時期を通じて（それは一九四八年頃まで続いたが）、私は歴史や科学史にはまったく関心をもったことがなかった。当時の私にとっては、現在も大部分の科学者や哲学者にとってそうであるように、歴史家とは過去の事実を集めたり検証したりする人で、そのあとそれを年代順に並べる人物であった。年代記を作るなどということは、演繹的推論や基礎理論に基本的関心を抱いている者にとっては、明らかに何の魅力をももちえないものであった。

歴史家を年代記作者とする見方が、なぜ哲学者にも科学者にも特に受け入れられやすいのかということについては、後で問題にすることにしよう。このような見方がずっと抱かれてきたのは偶然の一致によるものでもなく歴史の本性によるのでもないだけに、わけても興味深い問題であることがわかるだろう。しかし目下の問題は依然として自伝的なものである。遅ればせながら、私を物理学と哲学から歴史へと引き寄せたものは、科学史の原資料の中で出会ったときには、科学というものが暗黙のうちに科学教育において言われていること、また科学的方法についての標準的な哲学的説明の中で明らさまに言われることとは非常に異なった営みに見えたという発見であった。歴史は、あらかじめ採った立場のための実例を提供するというその古典的役割の範囲を超えて、科学哲学者やおそらくは認識論学者と不可分に関わりあっているらしいということに私はたいへん驚きながら気づいた。つまり、歴史は問題と洞察を生み出す特に重要な源泉であるらしいことに気づいたのである。そういうわけで、私は歴史家になりはしたものの、私の深い関心は依然として哲学的であり、近年はこの関心が公刊した著作の中にますます現れてきている。だから私はある程度まで科学史にも科学哲学にも携わっているわけである。したがってもちろん私は両者の関係について考えてはいるが、その関係を生きているのであって、この二つは同じことではないのである。複雑なこの二重性は、今日の話題へのアプローチの仕方に反映せざるをえないであろう。そういうわけで、私の話は密接に関連し合ってはいてもまったく違う二つの部分に分かれることになる。第一は、この両分野を密接に近づけようとするどのような試みもが出会う諸困難についての、しばしば個人的な一つの報告である。第二は、もっと明白に知的な問題を扱い、両者の国交回復《ラプローシュマン》にはきわめて特殊な努力が必要だがその努力は大いに払うに値することを論じようと思う。

　ここに集まっていただいた方々には、少なくとも合衆国においては、科学史と科学哲学が切り離されはっきり区別された二つの学問であることをわざわざ断わる必要はほとんどないであろう。そこで最初から、両者がそのような方式を守ることに固執している理由を明らかにさせていただこう。両分野間での新しい種類の対話はぜひとも必要なのであるが、それは学問間の対話たらざるを得ず、学問内的ではありえない。私がプリンストン大学の科学史・科学哲学のプログラムにかかわっていることをご存じの方は、科学史・科学哲学というような分野は存在しないという私の主張を奇妙に思われるかもしれない。しかし、プリンストン大学では、科学史の学生と科学哲学の学生は、重なり合ってはいても、別々の課程を履修し、別々の一般試験を受け、歴史か哲学かのそれぞれの学科から別々の学位を受けるのである。プリンストン大学のプログラムの特に賞賛すべき点は、それが各々の学問的基礎を破壊することなく両分野の間に対話のための制度的基礎を与えていることである。

　「破壊」と言ったが、両分野を一つにしてしまおうなどとした場合に生じる結果を破壊と表現しても決して言いすぎではないと思う。この二つの分野は多くの中心的な構成的性格の点で異なっていて、その最も一般的でしかも明白な相違は、それぞれの目標である。大部分の歴史研究の最終的産物は過去の詳細についての叙述、あるいは物語である。一部分それは起ったことの記述である（哲学者や科学者はしばしばたんなる記述だと言う)。しかし、その成功は正確さに依存するだけでなく構造にもよっている。歴史叙述は、述べる出来事を説得的でかつ理解しやすくするものでなければならない。後でもう一度論じるある意味において、歴史は説明の企てなのであって、さらにその説明機能は明白に述べた一般公式にはほとんど頼ることなく達成される(後の必要のためにここで指摘しておくが、哲学者が歴史におけるカバー法則の役割を論じる場合、実例を引くのはきまって経済学者および社会学者の著作からであって歴史家の著作からではない。歴史家の書いたものの中に法則的な一般公式を見出すのは非常に困難である)。ところが哲学者の方は、明白に述べられた一般命題、それも普遍的視野をもったものを主要目的にしている。彼は、真であれ偽であれ、物語の語り手ではない。彼の目標は、いつでもどこでも真であるのは何かを発見しかつ言明することであって、特定の場所と時に何が起ったかの理解を伝えることではないのである。

皆さんは、この荒っぽい一般的な言い方をもっと明確化し、その意味を限定したいと望むだろう。また皆さんのうち何人かはこの一般的な言い方が深刻な類別上の困難を提起していることを認めるだろう。しかし、この種の区別が完全に無内容だと感じる者は誰もいないだろうから、その帰結の方に話を移すことにしよう。帰結こそ両者の目的の違いを重要にするものなのである。科学史と科学哲学が異なった目標をもつと言うことは、両者を同時に行なうことは誰にもできないと言うことである。しかしこのことは、両者を交替して行なうこと、つまり両者の間にあって、ある時は歴史の問題について研究しまたある時は哲学の問題を研究すること、も非常に困難だということを意味するのではない。私自身が明らかにこの種のやり方を狙っているのだから、それが可能だという信念に加担していることになる。それぞれのスイッチが個人的な苦痛を伴うものであることを承知しておくことが大切である。とはいえ、それはまったく両立できない別の学問のためにもう一つの学問を放棄することになるからである。それはまったく両立できない別の学問のためにもう一つの学問を放棄することになるからである。学生に対して両方を同時に訓練するならば、彼からどのような専門分野もすべて奪ってしまう危険がある。なかでも哲学者になることは、問題とそれを解くのに不可欠な技法の両方を評価する特殊な精神的な構えを身に付けることである。歴史家たるべく学ぶということもまた特別な精神的な構えを身に付けることなのであるが、この二つの学習経験の結果はけっして同じではない。といって折衷することもできないと思う。というのは、そこには周知のゲシュタルト図形においてアヒルとウサギを折衷させようとするのと同じ問題があるからだ。ほとんどの人がアヒルとウサギを代わるがわる見ることは容易にできるが、どんなに目を訓練し緊張させてもアヒル－ウサギを引き出すことはできないであろう。

歴史と哲学との関係についてのこの見解は、二〇年前私が歴史に転向した時の見解とはまったく同じではない。むしろそれは教師および著者としてのその後の、時には苦痛でもあった多くの経験からきたものである。たとえば、教師として私は大学院のゼミナールで何度も教えたことがあるが、そこでは未来の歴史家と未来の哲学者が科学と哲学の同じ古典を読みかつ議論した。どちらのグループも真面目だったし、課題も懸命に果たしてきたのだが、同じテキストに取り組んできたのだとは思えないことがしばしばあった。両者ともももちろん同じ記号に接したのではあるが、それらを違ったふうに処理するように訓練されていた(プログラムされていた、といってもよい)のである。彼らの報告や解釈や議論の基礎を与えたのは、きまって記号そのものではなくて処理された記号——たとえばテキストの読書ノートや記憶——なのであった。

歴史の学生がまったく注目しなかった些細な分析的区別でも、哲学の学生が読書報告をする時にはしばしば中心問題になった。その結果起る対立からはいつでも歴史の学生の方が学ぶというものであったが、いつも誤りが歴史の学生にあったわけではない。時には哲学の学生の強調する区別が原テキストにはまるで見出されないこともあった。その区別は科学や哲学のその後の発展の結果生み出されたものであって、哲学の学生の記号処理を通した紹介が論旨を変えてしまっていたのである。あるいはまた、歴史の学生によるある見解の解釈を聞きながら、哲学の学生はしばしば歴史の学生が気づかなかった論理の飛躍や矛盾を指摘するのであったが、そんなとき、哲学の学生はその解釈が正確であり、論理の飛躍ははじめの原文の方にあったことを見出してショックを受けることがあった。哲学の学生は知らず知らずのうちに、そこから出てくる次の形を意識しつつ、読みながら論旨を改良していたのである。目の前にテキストを開いている場合でさえ、実際にそこには飛躍があり、原著者は論証の論理を哲学の学生がしたようには全然考えていないことを納得させるのはすこぶる難しく、時には不可能なことさえあった。しかし、哲学の学生にこれらのことがもっとよくわかるようになれば、彼らはもっと重要なこと——彼らが飛躍ととらえたものは実は自分が適用した分析的区別によってもちこまれたものであるということ、原論文の主旨は、もはや哲学とはいえないまでも、その言い方で筋が通っているということ――もまたわかるようになるであろう。そのときテキスト全体は彼らに違ったふうに見え始めるに違いない。変形の大きさにせよ、教育によって計画的に変形を引き起すことの難しさにせよ、ゲシュタルト・スイッチを想い起させるものがある。

処理の仕方の相違という特徴と等しく印象的だったのは、二つのグループがそれぞれに注目し報告した原文の内容の範囲であった。つねに歴史の学生の方が広く範囲を取った。たとえば、彼らが再構成するときの重要な部分は、原著者が「読者をたすけるために」と言って故意にもち込んだ比喩の文章をもとにして作り上げられる。あるいはまた、テキスト中の明白な誤りや矛盾に注目して、こんな優秀な人物がどうしてこのような誤りを犯したのかを延々と説明したりする。歴史の学生は、われわれにとっては明らかな矛盾が著者には見えなかったこと、またおそらく著者にとっては矛盾はなかったのだということに注目して、そこから著者の思想のどのような側面が発見できるかをたずねるのである。ところが、歴史的な思想を再構築する訓練ではなく、論証を構築する訓練を受けている哲学の学生にとっては、比喩や誤りはどちらでもよいものであって時には気づきすらしないのである。哲学の学生が、歴史の学生にはほとんど見られない注意深さ巧みさ忍耐強さをもって追究する関心事は、明白に言い表された哲学的一般命題およびその弁明から引き出される主張なのであった。その結果、学期末に彼らが提出する論文は、歴史の学生のものよりもきまって短く、いっそう理路整然としているのが普通であった。ところが歴史の学生の方は、分析としてはぎごちないことが多いのに、両グループで一緒に学んだ人物の思想の主な概念的諸要素を再現する点では、はるかに正確になるのが常であった。哲学の学生の論文に登場するガリレオやデカルトは、歴史の学生によって示される人物像とくらべるといっそうすぐれた科学者や哲学者であるいっぽうで、一七世紀的人物像からはかけ離れていたのである。

両者の読み方や報告の仕方のどちらにも私は不満があるのではない。ともに専門的訓練の本質的成分でありそこから生れた所産だからである。しかし、両者は専門が異なっており、当然のことながら、それぞれが第一義的とするものは違っているのである。私のゼミナールの哲学者たちにとって優先すべき任務は、まず、ある哲学的見解の中心的諸要素を分離し、次に、それらを批判し発展させることであった。哲学者たちは、言わば、最も偉大な先輩たちの展開した意見を題材にして自分たちの才知を磨きあげていたのである。彼らの多くはその後の専門家としての生活においてもそうし続けるにちがいない。これに対し歴史家たちが関心をもったのは実行可能なものや一般的なものであり、それも彼らが研究している人物を実際に導いた形においてのみであった。彼らの第一の関心事は、各人物が何を考えていたか、どうしてそう考えるようになったか、彼にとってまた同時代人や後継者にとってその帰結はどうであったか、を見出すことであった。どちらのグループも、自分たちは過去の哲学的立場における本質的なものを把握しようとしているのだと思っていたのであるが、それをする仕方はそれぞれの専門の第一義的価値に制約されている。それに対応して、結果はしばしばそれぞれに異なっているのであった。哲学者が歴史に転向するか歴史家が哲学に転向した場合にのみ、両者の結合された研究が意味のある収束へと至るのである。

学問間の深刻な分水嶺の別の種類の証拠は、きわめて個人的な証言にもとづいているので、それを書いた人以外の人びとを納得させることはできないかもしれない。しかし、このような証言をもたらすような経験は比較的まれなので、この証言は記録しておく価値があると思う。私自身、異なった時期に物理学と歴史と哲学めいた論文を書いたことがある。三つの場合のいずれも書く過程は愉快なものではなかったが、他の点での経験は同じではなかった。物理学の論文の場合には、書き始めるまでに研究は終っている。必要なすべてのことは通常、ノートに含まれている。残る仕事は選択と要約と明晰な英語への翻訳である。この最後の仕事だけが概して面倒だが、通常はそれほどきびしくはない。

歴史の論文を準備するのはこれとはまた違った経験であるが、そこには一つの重要な類似点がある。つまり書き始める前に膨大な量の研究をしなければならないのである。書物・資料・その他の記録類を並べ検討しなければならず、ノートをとり、編成し、さらに編成しなおさなければならない。この作業は何ヵ月も何年も続く。といってその作業が終っても、科学の場合とは違って、それは創作過程の終りではない。選択し要約したノートをただ並べるだけでは、歴史叙述とはならない。さらに、年表と筋書きがあれば、ノートとアウトラインから歴史家はかなりの期間にわたって順調に書き進むことが一応はできるのであるが、ペンやタイプライターがはたと止って動かなくなるキーポイントがほとんど必ずあって、そこで計画は立往生してしまう。何時間か何日か何週間か経って、やっとなぜ前進できなかったかがわかる。アウトラインがあるので次に何を書くかはわかっており、ノートがあるのでそれについての必要な情報はすべて用意されているのであるが、それでも到達点から叙述の次の部分へと接続する見込みが立たないのである。接続関係にとって本質的な諸要素は最初のうちは省略されている。筋書きを作る段階ではそれは必要がないからである。したがって歴史家はときどき記録やノート取りに立ち戻り、次に書くべきことへとうまく接続するために論文の相当部分を書き直さなければならなくなる。最後のページを書き終えるまでは、もう一度最初から書き直さなくてもよいのかどうかまったく確信がもてないのである。

いま述べたうちで、この最後の部分だけは哲学論文の準備過程にあてはまる。哲学論文では元へ戻る周期ははるかに短く、それに付随する不安と緊張はもっときびしい。論文全体を頭の中で組み立てることのできるほど記憶容量の大きい人だけが、長い期間中断されることなく書き続けることを期待できるのである。しかし、実際に哲学論文を書く過程がいくらか歴史の場合との類似を示しているとしても、書く前にする仕事は全く異なっている。哲学史とおそらくは論理学を除けば、哲学には歴史家の準備研究の時期と似たものは何もない。文字通りの意味で大部分の哲学には研究に当たるものは全然ないのである。哲学者は問題とそれを解くカギから出発するが、ともに誰か他の哲学者の著作の批評の中で出会ったものが多い。哲学者は、紙の上や頭の中や同僚との討論の中でそれにこだわり、書きおろす準備ができたと感じる時期まで待ち続ける。たいていはこの感じは間違っていたことがわかり、こだわりの過程がふたたび始まって、最後に論文が生み出されるのである。少なくとも私にとってはこれが感じられたことであって、まるで論文が突然現れてきたかのようであり、歴史叙述の場合のように一節ずつ順々にやってくるのではなかった。

しかし哲学には調査のようなものはおよそないとしても、それに代わる別のものがあって、それは物理学や歴史学では事実上見られないものである。その点を考えるために、私のゼミナールにおける二つの学生グループの認知や行動の違いへ立ち戻ってみよう。哲学者はいつも相互に相手の著作や先輩の仕事を注意深く巧みに批判する。彼らの討論や報告の大部分はこの意味でソクラテスの問答法的である。すなわち、それは相互の批判的対決と分析によって鍛えられた諸見解の並置である。「哲学者はお互いの洗濯物を取り入れて生きている」と公言した批評家は評判が悪かったが、彼は哲学者の仕事について何かしら本質的なものをつかんでいたのである。彼がつかんだものは、事実、私のゼミナールの哲学の学生がしていたことであった。すなわち、彼らは、この場合、過去との分析的対決によって自分の見解を鍛え上げていたのであった。他のどの分野でも批判がこれほど主要な役割を演じることはないと思う。科学者も時には相互に相手の仕事をごく僅か訂正することはあるが、ずたずたに批判することをなりわいとするような人は仲間から追放されてしまう。歴史家もときどき修正すべき点を指摘したり、ときには軽蔑に値する歴史研究を行なっている競合する学派に対して直接非難したりすることもある。しかし、このような状況では、注意深い分析はめったにないし、他の学派が生み出した新しい洞察を取り入れたり保持しようとする明確な試みはほとんど見られない。先輩や同僚の仕事の特に重要な方法に影響されはするが、個々の歴史家は、第一原資料つまり自分が研究に従事していたデータによって自分の仕事を鍛えあげるのである。その点で、彼らは物理学者に似ていて哲学者には似てはいない。批判は調査の代わりとなりうるが、両者は等価ではなく、きわめて異なった種類の専門分野を生み出すのである。

これらは知識生産活動としての歴史学と哲学の準社会学的考察の第一歩にすぎないが、それでも、両方共を尊重する私が、それらを一つにしようとする試みを「破壊」だと思う理由としては十分であろう。しかし、すでに納得した人やあれこれの理由から納得を必要としなかった人は、別の問いを出すであろう。両者の間に深刻で必然的な差異がある以上、いったい相互に何が言いうるであろうか、と。また、両者の間の積極的な対話を増やすことがさしせまって重要であると私が主張するのはいったい何故なのか、と。今夜の残りの私の話は、この問い、特にその中の一部分へと向けようと思う。

それに対するどのような答えも互いに非対称的な二つの部分に分かれざるを得ないが、そのうちの第一の部分についてはざっとした概要以上のものはここでは要求されない。科学史家が哲学を必要とする理由は明らかだしよく知られてもいる。科学史家にとって哲学は科学の知識と同様基本的手段である。一七世紀末まで科学の大部分は哲学であった。専門諸分野が分離した後もしばしば重大な影響を相互に及ぼし続けた。科学史上の多くの中心問題への取り組みに成功することは、その時代およびその領域での哲学の主流の思想を視野に入れない人には不可能である。それに、科学史の学生の誰かが哲学史の完全な展望をもった上で大学院を出るだろうと期待するのは夢みたいなことなのだから、研究に必要ならば独力でこの種の資料を扱えるようにならなければならない。同様のことは彼らが必要とするある程度の科学についても当てはまるのであって、両方の分野について、何よりもまず、自分の学問の微妙さや落し穴についてよく知っており、専門についての標準的な眼識と技能と厳しさを植え付けることのできる専門家に手引きされなければならない。私のゼミナールにいた歴史の学生たちが哲学的概念を扱うとき、なぜあれほどに不器用だったのかということに原理的な理由はない。前もって適切な訓練を受けていれば大部分はそうならなかっただろうし、このような訓練の効果は哲学的源泉そのものを扱うときの手ぎわだけに限られるものでもないだろう。科学者はつねに哲学者であるというわけではないが概念を扱っており、この概念分析は長い間哲学者の職分だったのである。科学史における現在の輝かしい伝統を大部分打ち立てた人びと――私は特にA・O・ラヴジョイおよび誰よりもアルクサンドル・コイレのことを考えているのであるが――は科学思想の歴史に向かう以前は哲学者であった。私や私の同僚たちが、自分たち自身のとは違う思想体系に構造と整合性とを認めることを学んだのは彼らからであった。今では捨てられてしまったある思考様式の完全性に対することのような探求は、一般に哲学者がしようとはしないことであって、事実、多くの哲学者はそのような仕事を過去の誤りの賛美であるとして拒絶する。しかしこの仕事はなしうるのであり、そのためには前もって概念的ニュアンスに対する哲学者的な感受性が必要とされる。私には、歴史家たちがそれを哲学的源泉から少しでも学びとってきているとは思えないのである。

以上は哲学者と科学史家との間にもっと活発な相互作用の再活性化を主張する理由として十分であろう。だが、これは問題の回避でもある。私に課せられたテーマは科学史と科学哲学の関係であって、科学史と哲学史との関係ではなかった。科学史家もまた、哲学史という特定の哲学分野の文献に深く没頭することによって、得るところがあるだろうか。私は、それは非常に疑わしいと答えなければならない。さて、通例、漠然とながら新カント派的傾向をもつと言われている科学哲学者が何人かいたが、彼らからは科学史家はなお多くのことを学ぶことができる。私は学生たちに、エミール・メイエルソンと時にはレオン・ブランシュヴィクを読むように強く薦めている。といっても私が推薦するのは、彼らが歴史資料の中に見たものについてであって、現代の多くの人と同様に私も排斥している彼らの哲学ではない。他方、科学哲学の活気ある動き、特に目下のところ英語圏で営まれている分野には、科学史家に関係すると思われるものはほとんど含まれていない。逆にこの動きは、歴史研究を啓蒙するというよりはたぶん、いっそう誤らせる目標へと向かい、いっそう誤らせる仕方で資料を読み取っている。この動きの中に私が尊重し評価するものも多くあることはたしかである。だが、私がそう思うのは、私自身の関心がもっぱら歴史的なものだけではけっしてないからである。ここ数年間に哲学的問題に関する私の考察を、プリンストンでの同僚C・G・ヘンペル以上に明らかにし深めてくれた人はいない。しかし、彼との議論や彼の著作を知ったことは、たとえば私が熱力学史や量子力学史を研究する上で何の影響も与えてはいない。私の科学史の学生に彼のコースを取るように薦めてはいるが、特にぜひとも登録するようにと強制してはいない。

以上の注意によって、科学史と科学哲学の関係の問題は互いに非対称的な二つの部分に分かれるといったとき、私が何を考えていたかがわかるであろう。私は現在の科学哲学が科学史家にとって不可分性 relevance をもつとは考えていないのに対して、科学哲学の著作をものする際に、もし歴史がもっと広い背景的な役割を果たすならば、それらの著作はもっとよいものになるだろうと深く信じているのである。しかし、この信念を正当化しようとする前にいくつかぜひ必要な限定をもち込まなければならない。ここで科学史とよぶとき私が言及しているのは、科学的な概念や方法や技法の発展に関係するこの分野の中心部分についてであって、科学の社会的装置、特に科学の教育や制度化や精神的・財政的援助のパターンの変化を強調するというますます重要になりつつある部分についてではない。後者についての仕事のもつ哲学的重要性は前者よりもはるかに疑わしいと思われるのであるが、いずれにせよその考察には別の講義が必要であろう。同様に科学哲学とよぶとき私が考えているのは、次第に応用論理学に変わりつつある部分でもなく、少なくとも確信がもてないという限りでは、因果性や時空といった久しい哲学的問題に関する最近の独特な理論の含意を論じるような部分のことでもない。私が考えているのはむしろ科学一般に関係する中心領域である。それはたとえば、科学理論の構造や理論的存在の地位や、科学者が堅実な知識を生み出したと正しく主張しうる諸条件を問うような中心部分である。科学哲学のこの部分に、しかもおそらくはこの部分にのみ、科学的な概念や技法の歴史は不可分性を主張しうるのである。

どうしてそうなるのかを示すために、まず科学哲学が公認の哲学の専門諸分野の中でほとんど類を見ない点を指摘しておきたい。それは、科学哲学をその対象からへだてている距離である。論理学や、最近では、数理哲学のような分野では、専門家が関心をもつ問題はその分野そのものから生れてくるのである。通常の論理における「もし……ならば」関係に質的な含意を従わせることは難しいことであり、この困難は別の論理体系を捜し求める理由にはなる。しかし、だからといってそれが標準の公理系から生じる問題の重要性や魅力を減じるということはないのである。哲学の他の部分とりわけ倫理学や美学においては、研究者は大部分の人と共有する経験、および、ともかくも明確に分離された専門家仲間のうちだけで特に保存されたものではない経験に正面から取り組む。哲学者だけが美学者になることができるのだが、美的経験は万人のものである。ところが科学哲学と法哲学だけは、哲学者としての哲学者がほとんど知らない領域に取り組むのである。しかし、法哲学者はどうやら科学哲学者よりもずっと、自分の研究対象の分野における重要な専門的訓練を受け、かつ、自分が語る対象分野の人びとと同じ記録にかかわっているらしい。なぜ裁判官や弁護士が、科学者が科学哲学を読むよりもはるかに本格的に法哲学を読んでいるかという理由の一つはそこにあると思う。

こうして私の主張の第一は、科学史が、科学哲学者と科学そのものの間のまったく特殊なギャップに橋を架けるのを助けることができるということ、両者のために問題とデータの源泉になることができるということである。しかし私は、科学史だけがそれをなしうる唯一の学問であるとは言わない。科学の営みにおける実際の経験の方がおそらく科学史研究よりももっと効果的な橋になりうるはずである。科学社会学も、もしそれが科学の組織構造とともに認識内容までも含むほど十分に発達するならば、同様によい架け橋となるであろう。時間的な展開に対する歴史家の関心と、過去を研究することによって得られる新たなパースペクティヴとは、歴史に特別の有利さを与えるが、前者についてはは後でふたたび扱う。ここでの要点は、哲学者がもっと科学に通じるために可能ないくつかの方法のうち、最も実際的で手近なものは科学史が提供しているということだけである。

この提案に対してはさまざまな有効な反論があろう。ギャップの存在は不幸ではあったとしても、大きな害にはならないと主張する人もあるだろうし、より多くの人びとは科学史はおそらく矯正手段を提供しえないだろうと主張するだろう。あるいは、以下のように主張するかもしれない。目下議論の的となっている科学哲学の部分は、結局のところ、一時的な例証として以外、特定の科学理論を対象としてなされているのではない。その対象は理論一般なのである。そのうえ、科学史と違って、それは理論の時間的な展開に関心を示すことはほとんどない。そうではなくて、静的構造として、つまり特殊ではあっても特定されてはいない時と場所についての堅実な知識の例としての理論を強調する。要するに科学哲学においては、歴史の素材であると思われる多数の特殊なものや、特異的な細部は何の役目も果さない。哲学の仕事は合理的構築にあるのであり、それが必要とするのは、堅実な知識としての科学にとって本質的な諸要素を保存することだけである。この目的のためには、理想的ではないにしても、大学教科書に含まれる科学で十分である、と。さもなくば最低ごくわずかな科学の古典、たとえばガリレオの『新科学論議』やニュートンの『プリンキピア』の「序論」と「一般的評注」の検討で補えば十分だと主張するかもしれない。

以前に科学史と科学哲学は非常に違った目標をもつものなのだと主張しておいたので、それらは別別の源泉からそれぞれにふさわしい仕事ができるのだというテーゼと私はいさかいを起さずにすますことができる。しかしながら、いま検討したこの種の源泉についての問題点は、それを用いた哲学者の再構築が科学史家にとっても科学者自身にとっても一般に科学とは認め難いということである（ここで科学者というとき社会科学者は除く方がよいであろう。彼らの科学像は哲学者のそれと同じ所から取られたものである)。問題は、哲学者による理論の記述が抽象的すぎたり、細部を省略しすぎたり、一般的すぎたりすることにあるのではない。歴史家も科学者も、哲学者と同様に多くの細部を捨象し、本質的なものにかかわり、合理的再構築に従事していると主張することができる。そうではなくて問題は本質的なものの同定にある。哲学に関心をもつ歴史家にとっては、どうも、科学哲学者は選び出したわずかの諸要素をしばしば全体と誤解しているように思えてならないのである。そして彼らは、それらの諸要素に、原理的に不適切な働きを無理にもたせようとし、しかもどのように抽象的に記述しようとも、実際にはそれらが行なっていない働きをもたせようとしているように、そのように歴史家には映るわけである。哲学者も歴史家も本質的なものを探究しているのではあるが、その研究結果はけっして同じものではないのである。

いまは欠けている要素を数え上げる場所ではないし、それらの多くについては以前の著作で論じたところである。ここで言っておきたいことは、歴史が、目下流行しているものとは違うような科学の合理的再構成の可能な源泉となっているその当のものは、歴史の何なのかということである。このためにはさらに、歴史は現代の哲学の多くが想定しているような企てそのものではないということをまず主張しておかねばならない。つまり、私の主張を簡単に言えば、ルイス・ミンクが「歴史理解の自律性」と巧みに呼んだところの事情である。

いまなお、歴史がたんなる年代記であり、事実を収集して、起った順序に並べたものにすぎないと考える人はいないと思う。歴史とは、了解を引き起すための説明の企てであるということは大方の人が認めるであろう。こうして歴史は事実を示すだけでなく、事実間の関係をも示さねばならない。しかし、この関係の本性についてもっともらしい説明を示した歴史家はまだいない。ところが最近、哲学者は事実間のこの空白を「カバー法則モデル」と呼ばれるものによって満たしている。これについて私が関心をもつのは、広く普及している特殊な見方の歴史像としてである。その歴史像は、歴史という専門分野を、法則のような一般命題を探究している人、特に哲学者や科学者や社会科学者の興味を引かない分野としてしまうのである。

カバー法則モデルの支持者によると、歴史叙述が説明的なのは、そこで述べられる出来事が、歴史家が意識的あるいは無意識的に近づいている自然と社会の法則に支配される限りにおいてである。叙述が始まる時点で得られている諸条件とカバー法則の知識とが与えられていれば、おそらくは途上に挿入される付加的な境界条件の助けを借りて、論述の主要部分の未来のコースは予言することができるはずだというのである。この主要部分が、そしてこの部分のみが、歴史家が説明したと言われうるものである。もしこの法則によって概略の予言しか得られないときには、叙述は説明ではなく「説明スケッチ」を与えたとよび、もしまったく予言が得られないなら、説明を与えないとよばれる。

明らかに、このカバー法則モデルは自然科学における説明の理論から取って歴史に適用されたものである。それが最初に展開された分野でのメリットはどうあれ、ここでの適用はほとんどまったく適《そぐ》わないと思う。歴史に適用可能な社会行動についての法則はきっとあるのだろう。それが生み出されれば、遅かれ早かれ歴史家はそれを使うだろう。しかし、この種の法則は主に社会科学の仕事であり、しかも経済学を除けばまだ少ししか掌中におさめられてはいない。すでに指摘したように、哲学者は一般に彼らが歴史家のものだとしている法則を社会科学者の著作物からえている。ここで付け加えたいのは、もし彼らが本当に歴史家の著作物から例を取れば、そこから彼らが引き出す法則は自明であると同時に疑わしいものともなるということである。たとえば「飢えた人びとは暴動を起こす傾向がある」といった例。もしこの「傾向がある」という語を十分強調すれば、たぶんこの法則は妥当であろう。しかし、そこからの当然の結果として、一八世紀フランスにおける飢餓の報告は、暴動のなかった最初の一〇年を論じた叙述にとっては、暴動が起こった最後の一〇年を扱ったものにくらべて、より本質的でないということになるのだろうか。

歴史叙述の真実らしさは、このように散在する疑わしい少数の法則の力に依存しているのではないに違いない。もしそうなら、その場合、歴史は実質的に何も説明していないことになるであろう。叙述のページを満たしている事実は、ごくわずかの例外の他は事実のための事実であって、相互にも、いっそう大きな目標にも無関係なたんなる窓飾りにすぎないものになろう。たとえ法則によって実際に互いに結びつけられる少数の事実があったとしても、それはつまらないものになってしまうであろう。というのは、「カバー」される限りにおいてであるというまさにそのことから、誰でも知っていること以上に付け加えるものはなくなってしまうだろうからである。私は、歴史家が法則や一般命題に近づかないと主張しているのではないし、法則が手元にある時にも使うべきではないと主張しているのでもないことを明らかにしておきたい。そうではなくて、私が主張しているのは、法則が歴史叙述にどれほど多くを付け加えたとしても、法則は歴史叙述の説明力にとって本質的ではないということである。歴史叙述の説明力は何よりも、歴史家が提示する事実と、歴史家がそれを並べる仕方によって支えられるのである。

私が哲学に傾いた物理学者であったあいだ、私の歴史観はカバー法則理論をとる人びとと似たようなものであったし、私のゼミナールの哲学の学生も似た仕方で歴史を見ることから始めるのがつねであった。私の考えを変え、またしばしば学生たちの考えを変えたものは、歴史叙述を組み立てる経験であった。この経験は決定的であった。歴史を学ぶことと作ることとの差異は、哲学を含む他の創造的な分野におけるこの違いよりもはるかに大きいのである。この経験から私は、他にもいろいろあるが特に、未来を予言する能力は歴史家の研究手段の受けもちではないと判断する。歴史家は社会科学者でもなければ予言者でもないのである。彼が執筆前に話の出発点と同様に結末をも知っているというのはたんなる偶然ではない。歴史はその情報がなければ書けないのである。ここでは、代わりとなる歴史哲学も歴史的説明の哲学も提出はしないが、少なくとも私は、歴史家の仕事のもっとよい描像と、その仕事が一種の了解を生み出すことができるのは何故なのかを示すことはできる。

仕事をしている歴史家は、四角い小片から成るジグソー・パズルをしている子供とは違っていると思う。歴史家のパズルの箱には余分な小片がたくさん入っているのである。彼がもっているデータないし得ることのできるデータは、あらゆるデータ（それが何の役に立とう？）というわけではないが相当の量のコレクションである。歴史家の仕事は、その中から並べ替えれば次のようなものを構成する諸要素となる一組を選び出すことである。すなわち、子供の場合ならば上手に並べればそれとわかる事物の絵となるようなもの、歴史家とその読者にとってならば、それとわかる動機や行動を含む真実らしい叙述となるようなものである。パズル遊びをする子供と同様、仕事をする歴史家は破ってはならない規則に支配されている。つまりパズルの中にも叙述の中にも空白の部分があってはならず、不連続性もあってはならない。もしこのパズルが田園風景を表わしているとすれば、人の足をヒツジの胴体につなぐことは許されないだろう。叙述においてでは、暴君的な帝王を眠りだけで慈悲深い君主に変身させることは許されないだろう。歴史家の場合には、子供には適用されない特別の規則がある。それはたとえば、叙述中の何ものも歴史家が話の筋の中から省略することにした事実に対し暴力を加えてはならない、といったようなものである。そのほか、筋書は歴史家が知っている自然と社会の法則に適合していなければならない。このような規則に違反することは、パズルや歴史家の叙述を拒絶する根拠とされてしまう。

しかし、このような規則はたんなる制限にすぎず、子供ないし歴史家の作業の結果を決定するものではない。どちらの場合も仕事を正しくなしとげたかどうかの基本的基準は、各小片が、たとえ以前に見たことがなくても、なじみ深い作品の形に適合しているという原始的な認識なのである。以前に子供はこれに似た絵を、歴史家はこれに似た行動パターンを、見たことがあったのである。この類似性の認識は、何に関して似ているのだろうかという問いへの答えに先立ってあるものなのだと私は思う。このことは合理的に理解できるし、おそらくコンピューター用にモデル化することすらできるものである（私はかつてこの種の試みをいくらかしたことがある）。にもかかわらず、類似関係 similarity relation は法則のような再定式化には耐えられない。それは総体的なものであって、類似関係自身よりもさらに原始的なただ一組の先行諸基準 prior criteria に還元するということはできないものなのである。つまり「もし二つのものAとBが特徴c・d・e・fを共有するならば、その場合のみAはBに類似する」というような形式の言明に置き換えることはできない。別のところで論じたことであるが、物理科学の認識内容 cognitive content は、成功した科学的業績の具体例ないしはパラダイム間の原始的な類似関係に一部依存している。その類似関係は、科学者がある問題の解を他の問題の解を真似て求めるとき、彼は、その過程が合法化されるためにはどのような特徴が保存されていなければならないかにまったく気づくことなくそれをしている場合の類似関係と同じである。ここで私が言いたいのは、歴史においては、そのようなはっきりしない総体的な関係は、それが結びつけている諸事実の全重荷を実質的に担っているのだということである。歴史がもし説明的なものだとすれば、それは叙述が一般法則にカバーされているからではなくて、「いまや私は何が起ったかがわかった」と読者が言うときには、それは同時に「いまやそれは意味をなす。私は了解した。以前私にとってたんなる事実の羅列であったものが認識可能なパターンとなった」と言っていることにもなるからである。読み手におけるこの経験は真剣に検討されるべきだと思う。

これまで述べてきたことは、言うまでもなく哲学的な省察と研究プログラムの初期段階であって、まだ問題の解ではない。諸君の多くがこのプログラムから予想する結果が私と異なるならば、それは諸君がこのプログラムの不完全さと困難さについて私以上に気づいているからではなくて、その実行がいかに徹底的に伝統との断絶を要求するかということに私ほど確信をもってはいないからである。しかしこの点についてはここでは論じないことにしよう。いま本題に立ち帰ることから脱線したのは私の確信を確認するためであって擁護するためではなかった。カバー法則モデルについて私が心配しているのは、それが雑多な事実の細部でギャップをうずめることによって、歴史家をできそこない《マンケ》の社会科学者にしてしまうことである。カバー法則モデルは、歴史家がそれとは別の彼自身の深淵な専門をもっているのだということ、歴史的理解には自律性（と完全性）があるのだということを認めにくくさせる。この主張がたとえいまはもっともらしく聞こえないとしても、この主張は私の主要な結論への道を用意しているのである。科学史家が資料を省察し、叙述を練り上げることから立ち現われたそのとき、彼は本質的なものに通じたのだと主張する権利をもっているだろう。だからもし「哲学者が無視している科学の諸側面に中心的な場所を与えるのでなければ、私は生き生きした叙述を作り上げることはできない。また哲学者が本質的だと考えるような要素を、私はいささかも見出すことができない」という人がいれば、その発言は傾聴に値しよう。なぜなら彼の主張は、哲学者によって再構築された企てはある本質的な点で科学ではないということなのである。

哲学者は歴史家の叙述構築をもっと真剣に受け取ることによっていったいどのような教訓を学ぶであろうか。私はこの講義をただ一つの総体的な例で終りたいと思っているが、その他の例については私の初期の著作を参照していただきたい。それらの例の多くは個別的事例の検討によるものである。圧倒的多数の歴史的著作は過程、つまり時間の中での展開、を扱っている。原理的には、展開や変化が哲学においても同様の役割を果すとは限らない。しかし実際的には、もしそれらが同様の役割を果すならば、哲学者の静的ともいえる科学観や、さらには理論構造とか理論確証とかいうような問題に対する見方も、大きく変わるはずであると、ここで私は主張したい。

例として、経験的法則と理論との関係をとり上げよう。この簡単なしめくくりの目的には、どちらもきわめて広く解することにしよう。別の箇所で強調しすぎたかもしれない数々の問題があるにせよ、経験的法則は、科学哲学の公認された伝統に相対的によく適合する。もちろん経験的法則は観察や実験と直接的につき合わせることができる。いまの問題点についてもっと詳しく言えば、経験的法則がはじめて登場するとき、それらは見かけ上の空白をうずめることによって、それまで欠けていた情報を提供することになる。科学が発達すると経験的法則は改良されるであろうが、後継者にとって元の説明は近似として残るのである。こうして経験的法則の効力は明白であり、もし失われても直ちに回復されることになる。要するに法則は、純粋に経験的である限り、知識への正味の付加物として科学に入り込むのであって、いったんそうなればけっして完全に取って代わられることはない。それは人びとの関心を失ったり、したがって引用されなくなってしまうこともあるであろうが、それはまた別問題である。繰り返すが、重大な困難が立ちふさがるのは、この見解の練り上げにおいてである。法則が純粋に経験的であるとはいったいどういうことなのかがもはや明らかではないからである。にもかかわらず、容認しうる理想化としてならば、経験的法則についてのこの標準的な説明は歴史家の経験にまさに適合している。

理論に関しては状況は異なる。公認された伝統は理論を法則の集積ないし幾つかの組として導入する。伝統は、その組の個々の要素が経験とつき合わせられるのは、組全体の演繹的結果を通じてのみであることを認める一方で、その後はできる限り密接に理論を法則に同一化しようとする。しかしこの同一化は歴史家の経験とうまく適合することはありえない。過去のある時期を調べるとき、歴史家は、後に経験的法則によって満たされるような知識の空白を見出すことがある。古代人は空気が圧縮可能なものであることを知ってはいたが、その容積と圧力との量的関係の規則性は知らなかった。もし問われたら、彼らはたぶんそれはわからないと認めたに違いない。しかし歴史家は、後の理論によって満たされる同様の空白をほとんど、あるいはまったく見出さない。当時アリストテレス自然学は、のちのニュートン物理学がそうだったように、近づきうるかつ考えうる世界を完全にカバーしていたのである。ニュートン物理学を導入するためには、アリストテレス自然学は文字通り排除されなければならなかった。さらにこのことが起ってから後、アリストテレス理論を回復しようとするために要する努力は、経験的法則の回復を要求するのとはまったく異種の諸困難に遭遇したのであった。歴史家はよく知っているように、理論というものは、理論どうしの間や自然との間で直接的に比較する目的のために、構成要素に分解するということはできないものなのである。それは分析的にまったく分解不可能だと言うのではなく、分析によって生み出された法則に似た部分は、経験的法則とは違って、このような比較において個々に機能することはないということである。

たとえば、アリストテレス自然学の中心的教義は真空の不可能性であった。現代の物理学者が彼に、今では真空に限りなく近い状態を実験室で随意につくることができると告げたとしよう。おそらくアリストテレスは、空気その他の気体をなくした容器は自分のいう意味での真空ではない、と答えるであろう。この答えが告げようとしているのは、彼の物理学での真空の不可能性というのはたんなる経験的事実ではないということなのである。いま反対に、アリストテレスが物理学者の主張に同意し、結局、自然には真空が存在しうると宣言したとしよう。そのとき彼は新しい物理学全体を必要とするのである。というのは、真空の概念は、彼の有限宇宙、その中における場所、自然運動の概念と、共に存し共に崩壊するからである。この意味でも、「自然には真空が存在しない」という法則類似言明 lawlike statement は、アリストテレス自然学の内部でまったく法則として機能してはいない。すなわち、残りの構造を持続したままでは、この種の言明をなくしたり改訂版に取り代えたりすることはできないであろう。

したがって歴史家にとって、少なくともこの場合には、理論はある本質的な意味で全包括的《ホリスティック》である。歴史家が知りうる限り、理論は（必ずしも科学的と安心して記述できる形でなくても）つねに存在するし、そのとき理論は（必ずしも正確でないことが多いが）あらゆる自然現象の全範囲をつねにカバーしているのである。この点では理論は疑う余地なく法則に似ていないし、理論が発達し評価される様ざまの仕方にはそれに照応する相違がかならずある。この評価の過程についてはほとんど分っておらず、選ばれた過去の理論を正しく再構築するようになるまでは、それ以上知ることはできない。現時点でそれを行なえるよう仕込まれている人は歴史家であって哲学者ではない。おそらく哲学者もそれを学ぶことはできるであろうが、その途上で、すでに述べたように彼もたぶん歴史家になることであろう。もちろん私はそれを歓迎したいが、その移行過程で自分たちの問題を見失うことになれば気の毒だし、その危険は十分にあると私は考えている。それを避けるために、私は科学史と科学哲学が別々の専門分野であり続けることを主張したい。必要とされることを生み出すものは、おそらく、結婚であるよりもむしろ活発な対話なのである。

第二章　物理学の発達における原因の諸概念*

科学史家が、児童心理学者の聴衆に対して物理学における原因概念の発達について話すよう求められたのは何故だろうか。第一の答えは、ジャン・ピアジェの研究を知っている者にとっては誰にも明らかである。児童の空間、時間、運動、さらには世界そのものについての概念といった主題に対する彼の鋭い研究は、初期の大人の科学者が抱いていたこのような概念とのあいだに著しい並行関係が存在することを繰り返し明らかにしたのであった。もし原因の観念 the notion of cause の場合にも同様の並行関係が存在するのであれば、その解明は心理学者にとっても科学史家にとっても興味深いものであるに違いない。

しかし、それとは別に、おそらく私という科学史家とこの児童心理学者のグループだけに通用するもっと個人的な答えもある。およそ二〇年ほど前、私は科学史とジャン・ピアジェの心理学研究とに、ほとんど同時に、はじめて知的な興味を抱いたのであった。それ以来両者は、私の心と私の仕事の中で、密接に相互作用を及ぼしあってきた。今はこの世にいない多くの科学者に対してどのような問いを立てるべきかについて私が知っていることのある部分は、生きている子供たちに対するピアジェの質問の検討から学んだものである。私がアレクサンドル・コイレにはじめて面会した際にその影響がどのような形となって現れたかを、私ははっきりと思いだすことができる。彼は他のどの科学史家にもまして私の師《メートル》とよぶにふさわしい。私が彼に、「私がアリストテレスの自然学 physics の理解の仕方を学んだのはピアジェの子供たちからです」と言うと、彼の答えは、「私にピアジェの子供たちの理解の仕方を教えたのはアリストテレスの自然学なのです」であった。この言葉から、私は学んだ事柄の重要性についての印象を確認することができた。因果性のように、まだ我々が一致点を見出しえないでいる領域においてさえ、私は誇りをもってピアジェの影響の打ち消しがたい足跡を認めるのである。

もし物理学 physics の科学史家が原因の観念の分析に成功するとするならば、彼が扱いなれている他のほとんどの概念にくらべて、原因概念は互いに関連しあう二つの点で異なっていることを認めるに違いないと思う。他の概念分析の場合と同じく、彼はまず科学者の会話や出版物の中において「原因 cause」とか「何故なら because」といった用語がどのように出現するかということから出発するに違いない。しかしこれらの言葉は、位置、運動、重さ、時間などの概念に関する用語とは違って、科学文献の中に規則的に出現するわけではない。規則的に出現する場合には、その文献はきわめて特殊なものである。M・グライズが別の理由によって述べたように、「原因」という用語は、第一義的には、物理学者のメタ科学的言語として機能するのであって、科学的言語としてではないと言いたくなるほどである。

これは、原因概念 the concept of cause が位置、力、運動というようなより典型的な専門概念 technical concepts よりも重要ではないということを意味するのではない。むしろ、これら二つの場合に、利用可能な分析手段がいくぶん異なった機能を果たすという意味なのである。原因の観念を分析する際には、科学史家あるいは科学哲学者は言語のニュアンスや振舞いに普段よりもずっと敏感になるに違いない。彼は、「原因」という用語の出現に注意を払うばかりではなく、そのような用語が用いられる特殊な状況にも注意を払うに違いない。逆にまた、彼は分析の本質的な側面を文脈の観察に基づかせるに違いない。なぜなら、明らかに原因が与えられているにもかかわらず、どの用語も文章全体のうちのどの部分が原因に言及しているのかを指示してはいないという文脈もあるからである。このようにして進んだ分析家は、分析が終了する以前に、おそらく次のような結論に達することになろう。原因の概念は、たとえば位置のような概念と比較して、本質的に言語学的かつ集団心理学的な要素をもっているのだと。

原因観念の分析におけるこの側面は、ピアジェ氏がこの会議の冒頭から主張していた第二の側面と密接に関係している。氏は、原因概念を、広義と狭義の二つの項目に分けて考察すべきであると述べている。私が理解するところでの狭義の概念は、押したり、引いたり、力を及ぼしたり、動力を発揮したりといったような、能動的な作動者の本来的に自己中心的な観念 egocentric notion に由来している。これは、アリストテレスの作用因 the efficient cause の概念にきわめて近いものであって、一七世紀に衝突問題の分析の際にはじめて専門的物理学において重要な役割を演じた概念であった。これに対して広義の概念は、少なくとも一見したところでは、非常に異なっている。ピアジェ氏はこれを一般的な説明概念として記述している。ある出来事の原因あるいは諸原因を述べるということは、それがなぜ起ったかを説明することである。原因は物理的説明の中に姿を現し、物理的説明は一般的に因果的である。しかしながら、以上のことを認めると、原因の観念を支配する諸基準のいくつかに本来的に備わっている主観性というものに再び遭遇することになる。科学史家も心理学者もよく知っているように、物理学や子供の発達のある段階において説明となっている一連の語句は、他の段階においては、おそらくたんに引き続く質問へと導くものにすぎないのである。リンゴが地面に落ちるのは万有引力によるのだというだけで十分なのだろうか、それとも引力自体の説明がなされるまで質問は止まないのだろうか。特定の演繹的構造は、因果的説明が妥当であるための必要条件ではあるが十分条件ではない。したがって、因果関係を分析する際には、因果的な質問の連鎖への後退を、強制《フォルス・マジュール》によることなく、終結へと到らせる特殊な答えは何かの問いを立てねばならないのである。

二通りの原因の意味が共存することはまた、まえに簡単に触れた諸問題をもう一つの問題で補強する結果ともなる。少なくとも部分的には歴史的な理由から、しばしば狭義の観念が基本的であるとみなされ、広義の概念は、しばしば無理矢理に、それに順応させられてきたのである。狭義の意味で因果的な説明は、いつも、作動者と受動者、原因とそれに続く結果を提供する。しかし、以下でいくつか検討するように、それ以前のどのような出来事や現象も、どの能動的作動者も、原因として現れることがないような自然現象の他の説明法もまた存在するのである。そのような説明を非因果的であると宣言してみても得るところは何もない（し、言語的な自然さが失われることにもなる）。そのような説明には、何かを補足すればそれが見落されていた原因であったと解釈されるようなものが、何も欠けているわけではないのである。しかも、なされた質問が非因果的であったと宣言されるわけでもない。もし、他の状況下でなされたなら、その質問は狭義に因果的な応答をよび起したに違いないのである。もし、自然現象について因果的な説明と非因果的な説明との間に境界線を引くことができたとするならば、それはここでは関心のないような些事に依存するということになろう。また、そのような説明を言語的あるいは数学的に変換して、それ以前のある状況を原因であるとして分離できるようにしたとしても何の役にも立ちはしない。おそらく、そのような変換はいつも（ときには、私と共に招待されたブンゲ氏の講演中で述べられた精緻な技法の一つによって）可能ではあろうが、それは変換された表現から説明力を奪ってしまうという結果になりがちなのである。

物理学における原因の観念の発展の四つの主要段階を図式的に要約しておけば、これまで述べた内容を裏づけることにもなり、また深めることにもなるであろう。同時にそれは、いくつかのより一般的な結論への道を準備することにもなると思われる。一六〇〇年頃まで、物理学の主要な伝統はアリストテレスによるものであり、原因の分析もアリストテレスによるものが支配的であった。しかしながら、アリストテレスによる原因分析は、彼の物理学が見捨てられた後も長いあいだ有用であり続けた。したがって、それはまず別個に検討しておくに値する。アリストテレスによれば、生成をも含めてあらゆる変化は四つの原因をもっている。すなわち、質料因 material cause、作用因 efficient cause、形相因 formal cause、目的因 final cause である。これらの四つは、原因の説明を求められたときのすべての型の答えを尽くしている。彫像の場合を例にとると、それが存在することの質料因は大理石であり、作用因は彫刻家の工具によって大理石に及ぼされた力であり、形相因は彫刻家が最初から心の中に抱いていた理想化された完成品の姿であり、目的因はギリシア社会の構成員が鑑賞することのできる美術品の個数の増加である。

原理的には、どのような変化もこれら四つのそれぞれの型の原因をもっている。しかし、実際には、有効な説明のために援用される原因の種類は、分野ごとに大きく異なっているのである。物理学という科学を考察する場合には、アリストテレス主義者たちは、通常、形相因と目的因という二つの原因しか援用せず、しかもこれらを一つに融合してしまうのがつねであった。もちろん、宇宙の自然秩序を乱すような暴力的な変化は、押したり引いたりといったような作用因に帰せられた。しかし、この種の変化はもはやそれ以上に説明することはできないと考えられていたので、物理学の外に置かれたままであった。物理学は自然秩序の回復と維持だけを扱い、それらは形相因だけに依存していた。こうして、石が宇宙の中心へと向って落ちるのは、その場所においてのみ石の本性あるいは形相が完全に実現されるからであり、炎が宇宙の周辺へ向って昇るのも同じ理由からであり、また天体は適所で規則正しく永遠に回転し続けることによってその本性を実現するのだとみなされていたのである。

一七世紀のあいだに、この種の説明は論理的な欠陥をもったたんなる言葉の遊びや同語反復であると思われるようになった。その評価はその後も続いている。阿片が人を眠らせる効力があるのは、それが「催眠効能」をもつからであると説明して物笑いの種になったモリエールの医者は、現在でもありふれた滑稽家とみなされ続けている。このような嘲笑は有効であり続けたし、一七世紀にはそれだけの理由もあった。けれども、この種の説明には何の論理的欠陥もないのである。アリストテレス主義者たちがそうしていたように、比較的に広範囲の自然現象を比較的に少数の形相によって説明できるのであれば、形相による説明は完全に満足のゆくものなのである。その説明が同語反復とみえるようになるのは、個々の現象がそれぞれ別々の形相の発明を必要とする場合だけである。完全に同種の説明は、ほとんどの社会科学の分野においてすぐに見つけることができる。思ったほどその説明が有効でないとすれば、難点は論理にあるのではなくて、配置された個々の形相にある。以下ですぐに示すように、このような形相による説明は、今日の物理学においてきわめて有効に機能しているのである。

しかしながら、一七、一八世紀においては、その果す役割はごくわずかであった。それ以上の分析を必要としないような単純な数学的規則性を、形相因であるとしばしばみなしたガリレオやケプラー以後、すべての説明は機械的であることが要求されるようになったのである。許されていた形相は、物質を構成する究極の粒子の形状と位置だけであった。位置の変化であれ、色彩や温度のような性質の変化であれ、あらゆる変化はある一群の粒子が他の一群の粒子に及ぼす物理的な衝撃の結果であるとして理解されねばならなかった。こうしてデカルトは物体の重さを、物体を構成する粒子群の上面に、周囲のエーテルが及ぼす衝撃の結果であると説明した。今や、押したり引いたりというアリストテレスの作用因が、支配的な変化の説明となったのである。粒子間に非機械的な相互作用を許していると広く解釈されているニュートンの著作でさえ、作用因の支配を弱めはしなかった。もちろん、彼の著作は厳密な意味での機械論を排したし、また彼による遠隔作用の導入は当時の説明基準を後退的に破っているとみなした多方面の人びとから彼は攻撃を受けた（この批判は正しかった。一八世紀の科学者なら現象の種類ごとに新しい力を導入することができたであろう。実際、数人の人びとはそうし始めていた）。しかし、ニュートンの力は一般的には近接作用力からの類推によって扱われていたし、説明の仕方ももっぱら機械論的であり続けていた。特に、電気、磁気、熱研究といった物理学の新分野では、一八世紀を通じて作用因による説明が広く行なわれていたのである。

しかしながら一九世紀の間に、それ以前に力学で始まっていた変化が、次第に物理学全体へと拡がっていった。この分野が次第に数学的になるにつれて、説明は適切な形相を提示することとそれからの帰結を導くことにますます依存するようになっていった。実質的にではないが構造的に、説明は再びアリストテレス物理学のそれになっていったのである。もし特定の自然現象の説明を求められれば、物理学者は適当な微分方程式を書き下し、たぶん特殊な境界条件と組み合わせて、それから問題にしている現象を引き出すであろう。次に彼は、きっと、微分方程式の選択の正当性についての吟味を求められることになろう。しかし、その吟味は特定の定式化 formulation に対して向けられるのであって、説明の型に対してではない。彼の選択が正しいにせよ正しくないにせよ、起ったことの説明を与えるのは微分方程式、つまり形相 form、であることには違いがない。説明として方程式はもはやそれ以上分割のできないものであって、重大な変更を加えないかぎり、能動的作動者や時間的に結果よりも先立っていて分離しうる原因をそこから取り出すことはできないのである。

一例として、なぜ火星が楕円軌道を描くのかという問題をとりあげてみよう。その解答としては、逆二乗則の引力で相互作用し合う二つの物体からなる孤立系に適用されたニュートンの運動法則が提示されることになろう。これらのどの要素も説明にとって本質的であるが、といって、その内のどれも現象の原因であるとは言えない。それらは説明されるべき現象よりも先立ってはいずに、むしろ同時であるか遅れているかである。また、もっと限定された問題、たとえば、火星がある特定の時刻に特定の位置にあるのはなぜか、という問いをとりあげてみよう。その解答は、先立つ時刻における火星の位置と速度を、先例の方程式の解に代入することによって得られる。これらの境界条件は、実際に、先立つ出来事を記述していて、その出来事は、説明されるべき出来事と、諸法則からの演繹によって結びつけられているのである。その先立つ出来事は無数の他の出来事で置き換えることができるのであって、それを後の特定の時刻における火星の位置の原因とよぶのは的外れである。もし境界条件が原因を提供しているとするならば、原因はもはや説明力を失ってしまうことになるのである。

これら二つの例は、もう一つの側面においても啓発的である。これらは、少なくともある物理学者から他の物理学者に対してならば、けっして尋ねることのない質問に対する答えなのである。上述において答えとして導入されたものは、より現実的には、物理学者が自分自身にあるいは学生に対して提出する問題の解なのである。もし我々がそれを説明とよぶとすれば、それは、いったんそれらが提示され理解されれば、もはやそれ以上に問うべき問いがなくなるからにすぎない。物理学者が説明として提供できるものは、もはやすべて与えられているのである。しかしながら、これときわめてよく似た問いが立てられるような他の文脈もあって、その文脈では答えの構造が異なっている。いま、火星の軌道が楕円ではないと観測されたり、あるいは、ある特定の時刻におけるその位置がニュートン力学における境界条件付きの二体問題の解による予言に完全には一致しないと観測されたとしよう。すると物理学者は、何が具合悪いのだろう、なぜ経験事実が予想に一致しないのだろうと問うことになる（あるいは、これらの現象が十分に理解される以前には実際に問うたのである）。そして、この場合の答えは、特定の原因——他の惑星からの万有引力——を実際に分離するのである。規則性 regularities とは違って、変則性 anomalies は狭義の原因の用語で説明されることになる。ここでも再び、アリストテレス物理学との類似が際立っている。形相因は自然秩序を説明し、作用因は秩序からの乖離を説明する。しかしながら、ここでは、規則性と同じく不規則性もまた物理学の領分に含まれているのである。

天体力学からのこれらの例と同様の例は、力学の他の分野や、音響学、電気学、光学、熱力学のような一八世紀末から一九世紀初めにかけて発達した主題からも引くことができる。しかし、いずれにせよ論点はすでに明らかであろう。だが、さらに強調すべきことは、これらの分野での説明において示されるアリストテレス的な説明との類似は、たんに構造上でのことにすぎないということである。

一九世紀物理学の説明において展開された形相は、アリストテレスのそれには全然似てはおらず、むしろ、一七、一八世紀に主要となったデカルト的、ニュートン的な形相の数学版であった。しかしながら、このような力学的な形相への限定が続いたのは一九世紀末までにすぎなかったのである。そのころ、電磁場についてのマクスウェル方程式が受け入れられ、かつ、これらの方程式は力学的なエーテルの構造から導くことはできないことが認識されるにつれて、物理学者が説明のために援用しうる形相のリストの項目は増し始めたのであった。

二〇世紀になって結果として生じたことは、物理的な説明におけるさらにもう一つの変革であり、今回は構造的ではなく実質的な変革であった。私とともに招かれているハルヴァックス氏はその詳細について多数指摘して下さった。ここでは、私はその非常に広範囲な一般化を多少試みるにとどめよう。電磁場は、数学的な方程式としてのみ記述しうる形相的な性質をもった基本的で非力学的な物理的存在としてであれば、物理学に対する場の概念のたんなる導入部にすぎなかった。現代の物理学者は他の種類の場の存在も認めていて、その数はいまも増加しつつある。その大部分は、一九世紀にはその存在が知られてさえいなかった現象を説明するために用いられているが、それればかりではなく、たとえば電磁気のように、以前は力の概念の領分であった分野においてさえ力にとって替った。一七世紀におけると同様に、以前は説明であったものがもはや説明ではなくなったのである。変化にまき込まれたのは場だけではなく、新しい性質や存在もである。物質もまた、力学的には想像もつかないような形相的な性質——スピン、パリティ、ストレンジネスなど——を帯び始めた。そのいずれもが、数学の用語でなければ記述できないものである。そして最後に、一見とても無しですませそうもない確率的要素の物理学への導入は、説明基準においてもう一つの徹底的な転換をもたらした。今日では、観測可能な現象、たとえばアルファ粒子が原子核から飛びだす時刻、についての十分に定式化された問いでありながら、科学によってはけっして答えることができないと物理学者が断言するような問いも存在するのである。それらの問いに答えられる理論があるとすれば、それがどのような理論であろうとも、それは量子論に何かを付け加えるというよりも量子論そのものをくつがえしてしまうことになるだろう。おそらく、後世における物理理論の転換は現在の見解に変更を加えるか、あるいはそのような問いの設定を不可能にしてしまうかもしれない。いまのところ、この因果的ギャップを欠陥とみなしている物理学者はほとんどない。この事実もまた、因果的な説明について我々に何かを教えているのである。

以上の簡単なスケッチからどのような結論が導かれるだろうか。最小限のまとめとしては以下のように言えるだろう。狭義の原因概念は一七、一八世紀の物理学における核心的な部分であったが、その重要性は一九世紀には減少し、二〇世紀においてはほとんど消滅してしまった。主な例外は、実際には当時の物理理論を破ってはいないにもかかわらず、みかけ上破っているかのようにみえる出来事の説明の場合である。これらの出来事は、変則性をもたらした特定の原因を分離することによって、つまり問題の最初の解で考察外にあった要素を見出すことによって説明される。しかしながら、このような場合を除けば、物理的説明の構造はアリストテレスが形相因の分析において展開した構造ときわめてよく似ている。結果は存在のいくつかの特定の固有の性質から導出され、その性質に説明がかかわるのである。これらの性質およびそれから導かれる説明の論理的状況は、アリストテレスの形相におけるそれに一致している。物理学における原因は再び広義の原因、つまり説明、へと移行したのである。

にもかかわらず、たとえ現代物理学がその議論の因果的構造においてアリストテレス物理学に類似しているとしても、今日の物理的説明に登場する特定の形相は、古代や中世の物理学に現れるそれらとは際立って違っている。これまで簡単に述べてきた範囲内でも、物理的説明として満足な機能をもつ形相の型において、二つの大きな移行があったことをみてきた。第一は（固有の重さあるいは軽さのような）質的な形相から力学的形相へ、第二は力学的形相から数学的形相へである。もっと詳細に述べれば、さらに細かい数多くの移行が姿を現してくるであろう。しかしながらこの種の移行は、簡潔でかつ独断的なものではあっても解説を要する一連の疑問を提起することになる。そのような説明基準の変更をもたらしたのは何か。その重要性は何か。新しい説明様式に対する古い説明様式の関係は何か。

このうちの最初の疑問に対して、私は次のように述べたい。物理学における新しい説明基準は、かなりの程度に新理論に寄生していて、新理論とともに生れるのだと。ニュートンによるそれのような物理学の新理論は、新見解のおかげでそれまで手に負えなかった問題が解決できるようになったことを認めはするものの、それが何かを説明したことにはなっていないと主張する人びとによって繰り返し排斥されてきたのである。新理論が有効であるという理由からそれを使うよう育てられた以後の世代は、新理論もまた説明力をもつとふつう認識するようになる。実用上における新理論の成功が、それに伴う説明様式の究極的な成功をも保証するように思われるのである。しかしながら、説明力が到来するにはかなりの時を要するかもしれない。多くの現代人の量子力学と相対論における経験は、新理論の正しさを深く確信していても、その説明力を認めるのには再訓練と慣れとがまだ不足していることを示唆しているのである。認めるようになるのは時を経てからでしかありえない。しかし、これまでのところでは必ずそうなってきたのである。

新理論に寄生しているからといって、新様式の説明が重要でないということにはならない。自然を理解し説明しようとする欲求が、物理学者の仕事の本質的な条件なのである。受容されている説明基準は、彼に、まだ解かれていない問題や、説明されていない現象を告げる役目を果す。そのうえ、科学者が従事している問題が何であろうと、その時々の説明基準は彼が到達しうる解の種類を強く条件づけるのである。どの時代の科学であろうとも、当時の研究者によって受容されていた説明基準を把握することなく理解することはできないのである。

物理学における原因の観念の発達における四つの段階をみてきたので、最後に、それらの継起における全体としてのパターンを見出すことができるかどうかを問うてみよう。現代物理学における説明基準が、たとえば一八世紀のそれよりも進歩しているとか、一八世紀のそれが古代や中世のそれよりもまさっていると言えるような意味合いは存在するだろうか。ある意味では答えは明らかにイエスである。各時代の物理理論は前代のそれよりもはるかに強力で精密であった。説明基準 explanatory canons は、物理理論そのものと全面的に結びついているのであり、必然的にこの進歩にかかわってきたはずである。科学の発達は、つねに、より精密な現象の説明を可能にしてきたのである。しかしながら、明白ないかなる意味においても、精密化されたのは現象だけであって説明ではない。理論の内部でこそ説明は機能を果しているわけだが、ひとたび理論から離れてしまえば、たとえば重力と中心へと向う内的傾向とはたんに違うものというだけにすぎず、場の概念と力の概念もたんに違っているというだけのことにすぎない。それらを援用する理論が何を説明できるかを度外視し、説明の手段としてそれら自体を考察すれば、物理的説明にとって許容できる出発点が前代よりも後代の方がより進歩しているとは思えない。説明様式における変革がむしろ後退的であるといえるような意味合いすら存在しているのである。その根拠は決定的というにはほど遠いが、科学が発達するにつれて、科学が説明のために援用する基本的に異なる形相の個数はどんどん増大してゆくように思われる、ということである。説明という観点からみれば、科学の簡潔さは時代とともに失われてきたといえよう。この命題の検討にはもう一つの論文が必要であろうが、その考察の可能性だけからも、ここのためには十分な結論が得られる。説明と原因の観念は、それだけを取り上げて研究した場合には、その出所である科学があれほど明白に示している知性の進歩について、何も明らかな証拠を示してはいないのである。

第三章　物理科学の発達における数学的伝統と実験的伝統*

科学の発達史を研究する者なら誰もが繰り返し出会う疑問がある。その一つの型は「科学は一つなのか、それとも多数あるのか」という疑問である。通常この疑問は、叙述構成の具体的な問題から生ずるが、科学史家が、広範囲に及ぶ書物や講義において、彼の主題の概観を求められたときにはとりわけ深刻となる。彼は個々の科学を、たとえば、数学から始めて天文学へ、次に物理学、化学、解剖学、生理学、植物学、等々へと一つずつとり上げるべきなのだろうか。それとも、科学史家の対象は個々の分野の寄せ集め的記述であるという考えを捨て、端的に《トゥ・クール》、自然についての知識だとみなすべきなのだろうか。そうなると彼は、可能な限りあらゆる科学的題材を同時に考慮に入れて、個々の時代に人びとが自然について何を知っていたかを調べねばならなくなり、さらに、一つのものとみなされた科学的知識の総体に対して、方法や思想的環境や社会全般の変化が影響する様子を追跡せねばならなくなる。

もっとニュアンスを込めた表現を用いれば、両方のアプローチは、長い伝統をもち一般的には交流不能な二種類の歴史記述の様式 historiographic modes なのだということができる。(1) 第一の方は、科学を個々別々の諸科学のせいぜい緩やかに結ばれた寄せ集めとして扱うもので、現場の科学者 practitioners が、着目する特定分野の過去における型の、実験的および理論的な、専門的内容 technical content を詳細に検討しようと執着することによっても特徴づけられる。これは重要な長所である。なぜなら、科学は専門的であるし、しかも諸科学の内容を無視する歴史は、しばしばまったく別の企てに関わっていて、ときには意図的に作りごとをしさえするからである。ところが、ある専門分野 technical specialty の歴史を描こうとする歴史家たちは、扱うテーマ topics を、対応する分野の最近の教科書で規定されるものに限ろうとするものである。たとえば、もしもその主題が電気学だとすれば、彼らによる電気的現象の定義は、しばしば現代の物理学によって与えられる定義に非常に類似したものとなる。それを携えて、彼らは古代、中世、近世の文献に適当な記述を捜し求めるのである。そして時おり、徐々に蓄積された自然認識の見事な記録ができ上がる。ところがその記録は、たいてい、哲学、文学、歴史、聖書、神話などの作品として書かれた種々の書物や手稿から引用されているので、このジャンルの叙述では、「電気的」と分類された項目のほとんど——稲妻、琥珀効果、しびれえい（電気うなぎ）等々——は、それらの記述がなされた当時に普通は関連し合うと思われてはいなかったという事実があいまいになってしまうのである。それらの叙述をいくら丁寧に読んでも、今日「電気的」とよばれている現象が一七世紀以前には一つの主題を構成してはいなかったのだという ことを読み取ることはできないし、またその時代にそのような分野を出現させた契機について、断片的なヒントすら発見できないのである。もしも歴史家の使命が、彼にとって関心のある時代にまさに存在した営みを扱うことであるとするならば、個々の科学分野の発達に関する伝統的な報告書はしばしばきわめて非歴史的だと言わざるをえないわけである。

もう一つの主要な歴史記述の伝統、つまり科学を単一の営みとみなす伝統に対しては、同じような批判は当てはまらない。たとえ特定の世紀や国民に関心を制限したとしても、そこで推定される営みの主題は、歴史的な分析によって明らかにするには、あまりにも広大であまりにも専門的な細部に依存しすぎ全体的にバラバラでありすぎることが分るのである。この結果、時おりなされるニュートンの『プリンキピア』やダーウィンの『種の起源』のような古典への儀礼的な表敬を除けば、科学を一つのものとみなす歴史家がその発達してゆく内容に関心を示すことはほとんどない。その代わりに彼らは、その中で科学が発達した知的、イデオロギー的、制度的な母体 matrix に関心を集中するのである。したがって現代の教科書の専門的内容は、彼らの主題と関連をもたない。さらに彼らの著作は、特にここ数十年、まったく歴史的、ときには非常に啓発的であった。科学における制度、価値観、方法、世界観の発達は、明らかにそれ自体が歴史研究の主題に値する。しかしながら、経験の語るところによれば、それはその専門家が通常期待するほどには、科学そのものの発達の研究と軌を一にしてはいないのである。一方におけるメタ科学的環境と、他方における特定の科学理論や実験研究の発達とのあいだの関係は、間接的で、不明瞭で、また議論の余地のある事柄である。

両者の関係の理解に対して科学を一つのものとみなす伝統が寄与することは、原理的にありえない。

なぜならそれは、その前提において、そのような理解の進行に不可欠な現象への接近を除外してしまっているからである。ある一時期にある特定分野の発達を促した社会的、思想的な関与が、他の時代にはそれを妨げることも時おりある。また、着目する時代を指定したとしても、ある科学分野の発達を促進した条件が、しばしば他の分野に対しては有害となったように思われる[2]。このような状況下で、実際の科学の発達を明らかにしようとする歴史家は、この両方の伝統の二者択一の間で、困難な中間的立場をとることが求められる。彼らは科学を一つのものとみなしはしないだろう。なぜなら、明らかにそうではないからである。しかし彼らはまた、今日の科学の教科書や今日の大学の学科編成にみられるテーマ分割を、当然のものともみなしはしないであろう。

　教科書や制度機構は、歴史家が求める自然な分割の有用な指標である。しかし、それらは、歴史家が研究するその時代のものでなければならない。他の資料とともに、それらはその時代における科学活動の種々の分野の、少なくとも予備的な、一覧表を提供してくれる。しかしながら、そのような一覧表を集めることは歴史家の仕事の手始めにすぎない。なぜなら彼らはさらに、そこで挙げられている活動分野のあいだの関係についても知らねばならないからである。たとえば、それらの間の相互作用の範囲や、当事者がある分野から次の分野へと移行したときの容易さの程度などである。このような調査は、その時代の科学的営みの複雑な構造の見取り図を次第に提供してゆく。そのような見取図のいくつかは、科学の発達に対して知的あるいは社会的なメタ科学的要素が及ぼす複合的な影響を調べるには不可欠である。しかし構造的な見取り図だけでは十分ではない。調べるべき影響は分野ごとに程度に違いがあって、その理解のために、歴史家は関心を寄せている分野における、ときには難解な、専門的営みをその代表的な部分だけでも調べざるをえなくなる。科学史であろうと科学社会学であろうと、関与する諸科学の内容に注目することなく有効な研究ができるようなテーマは、リストアップしてもきわめて少数なのである。

このような要求に応える歴史研究はまだほとんど開始されてはいない。このような探究が実り多いものだという私の確信は、私自身や他の誰かの新しい研究から生じたのではない。それは、いま述べたばかりの二つの交流不能な伝統からの、一見、両立不能な成果を総合しようとして、教師としての私が繰り返してきた試みから生じたものなのである。(3) そのような総合によるあらゆる成果は不可避的に、一時的で、部分的で、張りつめた緊張状態にあり、ときには現存する学問の限界を踏み越えさえする。けれども、このような結果の様相を包括的に提示すれば、私が諸科学間における自然分野区分の変化と言うときに何を意味していたのか、さらに、それにいっそう強い注目を払えば何が得られるのかを示唆することに資するであろう。以下で検討するようにこのような立場をより展開することによって明らかになる結果の一つに、近代科学の起源に関するすでにあまりにも長く続いた議論の根本的な再定式化がある。もう一つの結果は、一九世紀の間に近代物理学という分野を生み出すことを助けた重要な革新性を取りあげることである。

古典的物理諸科学

私の主題を一つの問いによって導入することにしよう。今日、物理科学の名でよばれている数多くの部門のうちで、すでに古代において専門家の継続的な活動の焦点となっていたのはどれだろう。その項目数はきわめて僅かなものとなる。天文学が、最も古く最も発達していた部分である。その分野の研究が空前の水準にまで進んだヘレニズム時代に、もう二つの分野、幾何光学と静力学（流体静力学を含む）とがそれに付け加わった。物理科学の諸分野のうちで、これら三つの主題——天文学、静力学、光学——だけが、古代における研究伝統の対象となった分野であり、その研究伝統とは、素人には近づきがたい用語や技法 techniques さらには当事者たちだけに排他的に向けられた文献の集積を特徴としている。今日においてすら、アルキメデスの『浮体について』(*Floating Body*) やプトレマイオスの『アルマゲスト』(*Almagest*) を読みこなすことができるのは、発達した専門的技量 technical expertise をもつ者だけなのである。熱現象や電気現象のような、後に物理諸科学に含まれるようになった他の主題は、古代を通じてたんなる興味深い類いの現象に留まり、一言触れるとか哲学的に考察や議論をするとかの主題にすぎなかった（特に電気現象はそのような類いに分類されていた）。もちろん秘伝を授けられた者だけに制限されたままでは科学の発達は保証されないが、それでも、いま述べた三つの分野は、それらを分離させる原因となった秘伝的な知識や技法を必要とするところにまな発達を遂げた部分であった。

で進歩していたのである。さらに、もし具体的で見かけ上は永遠な問題に対する解答の集積が科学発達の尺度であるならば、これらの分野だけが、物理諸科学となるはずのもののうちで、古代に明らかな発達を遂げた部分であった。

しかしながら、その時代に実践されたのはこれら三分野だけではなく、それらは他の二分野――数学と和声学(4)――と密接に結びついていた。この二つは、現在ではもはや物理諸科学とは通常はみなされていない。これら二分野のうちで、数学は天文学よりもさらに古く、しかもさらに発達していた。紀元前五世紀以後は幾何学が中心となり、それは実際の物理量、特に空間的量の科学と考えられ、それをめぐる他の四分野の性格規定に寄与するところが大きかった。天文学と和声学はそれぞれ位置と比率とを扱っていたので、文字通り数学的であった。静力学と幾何光学は、幾何学から概念と作図法と専門用語とを引き継ぎ、さらに表現上と研究上の両方において一般的に論理的な演繹的構造を幾何学と共有していた。驚くなかれ、このような状況下でユークリッド、アルキメデス、プトレマイオスのようにこれらのうちのある分野に貢献した人物は、ほとんど必ず他の分野にも同様の貢献をしているのである。このように、当時の発達水準はこれら五分野を自然な一群としたばかりではなく、解剖学や生理学のような他の高度に発達した古代の専門分野からそれらを分離した。単一のグループによって実践され共通の数学的伝統に関係していたので、天文学、和声学、数学、光学、静力学を、ここで古典的物理諸科学あるいはもっと簡単に古典的諸科学 classical sciences と分類することにしよう(5)。実際には、それらを別個の部門としてリストアップすることすら、ある程度は時代錯誤なのである。

以下で紹介する事実が示唆するように、ある重要な見地から言って、それらは単一の分野、つまり数学、として記述する方が適当である。

古典的諸科学の単一性のためにはもう一つの共通な特徴が前提となり、それはこの論文のバランスの上からも特に重要な役割を果すことになる。これらの五つの分野は、古代の数学をも含めて、先験《アプリオ》的《リ》というよりも経験的であった。しかし、それらが古代にかなりの発達をとげるために、実験はもとより、精密な観察すら必要ではなかった。自然界に幾何学を見いだすよう教育を受けた人物にとって、影、鏡、てこ、星や惑星の運動のようないくつかの比較的手近かでほとんどは定性的な観察が、しばしば強力な理論の練り上げに対する十分な経験的基礎となったのである。この広範な一般化に対する見かけ上の例外（古代における系統的な天体観測や、古代と中世における屈折やプリズム分光の実験と観察）は、次節で検討するように、ただこの一般化の中心的な論点を補強するのみである。古典的諸科学（いくつかの重要な意味で数学をも含めて）は経験的である。だが、その発達に必要なデータは、精密で系統的な場合もたまにはあるという程度の、日常観察が供給しうるような種類のものである。[6] このことが、この一群の分野がなぜそれほど速やかに発達しえたのかということの一つの理由となる。このような状況下では、この論文の表題にある実験的伝統の産物である第二の自然分野群の発達が、効果的に促進されることはなかったのである。

この第二の群を検討するまえに、第一の群が古代における発生の後にどのような発達をとげたかを簡単にみておこう。古典的諸科学の五分野はいずれも、九世紀以後イスラムで活発に研究された。しばしば、その専門的熟練の水準は、古代におけると同程度にまで達した。光学は特に発達し、数学の焦点は幾分ずれた。それは、ヘレニズム時代の幾何学中心の伝統の中で通常は注目されることのなかった代数学的な技法や関心の侵入によるものであった。西洋ラテン世界における一三世紀以後のこれら一般的に数学的諸分野の一層の専門的達成は、主に哲学的神学的な伝統に依存していて、重要な革新は主として光学と静力学とに限られていた。しかしながら、古代とイスラムの数学と天文学の集積のかなりの部分は保存され、時にはそれら自身のために研究されもした。やがてそれらは、ルネサンス期の間に再び継続的で探究心旺盛なヨーロッパ的研究の対象となるのである。[7]そこで再構成された一群の数学的諸科学は、そのヘレニズム時代の祖先によく似たものとなった。しかしながら、一六世紀の間にこれらの分野が実践されるにつれて、次第に第六のテーマの研究がそれらに付け加わった。部分的には一四世紀のスコラ学派による分析の結果として、場所運動 local motion（位置の変化）という主題が、一般的な質的変化という伝統的な哲学的問題から分離し、独立した研究主題となったのである。運動という問題は日常観察の産物であり、すでに古代と中世の哲学的伝統の中で高度に発達していた。それは一般的に数学用語で定式化されていたので、数学的諸科学の一群に無理なく適合し、その後はそれと結びついて発達した。

このように拡大された古典的諸科学は、ルネサンス以後、強く結合しあった集まりを構成し続けていった。実際、コペルニクスは彼の天文学上の古典を評価できる読者を指定して次のように述べている、「数学は数学者のために書かれているのだ」と。ガリレオ、ケプラー、デカルト、ニュートンは、数学から天文学、和声学、静力学、光学、さらに運動の研究へと、容易にしかもしばしば必然的に移行した一七世紀の大勢の人物のうちのほんの数人であったにすぎないのである。さらに、和声学という部分的な例外を除けば、これらの比較的数学的な諸分野どうしの緊密な結びつきは、ほとんど変化のないまま一九世紀初頭まで持続したのであった。つまり、もはや古典的諸科学だけが、継続的に詳細な吟味のもとにおかれる物理科学の一部ではなくなったずっと後まで続いたのである。オイラー、ラプラス、ガウスらが主に貢献した科学上の主題は、以前にニュートンやケプラーが解明したのとほとんど同一である。ほとんど同じリストが、ユークリッド、アルキメデス、プトレマイオスの仕事をも包含するのである。しかも、古代の諸先輩と同じく、一七、一八世紀にこれらの古典的諸科学を実践した人びとは、何人かの著名な例を除けば、実験や精密な観察の重要な成果をほとんどのこさなかった。およそ一六五〇年以後になると、これらの方法は、後に古典的諸科学の一部と強く結びつくことになる他の一群のテーマの研究に対しては、はじめて精力的に用いられるようになっていたのではあったのだが。

古典的諸科学について最後にもう一言述べて、新しい実験的方法を促進した活動を考察するための準備としよう。和声学を除く[8]あらゆる古典的諸科学は、一七、一八世紀に徹底的な再構成を受けたが、他の物理科学においてはそのような再構成はまったく生じはしなかった[9]。数学は、幾何学と「測量の技術」から、代数学、解析幾何学、計算法へと変貌をとげた。天文学は新たな中心である太陽に基づく非円形の軌道を獲得した。運動の研究は新しい完全に定量的な法則によって再構成された。また、光学は新たな視覚の理論と、屈折という古典的な問題に対するはじめて説得力のある解答と、根本的に変更された色彩の理論とを獲得した。静力学を機械に関する理論とみなせば、見かけ上は例外である。しかし、流体理論としての流体静力学は、一七世紀の間に、「大気の海」に関する空気力学へと拡張された。したがって、それもまた再構成された分野のリストに載せることができる。このような古典的諸科学における概念上の変貌を通して、物理諸科学はより一般的な西洋思想の変革へと加担していったのである。したがって、もし科学革命を観念についての変革であるとみなすならば、このような伝統的で準数学的な諸分野に生じた変化こそが、理解しようと努めねばならないことである。一六、一七世紀の間に、諸科学にはこの他にもきわめて重要な諸事実が生じた（科学革命はたんなる観念における革命ではなかった）が、それらはまったく別の、ある範囲までは独立な種類に属するものであることが判るであろう。

ベーコン的諸科学の出現

もう一群の研究分野の出現へと向かうにあたって、再び問いかけから始めることにしよう。今度は、標準的な歴史学文献の間で多くの混乱や不一致がみられる問いである。一七世紀の実験的研究活動において、もし新しいものがあったとすれば、それはいったい何だったのだろうか。ある歴史家たちは、感覚を通じて得られる情報の上に科学を基礎づけるという考え自体が新しかったのだと主張した。この観点によれば、アリストテレスは科学的な結論が公理的な第一原理から導かれると信じていたことになる。そして、ルネサンス末期に到るまで人びとは書物ばかりを研究していて、この権威から逃がれ自然を研究したことがなかったというのだ。しかし、この一七世紀的な誇張の残滓は馬鹿げている。アリストテレスの方法論的著作は、フランシス・ベーコンの著作と同程度に、精密な観察の必要性を主張する多数の節を含んでいるのである。ランドールとクロムビーは、一三世紀から一七世紀初めにかけて、観察と実験から堅実な結論を引き出すための法則を練り上げた中世の注目すべき伝統だけを取りあげて、研究している。(10) デカルトの『精神指導の規則』やベーコンの『ノーヴム・オルガヌム』はこの伝統に多くを負っていた。科学における経験主義原理 empirical philosophy は、科学革命当時には少しも目新しい事柄ではなかったのである。

他の歴史家たちはこう指摘する。人びとはたしかに観察や実験の必要性を信じてはいたであろうが、ただ一七世紀においてはそれ以前よりもずっと頻繁にそれらを行なうようになったのだと。そのような一般化は疑いもなく正しい。しかしそれは、古い型の実験と新しい型の実験との間の根本的な質的違いを見落しているのである。その主唱者の名にちなんでベーコン主義者とよばれる新しい実験的研究活動の実践者たちは、物理科学的伝統の中にある経験的要素をただ拡張し練り上げただけではない。彼らは違う種類の経験科学を創始したのであった。それは、その先行者と入れ替わったのではなく、一定期間は共存していた。古典的諸科学において実験や組織的観察が時おり果した役割の特徴を概観すれば、古い型の経験的実践と一七世紀におけるその対抗者との間の質的違いを際立たせるのに役立つであろう。

古代や中世の伝統の中にあっては、検討してみると、実は多くの実験が「思考実験」thought experiments であったことが判明する。つまり、心の中で可能な実験的状況を描いてみるが、その結果は日常の経験だけから十分に予言できるのである。他の実験、特に光学実験は、実際に行なわれていた。しかし、歴史家にとって、文献中で見出されたある特定の実験が思考実験だったのか実行されたものだったのかを見分けることはしばしばきわめて困難なのである。あるときには、そこに記載されている結果は今日の実験から得られるのとは違っているし、また他の場合には、必要とされている実験的手段は実在の物質や技法では作り出せなかったはずのものである。歴史の事実を決定する際の実際的な問題がこのようにして生じ、それはガリレオの研究者にもつきまとう。たしかに彼は実験をした。しかし彼は、中世的な思考実験の伝統を最高点にまで高めた人物としていっそう際立っているのである。残念なことに、彼がどちらの立場に立っていたのかはいつも明らかであるとは限らない。(11)

結局のところ、明らかに実行された実験は必ず次の二つの目的のどちらかをもっていた。あるものは、他の手段で前もって分っていた結論を立証することを意図していた。ロジャー・ベーコンは次のように書いている。原理的には炎が肉を焦がすことを推論することは可能であるが、心には誤りを犯す傾向があるから、炎に手をかざしてみた方がより決定的である、と。もう一方の実行された実験は、当時の理論によって提起された疑問に対して具体的な答えを与えることを意図していて、そのあるものは非常に重要であった。大気と水の境界における光の屈折に関するプトレマイオスの実験はその重要な例である。他の例としては、水を満たした球形容器に日光を通過させて色彩を発生させる中世の光学実験がある。デカルトやニュートンがプリズム分光の研究をしたときには、古代やさらにとりわけ中世のこの伝統を拡張していたのである。天体観測も密接に関連しあう特徴を備えている。ティコ・ブラーエ以前には、天文学者は組織的に天空を探索し惑星の運行を追跡したことはなかった。その代りに彼らは、天体の出 first risings や、衝 oppositions や、その他の標準的な惑星配置を記録した。それらの時刻や位置は天文暦を作成したり、当時の理論が要求する変数値 parameters を計算するのに必要だったのである。

この経験的様式を、ベーコンがその最も影響力ある提唱者であった様式に対比してみよう。ギルバート、ボイル、フックのようなその様式の実践者たちが実験をするときは、すでに分っていたことを立証したり、当時の理論の拡張に必要な細部の決定を目的としたりすることはほとんどなかった。その代わりに彼らは、それ以前には観測されず、しばしば存在すらしなかった状況下で、自然がどのように振舞うかを観察したいと考えた。彼らの典型的な成果は、広範な自然誌的、実験的な記録であり、その中には彼らの多くが科学的理論の構築の前提になると考えたさまざまなデータが集積されていた。それらの記録をよく調べてみると、その著者たちが思っていたほど実験の選択や設定が偶発的でなかったことが分る。おそくとも一六五〇年頃からは、それらを生み出した人びとは通常、ある種の原子論または粒子論哲学によって導かれていた。したがって彼らの好みの実験は、粒子の形、配置、運動を明らかにすると思われる実験であった。彼らがある種の研究報告をいくつか並置するやり方の基礎をなしている類推は、しばしばそのような形而上学的立場を表している。[12] しかし、一方における形而上学的理論と、他方における特定の実験との間のギャップは、最初は大きかった。多くの一七世紀の実験の基礎となった粒子論が、個々の実験の実行を要求したり、詳細な結果を示唆したりすることは、ほとんどなかったのである。このような状況下で、実験は高く評価され、理論はしばしばおとしめられた。両者の間に実際には生じていた相互作用は、通常は意識されてはいなかった。

実験の役割と位置づけに対するこのような態度は、新しい実験活動を古いものから区別する革新性のほんの第一歩にすぎない。第二の革新は、ベーコン自身が「ライオンの尻尾をたわめる」と表現したような実験を特に強調することである。それは自然を拘束し、人間による強制的な介入なしではけっして実現されないような条件下において、自然を提示してみせる実験である。穀類、魚、ネズミ、種々の化学物質などを、次々に気圧計や空気ポンプの人工的な真空中に置いてみた人物は、まさにこの新しい伝統の側面を表している。

気圧計や空気ポンプへの言及は、ベーコン的活動の第三の革新性に照明を当てる。おそらくそれは最も際立った特徴である。一五九〇年以前には、物理科学における器具上の装備は天体観測の道具に限られていた。ところが次の百年間には、望遠鏡、顕微鏡、温度計、気圧計、空気ポンプ、電気量計、その他の新しい実験装置が急激に導入・開発されることになった。この時代は、それまで実用的な職人の工房や錬金術師の隠れ家にしかなかったような化学実験の器具を、自然の研究者が急激に採用しだしたことによっても特徴づけられる。百年も経たないうちに物理科学に器具はつきものとなっていたのである。

このような著しい変化には、他のいくつかの変化が伴っていた。そのうちの一つは特に言及に値しよう。ベーコン的な実験家は思考実験をけなし、明確で情況的な報告を要求した。彼らの主張から生れたもののなかに、古い実験的伝統との間の、時にはユーモラスな対決があった。たとえばロバート・ボイルは、パスカルをその流体力学の著書に関して嘲笑している。その本では、原理についてはⅡ非の打ちどころがないにもかかわらず、多数の実験説明図がつじつま合わせに想像に基づいて作成されていた。パスカル氏は、二〇フィートもの深さまで水の入った桶の中に坐っている人物がどのようにして吸い玉を足で支えるのかを説明して下さらない、とボイルは不満を述べている。さらに、他のいくつかの実験に必要な精密な器具を作ってくれる超能力の職人をどこへ行けば見つけられるのかを教えてくれない、とも述べている[13]。ボイルが依拠していた伝統の文献を読むときには、歴史家はどの実験が実行されたかを見分けるのには何の困難もない。ボイル自身はしばしば立会人の名を挙げているし、ときには立会人の高潔さの証拠を挙げてさえいる。

ベーコン的活動の質的な革新性を認めるとすれば、その出現は科学の発達にどのような影響を与えたのだろうか。古典的諸科学の概念上の変革に対しては、ベーコン主義の寄与はごく小さかった。ある実験はたしかに寄与はしたのだが、それらはいずれも古い伝統に深く根差していたものばかりであった。ニュートンが「有名な色彩現象」を調べるために購入したプリズムは、中世の水で満された球形容器の実験に由来している。斜面は単一機械についての古典的研究からの借り物である。振り子は、文字通りには新案ではあったけれども、中世のインペトス〔いきおい〕の理論家たちが、弦の振動や、地球の中心を通過した落下物体が再び逆戻りする往復運動について考察した問題の最初でしかも新しい物理的具体化であった。気圧計が最初に考案され分析されたのは、流体静力学的器具としてであり、それは、ガリレオが自然の真空嫌悪の限界を「証明」した思考実験を実現するために設計された漏れ止めつき揚水用のポンプシャフトとしてであった。(14) さらに高真空が実現され、天候と高度によって水銀柱の高さが変化することが示されてはじめて、気圧計とその子供である空気ポンプとがベーコン的器具の陳列棚の仲間入りをしたのであった。

同様に忘れてならないのは、上述の実験はその影響力にもかかわらず同様の実験が他には皆無に等しかったことと、それらの特殊な有効性は、それらを呼び起した古典的諸科学における発達しつつあった理論との密接な出会いにすべてを負っていたということである。トリチェリの大気圧実験やガリレオの斜面の実験の結果は、かなりの程度に予知できるものであった。ニュートンのプリズム実験は、もし彼が新しく発見された屈折の法則に接する機会をもたなかったなら、色彩の理論の変革において、その伝統上の先行者たちよりも有効ではありえなかったはずである。屈折の法則は古典的諸科学の伝統内で、プトレマイオスからケプラーに到るまで、捜し求められ続けた法則であった。同じ理由で、この実験の影響力は、一七世紀の間に干渉、回折、偏光のような質的に新しい光学的効果を明らかにした非伝統的実験の影響力とは、際立った対照をなしている。後者は古典的諸科学の産物ではなく、またその理論と具合よく両立させることができなかったので、一九世紀初頭まで光学の発達に寄与するところはほとんどなかった。十分な限定——そのあるものはぜひ必要なのだが——を設けた上でなら、アレクサンドル・コイレとハーバート・バターフィールドは正しかったということになるだろう。科学革命のあいだの古典的諸科学の変革は、一連の予期されなかった実験的諸発見よりも、むしろ古くからの現象を新たに見直す見方に帰着させた方がより的確なのである。(15)

このような状況下で、コイレをも含む多くの歴史家は、ベーコン的活動はいかさまであり科学の発達にはまったく影響力をもたなかったと述べている。しかしながらこの評価は、彼らが時には耳障りなほどに反対した評価と同じく、科学を単一のものとする見方の産物である。たとえ古典的諸科学の発達にほとんど寄与しなかったにせよ、ベーコン主義はしばしばそれ以前の工芸 crafts に根差していた多数の新しい科学分野の出現をもたらした。磁気の研究はその一例であり、その初期のデータは水夫の羅針盤に関するそれ以前の経験に由来していた。電気は、鉄に対する磁石の引力ともみ殻に対するこすった琥珀の引力との関係を見出す努力から、産み出された。さらにこれら二分野はともに、引き続く発達を、もっと強力でもっと精巧な新しい器具の開発に負っていたのである。それらは典型的な新しいベーコン的科学である。ほとんど同様の一般化が熱の研究にも当てはまる。長い間、哲学的、医学的伝統内での思弁の対象であった後に、それは温度計の発明によって組織的研究の主題に転じた。化学はさらに複雑で異なった種類の場合となっている。その主要な器具、試薬、技法の多くは、科学革命のはるか以前に開発されていた。しかし一六世紀末まで、それらは主に職人、薬剤師、錬金術師の財産であった。工芸や手細工が再評価された後になってはじめて、それらは自然認識の実験的探索のためにいつも配備されているようになったのである。

このような分野や他の同様の分野が一七世紀の新しい科学活動の焦点であったのだから、その探求がほとんど著しい変革をもたらさず、それまで知られていなかった実験的事実を繰り返し見いだすという程度であったとしても、驚くにはあたらない。もし精密な予言を生み出せる無矛盾な理論の集積が発達した科学の尺度であるとするならば、ベーコン的科学は一七世紀と一八世紀の大部分を通じて未発達なままにとどまっていた。それらの研究文献と発達のパターンのどちらもが、同時代の古典的諸科学のそれよりもむしろ今日の多くの社会科学に見出されるものに似ている。しかし一八世紀中頃には、これらの分野の実験はより組織的となり、特に意外な新事実であると思われる選ばれた一群の現象へと次第に集中していった。化学においては置換反応と飽和の研究が新たに目立ったテーマとなった。電気では伝導とライデン瓶が、温度測定と熱の分野では温度と混合の研究があった。同時に、粒子やその他の概念が実験的研究のこれらの特定の分野に次第に適用されていった。化学親和力や電気流体とその雰囲気という考えは特によく知られた例である。

このような概念が機能した諸理論はしばらくの間は主として定性的であり、したがってしばしばあいまいであった。けれどもそれらは、一八世紀初頭のベーコン的諸科学ならば未経験であったような精密さをもって、個々の実験と照合できるようになってきた。さらに、そのような照合を許した精密化は一八世紀の最後の三分の一まで続き、次第に関連する諸分野の中心となっていった。それにつれて、ベーコン的諸科学は急速に古代における古典的諸科学と類似した地位を占めるようになったのである。電気と磁気はエピヌス、キャヴェンディシュ、クーロンの仕事によって、熱はブラック、ウィルケ、ラヴォアジエの仕事によって発達した科学となった。化学はもっと徐々にしかもあいまいにではあったが、ラヴォアジエによる化学革命までには発達した科学となっていた。次の一九世紀初頭には、一七世紀における質的に新奇な光学的諸発見が、光学というより古い科学へとはじめて同化された。このような出来事の発生とともに、ベーコン的諸科学はついに成年に達し、一七世紀の創始者たちの、方法論は必ずしもそうでないにせよ、信念が正しかったことを立証したのであった。

ほぼ二世紀にわたる成熟の間に、ベーコン的諸科学の一群はここで「古典的」と名づけた一群とどのように関係していたのであろうか。この疑問についての研究は、行なわれたというには程遠い状態である。しかし私の思うところではその答は次のようなものとなるだろう。その関係は大きくはなく、それもしばしばかなりの困難――知的、制度的、時には政治的な困難――を伴ってであった、と。一九世紀に到るまで古典的とベーコン的の二つの群は分離したままであった。荒っぽく言えば、古典的諸科学は「数学的」と分類され、ベーコン的諸科学は一般に「実験哲学」、フランスでは「実験物理学《フィジク・エクスペリマンタル》」とみなされていた。化学は依然として薬学、医学、種々の工芸と結びついていて、部分的には後者の群の一員であり、また部分的にはもっと実用的な特殊技能と結びついていた。(16)

古典的とベーコン的な諸科学の間の分離は後者の起源にまで追跡することができる。ベーコン自身は、数学のみならず、古典的諸科学の準演繹的構造全体を信用していなかった。当時の最良の科学をベーコンは認識しそこなっていたと嘲笑する批評家たちは、この点を見落しているのである。彼がコペルニクス主義を拒否したのはプトレマイオスの体系を選んだからではなかった。彼はむしろ両方ともども拒否したのであった。なぜなら彼は、そのように複雑で抽象的で数学的な体系は、どれであろうとも、自然の理解や制御に寄与することはあり得ないと考えたからである。実験的伝統におけるベーコンの後継者たちは、コペルニクス的宇宙観を受け入れてはいたが、古典的諸科学を理解したり追究したりするのに、必要とされる数学的技術や見識の獲得を試みようとすらほとんどしなかった。この状況は一八世紀を通じて持続した。フランクリン、ブラック、ノレはボイルやフックと同程度に明らかにそれを示している。

逆向きの影響関係はさらにずっとあいまいである。ベーコン的活動の原因が何であったにしても、それらはそれ以前に確立していた古典的諸科学に影響を与えてもいた。新しい器具はこれらの分野、特に天文学、にも導入された。データを報告したり評価したりする基準もまた変化した。一七世紀の最後の一〇年間には、ボイルとパスカルの対決のようなものはもはや想像すらできなかった。しかし、すでに述べたように、このような発達の影響は、古典的諸科学の性格の実質的な変化というよりも、むしろ僅かずつの精密化というべきである。天文学は以前から器具を用いていたし、光学は以前から実験的であった。望遠鏡を用いた定量的な観察の、裸眼での観察に対する相対的利点は、一七世紀を通じて疑わしいままであった。振り子を除けば、力学的器具は研究のためというよりも主に教育上の実演説明のためであった。このような状況下で、ベーコン的科学と古典的諸科学との間の思想的ギャップは、狭まりはしたものの、いかなる意味でも消滅はしなかった。一八世紀を通じて、確立されていた数学的科学の実践者たちが実験をすることはほとんどなかったし、新しい実験的な諸分野の発達に対して実質的な貢献をすることはもっとなかった。

ガリレオとニュートンは見かけ上はともにこの例外であり、両者ともども、古典的・ベーコン的精神の本性を明らかにしているが、じつは後者だけが本物の例外であった。リンチェイ・アカデミーの誇り高き会員として、ガリレオは望遠鏡、振り子脱進機、温度計の原型、その他の新しい器具をも開発している。明らかに彼はここでベーコン的とよんでいる活動の側面に重要な加担をしている。しかし、レオナルドの経歴でも示されているように、器具的・技能的な関心だけでは実験家とみなすには十分ではない。科学のそのような側面に対するガリレオの主要な態度は古典的な様式内にとどまっていた。ある場合には彼は、「私の知性のおかげで、私は自分が述べた実験をする必要がなかった」と宣言している。またある場合、たとえば水ポンプの限界を考察する場合には、彼は注釈もなしに当時の技術水準を超えた器具の使用に訴えている。ボイルによるパスカルの批判は同じようにガリレオにも当てはまるのである。このことから浮び上ってくるのは、古典的諸科学に対しては画期的な貢献をしたにもかかわらず、ベーコン的諸科学に対しては器具設計以外には何も貢献できなかったし、貢献しなかった人物の姿である。

英国のベーコン主義が絶頂に達した時期に教育を受けたニュートンは疑いもなく両方の伝統に関与した。しかし二〇年前にI・B・コーエンが強調したように、その結果として生じたのは二つのはっきりと分離したニュートンの影響の流れであった。一つはニュートンの『プリンキピア』へと溯られ、もう一つは彼の『光学』（*Opticks*）へと溯られる。[17] この見解は次の事実を考慮に入れると特別な意味を帯びてくる。『プリンキピア』は古典的諸科学の伝統内にきっぱりと納まるのだが、『光学』はけっして一義的にベーコン的だとは言えないのである。彼の主題は光学というそれまでに十分な発達をとげた分野であったが故に、ニュートンは実験を選び出して継続的に理論と照合することができたのであり、しかも、この照合によってこそ彼の成果は得られたのであった。ボイルの著わした『色彩の実験的記録』（*Experimental History of Colours*）には、ニュートンが彼の理論を基礎づけた実験のいくつかが含まれているが、ボイル自身は理論的な基礎づけを試みはせず、私の得た結果は追究に値する考察を示唆する、と述べただけで満足している。[18]『光学』第二巻にある「ニュートン環」を発見したフックもまた同じようにデータを集めただけであった。それに対してニュートンは、それらを選び出し利用して理論を練り上げた。それは、古典的伝統における彼の先輩たちが、日常経験から普通に得られるもっとありきたりな情報を用いた場合とよく似ている。『光学』の中の「疑問」（Queries）におけるように、彼が化学、電気、熱のような新しいベーコン的なテーマへと向かったときでさえ、発達してゆく実験的文献の中から、彼は理論的な争点を解明できるような特定の観察や実験だけを選び出した。光学におけると同じような深遠な成果は、これらの生れたばかりの分野では出現しようもなかったが、「疑問」の中に散見される化学親和力のような概念は、一八世紀のさらに系統的で選択的なベーコン主義の実践者にとっての実り多い源泉となった。したがって彼らは、繰り返し繰り返しそれらへと立ち戻っているのである。彼らが『光学』とその「疑問」に見出したものは、ベーコン的諸実験の非ベーコン的活用であり、それはニュートンにおける古典的諸科学の伝統への同時的な深い沈潜の産物であった。

しかしながら、ホイヘンスやマリオットのような大陸における一部の同時代人を除けば、ニュートンの場合は特例であった。彼の科学的研究は一八世紀初頭までに完成していたが、一八世紀を通じて、両方の伝統に重要な加担をした者は他にはいなかった。その状況はすくなくとも一九世紀に到るまで科学上の制度や科学者の経歴の系統に反映された。この辺りの問題についてはさらに多くの研究が必要であるが、次のような感想は研究が明らかにする大まかなパターンを示唆するであろう。少なくとも初等的なレベルでは、古典的諸科学は中世の大学の標準的カリキュラムの中で確立されていた。一七・一八世紀の間に、そのための講座数は増大していった。その職についた者およびフランス、プロシア、ロシアに新たに設けられた国立科学アカデミーに地位を得た者とが、発達してゆく古典的諸科学の主要な貢献者であった。彼らのうちの誰をもアマチュアとよぶのは適当ではない。にもかかわらずこの言葉はこれまでしばしば、一七・一八世紀の科学を担ってきた者全体に無差別に当てはめられてきている。しかしながら、ベーコン的諸科学の実践者は通常はアマチュアであった。例外は化学者で、彼らは一八世紀を通じて調薬業、産業、ある種の医学校などに職を得ていた。一九世紀後半になるまでは、他の実験的諸科学に対して大学は場所を提供していなかった。これら実験的諸科学に携わる者のなかには、種々の国立科学アカデミーに職を得た者もあったが、しばしば彼らは二流の構成員として扱われた。ニュートンの死以前から古典的諸科学が目立って凋落し出していた英国においてのみ、彼らは立派な人物として描かれていたのである。以下でこの対比をさらに明らかにしてゆこう。

この点でフランス科学アカデミーの例は教訓的である。その検討は同時に次節で述べる点の背景を提供するであろう。温度計や湿度計のようなベーコン的器具の設計と理論の両方への貢献で知られるギョーム・アモントン（一六六三－一七〇五）は、アカデミーにおいて研究生《エレーヴ》の地位より上ることはなかった。その地位で彼は天文学者であるジャン・ル・フェーヴルの下に所属していたのである。しばしばフランスに実験物理学《フィジク・エクスペリマンタル》を導入した人物として引用されるピエール・ポリニエール（一六七一－一七三四）は、公式にはアカデミーの仲間入りをしたことは一度もなかった。一八世紀の電気学のフランスにおける主要な二人の貢献者はアカデミー会員ではあったが、その一人のC・F・デュフェ（一六九八－一七三九）は化学の部門に所属し、他の一人のノレ神父は公式には機械技術《アール・メカニク》の実践者のために設けられた混成的部門のメンバーであった。そこでは、彼はロンドン王立協会の会員に選ばれてからはじめて階級が上がり、ビュフォン伯爵やフェルショー・ドゥ・レオミュールとともに出世したのであった。一方、有名な器具製作者であったアブラアム・ブレゲは、彼のために機械部門が設けられたほどの才能の持ち主であったが、一八一六年、六九歳になるまでアカデミーに職を得ることはなかった。その年に彼の名は国王の布告によって公文書に刻まれたのであった。

このような個人の場合が示唆するのと同じことは、アカデミーの組織構成によっても示されている。実験物理学《フィジク・エクスペリマンタル》の部門は一七八五年まで導入されず、そのときは数学部門（幾何学、天文学、力学とともに）に分類され、もっと手を使う自然科学《シアーンス・フィジク》（解剖学、化学と冶金学、植物学と農学、博物学と鉱物学）の部門にではなかった。後の一八一五年にこの新しい部門の名称が一般物理学《フィジク・ジェネラル》と変ったときも、しばらくの間そのメンバーの中に実験家はきわめて少なかった。一八世紀を全体として見渡せば、ベーコン的物理諸科学に対するアカデミー会員の寄与は、医師、薬剤師、工場主、器具製作者、巡回講師、独立生計者の寄与にくらべると僅かなものであった。ここでも例外は英国であり、そこにおける王立協会の会員は、科学を第一の主要な職業とする人びとよりも、むしろ上述のようなアマチュアが多数を占めていたのである。

近代科学の起源

ここで、しばらく一八世紀末から一七世紀中頃へと戻ってみよう。その頃、ベーコン的諸科学は懐胎期であり、古典的諸科学は急激に変革されつつあった。生命科学における変化と相ともに、これら二組の出来事は、いわゆる科学革命を形成する。その異常に複雑な原因を解明することはこの論文のどの部分でも意図してはいない。だが、説明すべき発達を細別してみると、原因の問題がいかに違ってくるかを指摘しておくことは、意味のあることであろう。

科学革命のあいだに変革されたのは古典的諸科学だけであったということは驚くべきことではない。この期間のずっと後になるまで、物理科学の他の諸分野はほとんど存在してすらいなかったのである。さらに、存在していた範囲内においても、それらは再構成するに足るだけの統一的で専門的な教説

technical doctrine の十分な集積を欠いていたのである。逆に、古典的諸科学が変革されたことに対する一連の理由は、それら自身のそれまでの流れの中にある。歴史家の間でもウェイトのかけ方は大きく分れてはいるが、コペルニクス、ガリレオ、ケプラーといった人物にとって、イスラムやラテンにおける古代の教説の中世的再定式化が非常に重要な意味をもっていたことを疑う者は、今ではほとんどいないのである。ベーコン的諸科学に対する同じようなスコラ的な根源の方は、グロステストの系統を引く方法論的伝統にそれを求める主張が時おりなされるにもかかわらず、私には見えて来ることはない。

科学革命の説明のために今日しばしば持ち出される他の多くの要素は、古典的およびベーコン的な諸科学の両方の発達に実際に寄与した。しかしそれは、両者にとって、しばしば異なった仕方で、異なった程度にであった。初期の近代科学が実践された環境における新しい知的要素——最初はヘルメス的な〔すなわち、錬金術、占星術、その他の秘法など中世的神秘主義の〕、後には粒子論的・力学的な要素——の影響は、そのような相違の最初の例である。古典的諸科学において、ヘルメス的活動はときには数学の地位を高めて自然界に数学的規則性を見出す試みを活発化させ、ときにはこのようにして見出された単純な数学的形式を、形相的な原因 formal causes あるいは科学的因果の連鎖の端末、として認可した。(19) ガリレオもケプラーも、このように数学が次第に存在論的な役割を果すようになる例を提供している。しかもケプラーの場合には、第二のさらに超自然的なヘルメス的影響もまた示している。ケプラーやギルバートから、弱められた形となりながらもニュートンに到るまで、ヘルメス思想において主要な役割を果した自然物どうしの共感や反感 natural sympathies and antipathies が、それまで惑星をその軌道に留めていたアリストテレス的天球の崩壊によってもたらされた空白をうめる手助けとなったのであった。

一七世紀の初め三分の一より後にはヘルメス的神秘主義は次第に拒否されるようになり、依然として古典的諸科学内においてではあったが、その立場は古代の原子論に由来するあれこれの形の粒子論哲学 corpuscular philosophy によって急速にとって代られることになった。巨視的あるいは微視的な物体間の引力や斥力はもはや好まれず、ニュートンに対する多くの反対の源泉となった。しかし粒子論の要求する無限に広い宇宙内には特別の中心や方向はありえようもなかったので、自然な持続的運動は一直線上にしか起りえず、それは粒子間の衝突によってしか乱されえなかった。デカルト以後、そのような新しい観点は直接的にニュートンの運動の第一法則〔慣性の法則〕へ、さらに——新しい問題である衝突の研究を通じて——第二法則〔力積＝運動量変化の法則〕へもまた導いた。古典的諸科学の変革の一つの要素は、明らかに最初はヘルメス的な、後には粒子論的な新しい知的環境であり、その中で一五〇〇年以後古典的諸科学は実践され続けてきたのであった。

同じ知的環境がベーコン的諸科学にも影響したが、それはしばしば違う理由で違う仕方でであった。ヘルメス主義による超自然的共感の強調は、疑いもなく、一五五〇年以後において磁気と電気に対する興味が増大しつつあったことを説明する手助けとなる。同様の影響が、パラケルススの時代からファン・ヘルモントの時代に到るまで、化学の地位を向上させもした。しかし今日の研究がますます示唆するところでは、ヘルメス主義がベーコン的科学やおそらくは科学革命全体に与えた主要な貢献物は、自然を操縦し制御しようとした魔術師というファウスト的な人物像であり、しばしば巧妙な仕組み、器具、機械装置の助けを借りていた。フランシス・ベーコンを、魔術師パラケルススから実験的哲学者ロバート・ボイルへの転換点の人物として認めることは、新しい実験的諸科学が発生した仕方の歴史的な理解における変革に対して、近年、他の何よりも多くをもたらした[20]。

このようなベーコン的諸科学にとっては、同時代の古典的諸科学とは違って、粒子論主義に移行することによる効果はあいまいである。それが、たとえば天文学や力学よりも、化学や磁気のような主題において、ヘルメス主義が長く続いた第一の理由であった。砂糖が甘いのは丸い粒子が舌を慰撫するからだと宣言してみても、それは砂糖に甘味の効力 potency を帰することよりも明らかな進歩とはいえないのである。一八世紀の経験が示すこととなるように、ベーコン的諸科学の進歩は、しばしば親和力やフロギストン〔可燃性物質がもつとされた物質元素〕のような概念による先導を必要としたが、それらの概念はヘルメス的活動における自然物どうしの共感や反感と範疇的には近いものであった。しかし粒子論は実際に実験的科学を魔術から分離し、必要な独立性を高めた。さらに重要なことに粒子論は実験に対する理論的解釈を提供したが、それはアリストテレス主義やプラトン主義のどの形も行なうことができなかったことであった。科学的説明において支配的であった伝統は形相的な原因や本質の特定を要求してはいたが、自然な過程の出来事が提供するデータだけが当を得たものとされていた。実験をしたり自然を拘束したりすることは自然に暴力を振うことであり、したがって「自然物」

natures それぞれの役目や万物をそのようにあらしめている形相を隠すことでもあった。ところが粒子論的な宇宙においては、実験は科学にとって明らかに当を得たものであった。実験をすることが、自然現象の発する源である力学的な条件や法則を変えることはありえなかったし、またそれらを特に明らかにするものだと思われていた。これこそベーコンが、鎖でつながれたキューピッドの喩えに繰り返し結びつけた教訓であった。

もちろん新しい知的環境だけが科学革命の唯一の原因ではなかった。その説明のために最もしばしば持ち出される他の諸要素が説得性を獲得するのも、やはり、古典的諸分野とベーコン的諸分野のそれぞれが別個に検討されたときである。ルネサンスの間に中世の大学による学問の専有は徐々に崩壊していった。新しい富の源泉、新しい生活様式、新しい価値観が結びついて、それまで職人や細工師として分類されていたグループの地位は向上していった。印刷術の発明と復活された古代文献の追加とによってグループのメンバーは科学的、専門的遺産に接近できるようになった。それまでこの遺産の利用は、できたとしても聖職者の大学構内においてだけであった。ブルネレスキやレオナルドの経歴に要約されているような一つの結果は、一五・一六世紀における職人ギルドの中からの芸術家－技術者 artist-engineers の出現であり、彼らの専門は絵画、彫刻、建築、築城、水利、兵器や建造物の設計などに及んでいた。ますます混み入ってゆくパトロン組織の庇護下で、これらの人びとはルネサンス宮廷や後には時おり北ヨーロッパの市庁舎の雇い人であり、同時にますます栄光の看板でもあった。彼らのある者は非公式な人文的サークルに所属し、そこでヘルメス的文献や新プラトン的な文献に接した。しかしながらこれらの文献は、新しい洗練された学問の担い手としての彼らの地位を公認させた主要なものではなかった。主要なのはむしろ彼らの才能であり、彼らがウィトルウィウスの『建築書』(*De architectura*)、ユークリッドの『幾何学』と『光学』、アリストテレス門下の『機械学の諸問題』さらに一六世紀中頃以後にはアルキメデスの『浮体について』、ヘロンの『気体学』(*Pneumatica*) などの著作を調べ、適切に解説したことであった。[21]

科学革命に対するこの新しいグループの重要性は議論の余地がない。ガリレオは種々の側面において、シモン・ステヴィンはあらゆる意味でその落し子であった。しかし強調すべきことは、そのメンバーが利用した文献や彼らが主要に影響を及ぼした諸分野がここで古典的とよんでいる一群に属していることである。芸術家として（遠近法）であれ、技術者として（構築や水利）であれ、彼らが主に開発したのは数学、静力学、光学に関する成果であった。程度はより低かったが、天文学もまた時おり彼らの守備範囲内に入った。ウィトルウィウスの関心事の一つは精密な日時計の設計であったが、ルネサンスの芸術家‐技術者たちは時おりそれを他の天体観測器具の設計にまで拡張した。

点在的に発生していたにすぎなかったものの、これら古典的諸科学に対する芸術家‐技術者の関心は、それらの再構成における重要な要素であった。たぶんその関心がブラーエの新しい器具の源であったし、またガリレオの物質強度や揚水ポンプの限界力への関心の源でもあった。後者は直接トリチェリの気圧計へと結びついた。議論の分れる点ではあるが、特に砲術に促された軍事技術的な関心 engineering concerns の助力を得て、場所的運動という問題は変化というより広い哲学的問題から分離したのであろう。同時に技術的な関心によって、数は幾何学的な比例よりも、その引き続く探究に不可欠のものとなったのであった。これらおよびそれに関連する主題が、フランス科学アカデミーに機械技術《アール・メカニク》の部門が置かれ、その部門が幾何学や天文学の部門と同列に分類されるようになったきっかけのひとつなのである。それ以後機械技術の部門はベーコン的諸科学の本拠となることはなかったが、このことはルネサンスの芸術家-技術者の関心事の中に、染色、織布、ガラス製造、航海術のような技芸における非機械的、非数学的側面が含まれてはいなかったことと対応している。しかしながらこれらこそ、新しい実験的諸科学の発生においてあれほど大きい役割を果したまさに、その技芸だったのである。ベーコンによるプログラム的な声明からこれらの自然誌 natural histories すべてが生まれ、非機械的技芸 nonmechanical crafts の自然誌のいくつかが書かれたのであった。

機械的技芸と非機械的技芸を分析的に分離すること自体がはたして有用なのかどうかについて、現在まで示唆されたことがない以上、以下の部分はこれまでにまして試験的なものとならざるをえない。にもかかわらず、学問的関心の主題となった時期には、非機械的技芸の方が機械的技芸よりも後のことという違いがあったように思える。おそらく、最初はパラケルスス的態度によって促進され、非機械的技芸への学問的関心の確立はビリングッチョの『火工術』(*Pyrotechnia*)、アグリコラの『デ・レ・メタリカ』(*De re metallica*)、ロバート・ノーマンの『新引力』(*Newe Attractive*)、ベルナール・パリッシの『驚くべき物語』(*Discours*) などの著作の中で示され、最も早いものは一五四〇年に出版されている。機械的技芸がそれ以前に築いていた地位は、疑いもなくこのような本の出現を説明する手助けとなろう。それにもかかわらず、これらの書物を生み出した活動は別個のものであった。非機械的技芸の実践者の中でパトロンの庇護を受けたり、一七世紀末以前に職人ギルドの領域内から逃げ出すことに成功した者は、ほとんど皆無であった。誰も、重要な古典的文献の伝統に訴えることはできなかった。この事実が、準古典的なヘルメス的文献や魔術師的人物を彼らにとって、古典的機械的諸分野における彼らの同時代人にとってよりも、重要なものとしたのであった。[22]化学における薬剤師や医師の場合を除けば、実践的活動がそれについての学問的議論と結びつくことはほとんどなかった。しかしながら、ベーコン的諸科学の発達に必要なデータを提供した化学やその他の非機械的技芸に関する著作を残した人びとの中には、不釣合いな人数で、医師がまさに登場するのである。アグリコラやギルバートはその最初期の最良の例となっている。

それ以前の技芸にルーツをもつこれら二つの伝統の違いは、さらに他の事柄を説明する手助けともなる。ルネサンスの芸術家‐技術者たちは社会に役立ち、彼らはそのことを知っていて時にはそれに基づく要求もしたけれども、その著作における実利的要素は、非機械的技芸を職業とする人びとの著作にくらべれば、それほど持続するものでも、また声高くもなかった。レオナルドが、自分の発明した機械的からくりが実際に建造されたかどうかにいかにこだわらなかったかを思い出してみよう。また、ガリレオ、パスカル、デカルト、ニュートンの著作をベーコン、ボイル、フックの著作と比較してみよう。実利主義は両方のどちらの著作にもありはするものの、第二の群においてだけ中心的なのである。この事実は、古典的諸科学とベーコン的諸科学の間の最後の大きな違いに対する手がかりを与えよう。

一七世紀末までに色とりどりの制度的な基盤を見出した化学を別とすれば、ベーコン的諸科学と古典的諸科学は遅くとも一七〇〇年以後は異なった国家的環境の中で栄えた。ヨーロッパのほとんどの国で両者の実践者を見出すことができる。しかしベーコン的諸科学の中心は明らかにイギリスであり、数学的諸科学のそれは大陸、特にフランスであった。ニュートンは、一九世紀中頃以前において、ベルヌーイ、オイラー、ラグランジュ、ラプラス、ガウスなどの大陸の人物と比肩しうる最後のイギリスの数学者であった。ベーコン的諸科学においては、この対比はもっと以前から始まり、もっとあいまいであった。しかし、ボイル、フック、ホークスビー、グレイ、ブラック、プリーストリに匹敵するような声望をもつ大陸の実験家を見出すことは、一七八〇年代以前には困難である。さらに、その点で最初に思い浮かぶ人びとはオランダとスイス、特にオランダに集まりがちである。ブールハーヴェ、ミュッシェンブレーク、ドゥ・ソシュールは皆その例である。[23] この地理学的パターンについてはさらに系統的な研究を必要とする。しかし、もしベーコン的諸科学と古典的諸科学の間の相対的な人口比や、特に相対的な成果を比較するならば、おそらく驚くべき結果が得られるであろう。そのような研究はまた、上述した国家的違いは一七世紀中頃以後にはじめて出現し、引き続く世代とともに少しずつ顕著になっていったことも示すであろう。一八世紀におけるフランス科学アカデミーと王立協会の活動の間の違いは、一七世紀イタリアのアッカデミア・デル・チメント〔フィレンツェでガリレオの弟子たちによって運営された学会。チメントは実験の意味〕、フランスのモンモール・アカデミー〔ガッサンディが中心となって運営した学会。モンモールは後援した貴族の名〕、イギリスの「見えざる《インビジブル・》大学《カレッジ》」〔王立協会の母体となったロンドンやオクスフォードにおける非公式の研究者集団を指してボイルが用いた言葉〕の活動の間の違いよりも大きいのではないだろうか。

科学革命についての数多くの対立し合う説明のうちで、ただ一つだけがこのような地理的相違に対する手がかりを与えてくれる。それはいわゆるマートンのテーゼであり、以前にウェーバー、トレルチ、トーニーによって唱えられた資本主義出現の説明を科学について発展させ直したものである[24]。その主張するところによれば、初期の福音主義的な改宗期の後に定着したピューリタンあるいはプロテスタントの社会は、科学の発達に特に適した「エートス〔気質〕」ethos や「倫理」ethic を提供した、というのである。その主要な構成要素の中には、強い実利的な要求、手細工や手操作をも含んだ労働に対する高い評価、個々人自身を第一に聖書の、第二に自然の解釈者たらしめようとする体系への不信があった。そのようなエートスを特定することの困難や、それがプロテスタント全体に帰せられるのかそれとも特定のピューリタンの宗派だけに帰せられるかの判定の困難については、他の人びとはどうあれ、ここではしばらく措くとして、この観点の主要な欠陥はいつもそれがあまりにも多くを説明しようと企てることであった。たとえばベーコン、ボイル、フックにはこのテーゼが当てはまるとしても、ガリレオ、デカルト、ホイヘンスには当てはまりはしない。いずれにしろ福音主義以後のピューリタンやプロテスタントの社会が、科学革命がかなり進んだ時期までどこかに存在していたのかどうかは、とても明らかとはいえないことである。マートンのテーゼは議論の余地があることは、いうまでもない。

しかし、もしそのテーゼを科学革命全体へではなく、ベーコン的科学を推進した活動へと当てはめるならば、その魅力はずっと大きいものとなる。手先や器具の技術を通じての自然支配へ向かうその活動の最初のいきおいは、疑いもなくヘルメス主義に助けられていた。しかし、一六三〇年代以後の科学においてだんだんとヘルメス主義に取ってかわった粒子論哲学は、そのような価値観をもってはいなかったにもかかわらず、ベーコン主義は栄え続けたのである。それが特に非カトリック国においてであったということは、科学にとって「ピューリタン」とか「エートス」とかが何を意味するのか、は依然として探究に値するのだということを示唆している。二つの孤立した伝記的情報の断片がその問題を特に興味深くさせるだろう。ボイルの二番目の空気ポンプを作製し加圧式調理器を発明したドニ・パパンは、一七世紀中頃の迫害でフランスを追われたユグノーであった。一八一六年にフランス科学アカデミーに連れて来られた器具製作者アブラアム・ブレゲは、ヌーシャテルからの移民であり、そこへ彼の一家は以前、ナントの勅令〔新教徒に対する寛容王令〕の廃止後に逃がれて来たのであった。

近代物理学の発生

私の最後のテーマはエピローグ、つまり今後の研究によって発展され廃止されるべき立場の一時的なスケッチとなるであろう。しかし、一八世紀末に到るまで古典的諸科学とベーコン的諸科学の一般的には別個の発達を追跡してきたので、少なくとも、次に何が起きたのかは尋ねなければなるまい。誰であれ今日の科学の情景に親しんでいる者なら、物理科学はもはやここでスケッチしたパターンに合致してはいないことを見出すであろう。この事実はそのパターン自身を見えにくくしてしまっている。この変化はいつどのようにして生じたのだろうか。また変化の性格は何だったのだろうか。

答の一部は次の点であろう。一九世紀の間の物理科学は、すべての学問的職業が経験した急速な発達と変革に加担したということである。医学や法学のような古くからの分野は、それまであったよりもさらに厳格で知的規範 intellectual standards がさらに排他的な、新しい制度的形態を獲得した。科学においては、一八世紀末以後、学術誌や学会の数は急速に増大し、それらの多くは、伝統的な国立アカデミーやその出版物とは違って、個々の科学分野内に限られるようになった。数学や天文学のような長く続いた専門分野はじめてそれら自身の制度的形態をもつ職業となった。(25) 同様の現象は、ごくわずか、しかも遅々たるペースであったが、より新しいベーコン的諸科学にも生じた。その一つの結果として、それまでそれらを一つにまとめていた紐帯がゆるむこととなった。特に化学は遅くとも世紀中頃までには独立の知的職業となっていた。それは依然として産業や他の実験的分野と紐帯を保ってはいたが、今やそれらとは区別される独自性を獲得したのである。部分的にはこのような制度的理由によって、また部分的には化学研究に対する、まずドルトンの原子論から、次に有機化合物に対する興味の増大からの影響によって、化学的概念は他の物理科学で用いられるものから急速に分離していった。それにつれて、熱や電気のようなテーマは次第に化学から締め出され、実験哲学 experimental philosophy あるいは勃興しつつあった物理学 physics という新しい分野へとゆだねられた。

一九世紀の間の変化の第二の重要な源泉は、それまで数学として了解されていた内容が徐々に変っていったことである。たぶん、世紀中頃までは、天体力学、流体力学、弾性論、連続体と不連続体の振動のようなテーマが職業的な数学研究の中心であった。七五年後には、それらは「応用数学」となり、それはこの分野の中心となった「純粋数学」というもっと抽象的な関心事からは独立した通常はもっと地位が低いとされる関心事となる。天体力学のようなテーマやさらに理論電磁気学のようなテーマの講座すら、まだ時おりは数学科のメンバーによって教えられはしたが、それらはサービスとしての担当講座であり、その主題はもはや数学的思考の最先端 frontier ではなくなった。(26) 結果として生じた数学と物理諸科学の研究の分離という問題は、分離そのものについても、物理諸科学の発達に対する分離の影響についても、もっと研究されなければならないと思う。この分離は国家ごとに違う様式で違う割合で生じ、以下で議論するようにその他の点でも国家間の違いを発達させる要素となったので、なおさら研究が必要である。

この論文で考察するテーマと特に関連が深い第三の変化の様相は、一九世紀の最初の四半世紀において驚異的な速さで進行したいくつかのベーコン的諸分野の完全な数学化であった。今日の物理学の主要内容を構成するテーマのうちで、一八〇〇年以前に高等な数学的熟練を要した分野は力学と流体力学だけであった。それ以外では幾何学と三角法と代数学の初歩だけでまったく十分であった。二〇年後には、ラプラス、フーリエ、カルノーの業績によって、いっそう高級な数学が熱の研究に不可欠になった。ポアソンとアンペールは同様のことを電気と磁気についてなし、ジャン・フレネルと彼の直接の後継者は同様の影響を光学の分野に与えた。彼らの新しい数学的理論がモデルとして受け入れられるにつれて、はじめて現代物理学と同じような内容をもつ職業が諸科学の仲間入りをしたのである。その出現には、それまで古典的諸科学とベーコン的な諸分野を隔てていた概念上および制度上の両方の障壁の低下が必要であった。

なぜこのような障壁がその時期にそのようにして低下したのか、はさらに多くの研究を要する問題である。しかしその答の主要部が一八世紀の間における当該の分野の内部的発達のうちにあることは疑いの余地がない。一八〇〇年以後にあれほど急速に数学化されることとなった定性的理論が出現したのは、一七八〇年代の間とそれ以後においてのみであった。フーリエの理論は、比熱という概念を要求し、その帰結である熱と温度の観念の体系的な分離をも必要とした。ラプラスとカルノーの熱理論に対する貢献は、それに加えて一八世紀末における断熱的昇温過程の認識を要求した。ポアソンによる静電気・静磁気理論の先駆的数学化は、それ以前のクーロンの業績によって可能となり、後者の大部分は一七九〇年代になってはじめてなされたのである。[27] アンペールによる電流間の相互作用の数学化は、その理論で扱われる現象を彼自身が発見したのと、ほとんど同時になされた。とりわけ電気と熱の理論の数学化にとっては、当時開発されたばかりの数学的技巧もまた役割を果した。おそらく光学を除いては、一八〇〇年から一八二五年までの間にそれまでの実験的分野を完全に数学的にした論文は、爆発的な数学化の生ずる二〇年前には書かれえなかったであろう。

しかしながら、主にベーコン的な諸分野の内部的発達だけでは、一八〇〇年以後の数学が導入された仕方を説明はできまい。新しい理論の著者たちの名前だけからでもすでに分るように、最初の数学化は一様にフランスで起った。ジョージ・グリーンとガウスによる当初はあまり知られていなかった論文を除けば、一八四〇年代以前には、他ではどこにも生じてはいなかった。一八四〇年代になってはじめてイギリスとドイツは、一世代前にフランスによって据えられた例を遅ればせに採用して見習い始めたのである。おそらく制度的および個人的な要素がこのような初期におけるフランスの主導権にとって主要な原因であったことになるのだろう。一七六〇年代に、ノレとモンジュがメジエールの工兵学校《エコール・デュ・ジェニー》で実験物理学《フィジク・エクスペリマンタル》を教えるよう任命されたことから非常にゆっくりと始まって、ベーコン的主題はフランス陸軍の技術者教育に次第に浸透していった。[28] その活動は一七九〇年代におけるエコール・ポリテクニクの創立となって頂点に達した。それは新しい種類の教育機関であり、学生は機械技術《アール・メカニク》に不可欠な古典的主題だけではなく、化学、熱の研究、その他関連する主題についても受講した。それまで実験的であった諸分野についての数学理論を作ったのがすべてエコール・ポリテクニクの教師か学生かのどちらかであったことは、偶然であったとはとても言えない。彼らの仕事の方向性にとってもう一つ非常に重要だったのは、ニュートン的な数学的物理学を非数学的な主題にまで拡張しようとするラプラスの処方箋的な指導性であった。[29]

その理由は目下あいまいで議論の的だが、新しい数学的物理学の実践はフランスにおいて一八三〇年頃から急速に衰えだした。部分的にはそれはフランスにおける科学のバイタリティの一般的衰微の一端であったが、しかしもっと重要な役割を果したのはおそらく伝統的な数学第一主義の再主張であった。世紀中頃以後は数学それ自体が物理学における具体的な関心事から遠ざかっていった。一八五〇年以後一世紀にわたって、依然として精密な実験に依存しながらも物理学がそのあらゆる部分で数学的となるにつれて、物理学に対するフランスの寄与は、以前には匹敵しえていた化学や数学のような分野とは不釣合いな水準にまで衰えていった。[30] 物理学は他の諸科学とは違って古典的諸科学とベーコン的諸科学の分裂を結び合せる強固な橋の確立を必要としていたのである。

このようにして、一九世紀の最初の四半世紀にフランスで始まったことは、後に他の場所で復活した。最初は一八四〇年代中頃以後のドイツとイギリスにおいてであった。すでに予想できるように、このどちらの国においても当時の制度的形態では、実験に熟達した者と数学に堪能な者との間の容易な連絡を必要とする分野の開拓は最初は不可能だった。ドイツのきわめて特殊な成功――それは二〇世紀における物理学の概念的変革に果したドイツ人の圧倒的な役割によって立証されるのだが――の原因の一部は、ノイマン、ウェーバー、ヘルムホルツ、キルヒホフのような人びとが新分野を構築した時期におけるドイツの教育制度の急速な発達とそれに伴う柔軟性にあったに違いない。その新制度においては実験家も数学者もともに物理学の実践者として仲間入りしていたのであった。[31]

今世紀の最初の数十年間に、そのようなドイツの手本は残りの世界へと拡がっていった。それにつれて、数学的な物理諸科学と実験的な物理諸科学の間の長く続いた分裂は、いよいよ不明確となり消滅したようにすら見えた。しかし他の観点からすれば、それは移行――独立な分野の間の位置から物理学自身の内部へと――したのだと記述する方がたぶんより正確なのであろう。内部へと移行した分離は、個人的であるとともに職業的な緊張の源泉であり続けた。私が思うには、理論的物理学と実験的物理学が誰もそれら両方に熟達することを望めないほど違う営みとみえるようになったのは、物理理論が今やどの部分においても数学的となってしまったからに他ならない。実験と理論とのこのような二分割は、理論が本来的にあまり数学的でない化学や生物学のような分野ではありえなかったのである。したがって、数学的科学と実験的科学の間の分裂はおそらくいまだに存続し続けているのだろう。それはいまや、深く人間精神の本性にまで根差してしまっているのである。(32)

第四章　同時発見の一例としてのエネルギー保存*

一八四二年から一八四七年にかけて、エネルギー保存 energy conservation の仮説が、互いに遠く隔たり合った四人のヨーロッパの科学者によって発表された。それは、マイヤー、ジュール、コールディング、ヘルムホルツであり、最後の一人を除けば他の人びとをまったく知らないままに研究していた。[1] これら四つの発表が同時に行なわれたことだけでも顕著な特徴ではあるが、これら四つの発表が際立っていたのは、それらが一般的な定式化と具体的な定量的応用とを結びつけているという点においてだけであった。サディ・カルノーは一八三二年以前に、マーク・セガンは一八三九年に、カール・ホルツマンは一八四五年に、G・A・イルンは一八五四年に、いずれも熱と仕事は定量的に相互転換が可能であるという確信に独立に到達していた。しかも、いずれも転換係数 conversion coefficient あるいは当量値 equivalent を算出しているのである。[2] 熱と仕事の転換性 convertibility はいうまでもなくエネルギー保存の特殊な場合でしかない。しかし、この第二の発表のグループに欠けていた一般性についての記述も、この時期の文献の他の箇所にはみられるのである。C・F・モール、ウィリアム・グローヴ、ファラデー、リービッヒはいずれも、現象世界をたった一つだけの「力」force の現れであるとし、その力は、電気的、熱的、力学的、その他多くの形となって現れるが、どの変換においても生成されたり消滅したりはしないと記述している。(3) ここで力とよばれているのは後の科学者にはエネルギーとして知られているものである。科学史には同時的発見 simultaneous discovery として知られる現象のこれ以上に際立った例はない。

我々はすでに、短期間に独力でエネルギー概念とその保存の本質的部分を把握した一二人の名前を挙げた。その人数をさらに増やすこともできるが、それは実り多いことではない。(4) すでに挙げた人数だけで、一八五〇年までの二〇年間におけるヨーロッパの科学的思考の状況は、感受性の強い科学者を重要な新しい自然観へと導くことのできる要素を含んでいた、ということを示すのに十分である。このような要素をそれらに影響された人々の著作物の中から個別に取上げてみれば、同時発見の本性について幾分かは分るようになるであろう。おそらくそれは、明瞭ではあるが表現しにくい自明の理、つまり「科学的発見が時機を得たのだ」とか「機が熟したのだ」といったような事柄に実体を与えることにすらなるであろう。これはやりがいのある問題である。したがって、同時発見とよばれる現象の源泉を準備的に特定してみることがこの論文の主な目的である。

しかしその目的へと向う前に、ここで「同時発見」という用語自体について少し立ち止まって考えてみなければならない。この用語は我々が探究している現象を十分に表しているだろうか。同時発見の理想的な場合には、二人またはそれ以上の人々が同時にしかも互いに他の人の研究をまったく知らずに同じことを発表することになるであろうが、エネルギー保存が展開される間に起ったことはそのような事態ではおよそなかった。同時性や相互の影響の有無がその事態に合致しないことが重要なのではない。そうではなく、どの二人に着目してみても同じことを発表してはいなかったのである。発見の末期に到る以前には、彼らの論文のほとんどどれも、個々の文や節から復元しうる断片的な類似性以上のものを含んではいなかった。たとえば、モールによる熱の動力学的理論の擁護とリービッヒによる電動モーターの本来的な限界の議論の類似性を認めるためには、熟練した抜粋を必要とするのである。もしエネルギー保存の開拓者たちの論文の中から共通部分の表を作成したとすれば、それは未完成なクロスワードパズルのようなものとなるであろう。

幸いなことに、最も本質的な食い違いだけを把握するためなら表の作成は必要ではない。セガンやカルノーのような開拓者はエネルギー保存の特殊な場合だけを議論していて、しかもこの二人は非常に異なったアプローチをとっている。一方モールやグローヴなどは一般的な保存原理を唱えたが、後に見るように、彼らのいう不滅な「力」を定量化しようとする時おりの試みは、その具体的な意味合いを疑わしいままに残した。その後に起った事柄を知った上ではじめてこれらすべての部分的な言明は一様に自然の同じ側面を扱っていたと言えるのである。(5) しかも、互いに異なった発見という問題は、明らかに不完全にしかエネルギー保存を定式化しなかったような科学者だけに限られはしないのである。マイヤー、コールディング、ジュール、ヘルムホルツは、通常、彼らがエネルギー保存を発見したとされている時期にすら皆が同じことを言っていたのではなかったし、続いて起きたジュールによる主張、すなわち一八四三年に発表された自分の発見はマイヤーが一八四二年に出版したそれとは異なっているのだという主張は、たんなるうぬぼれ《アムール・プロプル》以上の基礎をもっているわけである。(6) これらの年における彼らの論文は共通する重要な部分をもっていた。しかしそれらが同じ広がりをもつようになるのは、一八四五年のマイヤーの書物や一八四四年と一八四七年のジュールの出版物より以前ではなかったのである。(7)

要するに、「同時発見」という用語はこの論文の中心的問題を指し示してはいるが、もし文字通りに受け取るなら、それを記述してはいないのである。エネルギー保存という概念を熟知している歴史家に対してすら、この問題を開拓した人物は皆同じことを伝えて来てはいない。当時においても彼らはしばしば互いに同じことを伝え合っていたのではなかった。我々が彼らの著作物に見出すのは実際にはエネルギー保存の同時発見ではない。むしろ見出されるのは、その理論がそこから間もなく形成される実験的、概念的要素の急速かつしばしば無秩序な出現である。これらの要素こそ我々が関心を寄せる事柄である。我々はなぜそれらが存在しえたのかを知っている。エネルギーは現に保存されるのであり、自然はそのように振舞うのである。しかし我々に分らないのは、これらの要素がなぜ突然に接近可能かつ認知可能となったのか、ということである。それがこの論文の基本的な問題である。一八三〇年から一八五〇年の時期に、エネルギー保存の完全な表明に必要とされるかくも多くの実験や概念が、科学的意識の表面のかくも近くに横たわっていたのはなぜだったのだろうか？(8)

この疑問は、個々の開拓者にそれぞれの発見をさせる原因となったほとんど際限なく多い要素すべてのリストに対する要求と受け取られがちであろう。そのように解釈されるなら、それには答えようがないし、少なくとも歴史家に答えられることは何もない。しかし歴史家は他の種類の対応を試みることができる。この分野の開拓者やその同時代人の著作に観照しつつ分け入ることによって、歴史家は、他よりも重要と思われるいくつかの要素を、それらの頻繁な繰り返し、それらがその時期に限られる特殊性、それらが個々の研究に及ぼした決定的な影響などの理由から、明らかにすることができるであろう。(9) 文献類に対する私の精通の深さの程度は、今のところ決定的な判断を許すまでに到らない。けれども、私はそのような要素の二つについてすでに確信をもっているし、それらと関係すると思われる第三の要素も見当がついている。それらを次のように呼ぶことにしよう。「転換過程の利用可能性」availability of conversion processes、「機関への関心」concern with engines、「自然哲学」philosophy of nature と。順に考察してゆこう。

転換過程の利用可能性は、主として一八〇〇年のヴォルタによる電池の発明に始まる発見の奔流からの帰結である。少なくともフランスとイギリスで最も広まっていたガルヴァーニ電気の理論によれば、電流それ自身が化学親和力の作用によって得られるのであった。しかもこの転換は一連の転換の最初のステップにすぎないことが判明するのである。(10) 電流はいつも熱を生み出し、適当な条件下では光をも生み出した。また電気分解において電流は化学親和力に打ち勝つことができ、転換の連鎖の環を閉じさせることとなる。これらがヴォルタの研究の最初の成果であった。他のさらに驚異的な転換の発見が一八二〇年以後、一五年の間、引き続いた(11)。その一八二〇年にエールステズは、電流が磁気を生み出す作用を明らかにした。磁気は次に運動を生み出し、運動が摩擦によって電気を生み出すことはずっと以前から知られていた。こうしてもう一つの転換の連鎖が閉じたのである。さらに、一八二二年に、ゼーベックは二種の金属線の一つの接合部に加えられた熱が直接的に電流を生み出すことを示した。一二年後にペルチエはこの驚異的な転換例を逆転し、ある場合に、電流は熱を吸収して寒冷を生み出すことを明らかにしたのである。ファラデーによって一八三一年に発見された電磁誘導は、たとえ非常に驚異的であったにしても、一九世紀の科学に特徴的な一群の現象のもう一つの例であったにすぎない。一八二七年以後の一〇年間に写真術の進歩がもう一つの例を付け加えた。メローニによる光と輻射熱との同一視は、長い間想像されていた二つの見かけ上は異種の自然の側面の間を結ぶ本質的な関係の確認となった(12)。

もちろん、ある種の転換過程は一八〇〇年以前から用いられていた。運動はすでに静電荷を発生させていたし、その結果生ずる引力や斥力は運動を生み出していた。静電発生器は時おり電離をも含む化学反応を発生させ、化学反応は光と熱をも生み出した(13)。蒸気機関によって動力化されることにより、熱は運動を生み出し、運動は次に摩擦や衝突によって熱を生み出した。それでも一八世紀においては、これらは個々別々の現象であり、科学的研究に中心的な重要性をもつとはほとんどみなされていなかったし、研究されても個々別々のグループによってであった。それらが転換過程とみなされ始めたのは、一九世紀の科学者たちによって次々と急速に発見された他の多くの例とともにそれらが次第に分類されてゆくようになってからであり、それは一八三〇年以後の一〇年間においてであった。[14] その頃になると、科学者たちは実験室において化学的、熱的、電気的、磁気的、動力学的などさまざまな現象の一つから他種のいずれかの現象へ、さらに光学的現象へと、不可避的に転進しつつあった。それまで独立だった諸問題が幾重もの相互関係を獲得してゆき、そしてこれこそ、メアリー・サマヴィルが彼女の有名な科学普及書に『物理諸科学の連関について』(*On the connexion of the Physical Sciences*) という表題を与えたとき、心に抱いていたことであった。その前書きの中で彼女は次のように述べた、「現代科学の進歩、特に最近の五年間のそれは、……かけ離れた科学分野を結びつける……という傾向において際立っている。……その結果、今日では結び合う多くの紐帯が出現し、どの分野においても他分野の知識がなければ熟達を望むことはできなくなっている」。[15] サマヴィル夫人の論評は、物理科学が一八〇〇年から一八三五年にかけて獲得した「新しい様相」new look を浮き彫りにしている。この新しい様相が、それを生み出した諸発見とともに、エネルギー保存の出現のための主要な必要条件となるのである。

ところが、生み出されたのは「様相」look であって、はっきりと意味づけられた単一の実験事実ではなかったというまさにその理由から、転換過程の利用可能性はエネルギー保存の発達に対して膨大に多様な仕方で関与することになるのである。ファラデーとグローヴが保存に酷似した観念へと到達したのは、あらゆる転換過程全体の網目構造 network を鳥瞰してのことであった。この二人にとっての保存は、サマヴィル夫人が新しい「連関」と表現した現象のまさに文字通りの合理化であった。

これに対し、C・F・モールは保存 conservation という観念をおよそ異なった源泉、おそらくは形而上学的な源泉から得た(16)。しかし後述するように、モールによる初期の概念がエネルギーの保存に類似するようになるのは、彼が新しい転換過程を用いて彼の考えを主張し擁護しようと試みたからに他ならない。マイヤーとヘルムホルツはさらにもう一つのアプローチを示している。彼らは保存という概念を昔からよく知られていた現象に当てはめることから始めた。しかし、新しい諸発見をも包み込むように自分たちの理論を拡張するまでは、彼らはモールやグローヴのような人びとと同じ理論を展開していたとは言えない。カルノー、セガン、ホルツマン、イルンからなるさらにもう一つのグループは、新しい転換過程を完全に無視していた。しかし、もしこれらの蒸気機関工学者の扱った熱的現象が転換という新しい網目構造にとって必須の部分であることをジュール、ヘルムホルツ、コールディングのような人びとが示さなかったならば、これらの工学者がエネルギー保存の発見者の仲間入りをすることはなかったであろう。

ここに、これらの相互関係の複雑さと多様性を説明する優れた理由があると私は思う。後に限定を加える必要はあるがある重要な意味において、エネルギー保存は、一九世紀の最初の四半世紀に実験室で発見された様々な転換過程に対する理論的対応物に他ならなかったのである。実験室における転換過程 laboratory conversion のそれぞれが、理論におけるエネルギーの個々の形態変換 transformation in the form of energy に対応していた。後にみるようにこれが、グローヴとファラデーが実験室における転換過程の網目構造そのものから保存を導出することができた理由である。しかし理論、つまりエネルギー保存と、それ以前の実験室における転換過程の網目構造との間の同型性 homomorphism そのものが、必ずしも網目構造全体の把握から始めねばならなかったわけではないことを示している。たとえばリービッヒとジュールは、単一の転換過程から出発し、諸科学間の連関 connection を通じて全体の網目構造へと導かれたのであった。モールとコールディングは形而上学的な観念から出発し、それを網目構造へと適用することによって変形した。要するに、一九世紀の新しい諸発見が、それまで科学の別々であった部分間に連関の網目構造を形成させたまさにそのことによって、それらの連関は、個別的にあるいは全体として、非常に多様な仕方で把握可能となり、しかも最終的には同じ結論へと導くことが可能となったのであった。このことは、なぜそれらの連関が開拓者たちの研究にあれほど多くの異なった仕方で関与したかを説明すると私は思う。さらに重要なことにこのことは、なぜ彼らの研究がその出発点における多様性にもかかわらず最終的に共通の帰結へと収束していったのかを説明している。サマヴィル夫人が諸科学間の新しい連関とよんだところのものは、しばしば、異種のアプローチや表明を単一の発見へと結びつけた連接環 links であったことが分るのである。

ジュールにおける実験継続の順序は、転換過程の網目構造が、実際にどのようにエネルギー保存の実験的基礎を浮き上らせ、その結果種々の開拓者間にどのように本質的連接環を提供したかをはっきりと提示している。ジュールが一八三八年に最初の論文を書いたときの電動機の改良設計への専一的な関心は、リービッヒを除く他のすべてのエネルギー保存の開拓者たちから、結果的に彼を区別することになる。彼はたんに一九世紀の発見が生み出した数多い新しい問題の一つに取り組んでいたにすぎなかった。一八四〇年までに彼が行なった、仕事と「効率」duty による系統的なモーター評価は、カルノー、セガン、イルン、ホルツマンなどの蒸気機関工学者の研究との間に連接環を確立した。[17] しかしこの連関は一八四一年と一八四二年には消滅している。そのときジュールは電動機の設計に失望し、その代わりにそれを駆動している電池の根本的な改良を模索していた。今や彼は化学における新しい諸発見に関心をもち、ガルヴァーニ電気に果す化学過程の本質的な役割についてのファラデーの考えを完全に吸収した。そのうえ、この時期の彼の研究が集中していたのは、グローヴとモールがその漠然とした形而上学的仮説を提示するために選んだ数多くの転換過程のうちの二つについてであったことが分るのである。[18] 他の開拓者の研究との連関は確実に数を増していった。

一八四三年に、電池に関する彼の以前の研究における誤りの発見に促されて、ジュールは再び電動機と力学的仕事の概念とを導入した。こうして蒸気機関工学との連接環が確立され、同時にジュールの論文ははじめてエネルギー的関係の研究らしくなりだしたのであった。[19] しかし一八四三年論文においてすらエネルギー保存との類似性は不完全であった。一八四四年から四七年にかけて、ジュールがさらに他の新しい連関をも追跡するにつれてはじめて、彼の理論は実際にファラデー、マイヤー、ヘルムホルツといった本質的に異なった人物の考えをも包含するようになったのである。[20] 孤立した問題から出発して、ジュールは心ならずも一九世紀の新しい諸発見の間の大部分の結合組織 connective tissue〔生物体の支持機能にあずかる組織〕を追跡していたことになる。それにつれて彼の研究は他の開拓者のそれとどんどん連結されてゆき、そのような多くの連接環が現れたときにはじめて彼の発見はエネルギー保存に似てきたのである。

ジュールの研究は、単一の転換過程から出発して網目構造をたどって行ってもエネルギー保存に達し得るのだということを示している。しかしすでに指摘したように、それだけが転換過程によってエネルギー保存の発見がもたらされる唯一の道ではない。たとえばC・F・モールは、おそらく彼の最初の保存概念を新たな転換過程とは無関係な源泉から引き出したのだが、しかし次に彼の考えを明確化し練り上げる際には新しい諸発見を用いたのであった。一八三九年、熱の動力学的理論の長い、しばしば不整合な弁護を続けた終り近くになって、モールは突然に叫び出す、「すでに知られている五四種の化学元素の他に、事物の本性の中にもう一つだけ動作要因 agent が存在する。それは力とよばれる。それは種々の状況下で、運動、化学親和力、凝集力、電気、光、熱、磁気となって現れ、これらの型の現象のどの一つからも他のすべてを呼び起すことができる」[21]。エネルギー保存に関する知識があればこれらの文の意味は明らかである。しかしそのような知識のなかった当時は、モールが続けて実験例の系統的な二つの記録に取りかからなかったならば、それらはほとんど意味を成さなかったであろう。もちろん実験というのは、上述した新旧の転換過程であり、新しいものが最初に並べられ、それらがモールの議論に本質的な部分であった。それらだけが彼の主題を明示し、ジュールの主題との密接な類似性を表しているのである。

モールとジュールは転換過程がエネルギー保存の発見に影響する二通りの仕方を表している。しかし仕方がこれらだけではないことは、次に示すファラデーとグローヴの研究に関する私の最後の例から分るであろう。ファラデーとグローヴはモールとよく似た結論へと達しはしたが、彼らが結論に到達した道程は何ら同様の飛躍を含んではいない。モールとは違って、彼らはエネルギー保存をみずからの研究においてすでに完全に研究しつくしていた実験的な転換過程から直接導いたらしい。その道程は連続的であったため、エネルギー保存と新しい転換過程との同型性は、この二人の研究に最も明瞭に現れている。

一八三四年ファラデーは、化学とガルヴァーニ電気における新しい諸発見に関する連続講演を、六回目の「化学親和力、電気、熱、磁気と物質の他の力との関係について」という講演で締めくくっている。この最後の講演の骨子は彼のノートの次の言葉に与えられている。「これらの力のどれをも他に対する原因であると言うことはできない、言えるのはすべてが連関し合っていて一つの共通の原因に基づいているということだけである」。この連関を示すために、ファラデーは次に「どれであれ一つの力から他の一つの生成、またはある一つから他の一つへの転換」を示す九つの実験例を与えている(22)。グローヴの展開も同様であった。一八四二年に彼は「物理科学の進歩について」という暗示的な表題の講演の中にファラデーとほとんど同じ言葉を含ませた(23)。翌年、彼はこの断片的な言葉を有名な連続講演『物理的力の連関について』(On the Correlation of Physical Forces) へと拡大させた。彼は述べる、「この小論で確立しようとしている立場は、様々な不可秤量の動作要因 imponderable agencies……、すなわち熱、光、電気、磁気、化学親和力、運動、……のどの一つも、力として、他のものを作り出し、また他のものへと転換される。そして、熱は間接的あるいは直接的に電気を作り出し、電気は熱を作り出す。その他も同様である[24]」。

これが自然力の普遍的な転換性 general convertilibity という概念である。それが保存という観念と同じではないということに注意しなければならない。しかし残りのステップは小さく、ほとんど明白であることが分る[25]。以下で議論するように、一点〔定量的な要素〕を除くすべてが、この普遍的な転換性という概念に、原因と結果の同等性とか永久機関の不可能性という長年役立ってきた哲学的な決り文句 philosophic tags を適用することによって得られるのである。どの力も他のどの一つをも作りえて、しかもそれによって作られることも可能であるから、原因と結果の同等性は、任意の一組の力の間に一様で定量的な同等性を要求する。もしもそのような同等性がなければ、適当に選ばれた一連の転換が力の生成つまり永久機関をもたらしてしまうのである[26]。どのような現れにおいても転換においても、力は保存されねばならない。このような認識への到達は、一挙にでも、全員が一丸となってでも、完全な論理的厳密さをもってなされたわけでもなかった。それでも到達はされたのである。

転換過程という一般的な概念をもってはいなかったにもかかわらず、ピーター・マーク・ロジェは一八二九年に、ガルヴァーニ電気に関するヴォルタの接触電圧説は無から力が生成されることを意味するとして、異を唱えた[27]。それとは独立にファラデーは同様の議論を一八四〇年に再現し、それを転換過程一般へとそのまま適用した。彼は述べる、「力の形態の変化が、あたかも一方から他方へと保存が成り立つかのようにして生ずる多くの過程を、我々は知っている。……しかしどの場合においても……力の純粋な生成、つまりそれを提供する何物かにおける対応する消滅をもたない生成、は存在しない」[28]。一八四二年にグローヴは静磁気によって電流を誘導することは不可能であることを示すためにもう一度この議論を案出し、翌年にはそれをさらに一般化した[29]。彼は書く、「もし運動が分割され性質を変えられて熱、電気、その他となることが可能だとすれば、次のことも必然的にいえるはずである。散逸し変化した力を我々がかき集めて旧態に復せしめれば、最初と同量の物体に同じだけの速度を与えて最初の運動が再び作り出される。他の力によって引き起された物体の変化についても同様である[30]」。グローヴによる既知の転換過程に関する徹底的な議論の文脈の中にあってこの引用文は、定量的な要素を除けば、エネルギー保存の完全な言明となっている。さらにグローヴは欠けているのは何かを知っており、「物理的諸力の関係について解かれるべく残された大問題は力の当量値 equivalent of power、あるいは与えられた基準に対する測定可能な関係、の確立である[31]」と書いている。転換過程はこれ以上には科学者をエネルギー保存の表明へともたらすことができなかった。

グローヴの例によって転換過程に関する私の議論はほとんど一巡して元に戻ることになる。彼の講演において、エネルギー保存は一九世紀の実験室における諸発見の理論的対応物として登場するが、それこそ私の出発点となった示唆であった。たしかに、これらの新しい諸発見だけから彼らなりのエネルギー保存を実際に導出したのは、創始者のうちたった二人だけである。しかしそのような導出が可能であったからこそ、どの創始者も転換過程の利用可能性から決定的な影響を受けたのであった。彼らのうちの六人が研究の出発点から新しい諸発見を扱っていた。このような発見がなかったなら、ジュール、モール、ファラデー、グローヴ、リービッヒ、コールディングは最初から我々のリストには上らなかったであろう。(32) 他の六人の創始者は、転換過程の重要性をもっと微妙ではあるが、だからといって重要さが薄れはしない仕方で表している。マイヤーとヘルムホルツが新しい諸発見に眼を向けたのは遅かった。しかし、そうしてはじめて、彼らは最初の六人と同じリストの候補者となったのである。カルノー、セガン、イルン、ホルツマンは全員のうちで最も興味深い。彼らのうち誰も新しい転換過程に言及すらしてはいないからである。等しく不明瞭なこれら四人の貢献は、もしこれまで考察してきた人びとによって解明された大きい網目構造へと組み込まれることがなかったとしたら、歴史から完全に消滅していたであろう。(33) 転換過程が個々人の研究そのものを支配してはいない場合にも、その研究の受容され方は支配していたのである。もし転換過程が利用可能でなかったならば、同時発見という問題そのものが存在してはいなかったであろう。間違いなくそれはまったく違うように見えたはずなのである。

それにもかかわらず、グローヴとファラデーが転換過程から導いた見解は、今日の科学者がエネルギー保存とよんでいるものと同じではなかった。この欠けている要素の重要性を過小評価してはならない。グローヴの著書『物理的力』(*Physical Forces*) に含まれているのは素人のエネルギー保存の考えである。『物理的力』の増補改訂版は、抜群の影響力と人気を博し、この新しい科学法則を世に広めることになった。(34) しかしその役割が達成できたのは、ジュール、マイヤー、ヘルムホルツとその後継者たちが、力の相互関係という概念に対する完全に定量的な下部構造 quantitative substructure を提供してからのことである。誰であれエネルギー保存を数学的かつ数量的に扱った経験のある者ならば、そのような下部構造がなかったときに、グローヴが通俗化すべき何かをもちえたかどうかを危ぶむはずである。我々の理解しているエネルギー保存の本質的な内容である様々な物理的力の「与えられた基準に対する測定可能な関係」には、グローヴ、ファラデー、ロジェ、モールのうちの誰も接近することすらできなかった。

事実、エネルギー保存の定量化は、その主要な知的装備が新しい転換過程に関する概念だけからなる開拓者たちにとっては、乗り越え難いほどに困難な課題となった。グローヴは、化学親和力と熱を関係づけるデュロン－プティの法則に定量化への手がかりを見出したと考えた。[35] モールは、水温を一度上げるのに用いた熱と、同量の水を最初の体積へと圧縮するのに必要な静力学的力とを等値したときに、定量的関係を樹立したのだと信じた。[36] マイヤーは最初に力を、それが生み出しうる運動量で測ろうとした。[37] これらのでまかせ的な導入はどれも不毛であったが、このグループの中でマイヤーだけがそれらを乗り越えることに成功した。そのために、彼は一九世紀科学の非常に異なった側面に属する概念を用いねばならなかった。それは、私が以前に機関 engine への関心として言及した側面である。ここでは機関の存在そのものは産業革命の周知の副産物として当然のこととしよう。科学のこの側面を調べてゆくにつれて、エネルギー保存の定量的な定式化に必要な概念——特に力学的効果 mechanical effect や仕事 work 概念——の主要な源泉を見出すこととなるであろう。さらに我々は、エネルギー保存と非常に密接に結びつき、全体としてエネルギー保存への第二の独立な道程とも言うべきものを示しうるような数多くの実験や定性的な概念も見出すであろう。

仕事という概念の考察から始めよう。その議論は必要な背景的知識 background を提供するとともに、エネルギー保存の基礎となる定量的概念の源泉に関するもっと通常的な見解に対し、若干の本質的論評を加える機会も提供してくれよう。エネルギー保存の歴史や前史を扱うほとんどの文献は、転換過程を定量化するためのモデルを、ほとんど一八世紀初頭から「活力」vis viva の保存の名で知られていた動力学的定理 dynamical theorem であるとしている。[38] この定理は動力学の歴史において際立った役割を果したし、エネルギー保存の特殊な場合であったことも判明している。それがモデルとなったということは可能なことではある。けれども私は、実際にそうであったという一般に流布している考えは誤解を招きがちだと思う。活力の保存はヘルムホルツによるエネルギー保存の導出には重要であった、また同じ動力学的定理の特殊な場合（自由落下）はマイヤーにとって最終的には大きな助けとなった。しかしこれらの人びとは一般的に言えばそれとは独立な第二の伝統――水力、風力、蒸気機関の伝統――からもまた重要な要素を引き出しているのである。そしてその伝統は、エネルギー保存の定量的な形を生み出した他の五人の開拓者全員にとって重要だったのである。

なぜそうであったかについては強力な理由がある。活力というのは mv^2 つまり質量と速度の二乗との積である。しかしずっと後の時期までその量は、カルノー、マイヤー、ヘルムホルツを除けば、どの開拓者の著作にも登場してはいないのである。グループ全体として、開拓者たちはほとんど運動のエネルギーに関心を示さなかったし、それを基礎的な定量的尺度として用いることにはなおさらであった。彼らが実際に用いたのは、少なくとも成功した例においては、$f \cdot s$ つまり力と距離との積であり、この量は、力学的効果、力学的動力 mechanical power、仕事など種々の名のもとによばれていた。しかしながらその量は、独立な概念的存在としては動力学的文献に登場してはいない。もっと正確にいえば一八二〇年まではほとんど登場してはいなかった。その年にフランスの（しかもフランスだけの）文献は突然に、機械や工業力学の理論といった主題に関する一連の理論的な著作で豊かになったのである。これらの新しい書物は、仕事を重要な独立な概念的存在とみなし、それを活力とはっきりと関係づけていた。しかしこの概念はこれらの書物のために発明されたのではなかった。反対に、それは一世紀にわたる工学的な実践からの借物であり、そこでは活力やその保存とはまったく独立に用いられていたのである。工学的実践の伝統内のその源泉こそ、エネルギー保存の開拓者たちが必要としたすべてであり、ほとんど全員といってよいほど、その源泉を用いたのであった。

この結論を証拠立てるにはもう一編の論文を必要とするが、それを導き出した考察を次に示しておこう。一七四三年以前においては、活力保存の一般的な動力学的意味合いを、二つの特殊な問題、つまり弾性衝突と束縛落下、に応用することによって捉え直す必要があった[39]。力と距離の積は前者には登場しない、なぜなら弾性衝突は数量的に活力を保存してしまうからである。後者の応用では、たとえば最速降下線〔サイクロイド状の軌跡〕を描く等時性の振り子において、保存定理に登場するのは力と距離の積ではなく鉛直方向の変位である。ホイヘンスによる次の言明、質点系の重心は最初の静止時における位置より高く昇ることはありえない、はその典型である[40]。ダニエル・ベルヌーイによる一七三八年の有名な定式化、活力の保存とは「顕在的な下降と潜在的な上昇との同等性」である、もこれに較べられる[41]。

ダランベールによる一七四三年の『動力学論』(*Traité*)で創始されたもっと一般的な定式化では、鉛直方向の変位すら姿を消している。それは思うに、仕事概念の胚〔発生初期の生物体〕とでも呼べよう。ダランベールは次のように述べる、相互に連結し合う物体系に作用する力はその活力を $\sum mu_i^2$ だけ増大させる、ここで u_i は質量 m_i が、同じ力の作用のもとで同じ距離だけ自由に動かされたときに、獲得する速度である[42]。ここでは、引き続くダニエル・ベルヌーイによる一般定理の場合と同じく、力と距離の積は個々の u_i の計算を可能とするための特別な応用だけに登場するのである。それは一般的な意味合いも名称ももってはいない。活力こそが概念的変数であった[43]。同じ変数は後の解析的な定式化においても主要である。オイラーの『力学』(*Mechanica*)、ラグランジュの『解析力学』(*Mécanique analytique*)、ラプラスの『天体力学』(*Mécanique céleste*)は、ポテンシャル関数から導出される中心力をとくに強調する[44]。これらの著作では、「力」かける「微小変位要素」の積分は保存法則を導出する途上でのみ登場し、その法則自体が、活力を位置座標の関数と等置するのである。

一七八二年のラザール・カルノー〔サディ・カルノーの父親〕による『機械一般に関する試論』(*Essai sur les machines en général*)以前には、力と距離の積が、動力学における名称や概念的優先性 conceptual priority を獲得したことはなかった[45]。仕事概念というこの新しい動力学的な見解が実際にもたらされ、広まったのは一八一九年から三九年にかけてであった。この間にそれはナヴィエ、コリオり、ポンスレ、その他の人々の著作の中で完全な表現を獲得したのである。[46] これらの著作はいずれも運転される機械の分析に関与していた。その結果、仕事——力の距離についての積分——は彼らの基本的な概念的変数 conceptual parameter となったのである。この再定式化によるその他の重要かつ典型的な結果の中には、「仕事」という用語とその計測のための単位の導入や、仕事という尺度の概念的優先性を保つために活力を $^1/_2mv^2$ と定義し直すこと、なされた仕事と力学的エネルギーの増加とを等置して保存法則を明瞭に定式化すること、などが含まれる。[47] このように再定式化されてはじめて、活力の保存は転換過程の定量化にとって好都合な概念的モデルとなったのである。その当時にはどの開拓者もほとんどそれを用いはしなかった。その代りに彼らは、ラザール・カルノーやフランスにおけるその後継者たちが動力学的保存法則の改訂に必要な概念をその中に見出したと同じような古い工学的な伝統へと立ち戻ったのであった。

サディ・カルノーは唯一の例外である。彼の手稿は、「熱は運動である」という主張から出発し、「それは分子の活力でありその増大はなされた仕事に等しくなくてはならない」という確信へと進んでいる。このようなステップは、仕事と活力の関係を直接的に掌握していたことを意味している。マイヤーとヘルムホルツもまた例外となりえたはずである。なぜなら両者ともにフランスにおける再定式化を利用できたはずだからである。しかし二人ともそれを知らなかったらしい。ともに仕事（あるいはむしろ重さと高さの積）を「力」の尺度とすることから始めて、それぞれがフランスにおける再定式化と非常によく似たものを自ら導き直している。[48] 転換過程の定量化に達しあるいは接近した他の六人の開拓者は、この再定式化を用いることすらありえなかった。マイヤーやヘルムホルツとは違って彼らは、循環過程から循環過程へと活力が一定のままであり、したがって活力が登場することのない問題に、直接的に仕事の概念を適用した。ジュールとリービッヒはその典型である。二人とも、電動機の「効率」を蒸気機関のそれと比較した。消費される石炭や亜鉛の量がきまっていて、持ち上げる距離もきまっているときに、それぞれの機関が持ち上げられる重さはどれだけだろうか、と彼らは考えたのである。この疑問はジュールとリービッヒの全体的な研究プログラムにとって、カルノー、セガン、ホルツマン、イルンのプログラムにとってと同じように、基本的であった。しかしながら、それは新旧どちらの動力学から引き出された疑問でもなかった。

しかし、電気的な場合への適用を除けば、それは新しい疑問ではなかった。与えられた高低差だけ持ち上げられる重さによって機関の評価をすることは、一七〇二年のセーヴァリによる機関の記述には陰伏的であり、一七〇四年のパランによる水車の議論では陽表的となっている。(49)「重さ」かける「高低差」は、種々の名称、とりわけ力学的効果という名称、でよばれ、デザギュリエ、スミートン、ウォットらの工学に関する著作の全体を通して機関作用の基本的な尺度を提供していた。(50)ボルダはこの尺度を水力機関に、クーロンは風力と動物力とに適用した。(51)一八世紀のあらゆる部分から引き出され、世紀末へ向けて密度が増してゆくこのような例の数は、ほとんど際限なく増やすことができる。しかしこれらの少数例だけでも、まったく知られてはいないが実質上は決定的な統計の様子を予想させよう。部分的にであれ完全にであれ、転換過程の定量化に成功した九人の開拓者たちのうちで、マイヤーとヘルムホルツを除く全員が工学者としての教育を受けていたか、あるいはエネルギー保存への貢献をしたときは直接的に機関を研究していたかのどちらかであった。転換係数の値を独立に計算した六人のうちで、マイヤー以外の全員が事実上あるいは教育によって機関に関心をもっていた。[52] その計算を遂行するために彼らは仕事の概念を必要とし、その概念の源泉は主要には工学的伝統であった。[53]

仕事概念は、一九世紀における機関への関心がエネルギー保存に対してなした最も決定的な寄与である。私がそのためにこれほどの頁をさいたのもそのためであった。しかし機関への関心は、その他にも何通りかの仕方でエネルギー保存の出現に寄与している。我々はそのうちの少なくともいくつかを考察せねばならない。たとえば、電気化学的な転換過程発見のずっと以前から、蒸気機関や水力機関に関心をもつ人々は、時おりそれらを、燃料や落下する水に潜在する力から錘《おもり》を持ち上げる力学的な力へと、変換する装置であるとみなしていた。ダニエル・ベルヌーイは一七三八年に次のように述べた、「もし一立方フィートの石炭に隠されている活力全体を引き出すことができたとして、機関の運転へと有効に使用できたとするならば、八人ないし一〇人の一日の労働に匹敵する以上がなされうる、ということを私は納得した」。[54] 形而上学的な活力に関する議論が最高潮の時期になされたこの発言は後に何の影響も残さなかったように見える。しかし機関に対する同様の認識は繰り返し起り、フランスの工学書の著者たちに特に顕著であった。たとえばラザール・カルノーは述べる、「水の衝撃、風、動物力、……のいずれによるのであれ、ひき臼石を廻すとき問題となるのは、どのようにしてこれらの動作要因《エイジエント》によって提供される最大可能な仕事を費やすかという問題である」。[55] コリオリによれば、水、風、蒸気、動物はすべて仕事のたんなる源泉なのであって、機械がそれを有用な形に変えて負荷に伝達する装置となるのである。[56] ここでは機関それ自身が、一九世紀の新しい諸発見によって生み出されたのと非常に近い転換過程の概念へと導くのである。機関の問題のこの側面は、なぜイルン、ホルツマン、セガン、サディ・カルノーらの蒸気機関工学者が、グローヴやファラデーのような人びとと同じ自然の側面へと導かれたか、の説明となるであろう。

機関を転換装置のようにみなすことができ、また時には実際にそうみなされたということは、さらに他のことをも説明するだろう。それは、なぜ工学的な概念がかくもたやすくエネルギー保存というずっと抽象的な問題へと移行可能となったのか、を説明しないだろうか。仕事という概念はただそのような移行の最も重要な例であるにすぎなかった。ジュールとリービッヒは、電池で駆動される電動機における新しい転換過程について「効率はどうだろう」という古くからの工学的な設問を立てることによってエネルギー保存へと達した。ところがその設問——どれだけの燃料でどれだけの仕事が？——は転換過程の考えをその中に含んでいるのである。振り返って考えれば、それは転換係数への要求であったかのようにさえ思えてくる。少なくともジュールは、その一つを算出することによって設問に答えたのであった。サディ・カルノーの『火の動力についての考察』(*Reflexion sur la puissance motrice du feu*) は、その基本概念がエネルギー保存とは両立しないのではあるが、ヘルムホルツとコールディングの両者によって、永久機関の不可能性の非力学的な転換過程への際立った適用として引用されている。[57] ヘルムホルツが、彼自身の古典的な論文でかくも大きい役割を果した循環過程という解析的な概念を、カルノーの覚え書から借用したということは大いにありうることである。[58] また ホルツマンは転換係数の彼の値を、カルノーの解析的手法に僅かな変更を加えて算出している。また カルノー自身によるエネルギー保存の議論も、それとは基本的に両立不能な以前の彼の『考察』から のデータや概念を繰り返し用いている。これらの例は、抽象的かつ科学的な保存法則を導くために工学的な概念を適用する際の容易さや頻繁さについて、少なくともヒントは提供するであろう。

一九世紀における機関への関心がもつ生産性についての私の最後の例は、機関と直接的にはあまり結びついていない。それでもそれは、同時発見に関するこの論述の中で、工学的な要素をこのように大きく膨れ上らせた多様かつ変化に富む相互関係を、強調する結果となろう。私は他の箇所で、開拓者たちの多くは断熱圧縮として知られる現象に重大な関心を共有していたことを示した。[59] 定性的には、この現象は仕事から熱への転換の理想的な提示となっているし、定量的には、断熱圧縮は当時のデータから転換係数を算出する唯一の方法を提供していた。いうまでもなく断熱圧縮の発見自体は、機関への関心とまったくといってよいほど関係がない。ところが開拓者たちが利用した一九世紀の実験というのは、あまりにもしばしばまさにこの実際的関心と結びついていたようなのである。断熱圧縮について初期の重要な研究をしたドルトン、クレーマンとデゾルムはまた水蒸気に関する基礎的な測定にも貢献し、その測定結果は多くの工学者によって利用された。[60] 断熱圧縮に関する初期の理論を展開したポアソンは、同じ論文中で、それを蒸気機関に適用している。また彼の例は、サディ・カルノー、コリオリ、ナヴィエ、ポンスレによって即座に踏襲された。[61] セガンは違う種類のデータを利用してはいるが、同じグループの一員とみなされる。デュロンによる断熱圧縮に関する覚え書を多くの開拓者が引用しているが、彼はプティの密接な協力者であった。彼らの協同研究の期間中に、プティは蒸気機関に関する定量的な論述を書いたが、それはカルノーによるものより八年も先行していた。[62] そこには行政的関心の影すら感じられる。フランスの国立学士院によって提供され、デラロシュとベラールが一八一二年に気体に関する古典的な研究によって獲得した賞は、おそらく一部は機関に対する行政的な関心から発生したのであろう。[63] 同様のテーマに関するルニョーによる後の研究は明らかにそうであった。気体と水蒸気の熱的性質に関する彼の有名な研究は、次のような注目すべき表題をもっていた。すなわち『公共労働大臣の命令と蒸気機関中央委員会の奨励によって、蒸気機関の試算に必要な原理的法則と数量的データの決定のために行なわれた実験[64]』、と。このような公認されていた蒸気機関の問題との結びつきがなかったならば、断熱圧縮に関する重要なデータが、エネルギー保存の開拓者たちにとって、これほど入手し易かったかどうかは疑わしいのである。この例において、機関への関心は開拓者たちの研究にとって本質的ではなかったかもしれないが、それはたしかにその発見を可能ならしめたのであった。

機関への関心と一九世紀における転換過程の発見とは、エネルギー保存の少なからぬ発見者たちに共通な、ほとんどの専門的概念と実験とを含んでいるので、同時発見の研究はここで終りにしても構わないであろう。しかし彼らの論文を最後に一瞥《べつ》すると、何かを見落しているような、おそらく実体的ではまったくないような何かを、という不安な気持になるのである。もし開拓者たち全員が、カルノーやジュールのように、率直な専門的問題から出発し、エネルギー保存へ向けて段階的に進んでいたのであったならば、このような気持には全然ならなかったであろう。しかし、コールディング、ヘルムホルツ、リービッヒ、マイヤー、モール、セガンの場合には、潜在する不滅で形而上学的な力という考えは研究よりも先行して、ほとんど研究とは無関係であったように見える。大雑把な言い方をすれば、彼らは、エネルギー保存となりうるような観念を、その証拠を見出すよりも暫く前から、すでに保持していたように思われるのである。この論文でこれまで議論してきた要素は、彼らが最終的に観念を言葉に表し、したがって意味づけることができたのはなぜかを説明することはできるであろう。しかしその議論は、まだ観念の存在を説明するには十分ではない。一二人の開拓者のうちの一人か二人がそうであったのならば、困難はなかったであろう。科学的なひらめきの源泉は、不可解なことでは悪名が高い。しかし一二人のうちの六人における主要概念上の空白の存在は驚きである。それが提起する問題を完全に解くことはできないとしても、少なくとも簡単に触れておくことはすべきであろう。

空白のいくつかについては先に述べておいた。モールは、熱の動力学的理論の擁護から、自然界には単一の力があってそれは量的に不変である、という言明へと何の前触れもなく飛躍した。[65] リービッヒも同じように、電動機の効率から、元素の化学的な当量〔化学親和力〕が電気的あるいは熱的などちらの手段によっても化学過程から引き出しうる最大の仕事を定めるのだという言明へと、跳び移った。[66]

コールディングは、まだ学生であった一八三九年に、保存という観念を獲得したが、証拠を集めるため発表を一八四三年まで延期した、と述べている(67)。ヘルムホルツの伝記も似たような物語のあらましを伝えている(68)。セガンは、熱と仕事の転換性という彼の概念を確信をもって蒸気機関の試算に当てはめている。もっとも、彼の考えを確かめるための唯一の試みは完全に実りがなかった(69)。マイヤーの飛躍については繰り返し述べられているが、その全容はあまり知られていない。熱帯における静脈血の明るい色から、人体が環境に失う熱が少ないときには少しの酸化しか必要がない、という結論に到るのは小さなステップにすぎない(70)。クローフォードは同じ証拠から同じ結論を一七七八年に引き出している(71)。ラプラスとラヴォアジエは一七八〇年代に、吸い込んだ酸素と人体の放熱とを関係づけて等式の張尻を合わせた(72)。連続的な研究の流れが彼らの研究を、リービッヒとヘルムホルツが一八四〇年代に行なった呼吸作用の生化学的研究へと結びつけている(73)。マイヤーは見たところそれを知らなかったようであるが、彼の静脈血の観察は、議論の余地は多かったものの、よく知られた生化学的理論に対する証拠の再発見にすぎなかった。しかしながらマイヤーが飛躍したのはその理論へではなかった。その代わりにマイヤーは、身体内での酸化が釣合うのは、人体の放熱に対してであると同時に人体の行なう労働に対してもである、と主張したのであった。この定式化に対しては、熱帯における静脈血の明るい色はほとんど無関係である。マイヤーによる理論の拡張が必要とする発見は、暑い人というよりも、むしろ怠惰な人が明るい静脈血をもつということであろう。

このような精神的な飛躍が執拗に繰り返されたことは、エネルギー保存則の発見者の多くが、すべての自然現象の根源に単一で不滅の力を見るような深い傾向性を帯びていた、ということを物語っている。この傾向性は以前から気づかれていて、数多くの歴史家が、それは一八世紀の活力保存に関する議論によって引き起された同様の形而上学の残滓であると、少なくともほのめかしてはいる。ライプニッツ、ジャン・ベルヌーイとダニエル・ベルヌーイ、ヘルマン、デュ・シャトレはいずれも「活力は不滅である。それは実際に失われたかのように見えることがあるかもしれないが、もしその効果を見ることができるならばその中に必ず再びそれを見出すことができるのである」[74]と述べている。そのような言明は数多くありそれらの著者は、かなり荒っぽくではあっても、実際に活力を非力学的現象の中へ、あるいはその外へと、追跡していった。モールやコールディングのような人びととの並行性は実に密接である。にもかかわらず、この種の一八世紀の形而上学的雰囲気は、我々が調べている一九世紀の傾向性に対しては受け入れ難い源泉なのである。専門的な動力学的保存定理は一八世紀初頭から現在まで連続的な歴史をもってはいるが、その形而上学的な対応物の擁護者は一七五〇年以後はほとんど、あるいはまったく、いなくなったのである。[75]この形而上学的定理を発見するためには、エネルギー保存の開拓者たちは少なくとも一世紀は昔の文献へと戻らねばならなかった。彼らの著作も伝記も、どちらも、彼らがこの特殊な一片の古い知的記録から強く影響されたことは物語ってはいないのである。[76]

　しかしながら、一八世紀のライプニッツ主義者や一九世紀のエネルギー保存の開拓者たちによる言明と同様の言明が、第二の哲学的活動である自然哲学 Naturphilosophie の文献中には繰り返して見出される。[77] 自然哲学者 Naturphilosophen は、有機体 organism を彼らの普遍学 universal science の基本的な隠喩に据えて、すべての自然現象に対する単一の統一的原理をつねに捜し続けた。たとえば、シェリングはこう断言する、「そのような磁気的、電気的、化学的、さらに究極的には有機的現象ですら一つの偉大なつながりへと織り合されるのであろう。……それは自然界全体へと広がっている」。[78] 電池の発見以前でさえ彼は次のように主張した、「疑いもなく、単一の力だけが種々の様相を装って光、電気、その他の現象の中に姿を現している」。[79] これらの引用は、ブレイエやもっと最近にストーファによって完全に資料づけられたシェリングの思想の側面を指し示している。[80] 自然哲学者としてシェリングは、当時の科学の中に転換や変換の過程をつねに捜し求めていた。初期においては、化学が基礎的な物理科学であるように彼は考えていた。一八〇〇年以後は、次第にガルヴァーニ電気の中に「有機的と無機的との両方の自然の間の真に境界的な現象」を見出した。[81] シェリングの多くの後継者は新しい転換現象を同じように強調し、その教えは一九世紀のはじめの三分の一の間、ドイツとその周辺の大学を支配していた。ストーファの示すところでは、科学者であるとともに自然哲学者でもあったエールステズは、電気と磁気の間の関係を究明する研究に長い間携わっていたが、それはそのような関係が存在するという彼のそれ以前の哲学的確信に基づいていた。ひとたび相互作用が見出されると、電気‐磁気はヘルバルトによる自然哲学の科学的下部構造のいっそうの練り上げに主要な役割を果した。[82] 要するに、大勢の自然哲学者が、ファラデーとグローヴが一九世紀の新しい諸発見から引き出したと思われるのと非常に近い物理的過程に対する見解を、彼らの哲学から引き出したのであった。[83]

このように自然哲学は、エネルギー保存の発見にとって適切な哲学的背景を準備した。さらに開拓者の何人かは、少なくともその主要部には通暁していた。コールディングはエールステズの輩下であった。[84]リービッヒはシェリングと二年間研究を共にし、後にこの二年間を浪費であったと記してはいるが、そのときに吸収した生気論を放棄することはけっしてなかった。[85]イルンはオーケンとカントの両者を引用している。[86]マイヤーは自然哲学の研究はしなかったが、それをした学生時代の親友をもっていた。[87]ヘルムホルツの父親は若いときのフィヒテの親友であり、彼自身も一流ではなかったものの自然哲学者であった。そして彼の息子に堅苦しい機械論を捨て去るよう繰り返し勧め続けた。[88]ヘルムホルツ自身は、彼の古典的な覚え書からあらゆる哲学的議論を無理にも削り取らねばならないと感じていたが、一八八一年に到るまで彼には、それ以前の彼自身による精神的な検閲を免れたカント主義の重要な残滓が認められるのである。[89]

もちろんこういった種類の伝記的断片が知的負債の立証となることはない。しかしながら、それらは強い疑念を支持し、いっそうの研究への糸口をたしかに提供してくれる。今のところ私はこの研究はなされるべきであり、それが実り多いと信ずるたしかな理由があると主張するだけである。その理由のほとんどはすでに述べたが、最も強力な理由はまだ述べてはいない。一八四〇年代のドイツはイギリスやフランスの科学的水準にまでまだ達してはいなかったのに、一二人の開拓者のうちの五人までもがドイツ人であり、六番目のコールディングはエールステズのオランダ人の弟子であった。さらに、七番目のイルンは独学のアルザス地方〔独仏の隣接部〕の住民で自然哲学者の著作に親しんでいた。(90) もしこれら七人の教育環境に固有に備わっていた自然哲学がその研究に生産的な役割を果したのでないとするならば、なぜ半数以上の開拓者が、一つの地域から、その重要な科学的生産性のほとんど最初の発揮に到るまでもたらされたのかを説明することは困難である。これだけがすべてではない。もし自然哲学の影響が立証されるならば、なぜドイツ人五人とオランダ人とアルザス地方人からなることの特別なグループの中に、我々が以前にあれほど顕著な知的空白をそのエネルギー保存への接近法のうちに見出した六人の開拓者のうちの、五人までもが含まれているのかを説明する助けとなるであろう。(91)

同時発見に関するこの準備的な議論は、ここで終りにせねばならない。私の議論を、それが導き出された一次的、二次的な源泉と比較してみれば、その不完全さは明らかとなるだろう。たとえば、熱の動力学的理論や永久機関の不可能性の概念については、ほとんど何も述べなかった。どちらも通常の科学史では重要な部分を占め、もっと増補された取り扱いではどちらについても議論が必要である。しかし、もし私が正しいとすれば、これらの無視された要素やそれに類似の他の要素が、ここで議論した三つの要素と同程度の緊要さで、同時発見のもっと完全な議論に関与することはないであろう。たとえば、永久機関の不可能性はほとんどの開拓者にとって不可欠な知的手段であって、彼らの多くがエネルギー保存に到達した仕方は、それなしに理解することは不可能である。にもかかわらず知的手段を見分けることが同時発見の理解に寄与するところはほとんどない。なぜなら永久機関の不可能性は古代から科学的思考には固有に備わっていたからである。[92] 手段の存在は分ったこととして、我々の疑問は、なぜそれが突然に意味と新しい適用範囲とを獲得したのか、であった。この疑問こそ我々にとって肝要なのである。

同じ議論が第二の無視された要素の例についても部分的には当てはまる。ラムフォードの名声は当然ではあるのだが、熱の動力学的理論はほとんどフランシス・ベーコンの時代から科学的意識の表面直下にあった。[93] ブラックやラヴォアジエの研究によって一時的に隠されはしたが、一八世紀の末でさえ動力学的理論は熱に関する科学的な議論において、たとえ論破するだけのためにであったとしても、しばしば記述されていた。[94] 開拓者たちの著作に描かれた運動としての熱の概念の範囲内においても、なぜその概念が一八三〇年になってそれまで滅多にもつことのなかった意味合いを獲得したのか、を我々は主要に理解しなければならない。[95] そのうえ、動力学的理論は非常に役立ったというわけではなかった。カルノーだけが不可欠な橋頭堡としていた。モールは動力学的理論から保存へと飛躍はしたものの、彼の論文は他の動機もまた同じように働いていたことを示している。グローヴとジュールは動力学的理論を信奉していたが、実質的にはそれに頼ってはいなかった。[96] ホルツマン、マイヤー、セガンはそれに反対した――マイヤーは激烈に、そして生涯を通じて反対していた。[97] エネルギー保存と動力学的理論との間の見たところ密接な関係はかなりの程度に後知恵的なのである。[98]

これら二つの無視された要素を我々が議論した三つの要素と比較してみよう。転換過程発見のラッシュは一八〇〇年に始まる。一七六〇年以前には動力機関の専門的な議論はほとんど科学文献の繰り返される要素ではなく、その後に徐々に密度を増していったのである。(99) 自然哲学は一九世紀初頭の二〇年間に頂点に達した。(100) さらに、これら三つの要素のすべて、あるいは最後のものを除いては少なくとも半数の開拓者の研究で重要な役割を果した。この事実は、これらの要素がエネルギー保存の、個人のあるいは集団としての、発見を説明するということを意味しているのではない。多くの昔からあった発見や概念がすべての開拓者の研究にとって不可欠であったし、多くの新たな発見が個々人の研究に重要な役割を果した。我々は実際にあったすべての原因を再構成はしなかったし、これからもしないであろう。にもかかわらず、我々の出発点となった次の疑問がもし提起されるなら、ここで議論した三つの要素は基本的な配置を提供していると思われるのである。すなわち、一八三〇年から一八五〇年の時期に、エネルギー保存の完全な表明に必要とされるかくも多くの実験や概念が、科学的意識の表面のかくも近くに横たわっていたのはなぜだったのだろうか？　と。

第五章　科学史*

独立した専門分野としての科学史は、新しい分野であって、今もなお長いさまざまな前史の中から形成されつつある。つい最近の一九五〇年以来、当初はアメリカにおいてのみ、しかも多くの最も若い研究者についてさえはじめての試みとして、この分野の専門の研究者になるよう教育を受け、研究に専念するようになった。彼らの先行者たちは、そのほとんどが余技としてのみの科学史家であり、自分の研究目標と価値を主として他の分野から引き出していたので、この若い世代は、時には互いに相入れ難いような多様な研究目標をその先行者たちから受け継いできている。その結果として生じた緊張は、この専門分野の成熟とともに軽減してきてはいるものの、まだ依然として、特に科学史の文献が対象としているさまざまな読者の間に認められる。このような状況下にある以上、その発達と現状に関するどのような報告も、歴史の長い確立した分野にくらべれば、必然的に、個人的で予測的なものにならざるをえないのである。

この分野の発達

ごく最近まで、科学史の著者のほとんどは現場の科学者であり、ときには優れた科学者であった。通常、科学史は彼らの教育法の副産物であった。彼らは科学史のなかに、本来的な魅力を見出したばかりではなく、専攻分野の諸概念を明らかにし、伝統を確立し、学生を引きつけるための手段をも見出したのであった。今日でも多くの専門的な論文や専門書は歴史を記述する章から始まるが、これは、これまで何世紀にもわたって、科学史の一次的な形態と唯一の源泉が何であったかを今日において示している。このような伝統的な形態は、すでに古典古代において、専門書のなかの歴史を記述する章にも、当時最も進歩していた天文学、数学などの古代諸科学に関するいくつかの独立した歴史記述にも現れている。同様の著作は——どんどん数を増してゆく偉人の伝記とともに——ルネサンスから一八世紀にかけての連続的な科学史を形成しているが、その形成は科学こそ進歩の源泉であると同時に見本でもあるという啓蒙主義の科学観に触発されるところが大きかった。この時期の終りの五〇年間に、今日でもなお通用する最初の科学史研究 historical studies が行なわれた。その中には、ラグランジュの専門書（数学）の中に埋め込まれた科学史叙述のほか、モンチュクラ（数学と物理科学）、プリーストリ（電気学と光学）、ドランブル（天文学）による堂々たる個別科学史も含まれている。一九世紀と二〇世紀初頭には、別のアプローチが発展し始めてはいたものの、科学者は断片的な伝記のほかに、それぞれの専門分野についての権威ある科学史、たとえばコップ（化学）、ポッゲンドルフ（物理学）、ザックス（植物学）、ツィッテルとガイキー（地質学）、クライン（数学）、をも生み出し続けた。

第二の主要な科学史記述の伝統は、しばしば第一のものと区別しにくくはあるが、研究目標においていっそう明らかに哲学的であった。一七世紀初頭にベーコンは、人間理性の本性および適切な応用法を見出そうとする人びとに対して、学問の歴史が有用であると宣言したのであった。ベーコンにならって、真の合理性の規範的な記述 normative descriptions を西洋思想の歴史的展望の上に基づかせようと試みた哲学的な傾向の著者の中では、コンドルセとコントがひときわ有名である。一九世紀以前には、このような研究は主として計画だけにとどまり、重要な科学史研究を生み出すことはほとんどなかった。しかしその後、ことにヒューエル、マッハ、デュエムらの著作において、哲学的関心が科学史における創造的研究の主要な動機となり、以来今日まで哲学的関心は依然として重要視されてきている。

これら二つの科学史記述の伝統はいずれも、特に一九世紀ドイツ政治史における文献批判的手法によって導かれた場合には、ときおり記念碑的な業績を生み出してきた。現代の科学史家たちがそれらを無視しているのは危険なことである。けれども同時にこれらの伝統は、今日発生途上にある専門研究者のほとんどが見捨てつつある科学史概念を、補強してもいたのである。これらの過去の科学史の目標は、それらが書かれたその時代の科学的方法や概念を、このような方法や概念の発達過程を示すことによって理解を深め明らかにすることであった。そのような目標を掲げていたので、これらの科学史家は、特徴的に、ある単一の確立された科学や科学分野――健全な知識であることが疑われることのないような科学ないしは科学分野――を選び、いつ、どこで、どのようにして、当時その主題となり仮定されていた方法となっていた要素が出現したかを記述したのであった。当時の科学が誤りあるいは無関係だとして無視した観察や法則や理論は、それらが方法論的な教訓の指摘となったり長期間にわたる見かけ上の不毛性の説明となったりしないかぎり、ほとんど顧みられることはなかった。同様の選択原理は、科学の外的要因を議論する際にも支配した。障害とみなされた宗教と、装置の進歩にとって偶然的な前提条件となった技術だけが、注目された外的要因のほとんどすべてであった。このようなアプローチからの帰結は、最近哲学者ジョゼフ・アガシによって見事に戯画化されている。

当然の成り行きとして、一九世紀初期までこれに類似した特徴がほとんどの科学史的記述の典型であった。一般の歴史家ですら、自分たちとは違う価値体系に関心を抱きその完全さを認識するようになったのは、遠く離れた時や場所に対するロマン主義思想の情熱が当時の聖書批判という学問的水準と結びついてからのことである（たとえば、一九世紀は、中世にも歴史があったことがはじめて認識された時期である）。しかしながら、現代のほとんどの科学史家がその専門分野にとって本質的だと想定するであろうこのような感性の転換が、即座に科学史に反映されたわけではなかった。それ以外では合意に達することがなかったにもかかわらず、ロマン主義者の科学史家も科学者の科学史家もともに、科学の発達を、知性の準機械的な前進、あるいは健全な方法の巧みな援用に対して自然の秘密が絶えず屈服してゆく過程だとみなし続けていた。今世紀に入ってはじめて、科学史家は、彼らの研究主題を、あと知恵で定義された専門領域において蓄積されてきた実証的達成の年代記とは何か違うものなのだとみなすようになったのである。この変化には多くの要因が寄与している。

おそらく最も重要な影響は、一九世紀の終りに始まる哲学史からのものであろう。この分野においては、実証的知識を誤謬や迷信から区別できると確信していたのは最も党派的な人びとだけにすぎなかった。それ以来魅力を失ってしまった諸観念を扱うにあたって、科学史家はのちにバートランド・ラッセルが簡明に表現した次のような指示に従わざるをえなかった。「ある哲学者を研究する際の正しい態度は、敬意をもつことでもなく軽蔑することでもない。最初は、いわば仮説的な共感をもってあたり、ついには、彼の理論を正しいと信じるならばどのように感じられるかが分るようになることである」。過去の思想家に対するこのような態度は哲学から科学史へと伝えられた。部分的にはそれは、科学の発展にとっても重要であった人物や思想を歴史的に扱ったランゲやカッシーラーのような人びとから学ばれたものである（この観点からは、バートの『近代物理学の形而上学的基礎』とラヴジョイの『存在の大いなる連鎖』が特に影響力が大きかった）。また部分的にはそれは、一群の新カント派の認識論者、とくにブランシュヴィクとメイエルソンから学ばれた。彼らはそれまでの科学思想における準絶対的な思考範疇 quasi-absolute categories of thought を探求し、科学史の主要な伝統が誤解あるいは無視していた諸概念について、見事な発生的分析を生み出していたのである。

これらの教訓は、科学史という専門分野の出現におけるもう一つの決定的な出来事によって補強された。一般の歴史家にとって中世が重要な意義をもつようになってから一世紀ほど後に、ピエール・デュエムによる近代科学の起源に関する研究が中世における物理学思想の伝統を明らかにしたが、この伝統が、アリストテレス自然学との対照において、一七世紀に生じた物理理論の変革に果した役割は無視しえないことが分ったのである。ガリレオの物理学と方法のあまりにも多くの諸要素が、この伝統のなかに見出された。けれども、それをガリレオのあるいはニュートンの物理学にまったく一致させるということもまたできなかった。したがってそれは、いわゆる科学革命の構造を変化させはしなかったものの、時間的な拡がりは大きく拡大させたのである。一七世紀科学の本質的な革新性が理解されるには、中世科学がまずそれ自身の言語で、次に「新しい科学」出現の基盤として研究されねばならなかった。他の何にもまして、この要請こそ現代の科学史研究を方向づけたのであった。一九二〇年以来この要請が喚起した著作、特にデイクステルホイス、アンネリーゼ・マイアーの著作、とりわけアレクサンドル・コイレのそれ、は現代の多くの研究者が目標とするお手本となっている。そのうえ、中世科学およびそれがルネサンスに果した役割の発見は、科学史がもっと伝統的なタイプの歴史に統合でき、かつされねばならない領域を明示したのでもあった。その仕事はやっと始まったばかりであるが、バターフィールドによる先駆的な総合とパノフスキーとフランシス・イエーツによる個別研究は、今後必ず拡げられかつ受け継がれるべき道筋を示したのであった。

今日の科学史研究を方向づけた第三の要因は、科学発達の研究者は実証的な知識全体に興味をもつべきであり、個別科学の歴史は一般的な科学史によっておき代えるべきであるという繰り返された主張である。計画としてならばベーコンやとりわけコントにまでさかのぼれるこうした要請が、学問的成果に反映されるようになるのは二〇世紀初頭になってからであり、その頃広範な尊敬を集めていたポール・タンヌリが熱烈にこの要請を繰り返し、ついでジョージ・サートンの記念碑的な研究によって実行に移されたのである。これに続く経験から分ったことは、諸科学は実際は互いに調和し合っているものではないこと、また、たとえ一般科学史に要求される超人的な博学をもってしても諸科学の発展を継ぎ合わせて首尾一貫した叙述に仕立て上げることはほとんど不可能だということであった。しかしこの試みは決定的であった。なぜなら、現代科学のカリキュラムに体現されているような学問の区分を過去に対しても適用することは不可能だということが、その試みによって際立ってきたからである。今日では、科学史家はますます個別的な科学分野の詳細な研究に戻りつつあるが、彼らは関心を寄せる時代に実際に存在していた分野を研究し、かつ当時の他の諸科学の状態をも考慮に入れながら研究しているのである。

さらにもっと最近になって、もう一群の影響が科学史における現代的な研究を方向づけ始めた。それによる結果は、科学発達に対する非知的要因、特に制度的、社会経済的要因の果す役割への関心の増大であり、それは一部は一般的な歴史学、もう一部はドイツ社会学とマルクス主義の歴史研究とに由来している。しかし、これまで議論してきた諸要因とは異なり、これらの影響やそれに答える研究は、今までのところ、誕生しつつある科学史という専門分野の中にほとんど吸収されてはいない。そのあらゆる革新性にもかかわらず、新しい科学史研究が向けられているのは、依然として主に科学的な諸観念、および、それらが互いどうしあるいは自然との間で相互作用する際の(数学的な、観測上の、実験的な)諸手段の発展に対してである。コイレのような新しい科学史研究の最も優れた人びとも、通例、考察中の歴史発展に対して文化の非知的な側面が果す重要性を最小に見積もってきたのである。少数のある人びとは、あたかも、科学史に対する経済的、制度的な考察の侵入は科学それ自体の完全性の否定となるかのように振舞った。その結果しばしば、ときには表向きは同じ装いのもとに現れても、互いに強固で実りある接触をほとんどもつことのない二種類の異なった科学史があるかのようにみえるのである。しばしば「内的アプローチ」とよばれる今なお支配的な研究形態は、知識としての科学の実質に関心を寄せるものである。これに競合する、しばしば「外的アプローチ」とよばれる研究形態は、より大きな文化内部における社会集団としての科学者の活動に関心をもつものである。おそらく、これら両者の同時的なアプローチこそ、新しい専門分野に向けられた最大の挑戦であろう。それに対する応答のきざしも増大しつつある。にもかかわらず、この分野の現状について概観しようとすれば、残念ながら今のところ、両者を事実上異なった企てとして扱わざるをえないのである。

内的科学史 Internal history

新しい内的科学史を研究するうえでの指針は何であろうか。科学史家は(完全にそうするはずもないし、また、もしそうすれば科学史を書くこともできなくなるが)、彼の知っている今日の科学をできる限り考慮の外におくということである。彼は、彼が研究しようとしている時代の教科書や定期刊行物から、科学を学ばなければならない。そして彼は、それらとそれらが繰拡げる固有の伝統とに精通してから、発見や発明によって科学発達の方向を変えることになる革新者に取組むべきである。革新者たちを扱う際には、彼は革新者たちが考えたのと同じように考えるよう試みなければならない。科学者は往々にして自らが意図したのとは違う結果によって有名なのだということを認識して、科学史家は、彼の対象となる人物はどのような問題に取組んでいたのか、また、どのようにしてそれが彼の対象となる人物にとって問題となったのかを問わねばならない。科学史上で発見されることは後代の教科書が発見者に帰する内容とは滅多に一致しない（教育という目的が不可避的に論述に変更を加えてしまう）ということを認識して、科学史家は、扱っている人物は何を発見したと思っていたか、その発見の基礎は何だと考えていたかを問わねばならない。さらに、この再構成の過程において、科学史家は、彼の対象となる人物の犯した明らかな誤りに特に注目しなければならない。それは、誤りであるがゆえにではなく、誤りの方が、現代科学がいまなお受け入れている結果や議論を科学者が記録したと思われる一節よりも、研究中における科学者の心理状態についてより多くのことを明らかにしてくれるからである。

少なくともここ三〇年の間、これらの指針が表明しようと目指した態度は、科学史における最良のテクスト解釈学派 interpretive scholarship をますます指導するようになってきた。ここでとり上げるのは主としてこの種の解釈学派である（もちろん、明確に区別しにくい別のタイプの解釈学派もある。科学史家の最もやりがいのある多くの努力は、むしろ、そちらへと向けられていた。しかしここは、たとえばニーダム、ノイゲバウアー、ソーンダイクらの仕事を考察する場ではない。彼らの欠くことのできない業績は、これまで神話を通じて以外には知りえなかったテキストと伝統の基礎固めをして、近づきやすいものにしたことである）。とはいうものの、研究課題は広大であり、専門的な科学史家は少し（一九五〇年には、アメリカ中で僅かに六名程度）しかおらず、彼らがテーマを選択する仕方は無作為とよべるものからはほど遠かった。現在も巨大な研究領域は残されたままであり、基本的な開発方針すらはっきりしてはいないのである。

おそらく、その特別な威信のゆえと思われるが、科学史文献の大部分は物理学、化学、天文学で占められている。しかし、これらの分野においてさえ、努力の成果は一様にはゆきわたらず、今世紀においては特にそうである。一九世紀の科学者を扱う科学史家たちは当時の知識をそれ以前の過去の中に捜し求めたので、しばしば、古代から当時あるいは当時近くに到るまでの概観の編纂に携わった。二〇世紀においても、デュガ、ヤンマー、パーティントン、トゥルーズデル、ホイッテーカーのような少数の科学者は、同様の観点から著作を行ない、彼らによる概観のいくつかはある特殊分野の科学史を現代のごく近くまで描いている。しかし、今日の最も発達した諸科学の研究者たちはいまだにほとんど科学史を書いてはいず、また誕生しつつある専門の科学史家は、これまでのところ、きわめて組織的かつ限定的な研究法をとっているので、多くの不幸な結果を伴っている。彼らの研究には原典への深い共感的な没頭が要求されるので、少なくともさらに多くの分野が深く調べられるまでは、広範囲にわたる概観は事実上禁じられているのである。少なくとも彼ら自身の感じでは白紙状態から出発するのであるから、当然ながら、この若いグループはまずある一つの科学の発達初期の様相の基礎固めをしようと試み、その点を越えて進もうとする者はほとんどいない。そのうえ、ここ数年に到る以前は、新しいグループのどのメンバーも、専門的にきわめて発達している学問諸分野において身代わりの研究者となれるほど十分には科学（特に数学が通例、決定的な障害となる）に精通していなかったのである。

より多くの人びとおよびいっそう訓練を受けた人びとのこの分野への参加によって事態はいまや急速に変りつつはあるものの、その結果、科学史の最近の研究文献は、大学で科学の初歩的訓練を受けた人にとって専門的原資料が手におえなくなったところで終ってしまう傾向がある。優れた研究としては、ライプニッツの数学（ボイヤー、ミシェル）、ニュートンの天文学と力学（クラーゲット、コスタベル、デイクステルホイス、コイレ、マイアー）、クーロンの電気学（コーエン）、ドルトンの化学（ボース、クロスランド、ドーマ、ゲラック、メッツジェ）などがあげられる。しかし、一八世紀の数理物理科学や一九世紀の物理科学に関する新しい伝統のもとでの科学史研究は、ほとんど皆無といってよい。

生物学と地球科学に関していえば、研究文献はなおいっそう未発達である。その理由の一端は、一九世紀末以前において専門分野の地位に達していたのは、生理学のように、医学と密接に関係する特殊分野だけであったということである。それ以前には科学者による概観はほとんどなく、新しく生れた専門家たちが少しずつこの分野を開拓しつつあるところである。少なくとも生物学においては急速な変化のきざしが見えるが、現在までのところ、多く研究されている分野は一九世紀ダーウィニズムと一六、一七世紀の解剖学・生理学だけである。しかし、この後者のテーマに関しては、書物規模の研究のうち最良のもの(例えばオマリとシンガー)でも特定の問題や人物を扱うのが通例で、発展してゆく科学的伝統の展開をほとんど提示してはいない。進化論についての研究文献は、ダーウィンにデータと問題とを提供した専門分野に関する適当な科学史書が欠如していることもあって、記述が哲学的一般性の水準にとどまっている。そのため、なぜ『種の起源』がそれほど偉大な達成であったのかが分りにくくなっていて、しかも諸科学内における達成点はさらに分りにくい。生物学史のなかでは、植物学者エイサ・グレイについてのデュプレーの模範的研究が数少ない特記すべき例外である。

これまでのところ、新しい科学史研究はまだ社会科学には手を触れていない。この分野の科学史文献は、あるとしても、もっぱら当該の科学の研究者によって生み出されたものである。ボーリングの『実験心理学史』はおそらくその顕著な実例であろう。物理科学における古い型の科学史と同じくこの文献も、しばしば不可欠ではあるものの、科学史書としては同様の限界を共有している(この状況は、比較的新しい科学において特徴的である。このような分野の研究者は、自分の専門分野の発達に詳しいと期待されるのが普通なので、準公式的な科学史を身につけるのが一般的である。すると、それ以後は〔悪貨が良貨を駆逐するという〕グレシャムの法則のようなものが成り立つということになる)。したがってこの分野は、研究の好機会を科学史家に提供するばかりではなく、その前歴がこの分野の要求に特に適している一般思想史家や社会史家にも、なおさらのこと、研究の好機会を提供しているのである。アメリカの人類学史に関するストッキングの予備的出版物は、最近になってようやく概念や用語が深遠になってきた科学分野において、一般の歴史家が開きうる展望の特に実り多い実例を示している。

外的科学史　External history

科学を文化の文脈の中に据えることによってその発達と影響についての理解を深めようとする試みには、三つの特徴的な形態があって、最も古いのは科学の制度 scientific institutions に関する研究である。スプラット主教はロンドン王立協会の歴史を、この組織がはじめて特許状を得る以前といってもよい頃から先駆的に作成したが、それ以来、個々の学会の内部史は無数に存在している。しかしながら、これらの書物は主に科学史家にとっての原資料として有用なのであり、科学の発達を研究する者によって利用されるようになったのは今世紀に入ってからのことである。同時に彼らは、他の型の科学制度、特に科学の発達を促進あるいは阻止する教育制度と真剣にとり組み始めた。科学史の他の研究課題と同じく制度に関する研究文献も、その多くは一七世紀を扱っている。その最良のものは定期刊行物の中に散在しているので、それらから再構成することができる（以前には標準的であった書物規模の報告は残念ながら時代遅れになっている）。その他多くの科学史に関する文献も含むそのような定期刊行物としては、雑誌『アイシス』（*ISIS*）の年報「批判的書誌」（Critical Bibliography）

や、パリのCNRS（国立科学研究所）の季刊『ビュルタン・シニャレティク』（*Bulletin signalétique*）がある。一八世紀の科学制度に関する数少ない研究のなかには、ゲラックによるフランス化学の職業的専門化に関する古典的研究、スコフィールドによる月光協会 Lunar Society の歴史、フランスの科学教育に関する最近の共同研究（タトン）などがある。一九世紀に関しては、カードウェルによるイギリスについての研究、デュプレーによるアメリカについての研究、ヴュチニックによるロシアに関する研究だけが、メルツの『一九世紀ヨーロッパ思想史』（*History of European Thought in the Nineteenth Century*）第一巻のしばしば脚註に散在する断片的ではあるがきわめて示唆に富む記述に取って代わり始めた。

思想史家たちは、特に一七、一八世紀の間に、科学が西洋思想のさまざまな側面に与えた影響についてしばしば考察してきた。しかし、一七〇〇年以降の時期についてのこうした研究は、たんに科学の威信を示すのではなくて科学の影響を示すことを目指す限り、はなはだ不満足なものであった。ベーコンやニュートンあるいはダーウィンといった名前は強力な象徴なのであり、実質的に負っていることを記録する以外にもその名前を援用する多くの理由があった。また、概念の並行関係、たとえば惑星をその軌道に保つ力とアメリカ合衆国憲法のもつチェック・アンド・バランスの体系、を取り出す認識などは、往々にして解釈の巧妙さを示して見せようとするものであり、他の生活領域への科学の影響というようなものではない。疑いもなく科学上の概念、特に広い範囲のそれ、は科学以外の観念の変化にも手を貸している。しかし、この種の変化を生み出す概念の役割を分析するには、科学文献への沈潜が要求されるのである。古い型の科学史研究は、その本質上、それに必要なものを提供はしないし、新しい科学史研究は、あまりに最近のものなので、その成果が断片的すぎて大きな効果は生れていない。ギャップは小さくみえるかもしれないが、思想史家と科学史家の間の裂目ほど橋渡しを必要とするものは他にはないのである。幸いなことに、その方法を示す研究がいくつかある。より最近のものとしては、一七、一八世紀の科学文献に関するニコルソンの先駆的研究や、自然宗教に関するウェストフォールの論考や、啓蒙期の科学に関するギリスピーの一章、一八世紀フランス思想における生命諸科学の役割に関するロジェの記念碑的な概観などがある。

制度への関心と思想への関心は、科学発達に対する第三のアプローチへとひとりでに合体してゆく。それは、きわめて限定された地理的範囲内での科学研究であり、ある特定の専門分野の発展に焦点をあてるには狭すぎるけれども、十分に均質的なので科学の社会的役割と社会的背景との理解を高めてくれるのである。外的科学史のあらゆる型の中で、これが最も新しくかつやりがいがある。というのは、この方法は歴史学的、社会学的な最も広い範囲の経験と技量とを呼び覚すからである。アメリカにおける科学についての、大きくはないが急速に成長しつつある研究文献（デュプレー、ヒンドル、シュライオック）は、このアプローチの顕著な例であり、またフランス革命期の科学についての最近の諸研究も同様の解明を生み出すと期待される。メルツ、リリー、ベン・デイヴィッドは一九世紀のいろいろな側面を明らかにしているので、多くの同様の努力がさらに拡大するにちがいない。しかし、最大の活動と注目を呼び起したテーマは、一七世紀イギリスにおける科学の発達である。それは、近代科学の起源と科学史の本質との両方に関する激しい論争の的になってきたので、この研究文献は別に議論をして焦点をあてるのが適当であろう。ここでは、このテーマはある型の研究の代表となっている。つまり、それが提起する問題は、科学史に対する内的アプローチと外的アプローチの間の関係に見通しを与えると思われるのである。

マートンのテーゼ

一七世紀科学についての論争のなかでもひときわ目立つのはいわゆるマートン・テーゼである。これは実際には二つの別々の源泉から出た互いに重なり合う二つの命題からなっている。どちらも究極的には一七世紀科学の特別な生産性の説明を目指していて、それを、ベーコンやその後継者たちのプログラムにみられるような科学の新しい目標や価値観を、当時の社会の他の諸側面と関連づけることによって行なおうとするものである。第一の命題はマルクス主義の歴史研究にいく分負っているのだが、実用的な技術から学ぶことによって科学を有用なものにしようとしたベーコン主義者の意図を強調する。彼らは当時の職人――ガラス職人、冶金職人、船乗り、その他――の技術を繰返し研究し、またその多くの者は少なくとも関心の一部を当時の差し迫った問題、たとえば航海術、干拓、森林の伐採など、に向けていた。マートンが想定するところでは、これらの新たな関心によって育てられた新しい問題、データ、方法こそ、一七世紀の間に多数の諸科学が実質的な変革を経験した主要な理由であった。第二の命題も、当時の同様の新しさに注目するのであるが、ピューリタン主義をその主要な誘発要因であるとみなした（両命題の間に矛盾があるとはいえない。マートンはマックス・ウェーバーの先駆的な提案を検討していたが、それには、ピューリタン主義が技術や実用的技能への関心を正当化することに役立ったと論じられている）。定住したピューリタン共同体が抱いていた価値観――たとえば、労働による自己の正当化や自然を通じての直接的な神との交わりの強調――が、科学への関心、および、一七世紀において科学を特徴づけていた経験的、道具的、功利的な色彩の両方を育てたといわれている。

どちらの命題も、その後、熱心に展開されまた攻撃されもしたが、いまだに意見の一致はみていない（ホールとデ・サンチャーナの諸論文を中心とする重要な対抗意見は、クラーゲットの編集による科学史研究所シンポジウム Symposium of the Institute for the History of Science に収録されている。ツィルゼルによるウィリアム・ギルバートに関する先駆的論文は、「ジャーナル・オブ・ヒストリー・オブ・アイディアズ」（*Journal of the History of Ideas*）からウィーナーとノランドが編集した関連論文集に見出すことができる。その他の研究文献はおびただしいが、その多くはクリストファー・ヒルの研究に関して最近出版された論争書の脚註から辿ることができる）。このような研究文献における最も根強い批判は、マートンによる「ピューリタン」というレッテルの定義や用法へと向けられたものである。今日では、意味合いにおいてこのように狭く教義的な用語は、どのような用語であっても有用でないことが明らかになったと思われている。しかし、この種の困難は確実に取り除くことができる。なぜなら、ベーコン主義のイデオロギーは科学者に限られていたわけでもなければ、ヨーロッパ中のあらゆる階級と地域に一様に拡がっていたわけでもないからである。マートンのレッテルは不適切であったかもしれないが、彼が述べたような現象は疑いもなく存在していた。彼の立場に対するより重要な反論で残っているのは、科学史における最近の変革に由来するものである。科学革命についてのマートンの描像は、長く命脈を保ってきたとはいえ、特にそれがベーコン主義運動に帰している役割においては急速に信用を失いつつある。

古い型の科学史の伝統にたつ人びとは、自分たちが理解する科学は、経済的価値や宗教の教義にはなんら負うものではないと断言することもあった。けれども彼らにとって、マートンが強調した手仕事や実験や自然との直接的接触の重要性は、馴染み深くて性に合うものであった。これに対して新しい世代の科学史家たちは、一六、一七世紀における天文学、数学、力学の変革、さらには光学の変革ですら、新しい器具、実験、観察にほとんど何も負うてはいないことを証明したと主張している。彼らの議論するところでは、ガリレオの主要な方法は、新たな完成へともたらされたスコラ科学の伝統的な思考実験であった。ベーコンによる素朴で野心的なプログラムは、最初から不毛な妄想でしかなかった。有用さを求める試みは例外なく失敗し、新しい器具がもたらした山のようなデータも既存の科学理論の変革にはほとんど役立たなかった。もしも、ガリレオ、デカルト、ニュートン等々が、なぜ突然、よく知られた現象を新しい見方で見られるようになったかを説明するのに文化的な革新性を必要とするのであれば、その革新性は何よりもまず知的なものであって、ルネサンス期の新プラトン主義、古代原子論の復活、アルキメデスの再発見を含むものである。しかしながら、このような知的潮流は、イギリスやオランダでのピューリタンのサークルにおけると少なくとも同程度には、ローマ・カトリックのイタリアやフランスにおいても流行し生産的だったのである。しかも、このような潮流は職人の間よりも宮廷人の間で根強かったのであり、ヨーロッパ中のどこにおいても、このような潮流が技術から重要な負債を受けたという兆候は見られないのである。もしマートンが正しかったとすれば、科学革命に対するこのような新しい描像は明らかに誤っているということになるであろう。

本質的な修正をも含むより詳細で注意深い形においては、このような描像はある点まで完全に説得的なものとなる。たしかに、一七世紀に科学理論の変革を行なった人々は時にベーコン主義者のように語りはしたが、彼らの多くが抱いていたイデオロギーが彼らの中心的な科学上の貢献に対して、実質的にあるいは方法論的に、重要な効果をもたらしたのかどうかは明らかではない。彼らの貢献を理解する最も分りやすい仕方は、一六、一七世紀において新たな熱意と新たな知的環境のもとで追求された一群の諸分野の内的発展の結果としてである。しかしながら、このことが関わりうるのは、マートンのテーゼの修正にのみであってその否定にではない。科学史家が一般に「科学革命」と名づけている発酵状態の一つの側面は、一時的にはイタリアとフランスにもみられはするものの、イギリスとオランダをその中心地とする急進的で計画的な運動であった。修正しないままのマートンの議論でさえいっそう理解しやすくしてくれるこのような運動は、一七世紀の間に、徹底的な変化を多くの科学研究の魅力や位置や性格に与え、しかも、それによってもたらされた変化は永続的であった。たしかに、現代の科学史家が主張するように、これらの新しい諸特徴のうちのどれも、一七世紀の間の科学上の諸概念の変容に対して大きな役割は果さなかったかもしれない。にもかかわらず、科学史家はこれらの諸特徴を扱わずにすますことはできないのである。より一般的な意味合いは次節で考察するが、次のような示唆は理解の助けとなろう。

医療技術や制度との密接なつながりをもつ生物的諸科学はより複雑な発達のパターンをたどったが、それらを除けば、一六、一七世紀の間に変容した科学の主要部門は、天文学、数学、力学、光学であった。科学革命に概念の変革という様相を与えているのは、これらの諸分野の発達なのである。しかしながら重要なことは、これら一群の諸分野はもっぱら古典的諸科学だけからなっているということである。すでに古代において高度な発達を遂げていたので、これらの諸分野は中世の大学のカリキュラムの中にも見出され、いくつかの分野はそこでさらに重要な発達を遂げていた。これら諸分野の一七世紀の変容においては大学に活動の場をもつ人びとが引き続き重要な役割を果したのであり、それは、なりよりもまず、新しい概念的環境の中でさらに発達した古代・中世の伝統の拡大として描写するのが適当であろう。これらの分野の変容の説明のためにベーコン主義的計画の運動に頼らざるをえなくなるのは、ほんの稀な場合だけにすぎない。

しかしながら、一七世紀頃には、もはやこれらだけが活発な科学活動の領域ではなくなっていた。科学と電気と磁気、化学、熱現象などの研究を含む他の諸領域は、異なったパターンを示していた。科学として、すなわち、自然理解の増大のために組織的な精密調査をされるべき諸分野としては、これらの領域はすべて科学革命の間の新参者であった。それらの主要な起源は、大学の学者的伝統のなかにではなく、確立された職人的伝統の中にある場合が多かった。それらはすべて、新しい実験のプログラムにも、職人たちがしばしばその導入の手助けをした新しい実験器具のどちらにも、決定的に依存していたのである。医学校におけるごくわずかな例外を別とすれば、一七世紀以前にはこれらの諸領域が大学で席を占めるということはほとんどなかった。それに対して、これらの諸領域を追求していたのは、科学革命の制度的現れである新しい科学学会の周辺でまばらに群れていたアマチュアたちであった。明らかに、これらの分野とそれによって代表される新しい実践様式こそ、改訂されたマートンのテーゼが理解を容易にしてくれるものなのである。古典的諸科学におけるとは違って、これらの諸分野における研究が自然理解に付け加えるところは、一七世紀の間にはほとんどなかった。この事実こそ、マートンの観点の評価にあたって、これらの諸分野を見落しがちにさせていたものであった。しかし、これらの諸分野を十分に考慮に入れなければ、一八世紀後期と一九世紀における達成を理解することはできないのである。ベーコン主義のプログラムは、たとえ当初は概念上の成果を生まなかったとしても、主要な多くの近代諸科学の端緒をもたらしてはいたのであった。

内的科学史と外的科学史

マートンのテーゼに関する上述の論評は、科学の発展の初期段階と後期段階との区別を強調することになるので、最近私がより一般的に論じた科学の発達の諸側面の例証となろう。私の考えでは、新分野発達の初期において、当事者たちが集中する問題を決定する主要な要因は社会的な要請や価値観である。同じくこの時期において、問題解決のために彼らが援用する諸概念を大きく条件づけるのは、その当時の常識や、広くゆきわたっていた哲学的伝統、それに当時最も権威があった諸科学である。一七世紀に登場した新分野や、多くの新しい社会科学はその例である。しかし、後期における専門領域の発達の仕方は、少なくとも科学革命期における古典的諸科学の発達によって特徴づけられる限りにおいては、初期におけるそれと非常に異なっている。成熟した科学の実践者たちは、洗練された伝統的な理論体系と、器具や数学や言語上での複雑な技法の体系との中で訓練を受けた人びとである。その結果、彼らは特殊な下位文化 subculture を構成し、その成員は互いの研究の唯一の聞き手や判定者となるのである。そのような専門家が取り組む問題は、もはや外部社会から提起されるのではなく、既存の理論と自然との間の一致をさらに広い範囲へと拡げかつ精度を向上させようとする内部的な挑戦によって提起されるのである。また、このような問題を解くために用いられる諸概念は、通常、それ以前にその専門のための訓練の中で与えられた諸概念と密接に関連している。要するに、他の職業的かつ創作的な営みに比較して、成熟した科学に従事する者は、自分が職業外の生活を送る文化的な環境からは実質的に絶縁されているのである。

このような不完全であるとはいえきわめて特殊な絶縁性こそ、科学史に対する自律的で自己充足的な内的アプローチがあれほど成功したかに見えた根拠であると考えられる。他の諸分野とは比較にならないほど、個々の専門分野の発達は、その分野の文献とごくわずかの隣接分野の文献の範囲を出ることなく理解できるのである。科学史家が、外部からその分野に進入した特定の概念、問題、技法に注目しなければならなくなるのは、ごくまれである。にもかかわらず、内的アプローチの見かけ上の自律性は、その本質において誤解を招く傾向があり、自律性を擁護しようとする情熱は重要な点を不明瞭にしている。私の分析によると、成熟した科学者集団の絶縁性はまず第一には概念に関する絶縁性であり、第二には問題の構造に関する絶縁性なのである。しかしながら、科学の進歩にはタイミングのような他の諸側面もある。そしてこれらは、たしかに、科学の発達に対する外的アプローチで強調される諸要素に決定的に依存している。とりわけ、諸科学を、専門諸分野のたんなる集まりとしてではなく互いに相互作用し合う集団とみなすときには、累積してゆく外的諸要素の影響が決定的となりうるのである。

たとえば、職業としての科学の魅力も、種々の分野がもつそれぞれに異なった魅力も、科学に対する外的な諸要素によって大きく条件づけられる。さらに、ある分野における進歩は、時おりそれ以前の他の分野における発達に依存するので、成長速度の違いが全体の発展のパターンに影響を与える。すでに述べたように、これと同様の考察は、新しい科学の開始や最初の形態の決定に対しても大きな役割を演じる。そのうえ、新しい技術や社会的状況における何か他の種類の変化は、専門分野における問題の重要性の感じを選択的に変化させ、ある場合にはそれに代わる新しい問題を創出するかもしれない。そうすることによって、このような外的な諸条件は、有効に働くはずの確立された理論が有効でないような諸領域において発見を加速し、さらにそれによって、確立された理論の排斥と新たな理論への交代とを促進することもあろう。ある場合には、このような外的諸条件は、新理論が呼応することになる危機が生じる問題領域はある領域であって他のではないことを確定することによって、新理論に実質を与えさえするかもしれない。さらには、制度上の改革という決定的な媒介を通じて、外的諸条件はそれまで本質的に異なっていた諸分野間に通信のチャンネルを敷設するかもしれず、それによって、さもなければありえなかったかまたは大きく遅れたはずの相互の多産化を助長するかもしれないのである。

より大きな文化が科学の発達に影響を与える仕方には、直接的な助成金をも含めて、他に多くの仕方があるが、上述の概観だけでも科学史がいまや発達してゆくべき方向を示すには十分であろう。科学史に対する内的と外的の二つのアプローチはそれぞれに固有な一種の自律性をもってはいるが、実際には、それらは相補的な二つの観点なのである。これら二つのアプローチが、互いに相手を引き寄せ合いながら、実践されるまでは、科学の発達の重要な諸側面が理解されるとは思えない。マートンのテーゼに対する反応が示しているように、そのような実践はまだほとんど始められてはいない。しかし、それに要する分析的なカテゴリーは次第に明らかになりつつあると、おそらくは言えるだろう。

結論として、判断が最も個人的とならざるをえない問いへと向かうことにしよう。それは、この新しい専門分野での研究から引き出される可能な収穫は何かという問いである。何よりもまず第一に、より量が多く、より質のよい科学史であろう。他のどのような学問分野とも同じように、科学史が第一に負っている責任は自分自身に対するものである。しかしながら、他の研究諸領域に選択的に及ぼしている影響を示す兆候が増大しつつある以上、簡単な分析は必要であろう。

科学史が関係する諸領域のなかで、重要な影響を最も受けにくいと思われるのは科学研究それ自身である。科学史の唱道者は、科学史は忘れられた考えや方法の豊かな宝庫であり、そのいくつかは現代における科学上のディレンマの解決に役立つかもしれないとしばしば述べてきた。新しい概念や理論が科学に援用されて成功を収めるとき、それまでは無視されていた先例が、その分野における以前の文献中にいくつか見出されるのがふつうである。したがって、科学史に注目しておけば革新が早められたかもしれないと思案するのは自然である。しかし、ほとんど間違いなく、答えはノーである。調査すべき文献の多さ、検索に適切なカテゴリーの欠如、前兆と結果的な革新との間の微妙ではあっても通常は大きい相違、これらすべてが結びつけば、再確認よりも再発明の方が、依然として科学的な革新性の最も効果的な源泉となるであろう。

もっとありそうな科学史による影響は、それが記録にとどめている諸分野に対するものであり、間接的にその科学の営みそのものに対するいっそうの理解を提供することとなる。科学の発達の本性をより明確に把握することは、研究上における特定のパズル解きには役立たなくとも、科学教育、科学行政、科学政策のような事柄の再検討に刺激を与えはすると思われる。しかしながら、科学史が生み出しうるこのような暗黙の洞察は、おそらく、他の学問分野の仲介を借りて前もって明瞭にしておく必要があるだろう。そのような分野としては三つが特に有効であるようにいまや思われる。

科学史の侵入によって光明よりも熱気がいまだに引き起されつつある科学哲学は、今日、科学史の影響が最も明らかな分野である。ファイヤアーベント、ハンソン、ヘッセ、それに私は、いずれも伝統的な哲学者の科学に対する観念的なイメージの不適切さを主張し、それに代わるものを捜すにあたって強く科学史に引き寄せられた。ノーマン・キャンベルとカール・ポパーの古典的な言説の指示するところにしたがい(時には、ルートヴィッヒ・ヴィトゲンシュタインの影響も強く受けて)、我我は科学哲学がもはや無視しえない諸問題を、少なくとも、提起はした。それらの問題の解決は未来に属することであり、しかもたぶん、無限に遠い未来に属することとなろう。発達し成熟した「新しい科学哲学」とよべるようなものはまだ存在してはいない。しかし、多くは実証主義的なこれまでの紋切り型規定に疑問を付したこと自体が、職業的アイデンティティーの追求のほとんどを科学的方法の明確な規準設定 explicit canons of scientific method に依存している新しい諸科学の研究者たちに、刺激と解放感とを与えているのである。

科学史の与える影響が増大しつつあると思われる第二の分野は、科学社会学である。この分野における関心も技法も、究極的には、科学史的である必要はない。しかし、この専門分野が未発達な現在の状態においては、科学社会学者は自分が研究する営みの概要について科学史から何かを学ぶことができると思われる。ベン・デイヴィッド、ハグストローム、マートン等々による最近の著作は、彼らが実際にそうしつつあることの証拠を与えている。おそらくは、科学史が科学政策や科学行政に影響を及ぼすのは、主要には科学社会学を通じてなのであろう。

科学社会学と密接に関連している分野は（適切に解釈されれば両者はたぶん一致するが）、まだ存在するとよぶまでには到っていないものの広く「科学の科学」とよばれている分野である。その代表的な解説者であるデレック・プライスの言葉によれば、その目的は「科学それ自体の構造と行動様式の理論的分析」に他ならず、その技法は科学史家と社会学者と計量経済学者のそれの折衷的な結合である。どの程度までその目標が達成できるのかは誰にも分らない。しかし、それに向かうどのような進歩も、必然的かつ直接的に、社会科学者たちと存続してゆく科学史の学会の両方にとって重要性を増すことになるであろう。

文献目録

これ以外の資料はコイレとサートンの伝記の中に見出される。

Agassi, Joseph. 1963. *Towards an Historiography of Science.* History and Theory, vol. 2. The Hague : Mouton.

Ben-David, Joseph. 1960. “Scientific Productivity and Academic Organization in Nineteenth-century Medicine.” *American Sociological Review* 25:828–43.

Boas, Marie. 1958. *Robert Boyle and Seventeenth-Century Chemistry.* Cambridge University Press.

Boyer, Carl B. 1949. *The Concepts of the Calculus : A Critical and Historical Discussion of the Derivative and the Integral.* New York : Hafner. ペーパーバック版、Dover, 1959, 書名は *The History of the Calculus and Its Conceptual*

Development.

Butterfield, Herbert. 1957. *The Origins of Modern Science, 1300–1800.* 2d. ed., rev. New York : Macmillan. ペーパーバック版、Collier, 1962.（邦訳『近代科学の誕生』上下、渡辺正雄訳、講談社学術文庫、一九七八年）

Cardwell, Donald S. L. 1957. *The Organisation of Science in England : A Retrospect.* Melbourne and London : Heinemann.（邦訳『科学の社会史』宮下晋吉・和田武編訳、昭和堂、一九八九年）

Clagett, Marshall. 1959. *The Science of Mechanics in the Middle Ages.* Madison : University of Visconsin Press.

Cohen, I. Bernard. 1956. *Franklin and Newton : An Inquiry into Speculative Newtonian Experimental Science and Franklin's Work in Electricity as an Example Thereof.* American Philosophical Society. Memoirs, vol. 43. Philadelphia : The Society.

Costabel, Pierre. 1960. *Leibniz et la dynamique : Les textes de 1692.* Paris : Hermann.

Crosland, Maurice. 1963. "The Development of Chemistry in the Eighteenth Century." *Studies on Voltaire and the Eighteenth Century* 24 : 369–441.

Daumas, Maurice. 1955. *Lavoisier : Théoricien et expérimentateur.* Paris : Presses Universitaires de France.

Dijksterhuis, Edward J. 1961. *The Mechanization of the World Picture.* Oxford : Clarendon. 最初、一九五〇年にオランダ語で出版されたもの。

Dugas, René. 1955. *A History of Mechanics.* Neuchâtel : Editions du Griffon ; New York : Central Book. 最初、一九五〇年にフランス語で出版されたもの。

Duhem, Pierre. 1906–13. *Etudes sur Léonard de Vinci.* 3 vols. Paris : Hermann.

Dupree, A. Hunter. 1957. *Science in the Federal Government : A History of Policies and Activities to 1940.* Cambridge, Mass. : Belknap.

Dupree, A. Hunter. 1959. *Asa Gray : 1810–1888.* Cambridge, Mass. : Harvard University Press.

Feyerabend, P. K. 1962. "Explanation, Reduction and Empiricism." In Herbert Feigl and Grover Maxwell, eds., *Scientific Explanation, Space, and Time,* pp. 28–97. Minnesota Studies in the Philosophy of Science, vol. 3. Minneapolis : University of Minnesota Press.

Gillispie, Charles C. 1960. *The Edge of Objectivity : An Essay in the History of Scientific Ideas.* Princeton, N. J. : Princeton University Press.（邦訳『科学思想の歴史』島尾永康訳、みすず書房、一九六五年）

Guerlac, Henry. 1959. "Some French Antecedents of the Chemical Revolution." *Chymia* 5:73–112.

———. 1961. *Lavoisier ; the Crucial Year : The Background and Origin of His First Experiments on Combustion in 1772.* Ithaca, N. Y. : Cornell University Press.

Hagstrom, Warren O. 1965. *The Scientific Community.* New York : Basic Books.

Hanson, Norwood R. 1961. *Patterns of Discovery : An Inquiry into the Conceptual Foundations of Science.* Cambridge : Cambridge University Press.（邦訳『科学的発見のパターン』村上陽一郎訳、講談社学術文庫、一九八六年）

Hesse, Mary B. 1963. *Models and Analogies in Science.* London : Sheed & Ward.（邦訳『科学・モデル・アナロジー』高田紀代志訳、培風館、一九八六年）

Hill, Christopher. 1965. "Debate : Puritanism, Capitalism and the Scientific Revolution." *Past and Present*, no. 29: 68–97. 関連する論文は、同誌二八、三一、三二、三三の諸号にも掲載されている。

Hindle, Brooke. 1956. *The Pursuit of Science in Revolutionary America, 1735–1789.* Chapel Hill : University of North Carolina Press.

Institute for the History of Science, University of Wisconsin, 1957. 1959. *Critical Problems in the History of Science : Proceedings.* Edited by Marshall Clagett. Madison : University of Wisconsin Press.

Jammer, Max. 1961. *Concepts of Mass in Classical and Modern Physics.* Cambridge, Mass. : Harvard University Press.（邦訳『質量の概念』大槻義彦、葉田野義和、斎藤威訳、講談社、一九七七年）

Journal of the History of Ideas. 1957. *Roots of Scientific Thought : A Cultural Perspective.* Edited by Philip P. Wiener and Aaron Noland. New York : Basic Books. この雑誌の第十八巻までの抜粋集。

Koyré, Alexandre. 1939. *Etudes galiléennes.* 3 vols. Actualités scientifiques et industrielles, nos. 852, 853, and 854. Paris : Hermann.
Volume 1 : *À l'aube de la science classique.* Volume 2 : *La loi de la chute des corps : Descartes et Galilée.* Volume 3 : *Galilée et la loi d'inertie.*

———. 1961. *La révolution astronomique : Copernic, Kepler, Borelli*. Paris : Hermann.

Kuhn, Thomas S. 1962. *The Structure of Scientific Revolutions*. Chicago : University of Chicago Press. ペーパーバック版, 1964.（邦訳『科学革命の構造』中山茂訳, みすず書房, 一九七一年）

Lilley, S. 1949. "Social Aspects of the History of Science." *Archives internationales d'histoire des sciences* 2: 376–443.

Maier, Anneliese. 1949–58. *Studien zur Naturphilosophie der Spätscholastik*. 5 vols. Rome : Edizioni de "Storia e Letteratura."

Merton, Robert K. 1967. *Science, Technology and Society in Seventeenth-Century England*. New York : Fertig.

———. 1957. "Priorities in Scientific Discovery : A Chapter in the Sociology of Science." *American Sociological Review* 22 : 635–59.

Metzger, Hélène. 1930. *Newton, Stahl, Boerhaave et la doctrine chimique*. Paris : Alcan.

Meyerson, Emile. 1964. *Identity and Reality*. London : Allen & Unwin. 最初, 一九〇八年にフランス語で刊行された。

Michel, Paul-Henri. 1950. *De Pythagore à Euclide*. Paris : Édition "Les Belles Lettres."

Needham, Joseph. 1954–1965. *Science and Civilisation in China*. 4 vols. Cambridge : Cambridge University Press.（邦訳『中国の科学と文明』第一－十一巻, 藪内清他監修, 思索社, 一九七四－八〇年）

Neugebauer, Otto. 1957. *The Exact Sciences in Antiquity*. 2d ed. Providence, R. I. : Brown University Press. ペーパーバック版, Harper, 1962.（邦訳『古代の精密科学』矢野道雄・斉藤潔訳, 恒星社厚生閣, 一九八三年）

Nicolson, Marjorie H. 1960. *The Breaking of the Circle : Studies in the Effect of the "New Science" upon Seventeenth-Century Poetry*. Rev. ed. New York : Columbia University Press. ペーパーバック版, 1962.

O'Malley, Charles D. 1964. *Andreas Vesalius of Brussels, 1514–1564*. Berkeley and Los Angeles : University of California Press.

Panofsky, Erwin. 1954. *Galileo as a Critic of the Arts*. The Hague : Nijhoff.

Partington, James R. 1962–. *A History of Chemistry*. New York : St. Martins. 第二－四巻は一九六二年から六四年までに刊行された。第一巻は準備中。

Price, Derek J. de Solla. 1966. "The Science of Scientists." *Medical Opinion and Review* 1: 81–97.

Roger, Jacques. 1963. *Les sciences de la vie dans la pensée française du XVIIIe siècle : La génération des animaux de Descartes à* l'Encyclopédie. Paris : Colin.

Sarton, George. 1927–48. *Introduction to the History of Science.* 3 vols. Baltimore : Williams & Wilkins. (邦訳『古代中世科学文化史』全五巻、平田寛訳、岩波書店、一九五一－六六)

Schofield, Robert E. 1963. *The Lunar Society of Birmingham : A Social History of Provincial Science and Industry in Eighteenth-Century England.* Oxford : Clarendon.

Shryock, Richard H. 1947. *The Development of Modern Medicine.* 2d ed. New York : Knopf. (邦訳『近代医学の発達』大城功訳、創元社、一九五一年)

Singer, Charles J. 1922. *The Discovery of the Circulation of the Blood.* London : Bell.

Stocking, George W. Jr. 1966. "Franz Boas and the Culture Concept in Historical Perspective." *American Anthropologist* New Series 68: 867–82.

Taton, René, ed. 1964. *Enseignement et diffusion des sciences en France au XVIIIe siècle.* Paris : Hermann.

Thorndike, Lynn. 1959–64. *A History of Magic and Experimental Science.* 8 vols. New York : Columbia University Press.

Truesdell, Clifford A. 1960. *The Rational Mechanics of Flexible or Elastic Bodies 1638–1788 : Introduction to Leonhardi Euleri* Opera omnia *Vol. X et XI seriei secundae.* Leonhardi Euleri Opera omnia, Ser. 2, Vol. 11, part 2. Turin : Fussli.

Vucinich, Alexander S. 1963. *Science in Russian Culture.* Volume 1 : *A History to 1860.* Stanford University Press.

Westfall, Richard S. 1958. *Science and Religion in Seventeenth-Century England.* New Haven : Yale University Press.

Whittaker, Edmund, 1951–53. *A History of the Theories of Aether and Electricity.* 2 vols. London : Nelson. Volume 1 : *The Classical Theories.* Volume 2 : *The Modern Theories, 1900–1926. A History of the Theories of Aether and Electricity from the Age of Descartes to the Close of the Ninteenth Century.* 第一巻は、一九一〇年の改訂版である。ペーパーバック版、Harper, 1960. (第一巻の邦訳、『エーテルと電気の歴史』霜田光一・近藤都登訳、講談社一九七六年)

Yates, Frances A. 1964. *Giordano Bruno and the Hermetic Tradition.* Chicago : University of Chicago Press.

第六章　科学史と歴史の関係

この論文において、科学史と他の歴史分野との関係について論じるようにとの依頼を受けた。依頼状には、「科学史は、他の歴史研究の諸分野とほとんど関係をもたない孤立した分野である、とここ数十年間にわたって考えられてきた」と指摘されている。このような概括は、そこで指摘されている科学史の孤立化がここ数十年来のことにすぎないとする点で誤ってはいるものの、私が二〇年前に科学史を教え始めて以来、学問的にも気持の面でも、つねに格闘してきた問題を取り上げたものとなっている。私の同僚も学生も、私と同じようにこの問題に気づかずにいたわけではなかった。しかもそうした分離が存在しているということ自体が、科学史という学問の分野の規模と発展方向の決定に大いに関係していたのである。われわれは仲間内でこのような分離の問題について繰り返し何度も論じ合ってきた。しかし奇妙なことに、これまで誰もそのことをはっきりとした形でくわしく論じた者はいなかったのである。そのための機会がここで与えられたことは喜ばしいことである。というのも、科学史家が単独で活動しなければならないとしたら、自らの分野における中心的なジレンマの解決に成功する見込みはないからである。

今述べたような認識にしたがって、私の話を進めてゆきたい。これから論じようとするのは、私がこれまで研究してきたテーマというよりも、それとともに私が生きてきたテーマである。そこでこれから私が分析する題材は、体系的なものというよりも、個人的な印象に近いのである。その結果、特にアメリカの状況だけを詳しく考察するということになろう。なるべく立場がかたよらないように努めたが、完全に成功してはいないかもしれない。というのも、私はここでこの主題の主唱者として、つまりこれまで自らの専門分野の開拓と発展にとって何が障害となるかにおおいに気を遣ってきた者として論じるつもりだからである。

過去四世紀における西洋文化の発達に対して科学が果たしてきた特別な役割に関して、歴史家たちはいつも口先だけで謝意を表している。しかし、ほとんどの歴史家たちにとって科学の歴史はいまだに外国領土にも等しい。この疎遠な領域への遠出に対する歴史家の抵抗がはっきりとした障害をもたらすことはたしかに多くの場合、おそらくほとんどの場合に、ないであろう。科学の発達は、西欧近代の歴史における多くの主要な問題とはほとんど連関をもってはいないからである。もっとも社会経済的発展を考察している人びと、あるいは、価値観、生き方、思想の変化を論じている人びとは、かならず科学に言及してきたし、これからもそうし続けるに違いない。しかしながらそうした人びとでさえ、いつも遠く離れた地点から科学を観察しているにすぎず、彼らが論じようとしている領域や人物につながる境界上でたじろいでいるのである。しかしこの抵抗は、彼ら自身の研究にとっても、科学史の発展にとっても有害なものである。

問題をはっきりさせるために、伝統的な歴史研究の諸分野と科学史とをこれまで隔ててきた境界を、明確にすることから議論を始めることにしよう。この分離の一因は、たしかに部分的には、科学に固有な専門性にある。しかし、それとは別な仕方による説明が必要なもっと基本的な分離があり、これからそうした分離の結果として生じたことを取り上げ調べていくことにしたい。別な仕方による説明を求めて、まず、歴史家の反発を買ったり、時には歴史家を誤った方向に導いてきた類いの科学に関する伝統的な歴史記述のいくつかの側面を論じよう。しかしそうした伝統は、すでに二五年も前から時代遅れになっていたのであるから、現在の歴史家の立場を完全に説明することはできない。理解を深めるためには、歴史という職業の伝統的構造やイデオロギーについてのいくつかの側面を選んで調べる必要があるにちがいない。このテーマについては、終わりから二番目の節で手短かに論じることにする。少なくとも私にとっては、そこで論じるように、より社会学的な起源から科学史と他の歴史研究を分け隔ててきた理由を探っていくことが重要であるように思われる。この分離をどのようにすれば完全に克服できるのかということは、なかなか難問である。しかし最後の節において、主として私自身の分野における、最近の二、三の発展を考察することにしよう。そこには、この十年のあいだに、少なくとも部分的には、和解が生じるのではないかということが暗示されている。

科学史は「隔離された分野である」と呼ぶのはどのような意味においてであろうか。その一つの意味は、歴史学科の学生のほとんどが科学史に何の関心も払っていないということである。一九五六年以来、私の科学史の講義は、私が所属する部局によって編集された講義便覧において、いつも歴史コースの中に掲げられてきた。しかし、私の科学史の講義を受講した学生のうちで歴史学系の大学院生や学部生は、科学史の学生を除けば、約二〇人に一人にすぎない。登録した学生の大多数は、だいたい自然科学系か工学系の学生であった。そして、その他の学生の中でも、歴史学系の学生よりは、哲学系や社会科学系の学生の数の方が多いし、文学系の学生の数も歴史学系の学生よりずっと少ないというようなことはない。さらにまた、私が所属する歴史学科の学部と大学院のどちらにおいても、科学史という分野は、卒業試験を受ける歴史学系の学生の副専攻科目として選択される仕組になっている。それでも私としては、一四年間のうちに科学史を選んだ学生がたった五人しかいなかったのは、とても残念である。というのも、科学史を選択して卒業試験を受けることは、歴史学と科学史学の和解にとってとくに有効な道筋を与えるものだからである。しばらくの間私は、失敗の原因は私自身にあると思っていた。私が訓練を受けたのは歴史学ではなく物理学だったからであり、私の講義はその名残りを留めているだろうからである。しかし、私がこうした状況を嘆いて相談した大学の同僚も——彼らの多くは歴史家としての教育を受けた人びとである——、全員同じ経験をしていた。それに、教えている題材も問題ではないような気がする。科学革命に関する講義やフランス革命当時の科学に関する講義も、近代物理学の発達に関する講義と同じように、将来の歴史家たちにとっては魅力がないのである。明らかに、講義題目の中の「科学」という言葉が、歴史の学生を遠ざけているわけである。

こうした現象からはまた、今述べたのと同じように、次のような事態が生れてくるのは明白である。科学史は依然として小さな分野ではあるが、それでも過去一五年の間に十倍以上に拡大した。特にこの八年間には大きく発展した。新たに科学史の分野に入ってきたほとんどのメンバーは、歴史学科に配属されている。しかしそうした人々を採用せよという圧力は、彼らが最終的に配属されることになった学科の中から出てきたものではなく、それ以外の部局からであるという場合がほとんどである。ふつうは科学者や哲学者がイニシアチブを取り、大学当局を説得して歴史の中に新しい部門を付け加えさせるのであり、そのような状況になってからやっと、科学史家が任命されるのである。その後、彼は新しい部門の中で心からもてなされる。実際、私の同僚の歴史家たちは、どの集団よりも私を暖かく迎えてくれ、とても親切にしてくれた。それにもかかわらず、科学史家は、微妙な形ではあるが、ときどき一定の知的距離を取るように求められる。たとえば、あなたの研究は科学史ではまったくなくて歴史そのものではないのか、という歴史家の非難から、同僚や学生の研究を擁護しなければならないことが時々ある。このように曖昧な形においてではあるが——だからかえって事態は重大なのだが——科学史家は歴史家そのものにはならないように期待され、しかも時には、古い世代の科学史家からも同じように期待されるのである。

ここには、科学史と歴史を隔てる分離主義の社会的指標が示されている。そこで、その教育的および思想的影響を見ていくことにしよう。それについては、これまで詳しくは論じられてこなかったが、基本的には二種類に分けることができる。以下では、この影響のどこまでが、科学の資料がもつ固有の専門性による不可避な結果なのかを論じることにしたい。この点を簡単に記すだけでも、私の議論の方向を指し示せると思う。

私が思うに、科学史と歴史を分離する考え方から生ずる一つの結果として、中世末期以来の西洋文化の発展に対して科学が果たした役割を評価し描き出すという責任を、歴史家たちは放棄してしまっているのである。歴史家がそのような責任を果たせるように、科学史家は、すくなくとも他の歴史家たちが資料として利用できる本、モノグラフ、論文などを提供することによって、重要な貢献ができるし、またしなければならない。けれども、科学の発達を研究する者にとって自らの専門が何よりも重要である以上、科学史と歴史の統合というような課題を果たすべき責任は、思想史や社会経済史の研究者にないのと同じく、科学の発達を研究する者にもないことになる。実際、これらの研究者はこうした課題に取り組む準備もできてはいない。必要とされるのは、科学史家の関心や業績と他の分野を研究している歴史家のそれらとの相互浸透なのであるが、現在のほとんどの歴史家たちの研究において、この相互浸透は、もしあるとしてもはっきりしてはいないのである。近代西欧社会の発達に対して科学がともかくもきわめて重要であった、という広く一般に認められている承認で、それを埋め合せることはできない。しかも、例証として伝統的にあげられている数少ない実例にてらして見ると、こうした承認は、科学が果たしてきた役割の本質や程度や時期ということなどを、しばしば誇張し、完全に歪めてしまっているのである。

このような相互浸透の欠如から来る影響は、西欧文明の発展に関する歴史家の概括の中に歴然と示されている。そのなかでたぶんもっとも重要なことは、一七五〇年以降、すなわち、歴史の最も重要な原動力として科学が役割を果たしてきた時期、の科学の発達がほとんど完全に無視されてしまっていることであろう。産業革命——それに対する科学の関係は興味深いが曖昧でありまだ論じられていない——を論じた章の後には、ダーウィニズム、それもたいていは社会的なダーウィニズムに関する節が続く。そしてしばしばそれで終わりである。二、三の例外を除きすべての通史書において、科学が論じられている時代の大部分は、圧倒的に一七五〇年以前である。この不釣合いがもたらしている不幸な結果について、次に論じることにしよう(1)。

これほど極端ではないにしても、科学を無視するという態度は、一七五〇年以前のヨーロッパの歴史に関する議論をも特徴づけてきている。しかしながら、一九四九年にハーバート・バターフィールドの『近代科学の誕生』が出版されて以来、記載分量の割合に関してはかなり改善され、科学が多く取り上げられるようになってきた。現在ではほとんどすべての概論書に、一六、一七世紀の科学革命に関する一章、あるいは、重要な節が、割り当てられている。しかしそれらの章や節においても、バターフィールドが〔コイレなど〕現代の専門家の文献の中から発見し、より多くの聴衆に知らせた歴史記述に関する重要な革新性は、真正面から取り上げられることはおろか、しばしば認識されてさえいない。すなわち、科学革命期における科学理論の実質的変化に関して、新しい実験的方法が相対的には小さな役割しか果たさなかったということが捉えられてはいないのである。さらにそれらの章は、〔科学的〕方法の役割についての古い神話にいまだに支配されている。この結果から生じている事態に関しては、後段で論じる(2)。

近代科学の誕生についての知識を必要とする講義を歴史家が避けたがるのは、たぶんこうした不十分さを認識しているためであろう。その欠陥を補うためにときおり歴史家は、科学史家を参加させることができないまでも、バターフィールドの中のいくつかの章を小グループでの討論のための補足的議論や予備的議論として割り当てるなどしている。バターフィールドという爆弾が破裂したために、科学の役割を考察しなければならないということを納得するようになった歴史家は、科学革命に関する一片の教材でもってその義務を果たそうとしているわけである。しかしそうした主題が大学における新しい世代の〔科学史の〕専門家に対して突きつけている問題への意識は、歴史家たちによって書かれた章の中にめったに反映されてはいない。専門家たちによって通常支持されているような批判的規準について、学生たちは他の箇処に範例を求めねばならないのである。

しかしながら、現代の専門家たちによって書かれた文献を無視するという事態は、問題のごく一部分にすぎず、最も致命的なこととは言えないだろう。もっと重要なことは、一次文献を通してであれ、二次文献を通してであれ、歴史家たちが科学を取り上げる際に、きまって文献の選り好みをするという事実である。たとえば、歴史家が音楽などの芸術を取り扱う際には、その催しのプログラムや、展覧会のカタログを読むだけではなく、交響曲に耳を傾けたり、絵を見たりする。資料がどのようなものであろうとも、歴史家の議論はそれらの作品それ自体に向けられている。しかし歴史家が科学を取り扱う際に自ら読み、かつ論じるのは、ほとんどもっぱら、研究計画や研究方法を述べたプログラム的な著作だけである。たとえば、ベーコンの『ノーヴム・オルガヌム』に関しては、熱を運動として論じた第二巻ではなく、イドラを論じた第一巻がふつう取り上げられる。デカルトに関して言えば、取り上げられるのは『方法序説』であり、それを序論とする三つの試論すなわち、屈折光学、気象学、幾何学に関する試論ではない。ガリレオであれば、『黄金計量者』か、『新科学論議』の序の部分だけといったものが論じられる。二次文献に関しても歴史家はこれと同じような取捨選択を行なっている。アレクサンドル・コイレのものであれば、『ガリレオ研究』(Etudes galileenes) や、『落下の問題』(The Problem of Fall) ではなく、『閉じた世界から無限宇宙へ』が取り上げられる。あるいはまた、デイクステルホイスの『世界像の機械論化』(The Mechanization of the World Picture) ではなく、E・A・バートの『近代物理学の形而上学的基礎』(Metaphysical Foundations of Morders Physical Science) が読まれる。[3] そしてまた、あとでその例を示すが、取り上げられた著作の中でも専門的な議論を取り扱った章は省かれる場合が多い。

私は、科学者が自らのしていることに関して語っていることが、科学者の行なっていることや科学者の成し遂げた具体的な業績とは無関係だなどと言おうとしているのではない。また歴史家は、プログラム的な著作を読んで議論するなどということをすべきではないと言っているのでもない。しかし、たとえばプログラムの解説の場合を考えてみれば分かるように、序文やプログラム的な著作に書かれていることがそのまま科学の実質的内容と対応することはめったにないし、常に多くの問題をはらんでいる。もちろん、研究計画や研究方法を論じたプログラム的な著作は読むべきである。というのもそれらを通して、科学的な考えがより広範な大衆の中に広まっていくからである。しかしまた、そのような著作は、歴史家が取り扱わねばならない論点、あるいは、しばしば取り扱っているかのように見せかけている次のような一連の論点に関して、決定的な誤解に導くことが多いのである。影響力のある科学的な考えはどこから生まれでるのだろうか。科学的な考えに、特別な権威や魅力を与えているのは何なのだろうか。科学的な考えがより大きな文化の中で影響力のあるものとなった場合に、それはどの程度までもとと同じものだといえるのだろうか。そして最後に、もし科学的な考えの与えた影響が文字通りに科学的な考えそのものでないとしたら、どのような意味でならその科学的考えが実際に影響を及ぼしたといえるのだろうか。(4) 要するに、科学が科学以外の思想界に与える影響は、科学の専門的核心に注目することなしには理解できないであろう。それなしに理解しようという手品めいたことを一般に歴史家がよく試みるものであるという事実の裏には、これまで歴史と科学史との間の溝として記述してきた事柄の重要な一側面は、より正確には、集団としての歴史家と科学との間の障壁とみなすべきではないか、ということが示唆されているのである。これについては、後にまた論じよう。

だが、歴史家たちが科学に接近する仕方をさらに詳しく見る前に、歴史家にどの程度のことまで期待していいのかを考えておかねばならない。この問いは、次に、一方における思想史 intellectual history の諸問題と他方における社会経済史の諸問題の間の明確な分離を要求することとなる。それらを順に論じていくことにする。

思想史という領域は、歴史家による資料の選択が大きな影響を与える領域である。そこで、人は歴史家の選択に対して、別な選択の余地があるのではないかと疑いをもつことになる。科学史家を除くほとんどの歴史家は、オイラー、ラグランジュ、マックスウェル、ボルツマン、アインシュタイン、ボーア等々の著作を読むのに必要な訓練を受けてはいないし、科学史家の間でも必要とされる技量が備わっているのはまれである。しかし、このような人名リストは、いくつかの点においてきわめて特殊である。まずこれらの人物は、すべて数理物理学者であり、またどの人物も十八世紀以後に生まれた人びとである。しかも私の知る限り、彼らは科学以外の思考の発展に対して、かすかで間接的な影響以上のものを与えてはいないのである。

最後の点がきわめて重要で論争の余地のある点であり、特にアインシュタインとボーアに関しては私の主張は結局のところ妥当ではないかも知れない。現代の思想状況の議論において、特に科学や理性の限界が議論される場合には、相対性理論や量子論にしばしば言及がなされる。このような科学による直接的な影響を支持する議論が――何か別の理由に基づく見解を支えるために、権威に訴えるというようなやり方に反対する議論として――これまで強く主張されてきた。しかし私は、科学が完全に専門的となってからは、特に数学的に専門化されてからは、思想史における一つの力として科学が果たす役割は、相対的に言ってあまり重要ではなくなったのではないかと思う。少なくとも、こうした疑いは合理的な作業仮設を提供するものである。たぶんいくつかの例外はあるであろう。しかしアインシュタインとボーアが例外であるとすれば、逆にそうした例外はこのような規則を証明するものである。アインシュタインやボーアの役割がどのようなものであったにせよ、彼らが果たした役割は、ガリレオ、デカルト、ライル、プレイフェア、ダーウィン、あるいはついでに言えば、フロイトらの果たした役割とはきわめて異なっている。というのも、これらの人びとの著作は、素人によって読まれてきたからである。もし思想史家が科学者を考察しなければならないとすれば、考察しなければならない科学者とは一般に、科学のそれぞれの分野の発達の初期における人物なのである。

驚くべきことではないが、思想史家が考察すべきなのは初期の人物であるというちょうどその理由から、もし望むならそれらの人物を徹底的に掘り下げることができるのである——もっとも、その仕事は簡単ではないであろうが。こう表現したからといって、努力が不必要だといっているのではなく、たんに他に方法がないだけなのである。まして、すべての歴史家が自らの関心の如何を問わず、そうする責任があると言いたいわけではない。科学の発達によって影響を受けた思想に興味がある人ならば誰でも、ふだんは参照するだけにとどめている専門的な科学文献を、研究することもできるはずだと私は言っているのである。一七〇〇年以前に書かれた専門文献のほとんどは、高校程度のしっかりした科学教育を受けた人であれば誰でも原理的には理解できる。少なくとも、研究の進展につれてさらにもう少し勉強するのを厭わなければ、そうである。一八世紀の科学に関しては、このような背景知識だけで、化学、実験物理学（特に電気、光、熱に関するもの）、地質学、生物学などの文献にあたるには十分である。つまり、数学的な力学や天文学を除いて、ほとんどすべての科学を理解できるのである。一九世紀には、ほとんどの物理学や多くの化学は、きわめて専門的なものになった。しかし高校程度の科学教育を受けた人であれば、地質学、生物学、心理学に関しては、その世紀の文献のほとんどすべてを読みこなすことができる。といっても歴史家は、自らの研究する論題が科学の発達と関わりがある場合にはいつでも、科学史家になるべきだと言っているのではない。もっとも、ここでも他と同じように、個別専門化は避けられまい。しかし原理的には、歴史家は専門化を避けることはできるし、自らの論題に関わる専門家の二次文献を自由に使いこなすことは、きっと可能なのである。それさえできないとすれば、歴史家は科学の進歩に関する本質的な構成要素や問題を無視することになろう。そして間もなく示すように、まさにそのような傾向が歴史家の研究の中に実際に現れてきているのである。

潜在的可能性としてならば、思想史家が論じることのできる論題について今挙げたリストは、二つの点において意味がある。まず第一にそのリストの中には、すでに示したように、思想史家が扱いたいと思うであろう専門的な主題がすべて含まれている。第二にそのリストは、科学史家によってこれまできわめてよく議論されてきた分野のリストとほとんど同じである。一般にもたれている印象とは異なり、専門的に最も進んでいるような主題の発展が、科学史家によって詳しく扱われるようなことは滅多にない。力学の歴史に関する研究は、ニュートンの『プリンキピア』の出版前夜までがほとんどであり、それ以後の研究はめったにない。電気の歴史は、フランクリンか、せいぜいクーロンまでで終る。また化学の歴史は、ラヴォアジエか、ドルトンまでである。こうした事態に対する唯一のというわけではないが、主要な例外は、科学者によるウィッグ〔進歩史観ないしは累積史観〕的な概説である。たしかにこのような概説の中には、思想の発展に関心がある人にとって、計り知れないほど貴重な参照文献も時にありはするものの、そのほとんどは実質的に役には立たない。いかにも残念なことだが、あまり専門的でない主題の方を好むというこうした不釣合いを誰も不思議に思ってはいない。その後の科学史家が見ならおうとしてきたモデルを作り上げた人びとのほとんどは、科学者ではなかったし、十分な科学教育も受けてはいなかったのである。ただし興味深いことに、そのような科学史のモデルを作った人びとが背景としてもっていた知識は、歴史ではなかった。彼らは、哲学の出身であった。もっとも、ほとんどの人は、コイレのように、歴史と哲学の分離が英語圏におけるほどはっきりとはしていない大陸学派《コンティネンタル・スクール》の出身である。この事実もまた、この論文で論じている問題の主要な側面が科学に対する歴史家の態度に起因するものだということを再び示唆している。

歴史家のこのような態度については、この論文の終わりの方でさらに論じることにしたい。ここでは、このような態度が思想史家のおこなう仕事に関して、何らかの違いを生むものかどうかをまず問題にしよう。このような態度は、科学的観念がほんの少ししか関わっていないか、あるいはまったく関係のない多くの場合には、明らかに何の違いも生まない。しかし、そうではない他の多くの場合においては、先ほど述べた研究計画・研究方法を論じたプログラム的な著作や序文などから主として導出された歴史のようなものから、ひどい欠陥が生れることになるのである。科学的な考えがそれに対して練り上げられてきた具体的な専門的問題を参照することなしに、科学的な考えを論じるならば、科学理論が発達する仕方や科学以外の環境に影響を与える仕方について、決定的な誤解を与えることとなろう。

こうした体系的な誤解がとる一つの形態が特に顕著に現れるのは、古い科学史家による数多くの議論も含めて、科学革命に関する議論においてである。すなわち、新しい方法の役割、とりわけそれ自体で新しい科学理論を生み出したとされる実験の力に対する過度の強調である。たとえば、いわゆるマートンのテーゼについての引き続く議論を読むたびに、その論争が何に関するものであるかについて一般にみられる誤解に私はいつも憂鬱になる。私が思うに本当に問題なのは、イギリスにおけるベーコン主義の興隆と支配を説明することである。マートンのテーゼの提唱者も批判者も、新しい実験哲学の興隆を説明することが科学の発達を説明することと等価であると、当然のことのように考えている。このような見解においては、ピューリタニズム、あるいは、宗教における何らかの他の新しい傾向が人為的操作の威信を高め、神の作品である自然の中に神を捜し求めることを奨励したとすれば、そのことそれ自体が、科学を促進したとされてしまうことになる。逆に、もし第一級の科学がカトリックの国においてなされたとすれば、プロテスタントの宗教的運動が、一七世紀の科学の興隆に何かの役割を果たしたということはありえなかったとされてしまうことになるのである。

しかしながら、このようなすべてか無かというような絶対的対立を考える必要はないし、そう考えるのは誤ってさえいるだろう。科学革命を特徴づける科学理論の主要な変化はベーコン的な実験主義とはほとんど関係がないというテーゼを証明するようなしっかりとした証拠も存在する。天文学と力学は、実験とはほとんど関係なしに変化したのであり、特に、新しい種類の実験活動とは、まったく無関係に変化したのである。光学と生理学において、実験はより大きな役割を果たした。しかしそこで用いられたモデルは、ベーコン主義的なものではなく、むしろ古典的か、中世的なものであった。すなわち、生理学においてはガレノスのモデルが、光学においてはプトレマイオスやアルハゼンのモデルが用いられていた。科学革命の時期に理論が根本的に変化した分野は、こうした分野と数学とですべてが尽されている。それらの実践に関して、実験主義も、あるいはまた、実験主義と関係があると推定されている宗教も、何ら大きな差異をもたらさなかったと考えるべきなのである。

しかしながら、もしこの見解が正しいとしても、そのことによってベーコン主義や新しい宗教運動が科学の発達にとって重要でないということにはならない。この見解によれば、新しいベーコン的方法や価値の役割は、確立した科学の中に新しい理論を生み出すことではなく、先行の技術を起源としながら、綿密な科学的研究の対象となる新しい分野を作り出すことにあったのである（たとえば、磁気、化学、電気、熱の研究などがそうである）。しかしこうした分野は、一八世紀中頃までは重要な理論的な再秩序づけがなされなかった。その時期になってはじめて、科学におけるベーコン主義運動が決して誤りではないということが明らかになるのである。カトリック国であるフランスよりもむしろイギリスにおいて、フランスでナントの勅令が廃止された後では特に、このより新しい、そしてよりベーコン主義的な運動が支配的な役割を演じるようになったという事実は、修正されたマートンのテーゼが今なおきわめて有益であることを示している。たぶんこのテーゼは、科学についての古い格言〔実験的方法の優位という考え方〕が綿密な調査に今なお耐え続けているのはなぜかを理解する手助けとなるであろう。少なくとも一七〇〇年から一八五〇年にかけて、イギリスの科学はきわめて実験的で機械論的であったのに対し、フランスの科学は数学的で合理論的であった。さらにまた、一八世紀における科学の発展にスコットランドとスイスが特別な役割を果たしたということに関してもこのテーゼは何かを語っているのである。

マートンのテーゼに関するこのような可能性が、歴史家にとっては想像することさえかなり困難だという理由は、思うに、少なくとも部分的には、次のような了解に起因するのだろう。それは科学者は科学的方法をなかば機械的に適用することによって（それゆえさほど興味深いとは言えないしかたで）真理を発見するというひろく広まっている了解である。歴史家は、一七世紀における科学的方法の発見を説明した後は、科学をそれみずから変化するにゆだねている。しかしながら、この態度は意識的にとられているものではありえない。というのもこの態度は、主として序文などから導出された歴史によるもう一つの副産物とは矛盾するからである。すなわち、科学的方法から新しい科学理論の実質的内容へと歴史家が議論を移した数少ない場合に、歴史家はきまって科学外的な思想状況の役割を過度に強調するのである。もちろん私は、科学の発達に外的な思想状況が重要でないと言うつもりはない。しかし、分野が形成される初期の時期を除けば、時代の思想状況が科学の理論的な構造に対して影響を与えるのは、その分野の科学者が関わっている具体的な専門的問題と何らかの関連がある限りにおいてだけなのである。過去の科学史家たちがこうした専門的で核心的な内容にあまりにも関わりすぎたのに対し、歴史家たちはその存在を通常はまったく無視していた。歴史家もその存在を知ってはいる。しかし歴史家は、専門的な内容が科学の発達を規定するさまざまな要因のうちでもっとも重要なものであるとは考えずに、科学の単なる産物、——適切な環境の下で作用する適切な方法の産物——であるかのように振舞っている。このようなアプローチからは、かの裸の王様の物語を思い起こさせるような事態が生れることになる。

二つの具体的な例を挙げることにしよう。たとえば、思想史家と芸術史家はともに、ルネサンスの新しい思想の流れについて、特に新プラトン主義についてしばしば語っている。彼らによれば、新プラトン主義のおかげで、ケプラーが天文学の中に楕円を導入することが可能になり、完全な円運動から構成される軌道という伝統的理解との間に断絶が起った、というのである。こうした見方によれば、ティコの中立な観察とルネサンスの思想状況とがケプラーの法則を生み出したものだということになる。しかしながらこうした議論でいつも無視されているのは、楕円軌道はどのような天動説の体系に適用しても何の役にも立たなかったであろうという基本的な事実なのである。楕円軌道を用いることによって天文学を変えるよりも前に、宇宙の中心は地球から太陽へと替っていなければならないのである。けれどもそのようになったのは、ケプラーの研究の半世紀ばかり前のことにすぎない。またルネサンスの思想状況がこの変化に対してどのような貢献をなしたかも、はっきりしてはいない。新プラトン主義なしでもケプラーが同じように楕円に簡単にたどり着けたかどうかは、興味深く重要な問題であるが、いまだ未解決の問題である。(5) その問題に答えるために必要な専門的要素にまったく言及することなしに議論するならば、科学的法則や科学理論が一般に思想領域に登場する仕方を偽って伝えることになるであろう。

同じ趣旨のもっと重要な例として、ダーウィンの進化論の起源について一般になされている無数の議論を挙げることができる。(6) 存在の静的な連鎖という発想から、絶えず運動する段階的変化という考え方へと変わるために必要とされたのは、無限に続く完全化の可能性や進歩、アダム・スミスによる自由放任の経済競争、そしてまた、とりわけマルサスの人口論などの思想が広まることであったと言われている。私もこれらの要素がきわめて重要であったことは疑わない。しかし、もしそれを疑うとすれば、そのような知的状況の存在しなかった時期にも、エラズマス・ダーウィン、スペンサー、ロバート・チェンバースらの理論のようなダーウィニズム進化論に先行するものが数多くあったということ、特にイギリスにおいてはそうであったということを、歴史家はどのように理解しているのだろうか。進化に関するこれらの思弁的な理論は、当時の科学者たちによって例外なく忌み嫌われていたのである。これに対しチャールズ・ダーウィンは、そうした科学者たちを説得し、進化論を西欧の思想的伝統の中の標準的な構成要素としたのであった。一九世紀前半になされた大量の観察事実は、進化概念とはまったく無関係に、いくつかの認められた科学の専門分野においてすでに困難を引き起しつつあった。ダーウィンは、先行者たちとは違って、そうした観察事実に対して進化概念がいかに適用できるかを示したのである。この事情を抜きにして、ダーウィンをめぐる物語の全体は理解できない。このことは、『種の起源』以前の数十年間の時期における、層序学、古生物学、そして植物や動物の分布に関する地理学的研究などの諸分野の変化しつつあった状況の分析や、形態学的類似ではなく機能の比較に基づくリンネの分類体系がますます成功を収めつつあったということの分析を要求するのである。自然分類体系を発達させる中で、植物のつるを「退化した」葉であると最初に語った人、あるいは、きわめて近い植物種の間で子房の数が違っていることを、他の種では分離している器官がその種では「癒着」しているのだと説明した人びとを、進化論者とよぶことは許されまい。しかしそのような研究がなければ、ダーウィンの『種の起源』は、その最終的な形には完成しなかったであろうし、科学界および一般大衆に衝撃を与えることもなかったに違いないのである。

最後にもう一つだけ論点を挙げて、この問題をめぐる私の議論を終えることにしたい。先に私は、新しい科学理論の生成を説明するのに、〔科学的〕方法を強調することと、科学外的な思想状況を強調することはまったく両立しないと述べた。さらにここでは、どちらの説明ももっとも基本的なレベルにおいてはその与える影響が同一である、ということを付け加えたい。すなわちどちらも、救いがたいウィッグ性を導くものであり、自らが取り扱っている科学的な思想のもととなった考え方をすべて迷信として簡単に片づけることを歴史家に許すものとなっている。たとえば、天文学的な発想における円の考えは、幾何学的完全性へのプラトン的な心酔の産物であり、中世の独断主義によって永続的とされたもの、と見なされることになる。また、固定された種という考えが生物学において長く持続したことは、『創世記』があまりにも文字通りに読まれたことの結果として理解されることになる。しかしながら第一の説明に欠けているものは、円から構成された天文学も洗練された体系を形作っており、予言において成功していたのであって、コペルニクス自身はそれよりも優れた体系を作ることができなかったということであり、また第二の説明で欠けているのは、分類作業を可能にする不連続な種の存在は、現在の生物にはそれぞれの種に応じた一つがいずつの祖先がいたというように考えなければ、ひどく理解しにくいという点である。ダーウィン以後、種や属といった基本的な分類カテゴリーの定義は、かなり恣意的で問題の多いものとなったのである。逆に、ダーウィンの仕事の専門的な一つの起源は、一九世紀初期に大量に集められた一群のデータ、特にアメリカ大陸や太平洋の探検によって得られたデータに対し、これらの標準的な分類手段の適用がますます困難になりつつあったということにある。要するに、一般に歴史家が迷信として退ける考えは、すばらしい成功をおさめていた古い科学体系においては決定的な要素だったのである。これらの考えが決定的な要素であったからには、それらに対する新しい代替物の出現が、たんに好ましい思想環境において優れた方法を適用した結果として生じるとは理解されないであろう。

私はこれまで、思想史の中に科学を位置づけることに関心をもっている人に対して、主として序文などから導出された歴史が与える影響について語ってきた。ここで、科学の社会経済的役割についての標準的な見解に話を移すとしよう。そうすれば、これとはきわめて異なった状況に出会うことになる。この領域において歴史家に欠けているのは、いずれにせよあまり関連がない専門的資料についての詳しい知識ではなく、科学を一つの社会的力として分析するために必要不可欠な概念的区別に対する熟達である。一つの活動としての科学の本質や、科学の時間的変化を社会経済史家がよりよく理解できるようになれば、そうした概念的区別のいくつかは自然と生み出されるのである。科学の役割に関して歴史家に最低限必要とされるのは、人びとがいかにして科学者共同体に仲間入りするのか、仲間入りした後にそうした人びとが何をするのか、彼らにとっての問題はどこから生まれるのか、何を解決と考えるのか、等々に関する包括的な感覚である。これらの点において、社会経済史家に必要とされることは思想史家に必要とされることに重なり合ってはいるが、専門的なことに関する理解は思想史家ほどに要求されはしない。しかし社会経済史家にはまた、思想史家には必要とされない次のようなことが要求される。すなわち、一つの活動としての技術の本質についてのいくつかの知識、技術と科学を社会的にも思想的にも区別する能力、そしてさらにまた、両者の相互作用のさまざまなありかたについての敏感さ、などである。

科学が社会経済的発展に何らかの影響を与えるとすれば、それは技術を通してである。一七世紀以来ずっと、つねに科学の有用性を宣言し、現存の機械と生産様式の説明でもって科学を描写してきた序文に影響されて、歴史家はしばしば科学と技術という二つの活動を混同しがちである。(7) このような議論においても、ベーコンは正当で真剣な受けとめ方をされず、正当でない教条的な受けとめ方をされている。こうして、一七世紀の方法論的革新は健全でしかも有益な科学の源である、と見られてきた。明確にであれ暗黙のうちにであれ、科学の果たす社会的経済的役割はそれ以来ずっと着実に増大し続けている、というように描かれている。しかし実際には、ベーコンや彼の後継者たちによる、その後三世紀にわたる主張にもかかわらず、約百年前まで、技術は科学から意味のある実質的な助力を受け取ることもないまま繁栄してきたのである。社会経済的発展の第一の動因として科学が登場するのは、徐々にではなく、突然に現れた現象である。先がけとなったのは、一八七〇年代の有機化学的な染料工業である。次に、一八九〇年代からは電気力を利用した工業が登場し、一九二〇年代からは急激に加速度的に発展した。もしこうした発展を科学革命の結果として生じたものとして取り扱うならば、現代的状況を構成した根本的な歴史的変化の一つを見逃していることになる。この変化の本質をよりよく理解するならば、科学政策をめぐる現代の多くの論争はより有益なものとなるであろう。

この変化の論題には後でまた戻ることにするが、ひとまず、いかに単純で独断的であろうと、そうした変化の背景の概括はしておかなければなるまい。一七世紀の初めにベーコンが科学と技術の結婚を宣言する以前は、科学と技術は別々の活動であったし、しかもその後三世紀にわたって、両者はそうであり続けた。科学に貢献した人びと、研究所、社会集団によって有意味な技術的革新がもたらされるという事態は、一九世紀の終わりまでほとんどなかった。科学者は何度もそうしようと試みたし、その代弁者を通してしばしば成功を主張した。けれども、実際に技術の改良をもたらしたのは、主として職人、工場主、発明の才に富む考案者など、同時代の科学者としばしば鋭く対立していた集団だったのである。(8)科学文献の中には発明家への軽蔑が時おり見いだせる。そして技術文献の中には、横柄かつ抽象的で、取りとめのない空想に浸る科学者に対する敵意が、繰り返し何度も登場する。科学と技術のこのような分裂が社会学的な起源をもっていることには証拠さえ存在している。というのも、どの歴史的社会においても、科学と技術が同時にうまく発展したということはなかったからである。

ギリシア人は、科学を尊重するようになった一方で、技術を古代の神からの完成された賜物と見なしていた。一方ローマは、技術で有名であるが、すぐれた科学をまったく生み出しはしなかった。また、中世後期およびルネッサンスにおける一連の技術的革新は、近代ヨーロッパ文化の出現を可能にしたのであるが、科学革命が始まる以前にはほとんど終了していた。さらにイギリスは、孤立した形にではあっても一連のすぐれた発明家を生み出していたのだが、産業革命の世紀には、少なくとも抽象的に高度に発達した科学に関しては一般的に遅れていた。一方、技術的には二流国であったフランスは、科学に関しては世界的に卓れた力をもっていた。科学と技術の両方において一流の伝統を同時に支えることのできた唯一の国家は、第二次世界大戦以前における二〇世紀のドイツである。もしかすると、ほぼ一九三〇年以降のアメリカ合衆国とソビエト連邦もそうした例外であるかもしれない(例外であると断定するにはまだ早すぎる)。〔ドイツの場合〕科学のための大学《ヴィッセンシャフト》と、産業と工芸のための高等工業学校という制度的分離が、このような例外的成功の原因であろう。社会経済的発展を研究する歴史家は、まずおおよそに、科学と芸術の場合と同じように科学と技術を根本的に異なった活動として取り扱う方がよいと思われる。ルネッサンスから一九世紀末の時代まで、技術を技芸《アート》として分類するのが普通であったということは偶然ではないのである。

この観点から出発することによって、いまや別々の活動とみなされる科学と技術という二つの活動の間の相互作用を問うことができ、それこそ社会経済史家がすべきことなのである。この相互作用は、その特徴によって三種類に分けることができる。第一は古代に起源をもつもの、第二は一八世紀半ばから始まったもの、第三は一九世紀末からのものである。もっとも長く続いた相互作用の形は、何がその起源であるにせよ、すでに存在する技術が科学に衝撃を与えるというものである。古代の静力学、磁気や化学などのような一七世紀の科学、一九世紀の熱力学の発展がその具体的な例である。これ以外にも数多くの場合において、職人たちがすでに獲得していた技術的知識を研究しようという科学者たちの決断によって、自然理解におけるきわめて重要な進歩がなされてきた。科学における革新性の主要な起源は他にもいくつかあるが、おそらくマルクス主義者を除けば、このような側面はしばしば過小評価されていたように思う。

しかし、これらすべての場合において、恩恵を受けたのは技術ではなく科学の方である。マルクス主義の歴史家はしばしばこの点を見落としている。ケプラーは、ワイン樽の最適な寸法を研究した時に、すなわち、木材の消費量をなるべく小さくしてなるべく多くのワインを入れることのできる樽の形を研究した時に、計算のために変分法を発明した。しかしその当時のワイン樽の形は、ケプラーが計算で導出した寸法通りにすでに作られていたのである。また、サディ・カルノーが蒸気機関の理論的研究を行なったとき、その成果は熱力学へ向けての重要な一歩となった。しかし、彼も強調したように、もっとも重要な動力機である蒸気機関に対して、科学はほとんど何の貢献もしなかった。しかも、蒸気機関の改良に関するカルノーの提案は、カルノーが研究を始める前からすでに技術活動の中で具体化されていたのである。(9) 少数の例外、それもほとんど意味のない事例を除けば、自らの問題を解こうとして技術へと向かった科学者たちがなし遂げたのは、それ以前に科学の助けなしですでに発達していた技術をさらに改良することではなく、その技術の正当性を証明し説明することであったにすぎない。

一九世紀後半から見られるようになった第二の相互作用の形とは、科学から借りてこられた方法が実際の技術の中でしだいに用いられるようになったり、時には科学者自身が雇われるようになってきたということである。(10) しかしこの動きがどれほど有効であったかどうかは、いぜんとして不確かなものであった。たとえば、産業革命にとって重要であった新しい織物機械や鉄の精練技術の発達に関して、科学は何ら明白な役割を果たしてはいない。しかし一八世紀イギリスの「実験農場」、牧畜業者の記録文書、シリンダーと分離した復水器を開発する中でウォットが行なった蒸気に関する実験などはすべて、科学的方法を技術の中で利用しようとした意識的試みであると見られている。そしてそうした科学的方法は時には生産的であった。だが、科学的方法を用いた人々は、その時代の科学に対して何らの貢献もしてはいないし、いずれにせよ彼らはその時代の科学を知ってはいなかった。彼らが成功したのは、既存の科学を応用することによってではなかった。方法論的にどんなに洗練されていたにせよ、彼らの成功は、その当時確認されていた社会的要求に正面攻撃をかけることによってもたらされたのである。

状況は、化学にかぎって言えば、かなり曖昧である。(11) 特にフランスにおいては、ラヴォアジエやベルトレも含めて傑出した化学者たちは、染色、陶磁器、火薬などの産業を監督し改良するために雇われていた。さらにこの体制は、明らかに成功をおさめた。しかし彼らがもたらした変化は、劇的なものではなかったし、明白な形で同時代の化学理論や化学的発見に基づいたものではなかった。ただしラヴォアジエの新しい化学には、議論すべき点がある。ラヴォアジエの化学は、鉱石の還元、酸の製造などすでに発達していた技術についてのより深い理解をもたらしていたことは明らかである。さらにまたそれは、品質管理のための技術をしだいに洗練されたものにした。しかしラヴォアジエの化学は、これらの確立した産業に根本的な変化をもたらしたわけではなかったし、硫酸、ソーダ、練鉄、鋼鉄など一九世紀における新しい技術の発達に関して注目に値するような役割を果たしてもいない。科学的知識の発達から生じた重要な新しい生産工程を求めるとすれば、一八四〇年代から一八七〇年代にかけての有機科学、電流理論、熱力学の成熟まで待たなければならないのである。

　生産物と生産工程の中には、先行の科学研究から派生し、科学教育を受けた人びとによるさらなる研究によってその発達が決まるものがある。ここに、科学と技術の間の相互作用の第三の様式が示されている。[12] この様式の相互作用が一世紀前に有機染料工業の中に登場して以来、この第三の相互作用は、コミュニケーション、動力の発生と配分の仕方、産業および日常生活の素材、医療と戦争などを変えてきた。今日では、この様式の相互作用がどこにでも登場し重要なものとなっているために、科学と技術の間の本当の分裂は隠されてしまっている。そして次第に、この様式の相互作用の登場がいかに最近のものであり、決定的なものであるかを理解するのは難しくなっている。産業革命期に変化を引き起すもととなった力と、二〇世紀において影響を与えている力との間の質的差異ということに気づいているものは、経済史家の間にさえも滅多に見あたらない。ほとんどの通史は、そうした変容の存在さえも覆い隠している。とはいえ、科学史の重要性を過大評価して、一八七〇年以降の科学は、現代の社会経済的発展の研究者が絶対に無視することのできない役割を担ってきたと考える必要もまたないのではあるが。

このような変容の原因は何なのだろうか。その原因を理解するために、社会経済史家はどのように貢献しているのだろうか。二つの原因があるように思われる。第一の原因は社会経済史家がただ知ることができるもの、第二の原因はじっさいに解明に関わることができるものである。しかし科学がどんなに高度に発達したとしても、科学の応用によって現存の技術的実践が必ずしも大きく変わるわけではない。力学、天文学、数学などの古くからあった科学は、科学革命の過程で作り直されたあとでさえ、そのような効果はほとんどもたなかった。そうした効果をもった科学としては、一七世紀のベーコン主義的運動から生れた科学、特に化学と電気学がある。しかしそれらの科学でさえも、有意味な応用を生み出すのに必要な発展段階に達したのは、一九世紀の三分の一が過ぎてからようやくである。これらの分野が成熟した一九世紀半ばに至る以前には、社会経済的に重要なものが科学的知識から生み出されることはどの分野にもなかったのである。ほとんどの社会経済史家は、新しい素材や装置を科学が突如として生み出せるようになった進歩についての専門的側面を理解することはできないだろう。けれども社会経済史家も、こうした発展とその社会的役割を理解することは確かにできるのである。

しかしながら、科学の内的な専門的発展は、社会的に有用な科学を出現させる唯一の必要条件ではなく、何が必要条件かについては社会経済史家が語るべき多くの重要なことが残されている。一九世紀に、科学の制度的構造および社会的な構造は、科学革命の時に予想もされなかったような仕方で変化した。一七八〇年代から次の世紀の前半にかけて、科学の個々の分野において専門家によって新たに作られた協会が、すべての分野を包括した国家的な協会がそれまで握ろうとしていた主導権を取った。それと同時に、私的な科学雑誌、特に個々の専門分野の雑誌が、急速に増加し、それ以前は公共的な科学共同体のためのほとんど独占的な媒体であった国家的な協会の機関誌に取って代わった。同じような変化は、科学教育や研究場所にも見られる。医学分野や二、三の軍事学校を除けば、科学教育は一八世紀末にエコール・ポリテクニクが設立される以前には存在してはいなかった。だが、こうしたモデルは急速に広がっていく。まず最初はドイツに、次にアメリカに広がり、最終的にはあまりはっきりはしない形においてではあるが、イギリスで広まった。それとともに、ギーセンにおけるリービッヒや、ロンドンの王立化学校のような、特に教育と研究のための別な形の新しい制度的形態が発展した。このような発展によって、それ以前には存在していなかった専門職業としての科学が生み出され、維持されるようになった。潜在的に応用可能な科学と同じく、それらはかなり突然に速やかに登場したのである。それらは、一七世紀に登場したベーコン主義的な科学の成熟とともに、一九世紀前半の第二の科学革命の中心をなすものとなった。第二の科学革命は、最初の科学革命と同じく、現代を理解する上できわめて重要な歴史的事例であり、歴史書の中で取り上げるべき事例なのである。

だが第二科学革命という問題は、一九世紀における他の発展と複雑に絡み合っており、科学史家だけでは解明できない。

これまで私は、歴史家が科学や科学の歴史を無視していることについて語ってきた。そしてその一方で、非難されるべきなのはもっぱら歴史家であり、科学を研究の主題として選んだ専門家すなわち科学史家の側には何の責任もないとくりかえし述べてきた。責任の所在をこのように考えることは、究極的には公平でないにしても、後で触れるような理由から今日ではますます正当化されつつあるように私には思われる。しかし現在の状況は、部分的には過去の産物でもある。この状況を改善しようという観点から、科学史と歴史の間に存在する現代の溝をさらに分析するためには、科学史と歴史とを分離する考え方に歴史家がどのように関わっているのかをまず認識しなければならない。

今世紀の始めまで、科学史あるいは辛うじて存在していたそれに類するものは、二つの主要な伝統に支配されていた。(13) ひとつは、コンドルセやコントから始まってダンピエやサートンにいたるまで連綿と続いてきた伝統である。その伝統において科学の進歩は、素朴な迷信に対する理性の勝利、ただ人間のみがなしうる最も崇高な様式の実例であると見なされている。この伝統から生れた記録は、——その作成のために一部は今日でも有用な広範な学識が費されてはいるが——究極的には科学者を励ますことを意図したものであり、そこには、科学の内容について、最初に誰がいつどこでどのような積極的な発見をしたのかということ以外ほとんど何らの情報も含まれてはいないのである。現代の科学史家は、歴史記述的論稿の準備や参照のためにときおり読む場合を除けば、この種の著作を読むことはない。この事実を、歴史を専門としている人びとは十分に認識すべきなのであるが、あまり理解されているようには私には思えない。私の主張は、私が尊敬している幾人かの人びとの感情を害するであろうとは思う。それでも強調せざるをえないのである。故ジョージ・サートンは科学史という専門職業を確立するために大きな役割を果たした。この点において科学史家は、サートンにきわめて多くを負っている。しかし、科学史という専門分野に関してサートンが広めたイメージは、そのイメージはずっと以前から拒絶されているにもかかわらず、大きな損害を与え続けているのである。

第二の伝統は、それが生み出すものにおいても、特にヨーロッパ大陸において今なお生きているという理由によっても、より重要である。この第二の伝統は、研究に従事する科学者たちの活動に由来し、その中には傑出した科学者も含まれる。彼らは、自らの専門分野に関する歴史をときおり書いてきた。科学者たちによるそうした研究は、科学教育の副産物として通常は始められ、科学を学ぼうとする学生を主な対象としたものであった。科学者は自らの専門分野の歴史の中に、歴史に固有な魅力とともに、自らの専門分野の内容を明確にする手段、自らの伝統を確固たるものとする手段、学生を惹きつける手段を見いだした。科学者が書いたこのような歴史の本は、現在もそうであるように、まったく専門的なものであった。そして、これらの書物のなかで最良のものは、歴史的記述に関心をもつ専門家にとって現在でもなお役立つものである。しかし歴史として見た場合、少なくとも現在の視点から見る限り、この伝統には二つの大きな限界がある。まず第一に、本題から脱線した素朴な話がときおりなされることを除けば、この伝統から生み出されるのは、内的歴史に限られている。議論されている概念や技術の進化に関して、その文脈についても、それに対する外的影響についても考察がなされることはない。しかしこの限界は、必ずしもいつも重大な欠点であり続けたわけではない。成熟した科学が外的環境から受ける影響は、他の創造的な分野よりもずっと小さいからである。少なくとも、思想環境に関してはそうである。しかしそうは言っても、こうした限界の程度には疑いもなく行きすぎがみられる。いずれにせよそのために、この種の研究は、思想史家を除くどの歴史家にも魅力を感じられないものとなっているのである。

しかし、純粋に思想史だけを研究している人でさえも、この伝統にみられる第二のもっと目だつ欠点のために不愉快な気分になり、時には大変な誤解に導かれる。科学者として科学の歴史を書いている人びと、および、そうした人びとのお手本に倣う研究者の特徴は、現代の科学的カテゴリー、概念、規準を過去に押しつけることにある。彼らが古代からの歴史を書いた専門分野の中には、彼らがそれについての歴史を書く一世代前までは認められた研究の主題ではなかったものもある。にもかかわらず、その専門分野に何が属するかを知っている彼らは、過去の異質なさまざまな分野の文献からその専門分野の現在の内容を取り出すのである。そして、自らの論じた伝統が、実際にはそうした過程の中で作り上げられたものにすぎず、実在してはいなかったということに気づかないことになってしまうのである。さらに彼らは、過去の概念や理論を、現在用いられている概念や理論の不完全な近似として普通は取り扱う。そのため、過去の科学的伝統がもっていた構造と統一性とをともに誤って描くことになる。このようにして書かれた歴史による必然的結果として、科学史とは不注意な誤りや迷信を、健全な方法によって克服していく過程を描いたたいして面白くもない年代記である、という印象がさらに強められることになった。科学史のモデルとしてこのようなものしか利用可能でないとすれば、歴史家には、あまりにも簡単に誤解に導かれたということを除けば、非難すべき点はないことになろう。

しかしながら、このモデルが唯一のモデルであったというわけではない。またここ三〇年間のあいだ科学史という専門職業における支配的なモデルであったわけでもない。支配的であったモデルは、一九世紀後半の哲学史研究の中で発見されたアプローチを、科学に適用し続けてきた最近の伝統の中から生み出されたものである。その哲学史研究の分野においては、当然ながら、誤謬や迷信から実証的知識を区別することができると確信していたのは、最も党派的な人びとだけにすぎなかった。その結果として歴史家は、バートランド・ラッセルが簡明に表現した次のような指示に従わざるをえなかった。「ある哲学者を研究する際の正しい態度は、敬意をもつことでも軽蔑することでもない。最初はいわば仮説的な共感をもってあたり、ついには彼の理論を信じればどのように感じられるかが分るようになることなのである」(14)。思想史においては、エルンスト・カッシーラーとアーサー・ラヴジョイの二人がしたがったような伝統が生み出されていた。彼らの研究は、その限界がどんなに深刻なものであったにしても、ともかく歴史における思想のその後の取り扱いに対して実り豊かな大きな影響を与えた。驚くべきことで、しかもなぜそうなのか今でも説明されないままであるが、アレクサンドル・コイレに引き続いて科学に対する同種のモデルを約三〇年間にわたって発展させ続けてきた人びとの研究は、これに匹敵するような影響を思想史家に対してさえ与えてはいないのである。彼らの著作を通して見た科学は、古い伝統が想定したような活動ではない。ここにはじめて科学は、音楽、文学、哲学、法律などと同じく、潜在的には完全に歴史的な活動となったのである。

しかし、あくまでも「潜在的には」である。というのは、このモデルにもまた限界があるからである。たしかにこのモデルは、科学史家に固有の主題を思想全体の文脈にまで拡張はしたけれども、科学がその中で発達してきた制度的文脈や社会経済的文脈にほとんど何の注意も払っていないという意味において、依然として内的歴史なのである。たとえば、最近の歴史記述法においては方法の神話はほとんど信じられなくなったが、それとともにベーコン主義的運動の果たした重要な役割の理解が困難となっている。そしてマートンのテーゼも、科学と技術・産業・工芸との関係といった問題も嘲笑の種とされる以外は無視されている。(15) これまで私が歴史家に向かって述べてきた二、三の事柄は、私自身が属する専門職業分野にもみごとに当てはまるということをここで告白しておくべきであろう。しかしこのような事情が当てはまる領域は、文化史家や社会経済史家が現在もっている標準的な関心と科学史との間の境界をなす領域である。この領域は、両方の集団がともに研究すべきものである。出発点となる科学の内的発達のモデルが与えられたので、科学史家たちは今やしだいにこの問題に取りくみはじめつつある。これが本稿のしめくくりとして議論しようと思う動向である。私の知る限り、歴史という専門分野において漠然とであれそれに匹敵するような動きは存在してはいない。

非難すべき点は、明らかに科学史家にもあるに違いない。しかし科学史家の過去および現在の罪状を並べ立てても、科学史家と他分野の歴史家との現在の関係のあり方を完全に説明することはできないだろう。科学史家の研究が獲得した評価は、科学史という分野がまだ未発達であった約三〇年前に出版されたバターフィールドの本を通して主として形成されたものであり、それ以後の科学史にあてはまるものと見なすことは決してできない。科学が歴史の主要な力となるまでの間、科学史家の主題である科学を無視する態度は、依然として激しいものであった。科学史は歴史分野の中に通常は位置づけられてはいるものの、科学史のコースが選択されることは滅多にないし、歴史家が科学史の本を読むこともほとんどない。こうした状況の原因について、私は推測することしかできない。そうした推測においては、同僚や友人との会話を通して私が知りえた主題を部分的には取り扱わなければならない。あらかじめここでそうした推測の弁明をしておくことにしたい。

二種類の説明が自然に浮かんでくる。第一のものは、たぶんさまざまな学問分野の中で歴史学だけに特有な要素に由来するものである。科学史は、原理的には、政治史、外交史、社会史、思想史といった分野よりも狭いわけではない。あるいはまた科学史において、それらの分野で用いられているのとは根本的に異なった方法が用いられているわけでもない。それでも科学史は、それらの分野と種類の異なった分野なのである。というのも科学史は、地理的に限定された集団の活動全体の中から抽象された一群の現象を取り扱うものではなく、なによりもまず科学者という特殊な集団の活動を取り扱うものだからである。この点において科学史と近いのは、文学史、哲学史、音楽史、造形美術の歴史などの専門分野である(16)。けれども、これらの専門分野が歴史学の一部門に数えられることは通常はない。多かれ少なかれ、これらは、その歴史が研究されている個別分野を構成する一要素と考えられている。科学史に対する歴史家の対応は、そうした分野の歴史に対する対応とたぶん同じようなものであろう。科学史家と歴史家との間に特殊な緊張感が生み出されるのは、同一の学科に属しているという近親性のためにすぎない。

このような指摘は、カール・ショースキーによるものである。彼は、私が一四年前に歴史学科で教え始めてから、私や私の学生がもっとも親しく付き合い、実り豊かな成果のあった二人の歴史家のうちの一人である。この論文の執筆がかなり進行してからではあったが、彼は私に、思想史の中における科学という見出しの下に論じた多くの問題は、思想や文学や芸術などの研究に関する歴史家の典型的な議論とまったく対応していると説いた。ショースキーによれば、歴史家は、小説、絵画、哲学的論文から、同時代の社会的問題や価値を反映したテーマを取り出すのがしばしばまったくうまい。しかしながら歴史家たちが、ときには言い逃れをしつついつも見過していることは、これらの人工物の次のような諸側面である。すなわち、一部はそれらを生み出した分野の本質によって、また一部はその分野の今日の展開に対してその分野の過去がいつも果たしている特別な役割によって、内的に規定される諸側面である。芸術家は、模倣という形にせよ、反発してにせよ、過去の芸術をもとにして新たな芸術の創造を行なう。科学者、哲学者、作家、音楽家と同じように、芸術家もまた、より大きな文化の中で、しかも相対的に独立した自らの分野の伝統の中で、生き、活動しているのである。どちらの環境も彼らの創造的作品の形成にかかわっている。しかし、歴史家たちはあまりにもしばしば前者〔より大きな文化〕しか考慮に入れようとはしないのである。

私自身の分野〔科学史〕を除けば、このような概括が正しいかどうかを評価する能力が私にあるのは、哲学史の分野だけである。しかし哲学史の分野においても、その概括は科学史の分野と同様ぴったりと当てはまっている。しかもこの概括はきわめて妥当なものであるから、暫定的にそれを受け入れることにしたい。歴史家たちが個々の創造的分野の歴史的発展と一般に見なしているのはその分野のより大きな社会的文脈の中への進出を反映した諸側面である。あまりにもしばしば歴史家たちがまったく歴史とは認めようとしないものは、その分野に固有の歴史を与えるような内的特徴なのである。

このような否認を許す感覚は、私にはとても非歴史的に思われる。歴史家は、そうしたことを科学史以外の領域に適用したりはしない。なぜ歴史家は、科学史に対してだけそのように振舞うのだろうか。たとえば、地理的区分や言語的区分に関する歴史家の取り扱い方を考察してみよう。歴史家の中では、世界史という非常に大きなキャンバスの上でしか取り扱えないような問題が存在することを否定する者はいない。しかしだからといって、歴史家は、ヨーロッパやアメリカの発展の研究が歴史ではないと主張したりはしない。歴史家はさらに、国家や州の歴史に正当な役割を認めるという次のステップにさえ、もしその著者たちが、彼らの限定された研究主題における周囲の集団の影響が決する諸側面に十分な注意を払っていれば、抗わない。また、意志疎通に関する問題は避けがたいものであるが、たとえばイギリスの歴史家とヨーロッパの歴史家との間でそのような問題が生じた時には、歴史的思考を妨げるもの、誤謬の原因となるものとして非難される。そのときに生じる感情は、科学史家や芸術史家が普段から感じている感情と似ているのである。しかし、フランス史は定義によってある意味で歴史的であり、イギリス史はその意味において歴史的ではないなどとはっきりと宣言する人は決していないであろう。ところが、地理的に限定された部分系から、専門分野における教育や、その分野の特別な価値への忠誠によって結合している集団――その集団の結合力は国家共同体における結合力より不明確とは限らない（あるいはより明確な）ものである――へと分析単位が移されるときには、そうした反応がしばしば見受けられるのである。しかし歴史家が歴史の神クレイオの織物に継ぎ目の存在を認めることができるのであれば、歴史には何らそのような裂け目が存在しないことはすぐに理解できるであろう。

個別分野史に対する抵抗は、歴史学科内で研究する歴史家の欠陥だけによるというわけではもちろんない。ポール・クリステラーやアーウィン・パノフスキーのような少数の優れた例外を除いて、ある個別分野の発展をその分野の母体となる学部内から研究しているほとんどの人びとは、自らが研究している分野の内的な論理だけにもっぱら関心を集中し、より大きな文化の中における原因や結果を見すごすことが多い。原子の相対論的取り扱いに関するアーノルド・ゾンマーフェルトの研究が第一次世界大戦中の時期になしとげられたということを、私は学生との議論の中で思い起して、とても当惑したことがある。制度的分離は、それが作り出した障壁のどちら側においても歴史的感受性を弱めてしまっているのである。しかし制度的分離も、困難の唯一の源泉であるというわけではない。自らがその歴史を研究している個別分野に責任をもつ部局の中で講義をしている人は、ほとんど常に、その分野で実際に研究に携わっている人の方に顔を向けているのである。また、文学や芸術の歴史を研究している人であれば、批評家の方に顔が向けられている。通常は、その分野の現在の内容を講義し完全なものにするという機能の方が、自らの研究の歴史的拡がりよりも優先されるのである。たとえば、哲学の授業で教えられる哲学史は、しばしば戯画化された歴史である。哲学者たちは、過去の著作を読むときに、現在の問題に対するその著者の立場を論じ、現在の考え方に基づいて批判し、現代的信条との整合性が最大になるように著作を解釈する。そうした過程において、もともとの歴史的な起源は、しばしば見失われてしまう。たとえば、私のかつての哲学の同僚は、マルクスの中のある章句に関する彼の解釈を問題にした学生に対して、「そうです。その言葉は、君が言ったようなことを意味しているように思われる。しかしそれは、マルクスが意味しようとしていたことではありえません。というのも、それは明らかに間違っているからです」というように反応した。その哲学者にとって、なぜマルクスがそのような言葉を使う方を選んだのかということは、ちょっとそこで立ち止まって考えるべき問題ではなかったのである。

個別分野の歴史をその母体となる分野に奉仕させることによって強められたウィッグ性の多くの例は、もっと微妙なものではあるが、やはり非歴史的である。私が思うに、そこから生れる障害は、歴史家が個別分野の歴史を排斥していることによる障害よりも大きいわけではないが、それでもやはり大きな障害であることに変わりはない。科学を教育する部門の中で科学史が教えられる時には、同じように非歴史的になることは、すでに指摘しておいた。近年、科学史は、歴史部門の中にしだいに移され、科学史はそれが属すべきものの中に位置づけられるようになった。その「結婚」にはショット・ガンによる脅しが必要とされ、強制「結婚」につきものの歪みが生じるとはいえ、そのことによる成果ははっきりと目に見えている。私は、他の個別分野に関しても同じような強制的結合がやはり実り豊かな結果をもたらすであろうということを疑わない。私が所属する歴史部門の最初の責任者である、故ジョージ・ガットリッジがかつて述べたように、歴史学はアメリカの大学組織とひどく不適合であることがすぐに理解できよう。いくつかの部門にまたがる制度的組織がとても必要とされている。たとえば、過去の進化の過程に興味をもつ人びとを、彼らの所属部門に関係なくすべて集めて、歴史研究を行なう学部、あるいは、学校を作ることが必要とされているのである。

私がこれまで考察してきたところによれば、歴史と科学史の関係は、歴史と他の個別諸分野の発展の研究との関係と比べて、種類的に違うわけではなく、その強さにおいて違うだけである。私が思うに、こうした類比的関係の存在は明らかであり、類比的関係が手がかりとなって、私が議論するように依頼された問題をよりよく理解できるようになる。しかしこの類比的関係は完全なものではなく、それですべてが説明できるわけではない。すでに述べたように歴史家は、文学や芸術や哲学などを取り扱うときには、科学の場合とは異なり、原典を実際に読むのである。歴史家は、科学に関してはその主要な発展段階さえも無視するが、他の分野を取り扱う際にはそのようなことはしない。文学史や芸術史のコースは、科学史のコースとは異なり、数多くの歴史家を惹きつける。さらに何よりもまた歴史家は、科学を論じる場合にはある特定の時期だけしか取り上げなかったりするが、他の分野の場合にはそのようなことはない。歴史家が芸術や文学や哲学を考察する場合には、ルネサンスだけではなく、一九世紀も取り扱うのが普通である。これに対して、科学の場合には、一五四〇年から一七〇〇年ぐらいの間しか議論されない。歴史家は科学的方法の発見を特に強調しているが、その理由の一つは、私が思うに、そうすることによって科学的方法が発見された後の科学を取り扱わなくてもよくなるからである。科学的方法が手に入った後は、科学は歴史的なものではなくなると考えられている。しかし歴史家がこのように考えるのは、他の分野においては見られないことである。

これらの現象、および、以下でも述べるようなもっと個人的な経験を慎重に考え合せるならば、歴史家と科学史家との区別は、F・R・リーヴィスとC・P・スノーとを分け隔てていたものと部分的には同じであることを、いやいやながらも認めざるをえない。私は二つの文化の問題という呼称は不適当だと考える人びとに共感するけれども、二つの文化という問題もまた、ここまで考察してきた困難の源泉の一つなのである。

この推測の基礎は、たいていはたんなる印象にすぎないのだが、完全にそうであるというわけでもない。イギリスのある心理学者は、ある高校生が将来何を専攻するかは、テストによって確信をもって予言できると考えている。もっともその高校生が実際に専攻に進んだ後にうまくやれるかどうかをテスト——たとえば知能テストのような——によって区別できるとまで考えているわけではない。その心理学者の著作からの次のような引用を考察することにしよう。

典型的な歴史家、あるいは、現代の言語学者は、相対的に言って、知能指数が低く、知能が言語面に偏っていた。彼らに関する知能テストの結果は、一定しなかった。正確な時もあるが、ひどくでたらめなこともあった。彼らの関心は、どちらかと言えば、実際的なものではなく文化的なものにあった。これに対して、物理学を研究している若い科学者は、知能指数が高く、能力が言語的なものに偏ってはいなかった。若い物理学者は、知能テストの結果がいつも一定で正確であった。彼らの関心は、専門的で機械的な事柄にあり、生活において外向的であった。もちろん、こうした経験的規則は完全なものではなかった。少数ではあるが、芸術の専門家は、科学者と同じような傾向を示した。またその逆の場合もあった。しかしたいていは、予測は驚くべきほどうまく当てはまった。極端に言えば、予測は絶対に信頼できるものであった。[17]

同じ著作からの別な証拠とともに、この文章は、歴史家と科学者が少なくとも数学的能力や抽象的能力において両極端のタイプであることを示唆している。[18] 歴史家だけを取り上げた十分に詳しい研究ではないが、ある研究によれば、科学者は、大学の他分野の同僚と比べて、集団的に見た場合には社会経済的により低い階層の出身である。[19] また、私自身の学校時代の個人的印象からいっても、私の子供たちのそれからいっても、知的な差異は、きわめて早くから現れる。特に数学においてはそうである。数学では、一四歳になる前に明らかに差が現れる。さて次に、能力や創造性のことを主として考えるのではなく、情緒面のことだけを考えることにしよう。例外もあればどちらとも言えない中間的な領域もあるが、歴史への情熱は、数学や実験科学の類いを好きになることとはめったに両立しない。この逆もまた言える。

驚くべきことではないが、こうした両極性が発達し職業決定において具体化されるにつれて、しばしばこの両極性に対する擁護論あるいは反対論が見られる。この論稿を読む歴史家には、科学者が歴史研究に対してしばしば示すあからさまな軽蔑については述べるまでもないであろう。しかしその逆もまた真であると考えなければ、たとえば歴史家が科学に対してとる前述のような態度を説明することはできない。もちろん歴史家の中でも、科学史家は例外であるに違いない。もっとも科学史家の中にも、そうした規則がそのまま当てはまるような人がしばしばいる。というのも、ほとんどの科学史家は、科学研究から始めて、大学院で歴史研究へと転向した人びとだからである。そのため科学史家の中には、自らの関心は科学の歴史にあるのであって、単なる歴史にはないと、主張する人がしばしばいる。彼らは、歴史という分野を自らとは関連のないつまらないものと考えているのである。当然、彼らは、通常の歴史部門よりも、自らの歴史研究の対象である専門の部門に執着することになる。しかし幸いなことには、このような科学史家であっても、いったん歴史部門に籍を置いた後は、その見解を変えることもある。

だが、多くの歴史家が科学に対して敵対的であるとしても——私は実際にそうであると思っているが——歴史家はそのことをうまく隠していると認めざるをえない。これに対し、たとえば、文学や言語学や芸術を研究している彼らの同僚は、科学に対する敵意をしばしば公然と示している。しかし少なくとも、こうした違いは、歴史家が科学に敵意をもっているという私の推測に対する反証となるものではない。というのも、歴史家がそのように振舞うであろうということはすでに予測されていることだからである。歴史家は、文学や芸術の学生とは異なり、哲学者と同じように、自らの活動が認識に関わるものであり、科学に近いものであると考えている。歴史家は、科学史家と同じように、公平無私であること、客観的であること、証拠に忠実であること等々の価値観をもっている。歴史家もまた、知識の樹の禁断の果実を食べたのである。歴史家は、芸術におけるような反科学的なレトリックを用いたりはしない。しかしそれでも、微妙な仕方で敵意を表明しているのである。そのうちのいくつかについては、すでに述べた。そこでこれからは、もっと個人的な証拠を挙げながら、この点に関する議論を締めくくろうと思う。

まず第一は、私にとってきわめて大切な友人や同僚との記念すべき出会いである。彼らは、プリンストンで実験的なセミナーをときおり組織し、指導している。そのセミナーは、第一学年の大学院生を対象として、彼らが将来専門家になった時にいつか役立つであろうような補助的な方法やアプローチに精通することを目的としたものである。そしてそのセミナーでは、地元の人にしろ他から招請するにせよ、適当な専門家に、議論を組織し予備的な読物について助言するよう依頼している。私も数年前に招待を受け、科学史に関する一組のセミナーのうちの前半の部分に関して、そのセミナーを指導した。この時には、大いに議論した後で、私が前に書いた本である『コペルニクス革命』を基本的な読物として選んだ。この選択は最善ではなかったかもしれない。しかしこの選択には理由があり、それは、私の同僚との討論のなかでもまたその本の序文にも述べられている。この本は、教科書ではないけれども、科学を学んでいない学生を対象としていて、大学における科学教育の中で使えるように配慮して書かれたものである。つまりこの本は、大学院生には克服できない困難をもたらすものではないはずであった。さらに重要なことには、この本を書いた時点では、コペルクス革命における天文学の専門的内容と、より広い思想的文脈における歴史的内容の両方を一冊の本の中で論じようとした本は他にはなかった。したがってこの本は、私がこれまで抽象的に論じてきた論点をもっと具体的な形で例示したものとなっている。思想史における科学の役割は、科学を抜きにして理解することができない。どのくらい多くの学生たちがこうした論点を理解したのかは確かなことは分らないが、私の同僚は理解しなかった。活発な討論の途中で、私の同僚は、「しかしもちろん、専門的な部分は飛ばしました」という言葉をさしはさんだのである。私の同僚たちは忙しいのであるから、そうした省略も驚くべきことではないのだろう。しかし、歴史家が自ら進んでそのことを公然と述べるということは、何を意味しているのであろうか。

第二の、より簡潔な例は、よく知られた『アイザック・ニュートンの人物像』という本に関するものである。フランク・マニュエルが書いたこの本は、たしかにとても長い間、その主題に関する最も素晴らしい徹底した研究であった。この本の精神分析的アプローチに対して気分を害した人びとを除けば、私がこの本について議論したニュートンの専門家は誰もが、『アイザック・ニートンの人物像』は今後何年間も自らの研究に影響を与えるであろうと語った。もしこの本が書かれていなかったとすれば、科学史はずっと貧しいものになっていたであろう。それにもかかわらず、現在の文脈の中ではこの書は根本的な問題を提起しているのである。ある科学者の生涯を研究の対象とすることに意味があるのは、その人が創造的な研究をしたからである。しかしここでは、歴史家が科学者についての大部の伝記を書くというのに、その人の創造的研究をわざわざ意識的にまったく取り扱ってはいないのである。このような分野が、果たして科学以外に存在するであろうか。芸術、哲学、宗教、公共生活などの分野においては、ある重要人物に傾倒して書かれたこのような労作は考えることすらできない。もっとも、傾倒とはいっても、このような事情のもとでそれが作者マニュエルの感情を表すものかどうか私には分らない。

これらの例は、歴史家が科学に対して敵意をもっているという主張に基づいて導き入れられたものである。もっとも、こうした例において、「敵意」という用語が全体として適当であるかどうかには自信がもてないということを告白せざるをえない。しかしたしかにこれらは、歴史家の奇妙な振舞いの例なのである。これらの例が示すものはさし当り曖昧なものでしかありえないが、にもかかわらずそれこそ歴史と科学史を分かつ主要な障害を構成しているものなのである。

以上が、歴史と科学史を隔てる障壁に関して私が知っているすべてである。最後にこのような事態が変化してきている兆候について簡単に述べておくことにしよう。その兆候の一つは、科学史家の数がますます増加し、歴史部門の中に次第に職を得つつあるということである。科学史家の数が増加しつつあることも、科学史と歴史が近い関係にあることもともに最初は摩擦の原因であったが、それらはまた利用可能な意志疎通の手段をもしだいに増やす結果となった。成長によって、さらなる発展が促される。かつてはほとんど調べられなかった科学革命以降の時代に対しても、今やしだいに注意が払われるようになってきている。優れた二次文献は、今や一六世紀や一七世紀関係だけに限られなくなり、主として物理科学を取り扱ったものに限定されるということもなくなってきた。特に現在では、生命科学の歴史に関する研究が増加しつつあるのは重要である。これらの分野は、同時代の主要な物理科学にくらべると、理解のためにまったくといってよいほど専門的知識を最近まで必要とはしなかった。生命科学の発達を跡づける研究は、科学史が何を取り扱っているのかを理解したいと思っている歴史家にとって、より近づきやすいものである。

次に、多くの若い科学史研究者たちの間に影響を及ぼしつつある科学史におけるもう二つの発展についてみておこう。フランシス・イエーツやウォルター・ページェルに導かれて、多くの若い科学史研究者は、ヘルメス主義やそれに関係した運動が科学革命の初期の段階において果たした役割をしだいに重要視するようになってきた。(20) その結果として生み出された、興味をかき立てる独創的な著作は、おそらくその外見上の主題を超えた三つの効果をもっている。まず第一に、ヘルメス主義は明らかに神秘的で非合理的な運動である。それゆえ、ヘルメス主義に役割を認めることは、科学が純粋な理性と冷徹な事実に支配される半ば機械的な活動であると考えて反発してきた歴史家に対して、科学をより魅力的なものに変えるに違いない（古い世代の科学史家が新プラトン主義に対しておこなったと同じように、ヘルメス主義の中から特に注目すべきものとして合理的な要素を取り出そうとすることは、明らかに馬鹿げたことである)。第二に、ヘルメス主義は今や、それまで互いに排除し合い、また競合する二つの学派によって擁護されてきた科学の発達の二つの側面に影響を与えたように思われる。まず一つには、ヘルメス主義が、自然現象の底にある実体や原因についての人間の観念を変えた知的な活動であり、半ば形而上学的運動である、ということである。ヘルメス主義はそのようなものとして、思想史家の通常の技術で分析できるのである。しかしヘルメス主義はまた、魔術師という人物像において、科学に対して新しい目標、新しい方法を指示する運動でもあった。たとえば、自然的魔術に関する著作の中には、知的雰囲気を変えたちょうどこの同じ運動が、科学の力、工芸の研究、機械的操作や機械などに対する強調を新たに生み出すのに部分的には関わっていたことが示されている。科学史に対するこれら二つの本質的に異なるアプローチが、こうして一つに統合された仕方は、歴史家に対して特別な魅力を与えるものと思われる。最後に、もっとも新しく、そしてたぶんもっとも重要なことであるが、今やヘルメス主義は、明確な社会的基礎をもつ階級的運動として研究され始めつつある。[21] このような方向で引続き発展が起こるならば、科学革命に関する研究は、多様な側面をもつ文化史になるであろう。これらは、まさに多くの歴史家が自ら創り上げようと躍起になっているものである。

最後に私は、主として大学院生や専門分野の中の最も若い構成員の間で見られる、すべての中で最も新しい運動に触れることにしよう。彼らは、歴史家との接触の機会が増加しつつあることがおそらく一つの原因となって、外的歴史としてしばしば記述されている研究へとますます向かいつつある。しだいに彼らは、思想環境ではなく、社会経済的環境が科学に与える影響の方を強調するようになってきている。そしてまた、教育、制度化、コミュニケーション、価値観等々の変化の中に現れた影響を強調する。これは、一面では、昔のマルクス主義歴史家からの影響を受けたものである。しかし彼らの関心は、もっと幅広く、深いものであり、先行者のように教条的ではない。歴史家たちにとっては、古い科学史家の研究よりも、いま生み出されつつあるこうした研究の方が馴染み深いので、この変化をきわめて歓迎している。実際、歴史家たちは、このような変化の中から、一般に妥当するような何かを学びとってさえいるようである。科学は、文学や芸術と同じように、科学者の集団、共同体の産物なのである。しかし科学においては、特にその発達の後期の段階では、他分野の同じような集団に比べて、専門家の共同体がより孤立しやすく、より自己完結的で自己充足的なのである。その結果として、科学という領域は、より大きな社会的文脈の中において働いている力が、それと同時に内的な要請によっても制御されている分野の進歩に対してどのような役割を果たしているのか、を探究するのにきわめて都合のよいものとなっている。[22] したがって、そうした研究がもし成功するならば、科学以外のさまざまな分野に対してもモデルを提供するものとなるであろう。

このようなすべての発展によって、科学史と歴史との伝統的分裂に悩んできた人びとは、当然勇気づけられるであろう。引続いてこの発展が期待通りになされるならば、科学史と歴史との伝統的分裂は、今後十年にわたって以前よりも小さなものとなるであろう。とはいえ、科学史と歴史の分裂が消滅することはないであろう。というのも、これまで述べてきた新しい傾向は、分裂の基本的原因であると私が考えているものに対して、間接的で部分的、しかもゆっくりとした効果をもたらすにすぎないからである。たぶん科学史という事例がきっかけとなって、個別分野史に対する歴史家の抵抗はおのずと弱まるであろう。しかし、過去における歴史家の抵抗の理由が分れば、私の自信はもっと強まると思う。いずれにせよ、科学史それ自身では、二つの文化の問題とよばれるほど深く一般的に広まった社会的病弊に対して、治療薬にはならないだろう。私が最も落ちこんでいた時には、科学史がそうした問題の犠牲になっているのではないかとさえときどき思った。長らくひどく歪んでいたバランスを取り戻すものとして、私は科学の外的歴史に目を向けることを歓迎しているけれども、その新しい流行は、純粋な恵みというわけではない。この傾向が現在流行している理由の一つには、明らかに、現在しだいに激しくなりつつある反科学的な有害な雰囲気が挙げられる。もしこの流行が他のアプローチを排除するような方向に進むとすれば、科学史は、科学を締め出し、個別分野の発達を形作る内面性を無視するような、「高度なレベルの伝統」になってしまうであろう。これは、和解のための代価としてはあまりにも高すぎる。しかし、もし歴史家たちが個別分野の歴史の位置づけに成功しないならば、それは避けがたいものとなるに違いない。

第 II 部

クーン科学哲学論集

第七章　科学上の発見の歴史構造*

この論文の主題は、科学研究の歴史記述上における持続的革命と私が考えている事柄について、その一小部分をとり上げて照明を当てることである。(1) 科学革命の歴史構造が当面の主題であるが、この主題へと取りかかるには、まず、主題の題目そのものが非常に奇妙にみえるに違いないと指摘することから始めるのが最適であろう。科学者たちも、そしてごく最近までは科学史家たちも、発見というものは、おそらく前提条件がありまた必ず帰結はもっていても、それ自体としては内的な構造をもたない類いの出来事だと、通常はみなしていた。何かを発見するということは、空間的時間的な広がりをもつ込み入った発展過程であるとみなされるかわりに、何かを見るのと同じように、特定の時刻と位置において、ある個人に生じる単一の出来事であると、通常はみなされてきたのである。

発見の性格に対するこのような見方は、科学者集団の性格の中に深い根源をもっていると私は推測している。将来、科学者になる人たちが各々の専門を学ぶ教科書において繰り返される数少ない科学史的要素の一つとして、ある特定の自然現象をそれを最初に発見した個人へと帰する、ということがある。このことや彼らの訓練・養成における他の側面の結果として、発見は多くの科学者たちにとっての重要な目標となった。発見をするということは、科学者の経歴がまさにもたらす財産獲得のための最短距離をとるということである。しかもこの獲得物には、しばしば職業的な名声さえも密接に伴うことになるのである。[2] となれば、発見における先取権や独立性に関する激しい論戦が、平常は穏やかな科学者間の交流をしばしば台無しにしてしまってきたということは、さして不思議なことではない。ましてや、多くの科学史家が、個々の発見を科学の発達を測る適切な単位であるとみなし、どの人がいつどの発見をしたかの決定に多大な時間と才能を費してきたことも、なおのこと不思議ではないのである。もし発見の研究が驚きをもたらすとすれば、それは、多くのエネルギーと創意がつぎ込まれたにもかかわらず、ある発見が「なされた」と適切によべるような時と場所を特定することに、論争好きの学者も入念な学者もしばしば成功しなかったという点だけなのである。

発見についての論争と研究におけるこのような失敗は、私がこれから展開しようとしている命題を示唆している。多くの科学上の発見、特に興味深く重要な発見は、「どこで？」という質問や、とりわけ「いつ？」という質問を、問うことが適切ではないような類いの出来事なのである。たとえ考えられるあらゆるデータが得られたとしても、このような質問にはいつも答えがあるというわけではない。にもかかわらず我々が執拗にそのような答えの追求へとかり立てられるということは、発見に対する我々の描像には根本的な不適切さがあるということの兆候なのである。この不適切さこそ、ここでの私の主要な関心事である。しかし、それにとりかかるために、まず、一群の基本的な発見の時期と位置に対する試みにおいて呈される科学史的な問題を考察することから始めよう。

一群の厄介な発見――酸素、電流、X線、電子の発見を含む――は、当時受容されていた理論では前もって予言しておくことができず、したがって、この専門家集団 the assembled profession を驚きでつつんでしまうといった発見からなっている。この種の発見は、すぐ後で私の専一的な関心事となるであろう。しかしその前に、このような問題をほとんど生じないような他の種の発見が存在することを指摘しておくことは参考になるだろう。このような第二の群の発見には、ニュートリノ、電波、周期律表の空欄を埋める元素の発見、などが属している。これらの対象すべての存在については、それらが発見される以前に、すでに理論的な予言がなされていた。したがって、これらの発見をした人びとには、何を捜すべきかが最初から分っていたのである。このような予知が、彼らの任務の必要性を減じたり興味深さを減じたりするということはなかった。しかしそれは、彼らがその目標に達するのはどの時点においてかを告げる規準を提供してはいたのである。(3) その結果、この第二の群の発見に関しては、先取権の論争はほとんどなかったし、科学史家がそれらに特定の時期と位置を当てはめるのを妨げるものはデータの欠乏だけであった。この事実は、第一の群の厄介な諸発見へと戻るときに我々が遭遇する困難を、より分り易くするのに役立つであろう。我々が関心を寄せるこの場合においては、発見の仕事がいつ終ったのかを知らせるような基準点は、科学者にとっても科学史家にとっても、存在してはいないのである。

この基本的な問題とそれからの帰結とを提示するために、最初にまず酸素の発見から考えてゆこう。

これについては、しばしば模範的な注意深さと手際良さとをもって、繰り返し研究されてきたのであるから、この発見においては純粋に事実に関する事柄について驚くべきことが見出されるということはありそうもない。したがって、この発見は原理的な諸点を解明するのにはきわめて相応しいのである。(4) 少なくとも三人の科学者――カール・シェーレ、ジョゼフ・プリーストリ、アントワーヌ・ラヴォアジエ――が、この発見に対する妥当な要求権を保持している。さらに、論争好きな人びとはときに同様の要求権をピエール・バイヤンに対しても申し立ててきた。(5) シェーレの仕事は、プリーストリとラヴォアジエによってそれに相当する仕事がなされる前に確かに済まされてはいたものの、これらの仕事がよく知られるようになる以前に公けにされたことはなかった。(6) したがって、それは明らかな帰結をもたらすような役割を果したことはなかった。そこで、私はそれを除外することによって私の話を単純化することにしよう。(7) その代りに、バイヤンの仕事によって酸素発見への主要経路をとり上げることにする。バイヤンは、一七七四年三月よりも少し前に、水銀の赤色沈澱物（HgO）は、熱するとある種の気体を放出することを発見した。この気体状の生成物を、バイヤンは固定空気（CO_2）であると同定した。これは、ジョゼフ・ブラックの以前の仕事によって気体化学者たちには馴染み深くなっていた物質である。(8) 他の多くの物質がこれと同じ気体を放出することが知られていた。

一七七四年四月の初め、バイヤンの仕事が発表された数ヵ月後に、ジョゼフ・プリーストリが、おそらくは独立に、この実験を繰り返している。しかしながらプリーストリは、この気体状の生成物が燃焼を維持させようとすることを観察し、したがって同定を変更したのである。彼にとっては、赤色沈澱物を熱して得られるこの気体は硝空気（N_2O）であり、それは彼自身が二年以上前に発見した物質であった。(9) その後同月に、プリーストリはパリへ旅行し、ラヴォアジエにこの新しい反応のことを知らせた。ラヴォアジエは、一七七四年一一月および一七七五年二月に、再びこの実験を繰り返した。しかしラヴォアジエは、プリーストリよりもいくぶん巧妙なテストを行なったので、再び同定を変更する。一七七五年五月の論文で述べているように、ラヴォアジエにとって赤色沈澱物から放出されるこの気体は、固定空気でもなければ硝空気でもなかった。その代り、それは「より純粋な状態で放出された……という程度にまで、……変質していないまったくの空気そのもの」なのであった。(10) しかしながら、この間にプリーストリもまた研究を進め、一七七五年五月の初めよりも前に、彼もまたこの気体は「普通空気 common air」に違いないと結論した。この時点に達するまでは、水銀の赤色沈澱物からこの気体を発生させたすべての人びとが、それをそれ以前に知られていた種類の物質と同定していたのである。(11)

この発見物語の残りの部分については簡単に述べよう。一七七五年三月の間に、プリーストリは、彼のこの気体はいくつかの点で普通空気よりもはるかに「優れている」ということを発見した。そこで彼は、この気体を同定し直し、今回はそれを「脱燃素空気」と名づけた。すなわちそれは、通常は補完物であるはずの燃素 phlogiston が奪われてしまっている空気であるとみなした。この結論をプリーストリは『王立学士院会報』(*Philosophical Transactions*) に発表したが、ラヴォアジエをして彼自身の結果の再検討へと向かわせたのは明らかにこの出版物であった。(12) この再検討は一七七六年二月中に始められ、一年以内にラヴォアジエは、それまで彼もプリーストリも大気は均質であると考えていたにもかかわらず、この気体は実に大気の分離可能な構成物であるという結論へと達したのであった。この時点、すなわちこの気体は他のものには還元できない独立な種であると認識された時点に達したことによって、我々は酸素の発見は完了したと結論することができるのである。

しかし私の最初の質問に戻ってみると、酸素が発見されたのはどの時点だと言うべきなのだろうか、また、この質問に答えるのにどのような規準を用いるべきなのだろうか。もし酸素の発見が単に不純な試料を手にすることにすぎないとするならば、誰であれ最初に大気を瓶に詰めた人によって酸素は古代にすでに「発見」されていたことになってしまう。疑いもなく、実験的な規準としては、少なくとも一七七四年にプリーストリが手にした程度には比較的純粋な試料を要求せねばならない。しかし一七七四年の間プリーストリは、比較的よく知られていた種類の気体を発生させる新しい方法以外に、何かを発見したと気づいてはいなかった。この年の間の彼の「発見」は、以前にバイヤンによってなされたそれと区別できないのである。しかも、この二人のどちらの場合もが、すでに四〇年以上も前に同じ気体を手にしたステファン・ヘールズ師の場合と大差ないのである(13)。明らかに、何かを発見したというためには、その人はその発見に気づいていなければならず、しかもそれだけでなく、その人は発見したものは何なのかを知っていなければならないのである。

しかし、それはそうだとして、その人はどの程度に知っていなければならないのだろう。プリーストリは、彼がこの気体を硝空気だと同定したとき、十分に近づいていたといえるのだろうか。そうでないとすれば、彼やラヴォアジエが普通空気へと同定を変更したときは、さらに大きく接近したといえるのだろうか。さらに、一七七五年三月にプリーストリによってなされた次の同定についてはどうだろうか。脱燃素空気は依然として酸素ではなかったし、燃素派の化学者たちにとってはまったく予期されていない気体というわけでもなかった。むしろそれは、特別に純粋な空気といったものだったのである。となるとおそらく、我々は一七七六年と一七七七年のラヴォアジエの仕事を待たねばならないのだろう。この仕事は、単に気体を分離させるだけでなく、それは何であるかの決定へと彼を導いたのであった。にもかかわらず、その決定にもまだ疑問が残るのである。なぜなら、一七七七年およびその後一生の間ラヴォアジエは、酸素とは原子的な「酸生成原質 principle of acidity」であって、気体の酸素が生成されるのはこの「原質〔ギリシア哲学用語ではアルケー、時空を含む万物の根源を意味する〕」が熱物質である熱素 caloric と結合したときだけなのだ、と主張し続けたからである。[14] すると、我々は一七七七年にはまだ酸素は発見されていなかったと言うべきなのだろうか。そう主張したくなる人もいるに相違ない。しかし、酸生成原質は一八一〇年まで化学から姿を消すことはなかったし、熱素は一八六〇年代まで生きながらえたのだが、一方、酸素はこのどちらよりもずっと前に標準的な化学物質となっていたのである。そればかりでなく、おそらく重要なポイントになると思われるが、酸素はたぶんプリーストリによる仕事からの寄与だけによってその地位を確立したのであり、それに関してラヴォアジエの依然として部分的な再解釈による寄与はなかったのである。

結論として、酸素の発見のような出来事を分析するためには、我々は新しい用語と新しい概念とを必要とするのである。「酸素が発見された」という文は正しいには違いないが、この文は、何かを発見するとは、もし我々に十分な知識さえあれば、ある個人とある時刻とに帰着することができる単一で単純な行為なのだという誤解を招く。しかし、もしその発見が予期できないものであるとすると、時刻への帰着は必ず不可能であるし、個人への帰着もまたしばしばそうである。たとえば我々は、シェーレを除外して、酸素は一七七四年より前には発見されていなかったと困難なく言うことができるし、さらに、一七七七年かその直後までにはすでに発見されていたと主張することもおそらく可能であろう。しかし、この期間内では、発見の日時を決めたりある個人に帰着させたりする試みは、必然的に恣意的なものとならざるを得ないのである。しかも、それが恣意的とならざるを得ないのは、新しい種類の現象を発見するということは、何かがあるということとそれが何であるかということとの、両方の確認を伴う複雑な過程だという、まさにこの理由からなのである。観察と概念化、事実確認および事実の理論への同化 assimilation は、科学における革新性の発見と不可分に結びついている。この過程は、不可避的に、時間的な広がりをもち、しばしば多数の人びとを巻き込むのである。私の区別で第二の範疇に属する発見——その性格が事前に分っている発見——の場合にのみ、何かがあることの発見とそれが何であるかの発見とが、相伴ってしかも同時に生じるのである。

残りのより単純で短い二例は、酸素の例がいかに典型的であるかということを示すであろうし、それと同時に、それよりもいくぶん精密な結論が得られる道を準備することにもなろう。一七八一年三月の夜、天文学者ウィリアム・ハーシェルは彼の日誌に次のような書き込みを行なった。「おうし座ゼータ星付近の矩象内に……星雲あるいは彗星かもしれない奇妙なものがある」[15]。一般にはこの書き込みは、惑星である天王星の発見を記録したものだとされているが、しかし、まったくそうだとは言えないのである。一六九〇年から一七八一年のハーシェルによる観測までの間、この同じ天体の観察がなされていて、これを星だとみなした人びとによって少なくとも一七回は記録されている。これらの人びととハーシェルとが違っていたのは、単に、彼の望遠鏡ではそれがきわめて大きく見えたので、それが実際には彗星であろうと推測した、という点だけなのであった。三月一七日と一九日に行なわれた二回の再観測では、この天体が星の間を動きまわることが示されて、この推測が確認された。この結果、ヨーロッパ中の天文学者たちにこの発見が知らされ、そのうちの数学者たちは新しい彗星の軌道の計算をし始めたのである。ほんの数ヵ月後、これらすべての試みが何回も観測との一致に破綻した後で、天文学者ルクセルはハーシェルの発見した天体は惑星かもしれないと提案した。そして、彗星軌道の代りに惑星軌道を用いた再計算が観測と一致させ得ることが判明した後で初めて、この提案が一般に受け入れられたのであった。一七八一年の間のどの時点において惑星である天王星が発見されたのだと、我々は言いたくなるだろうか。そして、それを発見したのはルクセルではなくハーシェルであるということは、我々にとって疑問の余地がないほど明らかなことなのだろうか。

次に、もっと簡単に、X線発見の物語を考えてみよう。この物語は、一八九五年のある日、物理学者レントゲンがすでに十分に先例のあった陰極線放電の実験を中断したところから始まる。というのは彼は、覆ってあったはずの彼の装置から十分に離れたところにある白金シアン化バリウムのスクリーンが、陰極線放電が始まると、発光し始めることに気づいたからである。[16] 追実験――それは興奮に満ちた七週間を要し、その間レントゲンはほとんど実験室を離れることがなかった――は、発光の原因が陰極線管から一直線に進みこの放射は影を投影すること、この放射は磁石では曲らないこと、その他多くのことを明らかにした。この発見を公表する以前にレントゲンは、この効果は陰極線それ自体に起因するものではなく、多少とも光に類似した新しいタイプの放射に起因するものであることを確信していた。ここで再び問題がもち上る。X線が実際に発見されたのはいつだと我々は言うべきなのだろうか。いずれにしろ、知られていたすべてがスクリーンの発光だけであった最初の瞬間であるはずはない。少なくとももう一人の研究者がこれと同じ発光を観察していたのだが、後で残念がったことに、彼は何も発見はしなかったのである。同様に明らかなことだが、発見の瞬間を実験の最後の週のある時点まで押し下げることも、やはりできないのである。その時点にレントゲンは、彼がもはやすでに発見していた新しい放射の性質を調べつつあったのである。我々は、X線はヴュルツブルクにおいて一八九五年の一一月八日から一二月二八日までの間に出現した、という言明で満足せねばならないであろう。

私が思うに、これらの例が共有する特徴は、予期されない革新性が科学上の注目の対象となってゆくすべての挿話 episodes に共通のものなのである。そこで私は、この小論のしめくくりとして、そのような特徴の三つを論じることにしよう。それらは、普通に「発見」とよばれている広範囲な挿話を、よりいっそう研究するための枠組を提供するのに役立つであろう。

まず第一として、これら三つの発見――酸素、天王星、X線――は、いずれも、実験上あるいは観測上の変則性、すなわち自然が我々の期待に完全に沿うことに失敗すること、の抽出から始まることに注目せねばならない。さらに注目すべきことは、この変則性が引き出されてくる過程が、必然性と偶然性という一見両立し難い特徴を同時に示しているということである。X線の場合でいうと、レントゲンに最初の手掛りを与えた変則的な発光は、明らかに、彼の装置の偶然的な配列からの帰結であった。しかし一八九五年までに陰極線はヨーロッパ全体を通じて通常の研究対象となっていたし、この研究では、陰極線管が感度の良いスクリーンやフィルムと並べて置かれることは、きわめて普通のことだったのである。その結果、レントゲンにおける偶然は、ほとんど必ずといってよいほど他の場所でも起るはずであったし、実際に起ったのであった。しかしながらこのような言い方は、レントゲンの場合をハーシェルやプリーストリの場合ときわめて類似したものにしてしまう。ハーシェルはまず、北天の空の長時間にわたる探索の途上で、あまりにも大きく、したがって変則的な星を観測した。ところがこのような探索は、ハーシェルの装置のもつ拡大性能を別とすれば、それまでまさに繰り返し行なわれてきたものであったし、ときには、それ以前に天王星の観測を結果していたのでもあった。そして、プリーストリもまた――彼が、硝空気とほとんど同じだがまったく同じではなく、次いで、普通空気とほとんど同じだがまったく同じではなく振舞う気体を分離したとき――実験の結果に何かしら期待に沿わない具合の悪い様子を見出したのだが、その実験というのは、ヨーロッパ中に多くの先例があり、それ以前に一度ならず新しい気体の発生へと導いてきたものなのであった。

これらの特徴は、発見の挿話が始まるためには、通常、二つの要件が存在することを示唆している。第一は、小論を通じてほとんど当然のこととしていたのだが、重大な帰結をもたらすかもしれない仕方で何かがうまくいっていないことを認識する個人的な技量や機知や天分である。記録にない星がそんなに大きいはずがないこと、スクリーンが発光するはずがないこと、硝空気が生命を維持させるはずがないこと、これらにどの科学者もが気づくというわけではないのである。しかしこの要件は、もう一つのあまり当然のこととはみなされていない要件を、暗に前提としている。観察する人の天分がいかに大きいものであったとしても、変則性が通常の科学研究の途上で出現するようになるのは、装置と概念の両方共が十分に発達して、変則性が出現しやすくなり、研究者の期待を破ることによって変則性が認識可能となってからのことなのである。[17] 予期せぬ発見が始まるのは何かがうまくいっていないときだけだ、ということは、それが始まるのは科学者たちが彼らの装置や自然がいかに振舞うべきかを十分に知っているときだけだ、ということと同じなのである。変則性を見出したプリーストリと見出さなかったヘールズとを区別するものは、主要には、気体に関する実験技術と事実予想とのかなりの程度の明確化であり、それはこれら二人による酸素の分離を隔てている四〇年の間にもたらされたものなのであった。[18] 一七七〇年以後にはもはや発見の延期があり得なかったことは、発見を主張する人の数そのものが物語っているのである。

変則性の役割は、我々の三つの例が共有する特徴の第一のものである。第二のものの考察はもっと簡単に済ませられる。なぜなら、それは本論の主要なテーマだったからである。変則性の察知は発見の開始を印すのではあるが、それは開始を印すものでしかない。もし何かが発見されるのであれば、次には必然的に多かれ少なかれ持続的な期間が続くのであり、その間に、個人あるいはその仲間の大勢の人びとが変則性を法則的なものとすべく格闘するのである。例外なくこの期間には追加の観測や実験が行なわれ、繰り返し認知がし直される。この期間の間中、科学者たちは何度も、予想を変更したり、普通は測定器具の水準を改良したり、またときには最も基本的な理論を改良したりもする。この意味で発見は、前史および後史とともに固有の内部史をもつものなのである。さらに、このどちらかというと境界のはっきりしない内部史の期間内において、科学史家が発見のなされた時点であると同定できる単一の瞬間や日は、彼の資料がどれほど完全であったとしても、存在してはいない。また、複数の人びとが関与する場合には、そのうちの一人を発見者として明確に特定することでさえ、しばしば不可能なのである。

最後に、これらの選ばれた共通の特徴の第三へと向かうにあたって、発見の期間が終りへと近づくにつれて何が起るのかを簡単に調べておこう。本論中では、発見後の影響についてほとんど述べなかったのであるから、この問題を完全に論じるには多くの証拠の追加と別の論文とが必要となるであろう。とはいえ、この論題はある意味でこれまで述べてきたことから派生する系なのであるから、完全に無視してしまうということはできないのである。

発見は、しばしば、累積してゆく科学的知識の蓄えへの単なる追加ないしはその増大として記述されている。そして、この記述の様式は、単一の発見が進歩を測る重要な尺度なのだという考えを助長してきた。しかし私が思うに、このような記述が完全に当てはまるのは、周期律表の空隙を埋める元素のように、予期され前もって捜されていた発見、したがって専門家集団 the profession に対して調整、適応、同化 assimilation を要求しないような発見に対してだけなのである。我々がここで調べてきたような発見であっても科学的知識への追加には相違ないのだが、同時にそれ以上のものなのである。ここでは部分的にしか展開できないある意味において、このような発見は、それ以前に知られていた事柄に反作用を及ぼしてそれまで親しみ深かった対象に新しい様相を与え、と同時に科学の伝統的な部分が営まれていた仕方までも変更してしまうのである。その人の専門領域に新しい諸現象が属している人びとが、変則性との長期にわたる格闘、すなわちその現象の発見から立ち上るとき、彼らはしばしば、世界と彼らの仕事とをそれまでとは違った見方で見るようになるのである。

たとえば、ウィリアム・ハーシェルが伝統的であった惑星の個数を一つ増やしたとき、彼自身の装置よりも旧式な装置で見慣れた空を観察する場合でさえも、天文学者たちは新しい天体を見ることができるのだということを、彼は天文学者たちに教えたのだった。天文学者たちのこの見方の変化こそ、天王星発見後の半世紀の間に、新たに二〇の太陽系天体が従来の七惑星に付け加えられた主な理由に相違ない。(19) 同様の転換は、レントゲンの仕事からの余波においてはさらに明らかである。まず第一に、確立されていた陰極線研究の手法が変更されねばならなかった。なぜなら、科学者たちは関連するある変数の制御にそれまで手抜かりがあったことに気づいたからである。この変更は、それまでの装置の設計のし直しと、それまでの質問の仕方のし直しとの両方を含んでいた。そのうえ、最もこれに関わった科学者たちは、天王星発見の余波でみたと同じ転換を経験したのである。X線は、一九世紀初頭の赤外線と紫外線以来、初めて新たに発見された放射であった。しかし、レントゲンの仕事から一〇年もたたないうちに、さらに四種類の放射線が、新しい科学的感光装置(たとえば、かぶり写真乾板)や、レントゲンの仕事とその同化が生んだいくつかの新しい実験手法によって、もたらされたのである。[20]

確立されていた科学研究の手法におけるこれらの転換は、非常にしばしば、発見それ自体によってもたらされた知識の増大以上に、むしろ重要ですらあることが判明するのである。このことは、天王星とX線の場合には少なくとも主張することはできる。しかし私の第三の例、酸素の場合には、それは無条件に明らかである。ハーシェルやレントゲンの仕事と同様、プリーストリとラヴォアジエの仕事は科学者たちにそれまでの状況を新しい見方で見ることを教えた。したがって、予想されるように、酸素は彼らの仕事の余波において同定された唯一の新しい化学種ではなかった。ところが酸素の場合には、同化によって必要となった再調整はあまりにも根本的であったがために、それは化学の理論上実践上の大変革において不可欠で基本的な役割——原因とは言えないまでも——を果したのである。この大変革は、それ以来、化学革命として知られるようになった。私は、予期されないすべての発見が、酸素の発見が与えたと同じように根本的で広範囲な影響を及ぼすと言っているのではない。しかし私が言いたいのは、このような発見はどれであっても、それに深く関わっている人に対しては、もしいっそう明確であったなら科学革命に匹敵するであろうような再調整を、いつも要求するのだということなのである。このような発見の過程が、必然的かつ不可欠に構造をもち、したがってまた、時間的に広がりをもつ過程であるのは、まさに、この過程が同様の再調整をいつも要求するからに他ならないからなのだ、と私は確信しているのである。

第八章　近代物理科学における測定の機能*

シカゴ大学の社会科学研究棟の正面に、ケルヴィン卿の有名な金言「もしあなたが測定できないならば、あなたの知識は貧弱で不十分である」が掲げられている。[1] もしこの言明が、物理学者によってではなく、社会学者、政治学者、あるいは経済学者によってなされたものであったなら、はたしてそこに掲げられていたであろうか。あるいはまた、「計器示度 meter reading」とか「物差し yardstick」といったような用語が今日の認識論や科学方法論の議論においてこれほど繰り返し用いられるということは、もし近代物理科学の威信が存在せず、測定がこれらの科学研究の中へこれほど大きく浸透していったという事実がなかったとしたら、いったいあり得ただろうか。これらの質問に対する答えがどちらもノーであると推測するならば、この会議で私に割当てられた役割はきわめて挑戦的なもののように思われてくる。物理科学は非常にしばしば健全な知識のまさにパラダイムであるとみなされてきたし、定量的手法こそがその成功の鍵であったと思われてきたのである。したがって、過去三世紀の物理科学において測定が実際にどのような機能を果してきたかという問は、この問に本来そなわっている固有の興味以上のものをよび起すのである。そこでまず最初に、私の一般的な立場を明らかにしておきたい。かつて物理学者であった者として、また物理科学の科学史家として、私は確かに感じるのであるが、定量的手法は私が研究する分野の発達において、少なくとも一世紀半の間、まさに中心的なものであった。ところが他方において、これと同程度に私が確信するところでは、測定の機能についてもその特別な効力の源泉についても、最も広まっている考えのほとんどは神話に由来するものでしかないのである。

一部はこの確信から、また一部はより自伝的な理由から、(2) 私はこの論文で、この会議の他の報告者たちとは異ったアプローチをとろうと思う。私の論文は、その最後の近くまでは、物理科学において定量的手法が中世以来ますます広がってきた展開の叙述を含まないであろう。その代りに、この論文の二つの中心的な問題——測定は物理科学において実際にはどのような機能を果してきたのか、その特別な効力の源泉は何であったのか——へと直接的に接近してゆこう。この目的のために、そのためだけでさえも、科学史は真に「実例によって教える哲学」となるであろう。

しかし、科学史をたとえ実例の源泉としてでも機能させる前に、科学史に機能を認めるということの意味全体をまず把握しておく必要がある。そのためにこの論文では、科学的な測定に対する最も広まっている描像と私が考えるものについての批判的議論から始めることにする。その描像とは、計算と測定が、非常に非科学史的な源泉、すなわち科学教科書へと導入される様式から、そのもっともらしさと威信のほとんどを得ている描像である。次節で行なわれるこのような議論は、教科書的描像、すなわち科学についての神話、が存在するのだということと、それが系統的に誤解を招きがちであるということとを示すであろう。測定の実際の機能は——新しい理論を捜すためであろうと、すでにある理論を確かめるためであろうと——完成され受け入れられている理論ではなく、発達中の理論を掲載している学術雑誌 journal literature の中で捜されねばならない。この点が議論された後において科学史は必然的に我々の指針となり、この源泉からもたらされる測定の最も通常の機能についてのより正確な描像が続く二つの節で示されるであろう。それに続く節では、こうして得られた描像を用いることによって、測定が物理研究において何故これほど特別なまでに有効なのだろうかと問うであろう。その後で初めて、最後の節において、過去三〇〇年の間に測定がますます物理科学を支配するようになってきた道筋を概観することにしよう。

始める前に、もう一つ注意書きが必要である。この会議の参加者のうちの数人は、ときおり測定という言葉を何であれ疑問の余地のない実験や観測の意味に用いているように思われる。その結果ボーリング教授は、デカルトが眼球の反対側に逆さの網膜像ができることを示したとき、デカルトは測定をしたのだとみなした。おそらく同教授は、フランクリンがライデン瓶の両側が逆符号に帯電していることを示した場合についても同様にみなすであろう。明らかにこの種の実験は、物理科学が経験したうちで最も重要な基本的な部分に属している。しかし私は、これらの結果を測定であるとして記述することに何の有効性も見出さないのである。いずれにせよ、このような言葉づかいはこの論文で主張するおそらく最も重要であろう点を不明瞭なものとしてしまう。そこで私は、測定（や完全に定量化された理論）は、つねに実際の数値を生み出すものであるとみなすことにする。上述のデカルトやフランクリンの場合のような実験は定性的あるいは非数量的な実験として分類されるが、それ故にそれらの重要さが減じるなどと思わないでくれるよう期待している。定性的と定量的とをこのように区別することによってのみ、非常に多くの定性的な研究が、物理科学の効果的な定量化に対する前提であったことを示すことができるようになると期待される。さらに、この点が明らかにさえなれば、我我は次の問いをも立て得る地点へと達するのである。それまで定量的手法の助けなしに発達してきた科学に対して、定量的手法を導入したことによる効果は、いったい何であったのか、と。

教科書的測定

通常我々が意識しているよりも非常に大きい程度に、物理科学や測定についての我々の描像は科学教科書によって条件づけられている。部分的にはこの影響は直接的なものであり、教科書はほとんどの人びとが最初に物理科学に出会う唯一の源泉だということからきている。しかし、間接的な影響の方が間違いなく大きく、より普遍的である。教科書あるいはそれに等価なものは、近代物理科学の完成された達成の唯一の貯蔵庫 repository なのである。このような達成の分析と普及こそが、ほとんどの科学哲学の著作や非科学者に対する大部分の解説書の関心事なのであった。多くの自伝が証言するように、科学研究者たちですら、彼らが最初に科学と出会ったときに得た教科書的な描像につねに

理　論

$(x)\phi_1(x)$

$(x)\phi_2(x)$

.　.　.　.

$(x)\phi_n(x)$

操　作

（論理的, 数学的）

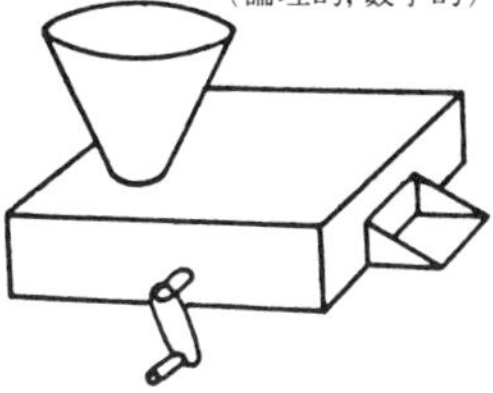

結　果

理　論	実　験
1.414	1.418
1.732	1.725
2.236	2.237

囚われていないとは限らないのである。(3)

なぜ教科書的な表現様式が不可避的に誤解を招きがちであるかについてはすぐ後で述べるが、その前にまず教科書的な表現そのものを調べてみよう。この会議のほとんどの参加者たちは、すでに、少なくとも一つは物理科学の教科書を参照していると思われるので、ここでは次図のような三つの部分からなる図式的な要約に集中することにする。この図の左上には、一連の理論的ないし「法則的」な言明、$(x)\phi_1(x)$が描かれているが、これはそこで問題にしている科学理論である。(4) 図の中央部は、この理論の処理に用いられる論理的・数学的な装置を表している。左上の「法則的」言明が、理論が適用される状況を規定するしかるべき「初期条件」とともに、装置上部のじょうごへと投入されたと想定する。次にクランクが廻されて、内部で論理的・数学的操作が行なわれる。すると、当面の適用に対応する数量的予言が装置前部のシュートから放出される。この予言は、図の右下にある表の左側の欄に記入される。右側の欄には実際の実験結果の数値が、理論から導出された予言と比較できるように配置されている。物理、化学、天文学、その他のたいていの教科書にはこの種のデータが掲載されている。それらはいつも表の形で掲載されるとは限らず、皆さんのうちの何人かは、たとえばこれに等価なグラフによる表示の方に親しみを覚えるかもしれない。

特に注目すべきなのは前頁の表である。なぜなら、測定の結果が露わに示されるのはここにおいてだからである。それでは、このような表とそこで示される数値とは、いったい何を意味すると捉えられるのだろうか。私が思うには、これには二つの答えがあり、一方は直接的でほとんど一般的な答えであるが、他方はおそらくより重要ではあるがめったに表明されることのない答えである。

ほとんど明らかであろうが、表に示された結果は理論の検証として機能するものと思われる。もし二つの欄の対応する数値が一致するならばその理論は容認され、もしそうでなければ理論は変更されるか廃棄されるかである。これは確認 confirmation としての測定の機能であり、この機能は、多くの教科書読者にとってそうであるように、完成された科学理論の教科書的な定式化の中から出現してきたものと思われる。しばらくの間、そのような機能のあるものは、通常科学の実践の中でつねに例証されていて、もっぱら教育だけを目的とするのではないような著作の中にも見分けることができるものと仮定しよう。この時点では我々は、教科書が実践の問題についてまったく証拠を提供してはいないのだ、ということにだけ注目しておけばよい。どの教科書であれ、その記述目的である理論を無効にすることを意図あるいは遂行する表を掲載していたためしは、これまでなかったのである。今日の科学教科書の読者たちがそこで詳説されている理論を受け入れるのは、その教科書が掲載している表のせいではなく、著者と科学者集団 scientific community の権威のせいなのである。もし表が読まれるとするならば、多くの場合読まれるのであるが、それは別の理由によってなのである。

この別の理由についてはすぐに述べるが、その前にまず測定の第二の機能、すなわち探究 exploration の機能、について述べなければならない。我々の表の右側の欄に集められているような数値データは、新しい理論や法則を示唆するのに役立つとしばしば考えられている。ある人びとは、数値データこそ他の何にもまして新たな一般化を生産するものだということを、当然のこととしているように思われる。ケルヴィン卿の金言がシカゴ大学の正面に彫られたことを説明するものは、おそらく、確認という測定の機能なのではなく、この特別な生産性の方なのであろう。(5)

このような数値の機能に関する我々の考えが、前述の図に略述される教科書図式と関連があるといっても、明らかであるというにはほど遠いと感じられるだろう。しかし私は、しばしば測定結果に帰せられる特別な効力を説明するのに、他の方法を見出すことはできないのである。私が思うには、我我はここで、法則や理論は「装置を逆運転する」というような過程によって到達できる、という誰の目にも古ぼけた信条のなごりに出会っているのである。表の「実験」の欄に数値データが与えられさえすれば、論理的・数学的な操作は（誰もがきっと、「直感」に助けられてと主張するであろうが）、それらの数値の背後にある法則の表明に至るまで進んでゆくことができる。もし発見の中に、これといくぶんかでも類似した過程が含まれているとすれば――すなわち、もし法則や理論が心の働きによってデータから直接的に作り出されるのであれば――数値データの定性的データに対する優越性は即座に明らかである。測定の結果は中立的で精確であり、誤解を招くことはない。さらに重要なことに、数値は数学的取り扱いにゆだねることができ、したがって他のどのようなデータよりも準力学的な教科書図式に同化され易いのである。

私はすでに、これら二つの広くゆきわたっている測定機能の記述に対して疑いを表明することをすませている。次の二つの節では、これらそれぞれの機能と通常の科学的実践との比較がさらになされるであろう。しかしその前に、教科書の表についての我々の究明を押し進めておけば参考になるだろう。そうすることによって私は、測定に関する我々の定型化 stereotype は、それらが由来すると思われる教科書図式にすらうまく適合するわけではないのだ、ということを示唆したいと思う。教科書の中の数値表は探究の機能も確認の機能も果しているわけではなく、それはある理由によってそこに掲載されているのである。その理由を見出すには、おそらく、教科書の著者が表の「理論」の欄と「実験」の欄の数値は「一致する」というとき、彼は何を意味しているのかを問えばよいと思われる。

一致の規準 criterion は、最大限でも、使用される測定装置の精度の限界内での一致にすぎないに違いない。また、理論からの数値計算は通常は小数点以下、望みの桁まで押し進めることができるのだから、精確な数値的一致はもともと原理的に不可能なのである。しかし、誰であれ理論と実験の結果を比較する表を調べた者は、この種の割合に妥当な一致は比較的まれであることに気づくであろう。ほとんどいつも、物理理論の適用はある近似（現実には、平面は「摩擦なし」ではない、真空は「完全」ではない、原子は衝突に「影響されない」のではない）を含んでいて、したがって理論が完全に精確な数値を与えるとは期待されないのである。さもなければ、装置の構成が近似を含んでいる（たとえば、真空管特性の「線形性」のように）かもしれず、それがダイヤルからは疑問の余地なく読み取れる最後の小数位の信頼性を疑わせるのである。あるいはまた、なぜかよく分らない理由によって、結果が表にまとめられている理論や、測定に用いられた装置は、単に見積りを与えるにすぎないことが簡単に分るかもしれない。これらの理由その他によって、物理科学者たちが装置精度の範囲内に納まる一致を期待するということは、ほとんどないのである。実際、もしそのような一致を見出したとしても、彼らはしばしばそれを信用しない。少なくとも学生実験のレポートでは、通常、過度によい一致はデータ捏造の推定的な証拠とみなされるのである。どのような実験も完全に期待どおりの数値結果を与えないということは、ときおり、「熱力学第五法則」とよばれている。[6] 他の物理法則とは違って、この法則が公認の例外をもつという事実は、この法則の指導原理としての有用さを減ずるものではないのである。

　このことから帰結されることは、科学者たちが数値表に求めるものは、通常は「一致 agreement」ではまったくなくて、彼らがしばしばよぶところの「妥当な一致 reasonable agreement」なのである。そのうえ、もし我々が「妥当な一致」に対する規準を問うならば、我々は文字どおり表そのものを調べることを強制されてしまうのである。科学研究は、首尾一貫して適用され、あるいは適用され得る外的な規準など示しはしない。「妥当な一致」は、科学のある部分と他の部分では異なるし、科学のどの部分においても時間とともに変化するのである。プトレマイオスとその直接の後継者たちにとっては天文学的な理論と観測との間の妥当な一致であったものが、コペルニクスにとってはプトレマイオスの体系が誤っていることを示す鋭い証拠なのであった。(7) キャヴェンディシュ(一七三一–一八一〇)の時代とラムゼー(一八五二–一九一六)の時代の間でも、同じような「妥当な一致」について受け入れられていた化学的規準の違いが希ガスの研究へと導いたのであった。(8) このような違いは典型的であって、それらは今日の科学者集団における分野ごとの違いに匹敵している。分光学の分野における「妥当な一致」とは波長の表の数値で最初の六桁ないし八桁までの一致を意味している。それとは対照的に、固体物理の理論では二桁の一致がしばしば非常によい一致とみなされる。ところが、天文学のある分野ではその程度の限られた一致ですら求めるのは楽天的だとみなされてしまう。星の大きさの理論的な研究においては、一〇倍程度までの一致ならしばしば「妥当」だとみなされるのである。

我々はいまや、意図せずに、出発点での質問に答えてしまっていることに注目しなければならない。というのは我々は、もし規準が科学教科書に掲載されている表から引き出されるとするならば、理論と実験との「一致」とは何を意味するのかを述べたのであった。しかしそうすることによって、我々はふりだしに戻ったのである。私は、少なくとも暗に、次のように尋ねることから始めた。もし表の数値が「一致」しているとするならば、それらの数値はどのような特徴をもたねばならないのか、と。

私はいまや次のような結論に達する。すなわち唯一の規準は、それらの数値が、それらが導出された理論とともに、専門的に受け入れられている教科書に掲載されているということなのである。それらの数値が教科書に掲載されているとき、理論と実験から引き出された数値の表は必然的に「妥当な一致」を例示せざるを得ないのである。そうなのではあるが、このような表は単に同語反復 tautology によってそれを例示しているにすぎない。なぜなら、この専門家集団 the profession によって受け入れられた「妥当な一致」の定義を与えるものは、このような表以外にはないからである。すなわちこれこそが、私が思うに、表が掲載されている理由なのであり、それが「妥当な一致」を定義しているのである。この表を検討することによってこそ、教科書の読者は理論に何が期待されているのかを学ぶのであり、表になじむということは、その理論になじむということの一部なのである。表がなければ、理論は本質的に不完全である。測定との関連においては、理論は検証されない untested というよりも、むしろ検証できない untestable のである。このことは我々を次のような結論へと非常に近づけてゆく。ひとたび理論が教科書に組み込まれたならば――いまの目的ではその意味は、専門家集団によって採用されたならば――どのような理論であっても、それがすでにパスしているのではない定量的テストによって検証し得ると認められることはけっしてないのである。(9)

おそらく、この結論は驚くべきものではないであろう。驚くべきもののはずはない。教科書は、結局のところ、発見や確認の手続きよりも暫らく後に書かれるのであり、この手続きの結末を記録するものなのである。しかもなお、教科書は教育の目的で書かれる。教科書の目的は、読者に最も簡潔で同化されやすい形で、同時代の科学者集団が知っていると信じていること、およびその知識を役立てる主な用途の表明を提供することなのである。その知識がどのようにして得られたか（発見）、およびそれはどのようにして専門家集団に受け入れられたか（確認）についての情報は、せいぜいのところ超過手荷物といったところである。このような情報を含めることは、ほとんど確かに教科書の「人間的 humanistic」な価値を高めるであろうし、おそらくはより柔軟で創造的な科学者を育てることにもなろう。けれども、それはまた必然的に同時代の科学言語を学ぶ容易さを減じることにもなるのである。これまでのところでは、ほとんどの自然科学教科書の著者たちは、最後にあげた容易さだけが深刻な目的であるとみなしてきたようである。その結果、教科書は哲学者たちが完成された科学の論理構造を見出すのには適切な場であるかもしれないが、生産的手法を探求する不用意な人びとに対しては手助けするというよりも、むしろ迷わせがちだったのである。同様に人は、対応する文学についての権威ある特徴づけを求めて便宜的に大学語学教科書に向かうかもしれない。語学教科書は、科学の教科書と同じように、文学をどのように読むかを教えるだけであり、文学をどのようにして創作し評価するかを教えはしないのである。創作や評価に関して語学教科書がどのような示唆を与えようとも、それは往々にして誤った方向を指し示しがちなのである。(10)

通常測定の目的

これらの考察は進むべき次のステップを示している。まず、科学教科書において、測定は法則や理論とどのように並べられるかを問わねばならない。さらに、解答を求めて学術雑誌へと向わねばならない。学術雑誌は、自然科学者たちが彼ら自身のオリジナルな研究を発表する媒体であり、また彼らが他の科学者による研究を評価する媒体でもある。[11] この種の文献を探索するや否や、即座に、標準的な教科書図式が含むある意味合いに対する疑問が生じ始める。自然科学者たちによってなされる最良かつ最も創造的な実験ですら、新しい定量的法則性の発見あるいはすでにあったそれの確認を目指すものは、真に微小な一部分にすぎないのである。これらどちらかの効果を結果としてもつこととなった実験もまた、同程度に小さな一部分でしかない。実際にそのような効果をもつ実験も僅かながらあるにはあり、それらについては続く二節で述べる。しかしその前に、この種の探究的および確認的実験がそれほど稀なのはいったい何故なのか、を見出しておけば役立つであろう。そこで本節および次節の大部分では、通常科学研究における測定の最も普通の機能へと集中することにする。[12]

おそらく、物理科学における最もまれで最も奥深い天分 genius を示したのは、ニュートン、ラヴォアジエ、アインシュタインのように、膨大な数にのぼる自然現象に対して潜在していた秩序 potential order をもたらす完全で新しい理論を明確に述べた人びとであろう。ところが、この種の急激な変革はきわめてまれであり、それは主に科学の状態がそのような機会を与えることがきわめてまれだからである。そのうえ、この種の急激な変革だけが、科学的知識の発達において真に本質的で創造的な出来事だというわけではない。革命的な新しい理論によってもたらされる新しい秩序は、いつも圧倒的に、潜在していた秩序なのである。それを顕在的 actual にするには、ときおりの天分の他に、多くの仕事と熟達とが必要なのである。しかも顕在化は是非なされねばならない、なぜなら、新たな理論的変革の機会が見出されるのは顕在化の過程を通じてのみだからなのである。したがって、科学的活動の大半は複雑でしかも消耗な掃討戦である。それは最近の理論上での敵線突破によって利用可能となった基礎を固め、さらには次の突破のための本質的な準備を提供するのである。そのような掃討戦においてこそ、測定はその最も圧倒的に通常的な機能を保有するのである。

このような基礎固めの掃討戦が如何に困難なものであるのかは、アインシュタインの一般相対性理論の現状によって提示される。この理論を具体化する方程式は、適用が余りに困難（方程式が特殊相対論のそれへと帰着される極限的な場合を除けば）なので、この方程式は実験と比較し得る予言をこれまでに三つしか与えなかった。(13) 疑う余地のないほど天分のある人びとの皆が他の予言を引き出すことにまったく失敗してしまって、いまだにそれはこれらの人びとの注目を集めているのである。それがなされるまでアインシュタインの一般相対性理論は、開拓が不可能であるが故に、ほとんど成果をもたない業績のままに止まるのである。(14)

疑いもなく一般相対性理論は極端なケースではあるが、それが例示する状況は典型的なものである。よりいくぶん長期にわたる例として、一八世紀の最良の科学的思考のほとんどが携わっていた問題を考えよう。それは、ニュートンの三つの運動法則および万有引力の法則から検証可能な数値的予言を導きだすという問題である。ニュートンの理論が一七世紀末に最初に明確に述べられたときには、直接的に実験によって調べることができたのはその第三法則（作用・反作用の等価性）だけだったのであり、しかもその実験は非常に特殊な場合にだけしか当てはまらなかったのである。(15) 第二法則の直接的で明瞭な実証にはアトウッドの器械の開発を待たねばならなかった。それは、精妙に細工された実験装置であって、『プリンキピア』(*Principia*) が出現して約一〇〇年たってから初めて発明されたものであった。(16) 万有引力の直接的な定量的実験はさらにもっと困難であり、一七八九年に至るまで科学文献 scientific literature には登場しなかった。(17) ニュートンの第一法則は、今日に至ってもなお、実験室実験の結果との直接的な比較はできないままである。もっともロケット技術の発達によって、我々はもはやそれほど長くは待たなくてもよくなりそうである。

自然科学教科書や初等的な演習実験に最も多く現れるのは、もちろんアトウッドの器械のような直接的な演示である。それらは単純で明瞭であるから、大きい教育的効果をもっている。それらが、ニュートンの仕事が出版されてから一世紀以上も利用されなかったこと、しかも利用され得ようはずもなかったこと、は教育的には何の違いももたらしはしない。このことがもたらすのは、せいぜいのところ、単に我々をして科学的業績の本性を見誤らさせるということだけである。(18) しかし、もしニュートンの同時代人や後継者たちが定量的証拠を本当にそれほど長く待たねばならなかったのだとしたら、それを与える装置などとても設計されはしなかっただろう。ところが幸いなことに他のルートがあって、それを一八世紀の多くの才能 talent が辿ったのである。あらゆる法則を援用した巧みな込み入った数学的操作によって、定量的な観測、特に実験室における振り子の観測、および月と惑星の運行の天文学的観測と比較できるような、いくつかの他の種の予言が可能となった。しかし、これらの予言は他種の同程度に深刻な問題を提出した。それは本質的な近似の問題である。[19] 実験室における振り子の吊り下げ器具は、重さがないわけでもなければ完全に弾性的なわけでもないし、空気抵抗は錘の運動を弱め、さらに振り子の長さを見積る際に錘のどの点を用いるべきか、の問題もあった。もし実験状況のこれらの側面を無視すれば、理論と観測の間には最も雑な定量的一致しか期待できなくなってしまう。これらの影響を如何にして縮小させるか（完全に除去可能なのは最後の、長さ見積りの場合だけである）、残余の影響をどのように見込んでおくか、の決定はそれ自体非常に困難な問題である。ニュートンの時代以来、多くの素晴しい研究がこの問題への挑戦に捧げられてきた。[20]

ニュートンの法則を天文学的な予言にあてはめるときに遭遇する問題は、さらに啓発的である。太陽系のどの天体も他の天体を引き付け、また相手から引き付けられるので、ニュートンの時代には彼の法則を同時に八つの天体の運行と相互作用にあてはめることが要求された（この八つは、太陽、月、および当時知られていた六つの惑星であり、この他の惑星の衛星は省いた）。その結果出てきたのは、けっして精確には解かれたことのない数学的な問題である。解くことのできる方程式を得るために、ニュートンは、どの惑星も太陽だけから引かれそして月は地球だけから引かれる、という単純化の仮定を用いざるを得なかった。この仮定を用いることによって彼は有名なケプラーの法則を導出することができ、それは彼の理論を支持する素晴しく説得的な議論となった。しかし、ケプラーの法則に基づく予言からの惑星の運行のずれ deviation は、単純な望遠鏡による定量的観測からもきわめて明らかであった。このようなずれをニュートンの理論でいかに扱うべきかを見出すために、初めにケプラー法則を導く際には省略していた惑星間の力が、基本的なケプラー軌道に及ぼす「摂動 perturbations」を、数学的に評価するための工夫をする必要があった。ニュートンの数学的天分は、太陽が月の運行にもたらす摂動についていちばん荒い近似の評価を彼が行なったときに、最も遺憾なく発揮された。彼の解を改良すること、および惑星についても同様の近似解を求めることに、オイラー、ラグランジュ、ラプラス、ガウスを含む一八世紀と一九世紀初頭の偉大な数学者たちが従事した。(21) これらの人びとの仕事の結果としてのみ、水星の軌道の変則性 anomaly が認識可能となり、最終的にはそれはアインシュタインの一般相対性理論によって説明されることとなったのである。この変則性は、それまで、「妥当な一致」の範囲内に隠されていたものであった。

私が思うには、ニュートンの法則の定量的適用において示された状況は、それがうまくいっていた限りにおいては、完全に典型的なものである。同様の例は、光の粒子説、波動説、量子力学的理論の歴史や、電磁気学、定量的な化学分析、その他多くの定量的意味合いをもつ自然科学理論の歴史からも引き出すことができる。これらのどの場合においても、理論と実験との定量的比較を許す問題を捜すことは非常に困難であった。またそのような問題が見出された場合でも、装置を発明し、摂動を引き起す影響を弱め、残余の影響への見込みを評価するために、しばしば最高の科学的才能を要したのであった。これこそほとんどの物理科学者たちが、その仕事が定量的である限りにおいては、ほとんどの時間を捧げている種類の仕事なのである。その目的は、一方では、当面の適用における理論に特性的な「妥当な一致」の限度 measure を改良することであり、他方では、適用される新しい領域を開拓し、その場合にあてはまる「妥当な一致」の新しい限度を確立することである。誰であれ数学的で巧みな操作を要するパズルを挑戦的だと感じる者にとっては、これは魅力的で非常にやりがいのある仕事となり得る。しかも、何かがうまくいっていない、という余分の配当をこの仕事がもたらしてくれる僅かな可能性も、常に存在しているのである。

そうではあっても、何かがうまくゆかなくなる——これは次節で調べる状況である——までの間は、このような理論と実験との定量的一致を細かくさらに細かく追求してゆくことは、発見や確認を目指す試みであるとはとても言えない。成功した人はその才能を証明したことにはなるが、彼がそうしたのは、科学者集団全体が誰かがいつかは得るだろうと予期していた結果を得たことによってである。彼の手柄は、理論と世界の間のそれまで隠れていた一致を露わに実演してみせたことだけなのである。この種の仕事に成功した科学者がその理論を「確認」したとよぶことも、けっしてできはしない。もし彼の企ての成功がその理論を「確認」するものであったとしたら、その失敗は必然的にそれを「排除」するものでなければならない。しかし、そのようなことはこの場合にけっして真ではないのである。この種のパズルを解くことに失敗することは、単にその科学者の不利となるだけなのである。彼は大量の時間の投入を、その結末が出版に値しない企てに対して行なった。そこから引き出される結論は、もしあったとしても、単に彼の才能がその企てに適しなかったということだけである。たとえ測定が発見や確認へと導くとしても、それはあらゆる測定の最も通常の適用法によってではないのである。

通常測定の効果

自然科学における測定の通常の問題の第二の重要な側面へと移ろう。これまで我々は、科学者たちは通常なぜ測定するのか、を問題にしてきた。次に我々は彼らが測定したときに得る結果について考察せねばならない。するとすぐに、教科書によって強制されるもう一つの定型化が問題になる。教科書において測定から得られる数値が登場するのは、通常、科学者が彼の理論を一致させるべく格闘せざるを得ない「それ以上還元不能な頑固な事実」の原型としてである。ところが、学術雑誌を通じてみられる実際の科学研究においては、科学者がしばしば格闘するのは事実とであり、彼らは何とかして事実の方を彼らが疑わない理論に一致させようと強制するのである。定量的な事実はもはや単に「与えられている」とは見えなくなる。それらは戦わねばならぬ対象なのであり、それらが比較されるべき理論はこの戦いにおける最も有効な武器であることが判明するのである。科学者たちが理論とよく合致する数値を得るのは、しばしば、どのような数値を自然をして産出 yield させるべきか、を彼らが知った後でのことなのである。

ここでの障害の一部は、単に、理論と定量的な実験との比較を許すような技術や装置を見出すことの困難さの問題にすぎない。すでにみたように、ニュートンの第二法則の直接的な定量的実演をしてみせてくれる器械の発明のために、ほとんど一世紀をも要したのである。しかし、チャールズ・アトウッドが一七八四年に記述した装置は、この法則に関連する定量的情報を産出してくれる最初の装置ではなかったのである。この方向への試みは、ガリレオが一六三八年に古典的な斜面の実験を記述して以来ずっと行なわれてきた。(22) ガリレオの素晴しい直感はこの実験室装置の中に、物体への作用がその重さだけであるとき物体はどのような運動をするか、を調べる方法を見出したのであった。実験の後、彼は次のように表明した。斜面を転がり下りる球が測定時間内に横切る距離の測定から、この運動は一様に加速されてゆく、という彼の以前の命題を確認することができた、と。ニュートンによって再解釈されたように、この結果は一様な力という特殊な場合について第二法則を例示しているのである。しかし、ガリレオは彼が得た数値を公表してはいない。そして、フランスの最良の科学者たちのグループは、彼らは法則に合致するような数値を得ることはできなかったのだ、と発表した。印刷物の中で、彼らはガリレオが本当に自分自身で実験をしたということがあり得るのだろうか、と疑いを表明しているのである。(23)

実際には、ガリレオが本当に実験をしたということはほとんど確かである。もし実験したとすれば、彼が一様加速の結果であると示した法則（$s=1/2\ at^2$）に彼にとっては適切に一致するような数値を、彼はきっと得たに違いないのである。しかし誰であれ、今日の初等実験室でこの実験を行なう際に必要とされるストップ・ウォッチあるいは電子タイマー、および長い斜面あるいは重いフライホイールに注目するならば、ガリレオの結果は彼の法則と明瞭に一致したわけではないと思っても不都合はないのである。フランスのグループなら、たとえこのガリレオの結果を前にしてさえも、何故それが一様加速を例示していると見えるのだろうかと、いぶかるに相違ない。もちろんこれらは、ほとんどが推測であるに過ぎない。しかしこの推測的な要素が、次のような私の主張点に疑いをなげかけはしない。源泉が何であれ、ガリレオとその実験を繰り返そうとした人びととの不一致は、きわめて自然なことなのである。ガリレオの一般化が、当時の実験技術の限界の領域、すなわち実験結果のばらつきおよび解釈の不一致が不可避な領域、へと人びとを追いやることがなかったとしたら、そのような一般化には何の天分も要しなかったであろう。彼の例は自然科学における理論的天分のある重要な側面の特色を表している——すなわち、事実を飛び越えて先へ進む天分であり、実験家や実験技術者たちのいくぶん異なった才能をして後から追いかけさせるのである。この場合、追いつくのにはかなりの期間を要する。アトウッドの器械が設計されたのは、欧州大陸の最良の科学者の何人かが、一八世紀の半ばになっても依然として、加速が力の適切な尺度であるかどうかに疑問を表明していたからなのである。彼らの疑問は測定以上のものから発していたのではあったが、やはり測定も多数の異なった定量的結論と合致するほど多義的だったのである(24)。

以上のような例は、測定結果のばらつきを縮小させることの困難さを例示し、それに果す理論の役割を示している。しかし、もっと厄介な問題がある。測定が不安定なときに、その時代の装置とそれをあやつる技術との信頼性を検査する方法の一つは、必然的に、それらがその時代の理論に合致する結果をもたらすかどうかだということである。自然科学のある部分では、実験技術が適切か否かはこれ以外の方法では判断できないのである。そうなると、「不安定な」装置使用や技術などと言うことすらできなくなってしまうだろう。それは、それらが外的な理論的基準に頼らなくとも改良され得る、とみなしていることを意味するからである。

たとえばジョン・ドルトンが、最初は気象学的および物理学的観測から引き出した原子論を、初めて化学的測定を用いて練り上げようとしたとき、彼は当時の化学文献の中から関連するデータを捜し出すことから始めた。すぐに彼は、たとえば窒素と酸素のような、一対の元素が複数の結合様式へと移行する一群の反応から、重要な啓発を受けた。もし彼の原子論が正しければ、これら複数の化合物を構成する分子は、単に、それらが含む一対の元素の原子数比だけが異なるのでなければならなかった。三種類の窒素酸化物はたとえば N_2O, NO, NO_2 の分子をもつか、あるいは他の同様の単純な組合わせの分子をもつだろうと思われた。[25] 個々の組合わせがどうであれ、もしこれら三種の酸化物試料中の窒素の重量が同じなら、三つの試料中の酸素の重量は単純な整数比で互いに関係づけられるはずである。この原理を同一の一群の元素からなるあらゆる化合物へと拡張したものが、ドルトンの倍数比例の法則であった。

言うまでもなくドルトンによる文献探索は、彼の目からみると、この法則を支持するに十分なデータをもたらした。しかし——ここが主張のポイントなのだが——当時存在していたデータの多くはドルトンの法則をまったく支持してはいなかったのである。たとえば、フランスの化学者プルーストによる銅の二種類の酸化物の測定では、同一の銅の重量に対して酸素の重量の比は 1.47：1であった。ドルトンの理論によれば、この比は2：1でなければならず、そのうえプルーストは彼の予言を確かめるのにまさに適した化学者だったはずなのである。第一にプルーストはきめ細かな実験家であったし、また当時彼は銅酸化物にも関係する重要な論争に加わっていて、その論争で彼はドルトンに非常に近い考えを支持していたのである。しかし、一九世紀初頭においては、化学者たちは種々の比をもたらすような定量的な化学分析を行なう方法を知らなかった。一八五〇年までにはそれを知ったのだが、それはドルトンの理論に導かれて初めてできたことであった。化学分析からどのような結果を期待すべきかを知った後に、化学者たちはその結果が得られる技術を考案することができたのである。その結果、化学の教科書はいまや定量的な分析がドルトンの原子論を確認したと述べるのみで、科学史的には、当該の分析技術はそれが確認したと称するまさにその理論に基づいていたのだということを忘れているのである。ドルトンの理論が発表される以前には、測定は同じ結果をもたらしてはいなかったのである。社会科学におけると同様に、物理科学においても自己充足的な予言というものが存在するのである。

この例は、自然科学の多くの部分で測定が理論に呼応 respond する仕方について、きわめて典型的だと私には思われる。次に述べるあまりなじみのない例が、同様に典型的であるかどうかそれほど確信はないが、私の同僚の核物理学者は測定結果における同様の不可逆的変化に何度も遭遇したと保証してくれた。

一九世紀のごく初め頃に、当時おそらく最も偉大で有名な物理学者であったP・S・ラプラスは、当時観測されたばかりであった急激に圧縮された気体の昇温が、理論物理学におけるきわだった数量的不一致の一つを説明するかもしれない、と提案した。この不一致というのは、空気中の音速の理論値と測定値の間のおよそ二〇パーセントほどの不一致で——それはニュートンが最初に指摘して以来ヨーロッパの最良の数理物理学者たちの関心を集め続けてきた不一致であった。ラプラスの提案がなされても、それは数量的な確認をしりぞけ続けた（この典型的な困難の頻発に注目せよ）。なぜなら、それには気体の熱的性質の綿密な測定を要したが、その測定は固体や液体における測定のために設計された当時の装置の能力を越えていたからである。しかしフランス科学アカデミーはそのような測定に対して賞金を提供し、一八一三年に二人の有能な若い実験家デラロシュとベラールがその賞金を獲得した。この二人の名はいまだに現代の科学文献で引用されている。ラプラスは即座にこの測定を用いて空気中の音速の間接的な理論計算を行ない、その結果、理論と測定の間の不一致は二〇パーセントから二・五パーセントへと減少した。測定の状況を考えに入れれば目覚ましい勝利であった。(26)

しかし、今日ではこの勝利がなぜ起り得たのか誰にも説明はできない。ラプラスによるデラロシュとベラールの数値の適用においては熱素理論が用いられているのだが、この場合というのは、今日の我々の科学を用いていれば理論はきわめて確かに当該の直接的な定量的実験と約四〇パーセントの不一致を示すはずの場合なのである。ところが一方、デラロシュとベラールの測定値と今日の同等の実験による結果の間にも、やはり一二パーセントの不一致があり、今日では我々はもはやこの二人の定量的結果を得ることはできなくなっている。にもかかわらず、ラプラスの完全に直接的で基本的な理論計算においては、これらの実験的と理論的の二つの不一致は互いに打消し合い、音速の予言値と実測値の間に密接な最終的一致を与えるのである。我々はこれを単にいいかげんだとして排斥すべきではない、と私は思う。ここで登場する理論家も実験家も、最も優れた力量の持主だったのである。我我はむしろここに、理論と実験とが、両者のどちらにとっても新しい領域の開拓において、どのように互いに相手を導き合うかを示す証拠を見るべきなのである。

これらの例は、前節の例から最初に引き出された主張点を裏づけるであろう。理論と実験の間の一致を、新しい分野の中へ、あるいは新しい精度の限界へと求めて進むことは、困難で、止むことのない、そして多くの者にとっては刺激的な仕事なのである。その目的は発見でもなければ確認でもないが、その魅力は、定量的な仕事をする物理科学者たちのほとんどすべての時間と関心を注ぎ込むに足りるほど大きいのである。それは彼らの最良の想像力、直感力、注意力を要求する。それに加えて──前節での例と結びつけられたとき──これらの例は何かそれ以上のものをも示している。すなわちこれらの例は、新しい自然法則を発見することは、その法則を事前に知ることなくなされた測定結果を単に調べるだけでは、ほとんどなし得ないのは何故なのか、を示しているであろう。ほとんどの自然法則はあまりにも少ししか自然との間に定量的な接触点をもたないので、またそれらの接触点の探求は通常あまりにも骨の折れる装置使用や近似を要するので、そして適合する結果を産出するためには自然そのものが強制されることを要求するので、理論や法則から測定への道筋はほとんどけっして逆戻りを許すことがないのである。期待される規則性に関する知識なしに集められた数値は、けっして自らの意味を明したりはしない。ほとんど必ずそれらは単なる数に止まるのである。

このことは、単に測定することだけによって定量的な規則性を発見した人がこれまで誰もいなかった、ということを意味するのではない。気体圧力を気体体積と関係づけるボイルの法則、ばねの変形を外力と関係づけるフックの法則、発生する熱量と電気抵抗と電流の間のジュールの法則、はどれも測定からの直接的な結果である。この他にも例はある。しかし、一部はそれらがあまりにも例外的であるから、また一部はそれが生じたのは測定する科学者たちが彼らの得る定量的結果の特定の形以外のすべてを知った後になってからであったから、これらの例外はまさに定量的な測定による定量的な発見が如何にまれであるかを示しているのである。ガリレオとドルトン――定性的な結論の最も単純な表現として定量的な結果を直感し、次にその確認を自然に強制した人びと――の場合の方が、はるかに典型的な科学上の出来事なのであった。事実、ボイルですら彼の法則を見出したのは、彼および彼の二人の読者が、もし数値結果を記録してみればまさにその法則（観測される定量的規則性を産出する最も簡単な定量的な数式）が結果するはずだ、と示唆した後になってからなのである。[27] ここでもまた定性的理論の定量的意味合いが案内役を務めていた。

もう一つの例が、この種の例外的な発見のための前提条件を少なくともいくつかは明らかにしてくれるだろう。磁気を帯びた物体間および電気を帯びた物体間に作用する力が、距離とともにどのように変化するかを記述する法則の実験的な探求が、一七世紀に始まり、一八世紀を通じて積極的に行なわれた。にもかかわらず、測定がこれらの問題に近似的にせよ明瞭な解答を与えたのは、一七八五年におけるクーロンの古典的な研究がなされる直前の数十年間だけだったのである。成功と失敗の違いを生んだものは、ニュートン理論の一部から学ばれた教訓の遅ればせの同化であったように思われる。万有引力における逆二乗則のような単純な力の法則が期待できるのは、一般的には、数学的な点の間ないしは点で近似されるような物体の間だけである。大きさのある物体間のより複雑な引力の法則は、点の間のより簡単な引力の法則から、二つの物体におけるすべての一対の点の間の力を加え合せることによって導くことができる。しかし、こうして得られる法則が簡単な数式となることはほとんどなく、簡単になるのは二物体間の距離が引き合う物体そのものの大きさよりもずっと大きいときだけである。このような条件下では、物体は点のように振舞い、実験は結果的に簡単な規則性を明すのである。

さて、科学史的な意味でより単純な電気的な引力と斥力の場合だけを考えることにしよう。(28) 一八世紀の前半の間——電気的な力は帯電した物体全体から放出されるエフヴィア effuvia の結果だとして説明されていた時代に——力の法則を調べるほとんどの実験は次のようにして行なわれていた。まず、帯電した物体を天秤ばかりの一方のお皿よりも測定に要する距離だけ下に置き、次にもう一方のお皿にこの引力に打ち勝つのにちょうど必要な錘を置いて測定するのである。このような装置配置では、引力は距離とともにけっして単純な変化は示しはしない。そのうえ、この複雑な変化の仕方は、引かれるお皿の大きさと材質に敏感に依存するのである。この手法を試みた人びとの多くは降参してお手上げをしてしまい、他の人は逆二乗則や逆一乗則を含むいろいろな法則を提案した。測定は完全に多義的だったのである。それでも、測定が必ず多義的でなければならないというわけではなかった。必要であったもの、そして一八世紀中葉の数十年の間のより定性的な諸研究の中から徐々に学ばれていったものは、電気的および磁気的現象の分析に対するより「ニュートン的」なアプローチなのであった(29)。その展開とともに、実験家たちは物体間の引力ではなく、点状の極や電荷の間の引力を調べるようにますますなっていった。この形においてこそ、この実験的問題は急速に明瞭に解かれていったのである。やはりこの実例も、測定結果が意味をなすと期待されるようになる以前に、どれほど多くの理論が必要とされるかを示している。しかし、おそらくこの点が要点なのだが、これほど多くの理論が利用可能なときには、見出されるべき法則は測定をすることなく非常に容易に推測されていたはずなのである。とりわけ、クーロンの得た結果に驚いた科学者はほとんどいなかったように思われる。彼の測定は電気的、磁気的な引力についての堅固な合意をもたらすのに必要であった――それはなされねばならなかった、なぜなら科学は推測に基づいて生き永らえることはできないから――けれども、多くの研究者たちは当時すでに引力・斥力の法則は逆二乗でなければならないという結論に達していたのである。ある者は単にニュートンの万有引力からの類推でそう考えたし、他の者はより手の込んだ理論的な議論からそう考えた、さらに他の者は多義的なデータを用いてそう考えたのである。クーロンの法則は、その発見者がこの問題へと立ち向うよりも前に、大いに「雰囲気の中に」あったのである。もしそうでなかったとしたら、クーロンは自然をしてそれを産出せしめることができなかったであろう。

私の主張に対する二つのありそうな誤解を取り除いておかねばならない。第一に、もし私の言ったことが正しければ、測定する科学者がそれとともに自然へと接近していった理論的な状況 the theoretical predispositions に対して、自然は疑いもなく呼応する。しかしだからといって、自然はどのような理論に対しても呼応するわけでもなければ、いつも非常に敏感に呼応するというわけでもないのである。科学史的に典型的な例として、熱に対する熱素説と運動説の関係を調べ直してみよう。その抽象的な構造や概念的な要素においては、これら二つの理論はまったく異なっていて、事実、両立不可能であった。しかし、この両者が科学者集団の忠誠を争っていた何年もの間、この両者から引き出される理論的な予言はきわめて似通っていたのである。[30] もしそうでなかったとしたら、熱素説はけっして広く受け入れられた専門的な研究手段とはなり得なかったであろうし、運動説への移行を可能ならしめた諸問題の暴露に成功することもまたあり得なかったであろう。それ故、デラロシュとベラールのそれのように、この二つの理論の一方に「一致」した測定は、もう一方にも「ほぼ一致」せねばならなかった。また、自然が測定者の理論的な状況に呼応することができたのは、この「ほぼ」という言葉で覆われる実験上の範囲内までなのであった。

このような呼応が「どのような理論に対しても」起るなどというはずはない。論理的には可能であっても、どの真面目な科学者にもけっして自然を合致させることができないような理論、たとえば熱の理論は存在するし、またどの真面目な科学者にもこの種の理論を発明させたり検討させたりするに値しないような、主に哲学的な諸問題も存在する。しかし、これらは我々の問題ではない。なぜなら、このような単に「考えうる」だけの理論は、研究する科学者が利用できる選択肢の中に属してはいないからである。彼が関心をもつ理論は、それまで自然について知られていたことにはすべて合致すると思われる理論なのである。そしてこのような理論はすべて、構造がどれほど異なっていようと、非常に似通った予言的な結論を必ず与えると思われる。もしこれらの諸理論が測定によって区別され得るとするならば、このような測定は通常、存在する実験技術の限界を最大限にまで緊張させるのである。そのうえ、これらの技術で課せられる限界内においても、問題としている数値的な違いは非常にしばしばきわめて小さいことが判明する。このような条件下でのみ、しかもこの限界内でのみ、自然は予想に呼応すると期待される。一方、このような条件や限界は科学史上の状況においてまさに典型的なものなのである。

もし以上のような私のアプローチが明快であるとするならば、あり得る第二の誤解の扱いはより簡単に済ませられる。物理科学において実りある測定には、いつもきわめて高度に発達した理論の集積が前提とされる、と主張することによって、物理科学においては常に理論が実験を指導し、後者はせいぜいのところ決定的に二次的な役割しかもたないと、私が主張しているようにみえるかもしれない。しかしその考えは「実験」と「測定」を同一視することに基づいているが、私はすでにこの同一視を明確に否認しているのである。理論がこれほど決定的に主導権を握っているようにみえるのは、理論と自然との意味ある定量的な比較がなされるようになるのは科学の発達のかなり後期の段階になってからのことだ、という理由によっているにすぎない。もし我々が論じているのが、物理科学のより早い発達段階を支配しその後も役割を果し続ける定性的な実験についてであったならば、このような実験と理論との間のバランスはすっかり変っていたであろう。その場合であってさえも、おそらく我々は実験の方が理論よりも先行すると言おうとは思わないだろう（経験は確かに理論に先行するが）、それよりも我々は実験と理論の間で進行してゆく対話の中に、はるかに大きい対称性と連続性とを見出すに違いないのである。物理科学における測定の役割に関する私の結論のうちで、そのまま実験一般へと外挿され得るのはほんの一部分だけなのである。

例外的な実験

これまでのところでは、私は自然科学の通常研究における測定の役割に関心を絞ってきた。この種の研究は、すべての科学者がほとんどの時間、ほとんどの科学者がいつも従事している研究である。しかし、自然科学は異常な状況を示すこともある――研究計画が一貫して迷路に踏み込んでしまい、どの通常的な技法も正道に戻すことができそうになくなるとき――そして、測定がその最大の威力を発揮するのは、このようなまれな状況下においてなのである。とりわけ、科学研究における異常な状態を通じてこそ、測定はときおり発見や確認において中心的な役割を果すようになるのである。

まず最初に、私が「異常な状況」ということによって、あるいは他の箇所で「危機的状態」とよんでいるものによって、何を意味しているのかを明らかにすることから試みてゆこう[31]。すでに述べたように、それは、通常は不一致を示さない理論と実験の関係において、変則性に気づいたことに対する科学者集団のある部分の反応なのである。しかしそれは、この点を明確にしておく必要があるのだが、どの変則性からも必ず引き起される反応というわけではないのである。これまでのページからも分るように、日常の科学研究はいつも数えきれないほどの理論と実験の食い違いを含んでいる。どの自然科学者もその研究生活の間に繰り返し繰り返し定性的・定量的な変則性に気づきかつ見過してゆく。それらは、もし追求していれば、基本的な発見へと到達したかもしれないような変則性である。このような可能性を秘めた孤立した食い違いはあまりにもしばしば起るので、もし科学者がその多くのつどに立ち止っていたならば、彼は自分の研究計画を結論にまでもたらすことができなくなってしまうだろう。いずれにしても、このような食い違いの圧倒的な割合は、綿密な検討によって消え失せてしまうものであることを経験は繰り返し明らかにしてきた。それらは装置のせいであるかもしれず、理論におけるそれまで見過していた近似のせいかもしれず、あるいはまた僅かに異なった条件で実験を繰り返せば簡単にしかも不思議にも起らなくなってしまうのかもしれない。したがって大抵の場合に有効な手続きは、この問題は「味が落ちてきた」、隠れていた複雑さが表面化した、他の問題のために棚上げする時がきた、と決めることなのである。幸か不幸か、それが正しい科学上の手続きなのである。

しかし変則性はいつも退けられるわけではない。もちろん、そうであってはならない。もしその効果が、同様の問題に適用される「妥当な一致」の確立された限度にくらべて特に大きければ、あるいはそれまで繰り返し出現した他の困難に似ているようにみえれば、あるいは個人的な理由から実験者の関心を特にそそれば、この変則性のために特殊な研究計画が立てられることになる。(32) この時点で、食い違いは理論あるいは装置の調整によっておそらく消え失せてしまうだろう。すでにみたように、長期間にわたる根気強い努力にも抵抗し続ける変則性というものは非常にまれなのである。しかし、抵抗し続けるかもしれず、もしそうなったとすればそれは「危機」あるいは「異常な状況」の始まりなのであり、その人の通常の研究領域の中に執拗な食い違いが横たわる人びとへと影響してゆく。その人びとは、少なくとも通常的な近似や装置使用のような頼みの綱は試し尽した後に、何かがうまくいっていないと認めることを強制され、それとともに科学者としての彼らの振舞いも変化する。この時点においてこそ、他のどの時点におけるよりも大きく、科学者たちは手当り次第に捜し始め、この困難の本性を少しでも解明すると思われることは何でも試みるのである。もしその困難が十分長く続けば、彼とその同僚たちはついに、いまや問題を抱えてしまったこの自然現象の領域に対する彼らのアプローチそのものが、どこかに歪みをきたしてしまったのではなかろうかと疑い始めるのである。

もちろん、これは極端に圧縮された図式的な記述である。残念だがそうならざるを得ない。なぜなら自然科学における危機的状態の解剖学はこの論文の範囲を越えてしまうからである。ここでは、このような危機にはその範囲について大きな開きがあることを指摘するに止めよう。それらはある個人の研究の範囲内で生じかつ解決されてしまうかもしれない。もっと多くの場合には、それらは特定の科学上の専門に属するほとんどの人びとを巻き込んでしまう。ときにはまた、あらゆる科学に従事するほとんどすべての人びとの関心を集めてしまうこともある。しかし、その影響がどれほど広範囲に広がろうとも、それらが解決される仕方には数通りの仕方しかない。あるときは、化学や天文学でしばしば起るように、よりきめ細かな実験技術や、理論的近似のいっそう綿密な吟味が、不一致を完全に消し去ってしまう。他の場合には、あまり多くはないだろうが、繰り返し分析を退ける不一致は単によく知られている変則性として放置され、より成功した理論適用の集積の中で胞子を形成したままにされるのである。ニュートンが求めた音速の理論値や、観測される水星の近日点歳差は、その後説明されはしたものの、半世紀あるいはそれ以上にわたって科学文献の中では、よく知られている変則性、とされたままになった効果の例である。しかし、さらにこの他にも解決の様式があり、それが科学における危機に根本的な重要性を与えることになる。しばしば危機は新しい自然現象の発見によって解決され、ときおりこの解決は既成の理論の根本的な改定を要求するのである。

明らかなことだが、危機が必ず自然科学における発見の前提をなしているというわけではない。すでに指摘したようにある発見——ボイルの法則やクーロンの法則のような発見——は、定性的にはすでに知られていた事柄を定量的に明確化することから自然に生じてきた。他の多くの発見——定量的よりも定性的の場合の方が多いが——はたとえば望遠鏡、電池、サイクロトロンのような新しい装置を用いた準備的研究の結果として生じる。その他に、有名な「偶然的発見」もあり、ガルヴァーニと痙攣する蛙の肢、レントゲンとX線、ベクレルと写真乾板のかぶり、などである。しかしながら、この最後の二種類の発見はいつも危機と無関係というわけではない。これらの「偶然」に遭遇し成功した人びとを、同じ現象を見過した彼らの同僚たちから区別するものは、おそらく当時の理論という背景にそぐわない顕著な変則性を見分ける能力であったのだろう（これはパスツールの有名な言葉「観測の分野においては、偶然は準備のできている心だけに恩恵を与える」が意味するところの一部ではなかろうか[33]。そのうえ、発見を増大させる新しい装置技術は、しばしばそれ自身が危機の副産物である。たとえば、ヴォルタによる電池の発見は、ガルヴァーニによる蛙の肢の観察を当時の電気理論に同化させようとする長期にわたる試みの産物であった。さらに、このようないくぶん疑わしいケースの他に、明らかにそれ以前の危機の産物であるような多くの発見がある。冥王星という惑星の発見は、すでに知られていた天王星軌道の変則性を説明する努力の産物であった[34]。塩素と炭素のどちらの一酸化物の性質も、ラヴォアジエの新しい化学を観測と合致させる試みを通して発見されたのであった[35]。いわゆる希ガスは、窒素密度の測定値の小さくはあるが執拗な変則性をきっかけとする長期にわたる一連の研究の成果であった[36]。電子は気体中の電気伝導の変則的性質を説明するために仮定され、そのスピンは原子スペクトルで観察される他の変則性を説明するために提案された[37]。ニュートリノの発見はさらにもう一つの例を与え、このリストはさらにもっと拡張できる[38]。

このような変則性を通じての発見が、自然科学におけるあらゆる発見の統計的調査においてどの辺にランクされるのか、私には確証はない[39]。しかし、それらは間違いなく重要なのであり、この論文の中では不釣合いなほどに大きい強調が必要とされる。測定と定量的手法とが科学上の発見において特に重要な役割を果すのであれば、それらがそれを果すのはまさに、深刻な変則性を提示することによって、それらが科学者たちに新しい定性的現象をいつどこで捜せばよいかを告げるからなのである。その現象の性質についてそれらは通常何の手懸りも与えはしない。測定が理論からの乖離を示すとき、測定が産出するものは大抵は単なる数値なのであり、数値は中立であるが故に、修復のための提案の源泉としては不毛なものとなるのである。しかし数値は、どのような定性的技法であろうとも真似ることのできないような権威と精巧さとをもって、理論からの乖離を記録し、そしてこの乖離はしばしば研究を開始させるに足りるほど大きなものとなる。冥王星は天王星と同じように、偶然的測定によって発見されてもよかったはずであり、実際、何人かの観測者によって以前に観測され彼らはそれをそれまで未観測の星だとみなした。この星に関心を引き寄せ、その発見を科学史上の事実としてほとんど必然的なものとするのに必要であったことは、当時の定量的観測や理論に対して困難の源泉としてそれが関与することなのであった。電子スピンやニュートリノが他のどのような方法で発見され得たか、を考えることは不可能なのである。

このような事態は危機にとっても測定にとっても、我々が新しい自然現象から新しい理論へと目を転じるやいなや非常に強固なものとなる。個々の理論上のひらめきの源泉が何であるかは測り知れないのではあるが（この論文中ではそれに止まらざるを得ない）、ひらめきが生じるための条件についてはそうではない。自然科学におけるどのような理論上の根本的革新であっても、通用している理論について何かがうまくいっていないという、しばしばその専門家集団全体に共通の認識が、その表明に先行していなかったような例を私は思い起すことができない。コペルニクスの発表以前のプトレマイオス天文学の状態は、ほとんどスキャンダルと言ってよいものであった。(40) 運動の研究に対するガリレオとニュートンのどちらの貢献においても、当初は古代と中世の理論に見出される困難が焦点であった。(41) ニュートンによる新しい光と色の理論は、当時の理論がスペクトルの細長さをどうしても説明できないという発見に由来し、またニュートンの理論にとって代った波動理論は、回折および偏光のニュートン理論に対する関係における変則性に対して、関心が高まってゆく最中に発表されたのであった。(42) ラヴォアジエの新しい化学は燃焼における重量関係の異常の観察後に生れ、熱力学は既存の二つの一九世紀物理理論〔熱素説と気体分子運動論〕の衝突から生れ、量子力学は黒体輻射、比熱、光電効果をめぐる種々の困難から生れた。(43) そのうえ、ここではそれを証明はしないが、これらの困難はニュートンが観察した光学的な困難を除けばどれも、それを解決する理論が発表される以前に（ただし通常はそれほど長く前にではなく）関心の的となっていたのである。

　したがって私は、次のように提唱したい。危機あるいは「異常な状況」は、自然科学における発見へと達するためには、単に一つの道筋であるにすぎないのだが、それは理論の根本的発明に対しては前提をなしているのである。そのうえ、通常、理論的刷新に先行する特に深い危機を作りだすことこそが、測定が科学の発達に対して行なう最も顕著な二つの貢献のうちの一つなのではないか、と私は推測するのである。前のパラグラフであげた変則性のほとんどは、定量的であったか、さもなければ顕著な定量的要素をもっていた。そして、この論題は再びこの論文の領域をはみ出してしまうのではあるが、何故そうでなければならないのかについては優れた理由が存在するのである。

　新しい自然現象の発見とは違って、理論上の刷新は既知の事柄への単なる追加ではない。ほとんどいつも（成熟した科学では、いつも必ず）新しい理論への同化は古い理論の排除を要求する。したがって必然的に、理論の領域における刷新は、建設的なものであると同時に破壊的なものでもある。しかし、これまでのページで繰り返し示しているように、理論は、実験装置以上に、科学者の職業の本質的手段なのである。その持続的な援助なしには、科学者によってなされる観測や測定ですらほとんど科学的とはなり得なかった。したがって、理論への脅威は同時に科学者生活への脅威でもある。そして、科学的な営みはそのような脅威を乗り越えて進むのではあるが、個々の科学者はそれが可能な間はこの脅威を無視しようとするのである。とりわけ無視にむすびつくのは、彼自身のそれまでの研究が、脅威にさらされている理論の使用へ彼を加担させてしまっていた場合である。[44] それ故、古い研究を破壊する新しい理論の提唱は、もはやそれ以上には抑制できなくなってしまった危機の存在なしては、ほとんど生じ得ないのである。

しかしながら、調停しようとする通常のどのような努力にも抗う定量的変則性に由来する危機ほど、抑制の難しい危機は存在しない。ひとたび当該の測定が安定化し、理論的な近似がすっかり検討しつくされてしまうと、定量的不一致は、どのような定性的変則性も対抗できないほど、執拗に出しゃばるのである。その本性上から定性的変則性は、通常、変則性を覆い隠すようなその場しのぎの理論変更を示唆するのだが、変更が示唆されてもそれが「十分に良い」変更なのかどうかを調べる手段はない。それとは対照的に、確立された定量的変則性の方は、通常、困難以外には何も示しはしない。しかし、いずれにせよそれは、提案された解答が適切か否かを判断する、かみそりのように鋭い手段を提供してくれるのである。この点に関連して、ケプラーは素晴しい例を与えている。火星の運行の際立った定量的変則性を天文学からとり除くための長期にわたる格闘の後に、彼は角度八分まで精確な理論を発明した。それは、ティコ・ブラーエの素晴しい観測に接する機会をもたなかった天文学者なら誰でもを、驚かせかつ喜ばせるものであった。しかし、長い経験からケプラーはブラーエの観測は角度四分まで精確であることを知っていた。彼は言う、ティコ・ブラーエにおいて神は我々に最も勤勉な観測者を与えたもうた、したがって、我々が感謝の念を込めてこの賜物を役立て、真の天体運行を見出すのは正しいことである。ケプラーは次に円ではない図形を用いた計算を試みた。これらの試みの結果が、彼の最初の二つの惑星運行の法則であり、それはコペルニクス体系を初めて有効なものとしたのであった。(45)

二つの短い例が、定量的変則性と定性的変則性の影響力の違いを明らかにするであろう。ニュートンが光と色に関する彼の新しい理論に導かれたのは、明らかに、太陽スペクトルが驚くほど細長いことを観察したからであった。彼の新しい理論に反対する者は、即座に、細長くなることは以前から知られていて、既成の理論でも扱うことは可能だと指摘した。定性的にはそれは確かに正しかった。しかし、スネルの屈折法則（すでに三〇年近く当時の科学者には利用可能であった法則）を用いてニュートンは、既成の理論で予言される細長さは定量的に観測されるそれよりもはるかに小さいこと、を示すことができたのである。この定量的不一致の前に、細長さを説明するそれ以前のすべての定性的説明は崩壊したのであった。定量的な屈折法則が与えられたことによって、ニュートンによる最終的で、しかもその場合には素早い、勝利が確定したのである。(46)化学の発達は第二の際立った例を与える。

ラヴォアジエ以前から、ある種の金属は焙焼される（すなわち焼かれる）ことによって、重量が増すことが知られていた。そのうえ、一八世紀中葉までには、この定性的観察は、燃素理論の少なくとも最も単純な場合とは両立しないことが認められていた。この理論は、焙焼の際に金属から燃素が逃げ出すと述べていたのである。しかし、不一致が定性的であるかぎりでは、それはいろいろな手法で処理できた。燃素は負の質量をもつかもしれない、あるいは火の粒子が焼かれる金属に入り込むのかもしれない。この他にもいろいろな提案があり、それらは全体として定性的問題の緊急性を弱める役割を果した。しかしながら気体技術の発達は、定性的な変則性を定量的なそれへと転換させた。ラヴォアジエの手をわずらわせることによって気体技術は、重量はどの程度に増加するのか、それはどこからくるのか、を明らかにした。これらは、以前の定性的理論の手にはおえないデータであった。燃素理論の支持者たちは熱烈で巧みな論争をいどみ、その定性的議論もかなり説得的であったにもかかわらず、ラヴォアジエ理論を支持する定量的議論が圧倒していったのである。(47)

これらの例を導入したのは、確立された定量的変則性を説明し去るのが如何に困難であるかを示し、このような定量的変則性が定性的なそれよりも、科学上の免れがたい危機を樹立する上で如何に効果的であるかを示すためであった。しかし、これらの例はそれ以上のこともまた示している。それらは、測定が二つの理論の勝敗を決する上できわめて有効な武器であることを示している、そして、私が思うに、これが測定の第二の重要な機能なのである。そのうえ、もし「確認」が何か科学者がする手続きを示すと意図されているのであれば、この機能——理論の間の選択を助けること——に対して、しかもこれに対してのみ、我々は「確認」という言葉を用いるべきなのである。変則性を示し、したがって危機をもたらす測定は、科学者を科学から去らせたり、あるいは科学の他の分野へと移らせたりしがちである。しかし、もし彼がそこに留まるとするならば、他の理論が提唱されてそれにとって代るまでは、定量的であれ定性的であれ、変則性を示す観測が、彼をして彼の理論を放棄させるということはないであろう。ちょうど大工が、彼がその技能を保持するかぎり、ある特殊な釘を打つのに適した金づちが彼の道具箱にないからといって、その道具箱を捨ててしまったりすることはないのと同じように、科学研究者は、不適切さを感じるというだけの理由で、確立された理論を放棄することはできないのである。少なくとも彼は、彼が仕事をする他の方法が示されるまではそうはできない。科学研究における実際の確認問題は、常に二つの理論のお互いどうしの比較、およびそれらと世界との比較を含むのであり、単一の理論と世界との比較を含むのではないのである。このような三方向の比較においてこそ、測定はとりわけ優位を占めるのである。

　測定の優位性がどこにあるのかを見るために、もう一度私は簡単に、したがって独断的に、この論文の範囲を逸脱しなければならない。理論が初期から後期へと移行するにつれて、説明力の増大が生じるとともに非常にしばしば減少もまた生じる[48]。ニュートンによる惑星と投射体の運動の理論は、一世代以上にわたって痛烈な批判を受けた。なぜならこの理論は、それと主要に対抗する〔近接作用の〕理論とは違って、距離を隔てて物体へ直接に〔遠隔的に〕作用する説明不可能な力の導入を要求するからである。たとえばデカルト理論は、重力を基本粒子どうしの直接の衝突によって説明しようと試みた。ニュートンを受け入れるということは、この種の説明のすべての可能性を放棄することを意味していた、ないしはほとんどのニュートンの直接的後継者たちにとってはそう思われた。(49) 同様に、科学史的な細部はもっと曖昧ではあるが、ラヴォアジエの新しい化学理論は、それが化学からある主要な伝統的機能を奪うと感じた多くの人びとによって反対された。その機能とは、物体の定性的性質をそれを構成する化学的な「原質 principles」の特殊な組合せによって説明しようとするものである。(50) どの場合にも新しい理論が勝利を収めた。しかし勝利の代価は、古いしかも部分的には達成されていた目標の放棄であった。一八世紀のニュートン主義者たちにとっては、重力の原因を問うことは次第に「非科学的」となっていったし、一九世紀の科学者たちはだんだん特定の質の原因を問うことを止めていった。しかしその後の経験は、この種の説明には何ら本質的に「非科学的」なものはなかったのだ、ということを示したのである。一般相対性理論は実際に万有引力を説明したし、量子力学は物体の定性的性質の多くを説明した。我々はいまや、ある物体を黄色にし他の物体を透明にするものは何かを知っている。しかし、このきわめて重要な認識を得るために、我々はある面において、科学的問いかけの境界についてより古い考えへと後退せねばならなくなった。近代科学の古典理論の受容のために放棄せざるを得なかった諸問題と諸解答は、いまや再び、大いに我々のものとなったのである。

したがって、科学において実際になされている確認の手続きを研究するということは、しばしば、他の特定の利点を得るために科学者たちは何を放棄し何を放棄しないのかを研究することとなる。この問題はこれまでほとんど述べられたことさえなかったし、それを十分に検討すれば何が明らかになるのかについて私にはほとんど推測もつかない。しかし印象から判断するならば、ある重要な結論が強く示唆されるのである。科学の発達において、初期の理論から後期の理論へ移行した結果として定量的精確さが失われてゆくような場合を、私は思いうかべることができない。また、科学者間の論争において、論争が如何に感情的になろうとも、すでに定量的となっている分野において、より大きい数値的精確さの探究が「非科学的」だとよばれるような場合は、想像することすらできない。おそらく、数値的予言が科学上の危機をもたらすのに有効であったのと同じ理由から、それらが利用可能な場合には、数値的予言の比較は、科学上の論争を終息させることにおいてもとりわけ成功したのである。科学を、その手段を、そしてその目的を定義し直すための代価がどれほどであろうと、科学者たちは彼らの理論の数量的な成功を傷つけることを常に嫌がってきたのである。他にもおそらく同じように不可欠なものはあるのではあろうが、しかし、衝突が起ったときには測定は常に不動の勝利者なのではないか、と思われるのである。

物理科学の発達における測定

　これまでのところでは、測定が物理科学において中心的な役割を演じるのは当然のこととし、その役割の本性とその特別な有効性の理由とを問うてきた。今度は、もはや遅すぎて他の部分と同程度に十分な答えは予期できないのではあるが、いったいどのようにして物理科学が定量的手法を用いるようになったのかを問わねばならない。この大きくかつ事実に関する問題を手に負えるようにするために、議論の対象としてこれまで述べてきた事柄に特に密接に関連する部分の答えだけを選ぶことにしよう。

これまでの議論で繰り返された意味合いの一つは、ある研究分野の実りある定量化にとっては、経験的であれ理論的であれ、多くの定性的研究が通常は前提となっているということであった。そのような先行する研究なくしては、「前進せよ測定せよ」という方法論的指令は単なる時間の浪費への誘いにすぎなくなる。もしこの点に関して疑問が残るとすれば、種々の物理科学が発生する際に定量的技法が果した役割を簡単に概観することによってその疑問を速やかに解いておかねばならない。まず、そのような技法が一七世紀を中心とする科学革命においてどのような役割をもっていたのか、を問うことから始めよう。

ここではどのような答えも図式的とならざるを得ないので、まず初めに、一七世紀の間に研究されていた物理科学の諸分野を二つの群に分類しておこう。伝統的諸科学と名づけられる第一の群は天文学、光学、力学からなり、これらはすべて古代と中世の間に定性的、定量的にかなりの進歩を遂げていた分野である。これらの分野は、私がベーコン的諸科学とよぶものと対照的である。ベーコン的諸科学は、その諸科学としての地位を、一七世紀自然哲学による実験の強調、および技芸の博物誌をも含む自然誌の編纂への強調に負っている新しい一群の研究諸分野である。この第二の群には特に、熱、電気、磁気、化学が属している。このうち科学革命以前に十分に研究されていたのは化学だけであり、その研究をしていた人びとは職人や錬金術師たちであった。この分野に携わっていた何人かのイスラムの実践者たちを除けば、合理的で体系的な化学伝統の出現の時期は一六世紀末よりも早いとすることはできない。[51] 磁器、熱および電気が、知的研究の独立した主題として出現するのは、さらに後のことである。それらは、化学以上に明らかに「新哲学」におけるベーコン的諸要素の新たな副産物なのであった。[52]

伝統的諸科学をベーコン的諸科学から区別することは、重要な分析手段を提供する。なぜなら科学革命の中に物理科学における生産的測定の例を捜す人は、それを第一群の諸科学においてだけ見出すであろうからである。そのうえ、おそらく一層啓発的だと思われるのは、これらの伝統的諸科学においてさえも、測定が最もしばしば有効であったのは、測定がよく知られた装置でなされ、ほとんど伝統的諸概念といえるものへと適用された場合なのであった。たとえば天文学においても、決定的な定量的貢献がもたらされたのは、ティコ・ブラーエが中世の装置を拡張し適切に調整した改良型によってなのであった。一七世紀の革新性に特徴的であった望遠鏡は、一七世紀最後の三分の一世紀に至るまでは定量的に用いられたことはなかった。しかも、定量的な使用は一七二九年のブラッドレーによる光行差の発見まで何の影響ももたなかったのである。その発見でさえ孤立したものでしかなかった。一八世紀の後半になって初めて天文学は、望遠鏡が可能にした定量的観測の大幅な改良による影響を、まともに経験し始めたのである。[53] さらにまた、すでに示したように、一七世紀の革新的な斜面の実験は、それ自体では等加速度運動の法則の源泉となり得るほどに十分に精確とは言えなかった。これについて重要だったのは——しかもそれらは決定的に重要だったのだが——そのような測定が、自由落下や投射体の運動の問題に関連しているという概念作用なのであった。この概念作用は、運動の観念およびその分析に関連する手法、の両方における根本的な変更を意味していた。しかしもし、その活用に必要とされる補助的概念の多くが、幼胚の形ではあっても、アルキメデスの仕事やスコラ学派による運動の分析の仕事のなかに存在していなかったならば、明らかにそのような概念作用はけっしてこのようには起り得なかったであろう。(54) ここでもやはり、定量的研究の有効性は、それよりずっと以前からの伝統に依存していたのである。

おそらく最良のテスト・ケースを与えてくれるのは、光学、すなわち私の伝統的諸科学の三番目、であろう。一七世紀の間、この分野における実際の定量的仕事は、新しい装置と古い装置の両方で行なわれた。そして、より重要であったものは、よく知られていた現象について古い装置で行なわれた仕事であった。科学革命の間における光学理論の変革はニュートンのプリズム実験をもたらしたが、それには多くの定性的先行者が存在していた。ニュートンの刷新は、よく知られていた定性的現象の定量的分析なのであった。そして、その分析を可能にしたものは、ニュートンの仕事よりも数十年前のスネルの屈折法則の発見であった。この法則は一七世紀光学における決定的な定量的革新性ではあったが、しかしそれは、プトレマイオスの時代以来、一連の優れた研究者たちが捜し続けてきた法則なのでもあった。しかもそれらすべての人たちは、スネルが用いたのと非常によく似た装置を用いていたのである。要約して言えば、光と色に関するニュートンによる新しい理論へと導いた研究は、本質的に伝統的な性格のものなのであった。[55]

しかしながら、一七世紀光学の多くはけっして伝統的なものではなかった。干渉、回折、および複屈折は、いずれも、ニュートンの『光学』(*Opticks*)が出版されるまでの半世紀の間に新たに発見されたものであった。それらはいずれもまったく予期されていなかった現象であり、どれもがニュートンに知らされていた。[56]このうちの二つについて、ニュートンは注意深い定量的研究を行なっている。しかしこれらの革新的現象が光学理論に与えた実質的な影響は、一世紀後のヤングとフレネルの仕事以前にはほとんど感じられすらしない。ニュートンは干渉効果に関するみごとな予備的理論を展開することはできたものの、彼も彼の直接的な後継者も、その理論が定量的実験と一致するのは垂直入射という限られた場合でしかないことに、気づきすらしなかった。回折に関するニュートンの測定は、最も定性的な理論を作り出しただけなのであった。複屈折に関しては、彼は彼自身の定量的仕事を企てすらいなかったようにみえる。ニュートンもホイヘンスも異常光線の屈折を支配する数学的法則を発表し、後者はさらに回転楕円面型の波面の拡大を考察することによって異常光線の振舞いをどのように説明するかも示した。しかし、どちらの数学的議論も精確さの疑わしい散り散りの定量的データからの大きい外挿を含んでいた。そして、定量的実験がこれら二つのまったく異なった数学的定式化を区別できるようになるまでには、ほとんど一〇〇年を要したのである。[57]科学革命の間に発見された他の光学的現象と同じように、定量的探究の前提となるさらなる開発と装置の追加には、ほとんど一八世紀いっぱいが必要だったのである。

次にベーコン的諸科学へと向うと、そこには科学革命の間を通じて古くからの装置はほとんどなく、念入りに作られた概念はさらに少なかったのであって、我々は定量化の進行がさらに遅いことを見出すのである。一七世紀には多くの新しい装置が出現し、その多くは定量的であり、その他も潜在的には定量的であったのだが、にもかかわらず、新しい研究分野に適用されて重要な定量的規則性を暴いてみせたのは新しい気圧計だけなのであった。しかも気圧計が例外なのは単に見かけ上のことにすぎない。なぜなら、それが適用された気体学は、ずっと古い分野である流体静力学の諸概念を、一括して (en bloc) 借りてくることができたからなのである。トリチェリが述べたように、気圧計は「空気という基本物質 the element air の海の底における」圧力を測定するのである。[58] 磁気の分野においては、一七世紀における唯一の重要な測定、すなわち偏角と俯角の測定、は伝統的なコンパスのあれこれの改良型を用いてなされ、これらの測定が磁気現象の理解を改善するところはほとんどなかった。より根本的な定量化については、磁気は電気と同じく一八世紀末と一九世紀初めのクーロン、ガウス、ポアソン、その他の仕事を待たねばならなかった。このような仕事がなされる以前に、引力、斥力、伝導、その他類似の現象に対するよりよい定性的理解が必要だったのである。次には、持続的な定量化をもたらす装置が、当初は心の中にあったこれらの定性的概念を用いて設計されねばならなかった。[59] そのうえ、ついに成功をもたらした数十年は、化学と熱の研究において測定と理論との間に初めて有効な接触がもたらされた時期と、ほとんど一致しているのである。[60] ベーコン的諸科学の定量化の成功は、一八世紀の最後の三分の一以前にはほとんど始まってもいなかったし、その潜在性が十全に実現されるのは一九世紀になってからのことである。その実現——フーリエ、クラウジウス、ケルヴィン卿、マクスウェルの仕事で例示されるもの——は、影響力において一七世紀の科学革命に少しも劣らない第二科学革命の一つの側面なのである。一九世紀においてのみ、ベーコン的な物理諸科学は、伝統的諸科学が二世紀あるいはそれ以上も前に経験していた転換を遂げたのであった。

ゲラック教授の論文が化学を扱っているし、またすでに私は電気的および磁気的現象の定量化に対する障害の一部を概観してもいるので、私はもう一つのより広範囲な例を熱の研究からとることにする。残念なことに、そのような概観の基礎となるべき多くの研究は、未だになされないままとなっている。したがって、以下のことはこれまでのところよりもいっそう一時的なものとならざるを得ない。

温度計に関する初期の実験の多くは、この新しい装置を用いた実験というよりもそれについての実験であったように思われる。温度計で測定するものはいったい何であるのかがまったく不明であった時期において、他にどうあり得ただろうか。温度計の読みは明らかに「熱の程度 degree of heat」に依存していたが、見たところ非常に複雑な仕方で依存しているようであった。「熱の程度」は長い間、感覚によって定義されていた。ところが感覚は、温度計の読みが同じである物体に対して非常に異なった応答をしたのである。温度計が実験対象ではなく疑いもない実験室装置となる以前に、温度計の読み自身が「熱の程度」の直接的な尺度とみなされるようにならねばならず、また同時に感覚は多数の異なった変数に依存する複雑で曖昧な現象なのだ、とみなされるようにならねばならなかったのである。[61]

このような概念上の方向転換は、少なくとも幾つかの科学サークルにおいては、一七世紀の終りまでには終了していた。しかしだからといって、定量的規則性の発見が素早く続くというようなことはなかった。まず第一に、科学者たちは「熱の程度」の一方における「熱の量」へ、他方における「温度」への分岐を強制されねばならなかった。そのうえ、彼らは莫大な量の利用可能な熱現象の中から、定量的法則を最も素早く露わにさせてくれる現象を、詳しい研究のために捜し出さねばならなかった。そのような現象は二つ見つかり、一つは、単一の液体の最初に異なった温度にあった二つの部分の混合であり、もう一つは、同一の容器に入れられた二つの異なった液体の輻射加熱である。しかしながら、これらの現象に関心を絞った場合ですら、科学者たちは依然として疑義のない一様な結果を得ることはなかった。ヒースコートとマッキーが見事に示したように、比熱と潜熱の概念の発達の最終段階は、直感的な仮説が頑固な測定と常に相互作用しあい、それぞれが相手を同調させるべく強制する様子を表している。[62] ラプラス、ポアソン、フーリエの貢献が熱現象の研究を数理物理学の一分野へと転換させる以前に、さらに多くの他の種の仕事が必要なのであった。[63]

この種のパターンは、ベーコン的諸科学においても、伝統的諸科学が新しい装置と新しい現象へと拡張される場合においても、繰り返されるものであり、それはこの論文における最も執拗な命題のもう一つの実例を与えるものである。すなわち、科学上の法則から科学上の測定への道は、逆向きに辿られることはほとんどない。定量的規則性を発見するには、通常、科学者は捜している規則性は何であるかを知っていなければならず、それにしたがって装置を設計しておかなければならないのである。その場合ですら自然は、首尾一貫した一般化可能な結果を、おそらく格闘の末にでなければ、与えはしない。以上が私の主要な命題である。しかしながら、近代物理科学の中にどのようにして定量化が導入されたかに関するこれまでの議論は、さらに、この論文のもう一つの副次的な命題をも思い起させるに違いない。なぜならそれは、すっかり数学化された理論の文脈の中で行なわれた定量的な実験様式が、偉大な有効性をもつということを、再び注目させるからである。一八〇〇年から一八五〇年の間のある時期に、物理科学の多くの部分、特に物理学として知られている一群の研究分野において、研究の性格における重要な変化が生じた。この変化の故に私は、ベーコン的物理諸科学の数学化を、第二科学革命の一側面であると呼ぶのである。

もし数学化を一側面以上のものだと主張したとしても、それは馬鹿げているであろう。一九世紀前半においては、科学的営みの規模に大幅な巨大化があり、科学組織のパターンにも大きい変化があり、また科学教育の完全な再構成があった(64)。しかしながらこれらの変化は、どの科学分野に対しても同じような影響を与えたのである。したがってこの変化は、一九世紀に新しく数学化された諸科学と、同時期における他の諸科学とを区別する特徴を説明してはいない。いまのところ私の考えの源泉は印象的なものでしかないのだが、そのような特徴は確かに存在すると思う。危険を犯して次のような予言をしてみよう。分析的で一部は統計的な調査を行なえば、一集団としての物理学者たちは、ほぼ一八四〇年以後、より不完全にしか定量化されていない分野の彼らの同僚たちに比べて、彼らの注意を少数の鍵となる研究分野へと集中できるより大きい能力を示すであろう。もし私が正しければさらに、物理学者たちは同じ時期における他の多くの科学者たちに比べて、科学的理論に関する議論の長さを縮小したり、そのような議論から得られる合意の強さを増したりすることにおいて、より成功していたことが分るであろう。要約すると、私の信ずるところでは、一九世紀における物理科学の数学化は、課題選択に対する大幅に洗練された専門的規準を作りだし、と同時に、専門的な立証手続きの有効性を大幅に増大させたのである。(65) これらはまさに、前節までの議論が我々に期待させる変化であった。一九世紀と続く四分の一世紀の間における物理学発達の批判的で比較的な分析が、これらの結論に対するきびしいテストを与えるであろう。

そのテストは課題として残しておくとすれば、いったい我々は何を結論できるだろうか。私は次のパラドクスをあえて提起したい。どの科学においても完全で詳細な定量化は、熱烈に望まれる完成であるにもかかわらず、それは測定によって効果的に追求できる完成ではない。個人の発達におけると同様に、科学者集団においても、成熟は如何に待つべきかを知っている者に対して最も確実に訪れるのである。

付録

この会議の他の論文と、その間に続けられた議論とを振り返ってみると、私自身の論文に関連して追加すべき二点が記録に値するように思われる。疑いもなく他にもそのような点はあるに違いないのだが、それに関する私の記憶力はいつも以上に頼りにならないのである。プライス教授がまず第一の点を提起し、それはかなりの議論を巻き起した。第二の点はスペングラー教授によって側面から提起され、私はまずこちらの点から考えてゆきたい。

スペングラー教授は、科学あるいは科学上の専門の発達における「危機」という私の概念に大きい関心を表明された。ところが彼は、経済学の発達において、そのような挿話的出来事を一つ以上、思い起すことは難しいと付け加えられた。この発言は、社会科学はそもそも本当に科学なのだろうか、という繰り返されはするがたぶんそれほど重要ではない疑問を、私に提起した。そのままの形でのこの疑問に対し、答えを試みようと私は思わないが、社会科学の発達においては危機が存在しないのかもしれないという可能性について二、三言及しておけば、問題点のある部分は明らかになるであろう。

例外的な実験の節で前に述べたように、危機の概念はそれを経験する集団における事前の一致を当然のこととして含んでいた。変則性は、その定義からして、堅固に確立された予期の許でのみ存在し得る。実験が首尾一貫してうまくゆかなくなることによって危機が生み出され得るのは、それまですべてが見かけ上うまくいっていたことを経験していた集団においてだけなのである。さて、これまでの節がきわめて十分に示しているように、成熟した物理科学においてはほとんどの事柄が一般にうまくゆくのである。したがって専門家集団全体は、通常、その科学の基本的な概念、手段、課題に関して意見が一致している。もしそのような専門的合意 professional consensus がなければ、私が主張してきたような、ほとんどの物理科学者たちが通常は従事しているパズル解きのような活動に対する根拠が、なくなってしまうであろう。物理科学においては基本的な事柄に対する不一致の発生は、根本的な刷新の追求と同じように、危機の時期まで止め置かれるのである。(66) しかしながら、同程度の強さと広がりをもつ合意が、社会科学についても通常、特徴であるのかどうかは、同様に明らかであるとはけっして言えない。私の大学の同僚たちとの間での経験や、行動科学高等研究センターで過した幸運な日々が教えるところでは、たとえば物理学者たちであれば普通は当然とみなしているような基本的な一致が、ほんの一部の社会科学の研究分野においてごく最近に出現し始めたばかりなのである。ほとんどの他の社会科学分野の特徴となっているものは、その分野の定義や、そのパラダイム的な活動や、その課題についての根本的な不一致なのである。この状況が一般的である限り、(種々の物理諸科学の発達の初期においてそうであったように) 危機はまったく存在しないし他の何事もまた起り得ないのである。

プライス教授の論点はまったく異なったもので、ずっと科学史的なものである。彼が述べたのは、私はまったく正しいと思うのだが、次のような指摘である。私の科学史的結論は、科学革命の間に生じた物理科学者たちの測定に対する態度の非常に重要な変化に注意を促すことを怠っている、と。クロムビー博士の論文へのコメントの中でプライス教授は、天文学者たちが惑星の位置に関する一連の観測結果を記録し始めたのは一六世紀末以前ではなかった、と指摘した (それまでは、彼らの定量的観測はときおりの特殊な現象に限られていた)。彼はさらに次のように続けた。この遅い時期になって初めて、天文学者たちは彼らの定量的データに批判的となり、たとえば、記録されている天体の位置は天文学的事実そのものというよりも、むしろそれに対する手懸りであることを認め始めた、と。私の論文の討論においてプライス教授は、科学革命の間の測定に対する態度の変化に関する他の諸兆候をも指摘した。彼が強調したことの一つは、より多くの数値が記録されるようになったことである。おそらくもっと重要なもう一つの強調点は、ボイルのような人は、測定から導かれた法則を発表するときに、単に法則自体を述べるだけではなく、彼らの定量的データを、法則にぴったり合うかどうかにかかわらず初めて記録するようになったということである。

私として疑問に思うことは、一七世紀の間の数値に対する態度の転換が、プライス教授がときおり言われるほど大きく進行したのかどうか、という点である。一例をあげれば、フックは彼の弾性法則を導き出した数値を何も報告してはいない。「有効数字」の概念は、一九世紀以前に実験物理科学の中に出現したことがなかったように思われる。しかし変化が生じつつあったこと、しかもそれが非常に重要であったことは疑い得ない。少なくとも、もう一つ別の論文においてはこのことは詳細な検討に値するであろうし、それを書くことを私は強く望んでいる。しかしながらこの検討は将来の課題として、プライス教授の強調した現象が展開する様子は、私が一七世紀ベーコン主義の影響を述べたときにすでに概観したパターンとどれほど一致しているか、ということを簡単に指摘しておきたい。

まず第一に、天文学を除けば、一七世紀の間の測定に対する態度の変化は、「新哲学」という方法論的プログラムの革新性に対する応答に非常によく似ているということである。この革新性というのは、非常にしばしば言われるように、観測と実験が科学にとって基本的だという信念からの結果ではなかった。クロムビーが見事に示したように、この信念とそれに伴う方法論哲学は、中世の間に大きく進歩したのである。[67] そうではなくて、「新哲学」における方法の革新性は、さらにさらに多くの実験が必要だという信念（自然誌への要求）と、実験や観測は、できれば証人の名や信用証明とともに、完全に詳細に報告されるべきだという主張とを含んでいた。数値が記録されるようになる頻度の増大と、それらを概数へと丸めてしまう傾向の減少とはどちらもまさに、実験全般に対する、より一般的なベーコン的変化と軌を一にするものなのである。

さらにまた、その源泉がベーコン主義に由来するか否かは別として、一七世紀の間の数値に対する新しい態度の有効性は、私が最終節で論じた他のベーコン主義的革新性の有効性と非常によく似た展開を示すのである。コイレ教授が繰り返し明らかにしたように、新しい態度は、動力学に対して一八世紀末までほとんど何の影響も与えなかった。他の二つの伝統的科学である天文学と光学は、この変化からより早期に影響を受けた。しかしそれは、その最も伝統的な部分においてであった。そして、熱、電気、化学、その他のようなベーコン的諸科学は、この新しい態度から恩恵を受けることは一七五〇年までなかった。ここでも再び、変化からの最初の真に重要な影響が見られるのは、ブラック、ラヴォアジエ、クーロンの仕事においてであった。そして、この変化に基づく物理科学の十全な転換は、アンペール、フーリエ、オーム、ケルヴィンの仕事以前にはほとんど見えてこないのである。私が思うにプライス教授は、一七世紀におけるもう一つの非常に重要な革新性を取り出してみせたのである。しかしながら、「新哲学」が示している他の多くの革新性と同じように、測定に対するこの新しい態度に基づく重要な影響は、一七世紀全般にわたってほとんど表面化することはなかったのである。

第九章　本質的緊張——科学研究における伝統と革新*

この重要な会議にお招きいただきたいへん感謝しています。そして、お招きくださったことは、創造性の研究者たちが他の人びとの中に見分けようと求められている敏感さ、すなわち多様なアプローチに対する敏感さを、ご自身自らおもちになっている証拠であると私は解釈しています。しかし、あなた方が私に試みておられる実験の結果について、私には完全に自信があるというわけではありません。ここにお集りのほとんどの方はご存じと思いますが、私は心理学者ではなく、もとは物理学者でいまは科学史を研究している者です。おそらく創造性に対する私の関心は、あなた方のそれに劣らず強いものです。けれども、私の目標や手法や論拠の源泉などは、あなた方のそれらとはあまりにかけ離れているので、お互いに話すべき何があるのか、そもそも何かがあり得るのかどうか、たいへん心許ないのであります。このような留保を設けるのは言い訳のためでなく、それが私の中心的な命題を示唆するからなのです。以下で述べることですが、科学においては種々のアプローチの考察のために立ち止るよりも、手近な手段を用いてベストを尽す方がしばしば有効なのであります。

もし私のような背景と関心をもつ人が、この会議にとって参考になる何かをもっているとしても、それは、あなた方の主要な関心事である創造的人格およびその早期における見分け方、についてではありますまい。けれども、この会議の参加者たちに配布されたいろいろな資料論文の中に、科学の発達および科学者に対するある描像が認められます。この描像が、あなた方の行なう実験の多くと、そこからあなた方が引き出す結論とを条件づけていることはほとんど確かだと思います。そして、この描像についてならば物理学者‐科学史家にも話すべきことがあるのです。私はこの描像の一つの側面だけに関心を絞ろうと思います――それは資料論文の一つの中で次のように要約されている側面です。基礎科学者は「最も〝自明な〟事実や概念であってもそれを必ずしも受け入れることなく、逆に、最もあり得そうもない可能性について想像力を発揮するほどまでに、偏見から解放されていなければならない」(セリエ、一九五九)。他の資料論文(ゲッツェルス、ジャクソン)に見られるより専門的な用語では、この描像のこの側面は、「逸脱的思考 divergent thinking……種々の方向へと広がってゆく自由さ……古い解答の拒否と新しい方向への出発」への強調として再登場します。

このような「逸脱的思考」の記述、およびそれが可能な人物を捜すこと、がまったく適当だということを私は疑いはしません。すべての科学研究において、ある種の逸脱は特徴となっていますし、科学発達における最も重要な挿話的出来事 episodes の核心的部分には、巨大な逸脱が横たわっているのであります。にもかかわらず、科学研究における私の経験からも、科学史において私が読んだものからも、基礎科学研究に対する特徴的な要件として、これまで柔軟性と思考の開放性とがあまりにも極端に強調されすぎていたのではあるまいか、と疑問に思うのです。ですから以下で私は、「求心的思考」convergent thinking とでもよぶべきものが、科学の発達にとって、逸脱的思考と同程度に基本的なのだということを示そうと思います。これら二つの思考様式は必然的に矛盾し合うのですから、ときにはまさに耐え難くなるほどの緊張を維持する能力が、最良の科学研究のための第一前提の一つとなるのであります。

私は他のところでこれらの点をもっと科学史的に研究し、科学発達に対する「科学革命」の重要性を強調しました。(1) これは――その最も極端で即座に見分けのつく形がコペルニクス主義、ダーウィン主義、アインシュタイン主義の出現で例示されるような挿話的出来事――科学者集団が、それまで重んじられてきた一つの世界観や科学探究法を廃棄し、その学問規律 discipline とは通常は相反するような他のアプローチへと移行するという挿話的出来事であります。原稿の中で私は、科学史家は、それよりもずっと小規模ではあるが構造的には同様の革命的な挿話的出来事に常に遭遇し、それらは科学発達にとって中心的なものである、と主張しました。一般に流布している印象とは逆に、科学におけるほとんどの新しい発見や理論は、それまでに存在していた科学的知識の蓄積への単なる追加ではありません。新しい発見や理論へと同化するためには、通常、科学者はそれまで信頼を置いていた知的および操作的装置を再調整せねばならず、それ以前の信条や実践のある要素を見捨て、他の多くの要素の中に新しい意義を見出したり、要素間に新しい関係を見出したりするものなのです。新しい事柄に同化するためには古い事柄は再評価され再配列されねばならないのですから、科学における発見や発明は通常は本質的に革命的なものであります。ですからそれは、逸脱的思考者を特徴づけ、実際にはそれを定義している、柔軟性や思考の開放性をまさに要求するのであります。そこでこれ以後は、この特徴が必要であることは当然のことだとすることにしましょう。もし多くの科学者たちがこの特徴をあるはっきりとした程度にまでもっていなかったとしたら、科学革命というものはあり得なかったでしょうし、科学の発達もまた僅かなものであったでしょう。

けれども柔軟性だけでは十分でありませんし、他に必要なものがそれと両立し得るかどうかも明らかではありません。いまなお進行中である研究課題から種々の断片を引用しながら、私は、科学革命は科学発達の二つの相補的側面のうちの一方であるにすぎないことを強調せねばなりません。最も偉大な科学者たちによってなされた研究ですら、革命的であることを目指して設定されたものはほとんどなく、そのような革命的効果をもった研究もたいへん少ないのです。それとは逆に、通常科学はその最良のものすらが、科学教育の中で習得され、それに続く専門家集団内での生活の中で補強された安定的合意の上に固く基礎づけられた高度に求心的な活動なのです。典型的には確かに、この求心的で合意によって束縛された研究こそが最終的には科学革命へと結果するのであります。そのときには伝統的な技法や信条は廃棄され、新しいものへと置き換えられます。しかし、科学伝統の革命的転換というものは比較的まれなことであり、求心的研究の長い期間がこの転換に対する必然的な前提となります。以下で示すように、その時代の科学伝統に固く基礎づけられた研究だけが、その伝統を打壊し新しい伝統を招来し得るのであります。この理由によって私は、科学研究には「本質的緊張 essential tension」が内在しているのだと言うのです。自らの任務を果すため、科学者は一組の複雑な知的および操作的委託 commitments に加担せねばなりません。にもかかわらず、彼が名声を獲得するかどうかは、もし彼がそれを得る才能と幸運に恵まれれば、この委託の内容を廃棄して他の彼自身の発明になる委託へと移行する、という彼の能力に最終的には依存しているのです。非常にしばしば、成功した科学者は伝統主義者と偶像破壊主義者の両方の特徴を同時に示さざるを得ないのであります。(2)

これらの諸点の十分な証拠づけをするにはぜひ必要とされる種々の科学史的な例をあげることは、この会議の時間制限によって許されません。けれども、他のアプローチをとれば少なくとも私が考えていることの一部を紹介することはできるでしょう――それは自然科学における教育の性格を検討することであります。この会議のための資料論文のうちの一つ（ゲッツェルス、ジャクソン）には、次のようなギルフォードによる科学教育に関する非常に適切な記述が引用されています。「［科学教育は］求心的な思考および評価の分野では強調に値する有効性をもっているが、しばしばそのために逸脱的思考の分野での発達が犠牲にされている。我々は学生たちに、我々の文明が我々に正しいと教えた〝正しい〟解答へ、どのようにすれば到達できるかを教えようとしてきた。……芸術「私はこれに、ほとんどの社会科学、を付け加えたい」以外の分野では、我々はこれまで一般に、意図せず、逸脱的思考能力の発達を阻害してきている」。このような描写はきわめて正当だと私は思います。しかし、このことから結果してくる産物を嘆くこともまた、同様に正当であるのかどうか私には疑問に思われます。誰がみても悪い教育を擁護しようとは思いませんし、またこの国ではすべての教育において求心的思考への傾向があまりにも強すぎることもまた認めます。それでも我々は、求心的思考における厳密さの訓練は諸科学にとって、ほとんどその起源から、本質的なものであったことを認めざるを得ないのであります。それなしでは、諸科学は今日の状態や地位を達成できなかったでありましょう。

さて、種々の諸科学の間や種々の教育機関でのアプローチの間の、重要ではあっても二次的な多くの違いは無視することにして、自然科学における教育の性格を簡単に要約しておきましょう。自然科学教育における単一でしかも最も目立つ特徴は、他の創造的な諸分野にはまったく見られない程度にまで、完全に教科書に導かれて行なわれているということであります。典型的な例として、化学、物理、天文学、地質学、生物学の学生および大学院生は、彼らの分野の学問内容 substance を特に学生のために書かれた書物によって身に付けるのです。自分自身の学位論文の仕事にとりかかる準備を完了あるいはほぼ完了するまでは、彼らは研究計画の試みを要求されることもなければ、他の人びとによってなされた直接的な研究成果、すなわち科学者たちが他の科学者のために書く専門的な通信物に直接触れることもないのであります。自然科学においては収集された「推奨文献 readings」もありませんし、科学の学生が専門分野の科学史的古典を読むよう勧められることもありません――これらの古典的仕事の中に彼らは、彼らの教科書で論じられている諸問題に対する他の見方を見出すかもしれませんし、しかしまた、彼らの将来の専門家集団がずっと以前に廃棄し他のものと置き換えてしまった諸問題、諸概念、および解答の諸規準にも、おそらく彼らは出会うでありましょう。

それとは逆に、学生たちが実際に出会う種々の教科書は、多くの社会科学書がそうであるように一つの問題分野に対する種々のアプローチを例示するのではなく、異なるいろいろな主題を紹介しているのであります。ある一つの科目において採用のために競合し合う複数の教科書の場合でも、それらは主に程度や教育的細部において異なっているだけで、学問内容や概念構造において異なっているのではありません。最後に、しかし最も重要なことは、教科書に特徴的な提示の手法であります。ときおりの導入部を除けば科学教科書は、その分野の専門家 professional が解くことを要求されるような種類の諸問題や、その解答を得るための種々の技法を記述していることはないのです。その代りにこれらの教科書は、その専門家集団がパラダイム paradigm として受け入れるようになった具体的な問題解答を紹介するのです。次にこれらの教科書は、学生たちに紙と鉛筆を手にすることによって、あるいは実験室において、教科書やそれに伴う講義の中で学生たちが導かれた諸問題と、手法や学問内容において密接に関連し合う諸問題を自ら解くことを要求します。「知的装備」mental sets あるいは考え方 Einstellungen を作り出すうえで、これほど適したものはないでありましょう。他の学問分野では、これと部分的にであれ類似のものを提供するのは、その最も初等的な段階においてだけなのであります。

　最も自由主義的傾向の弱い教育理論ですら、このような教育手法を呪わしきものとみなすに違いありません。学生たちはこれまでに分った多くのことを学ぶことから始めねばならないという点では、我々皆が一致しています。しかし我々は、教育はそれ以上に非常に多くのものを学生たちに与えねばならないと主張します。学生たちは、まず、これまでに一義的な解答が与えられていない諸問題を見分けかつ評価することを学ばねばなりませんし、このような未来の諸問題にアプローチするための専門手段 arsenal of techniques を身に付けねばなりませんし、またこれらの専門手段の妥当性を判断しそれらが与えるおそらく部分的な解答を評価することを学ばねばなりません。多くの点で、教育に対するこのような態度はまったく正しいと私には思われます。しかし私は、それに関して二つのことに気づくのです。まず第一に、自然科学教育はこのような教育態度の存在からまったく何の影響も受けていないように思われる、ということです。自然科学教育は、依然として、学生が評価すべく準備されていないすでに確立された伝統への独断的な通過儀礼 initiation なのです。第二に、少なくとも見習い期間に入る前の時期においては、堅固な伝統へと排他的に触れさせるこのような教育手法は、最も重要な種類の刷新についてこれまできわめて生産的であった、ということです。

後ほどすぐに私は、このような教育的通過儀礼から発生する科学研究のパターンについて調べ、さらに、そのパターンがなぜそれほどまでに成功したか述べようと思っています。しかしその前に、科学史的な寄り道をしておけば、これまで述べてきたことを裏付け、さらに後続の事柄への道を準備することにもなるでしょう。私が述べておきたいのは、自然科学の種々の分野がこれまで常に排他的なパラダイムの中における厳密な教育によって特徴づけられてきたわけではないということ、しかしこれらそれぞれの分野がそのような教育手法のようなものを獲得したのは、その分野が急速かつ組織的な進歩を開始したちょうどその時点においてであったということです。もし、化学成分や地震や生物学的増殖や宇宙空間内での運動やその他自然科学として知られているどのような主題についてでも、今日の我々の知識の起源を尋ねれば、私がこれからただ一つの例について描写しようとしている特徴的なパターンにすぐ出会うでありましょう。

今日、物理学の教科書は、光はある種の波の性質とある種の粒子の性質とを示すと我々に教えます。そして教科書的問題 textbook problems と研究的問題 research problems の両方がそれに従って設計されています。しかし、このような描像もこのような教科書も、そのどちらもが二〇世紀初頭の科学革命の産物なのです（科学革命の一つの特徴は、それが科学教科書の書き直しを要求することなのです）。一九〇〇年以前の半世紀以上にわたって、科学教育で採用された書物はどれも、光は波動運動であると述べる点で一致していました。このような状況下では、科学者たちは今とは幾分違った諸問題に取り組み、しばしばそれらに今とは違う種類の解答をしていました。しかし、一九世紀における教科書伝統は、我々の主題の出発点を印すものではありません。一八世紀全体を通じて、また一九世紀の初めにかけて、ニュートンの『光学』(*Opticks*) や人びとが科学を学んだ他の書物は、ほとんどすべての学生たちに光は粒子であると教えていました。そしてこの伝統によって導かれた研究は、その後に続いた研究とは再び異なったものだったのです。したがって、もしこれらの相続いた三つの伝統における付随的な種々の変化を無視すれば、光に対する我々の描像は科学史的には光学思想における二つの科学革命を経てニュートンの描像から由来し、それらの科学革命のそれぞれが一つの求心的研究の伝統を他の同様の伝統で置き換えたのだ、と言うことができます。もし科学教育における中心点と実質の違いを適切に許容することにすれば、これら三つの伝統のそれぞれは、私が先に簡単に要約した明確なパラダイムに触れさせるという種類の教育によって体現されていたのだといえます。ニュートン以来、物理光学における教育と研究は通常は高度に求心的なものとなったのであります。

しかしながら、光学理論の歴史はニュートンに始まるわけではありません。彼以前の時期における知識を尋ねると、我々は非常に違ったパターンに遭遇します――それは、芸術やある種の社会科学においては今でも親しみ深いものですが、自然科学においてはほとんど姿を消してしまったパターンであります。太古の昔から一七世紀末まで、物理光学の研究におけるただ一組のパラダイムというものは存在しませんでした。その代り、大勢の人びとが光の本性について多数の異なった描像を推し進めました。これらの描像のいくつかにはほとんど追随者はいませんでしたが、かなりの数のものは光学思想の持続的な学派をもたらしました。科学史家は新しい観点の発生や古い観点の相対的支持率の変化を見出しはしますが、合意に似たようなものを見出すことはけっしてありません。その結果、その分野に参入した新人は否応なしに種々の互いに矛盾し合う観点に曝されました。彼はそれぞれの観点に対する証拠を検討することを強制されましたが、そこには必ず十分な証拠がありました。彼が一つの選択をしてそれに従って活動したという事実は、彼が他の可能性に気づくのを完全に妨げることはできませんでした。このような初期の教育様式は、偏見がなく、革新的な現象に対して注意深く、専門分野へのアプローチが柔軟な科学者の養成において、明らかにより適切でありました。ところが一方、このようなより自由主義的な教育活動によって特徴づけられる期間の間に、物理光学はほとんど進歩してはいなかった、という印象から逃れるすべはないのであります。(3)

物理光学の発達におけるこの合意以前の（それを逸脱的なとよぶこともできましょう）様相は、私の信じるところでは、以前からの専門分野の分割あるいは再結合によって生じた専門分野を除けば、他のすべての科学上の専門分野の歴史において繰り返されることであります。数学や天文学のような分野では、最初の強固な合意が形成されたのは有史以前でした。動力学、幾何光学、生理学のある分野などの他の分野では、最初の分野をもたらしたパラダイムは古典古代からのものです。他のほとんどの自然科学は、ある種の問題はしばしば古代に議論されはしたものの、最初の合意が形成されたのはルネサンス以後になってからでした。すでに見たように、物理光学において最初の強固な合意がなされたのは一七世紀末からのものでしかありません。電気学、化学、および熱の研究におけるそれは一八世紀からです。一方、地質学、および分類学以外の生物学においては、一九世紀の三分の一が過ぎるまでは真の合意は発達しませんでした。今世紀はいくつかの社会科学の部分における最初の合意の発生によって特徴づけられているように思われます。

以上にあげたすべての諸分野において、重要な仕事は、合意によってもたらされた成熟と達成よりも前になされています。これらの分野における最初の合意の性格も時期も、単一のパラダイムの出現以前に発達した知的および操作的手法の十全な検討なくしては理解できません。しかし成熟への移行の重要さは、それが生じる以前に個々の人びとが科学活動をしていたという理由で減じるなどということはありません。それとは逆に、科学史が強く示唆するところでは、強固な合意がなくとも――ちょうど哲学や芸術や政治学においてそうであるように――人は科学活動を行なうことができるのではありますが、このようなより柔軟な活動は、最近の世紀が我々に慣れさせてくれたような急速かつ急激な科学発達のパターンを作り出しはしないのです。このようなパターンにおいては、一つの合意から他の合意へと発達が起り、相次ぐアプローチは通常、互いに競合し合うということはないのです。きわめて特殊な条件下を除けば、成熟した科学の研究者は、逸脱的な説明あるいは実験様式の検討のために立ち止ったりはしないのであります。

なぜそうなのか——見掛け上は単一の伝統へと向ってゆく堅固な傾向が、革新的な考えや技法に対する執拗な生産性によって特に知られる学問分野の実践と、どのようにして両立し得るのか——については、すぐ後で尋ねることにしましょう。しかしその前に、このような伝統の伝達にあれほど成功を収めた教育の後で、なされるべき何が残されるのか、を問うておけば有益でありましょう。深く根差した伝統の中で研究し、重要な他の可能性に対する感受性においてほとんど何の訓練も受けていない科学者が、その専門家生活に何を期待できるのでしょうか。時間的な制約から私はまた極端な単純化をせざるを得ません。しかし次のような言明は、私が細部に至るまで必ず証拠づけることができる立場を、少なくとも示唆することはできるでしょう。

純粋科学あるいは基礎科学——その直接的な目標が自然の支配というよりもむしろ自然の理解である、どちらかというと短命な研究領域——における特徴的な諸問題は、ほとんどいつも、以前に取り組まれ部分的には解かれている諸問題の僅かな変更を伴った繰り返しであります。たとえば、ある科学伝統の中でなされる研究の多くは、その時点における理論あるいは観測を、互いにより密接な一致へともたらすために調整する企てなのです。波動力学の誕生以後、毎年続けられてきた原子および分子のスペクトルの検討は、複雑なスペクトルを予言するための理論的な近似法の開発とともに、この典型的な種類の仕事の重要な例を提供しています。もう一つの例は、前もってこの会議のために配布しておいた測定に関する論文にあるような、一八世紀におけるニュートン力学の発達に関する言明です。(4) もちろん、その時点における理論と観測をより密接に一致させる企てだけが、基礎科学における唯一の標準的種類の研究的問題だというわけではありません。化学熱力学や有機化合物の構造を解明する継続的な試みは他の型——既存の理論を、それが適用されると期待されるにもかかわらずそれまで一度も試みられていなかった領域へと拡張すること——を例示しています。それに加えて共通な第三の種類の研究的問題をあげれば、多くの科学者たちは既存の理論の応用と拡張に必要とされる具体的なデータ（たとえば、原子量、原子核の角運動量）を常に集め続けています。

これらが基礎科学における通常の研究課題であり、それは最も偉大な科学者たちも含めてすべての科学者がそのほとんどの専門家生活を費し、多くはすべての専門家生活を捧げる種類の仕事を例示しています。彼らの探求が根本的な発見や科学理論の革命的な変化を目指しているのでもなければ、もたらしそうだというのでもないのは、明らかです。その時代の科学伝統の正しさが仮定されてこそ、このような問題は理論的あるいは実際的に意味あるものとなるのです。まったく新しい型の現象の存在を推定したり、既存の理論の正しさに根本的な疑いをもったりする人なら、教科書的パラダイムにこれほど密接に即した問題をやりがいがあると考えたりはしないでしょう。ですから、この種の問題に実際に取り組む人は——すなわち、すべての科学者がほとんどの時間において——彼がその中で育てられた科学伝統を明確化しようとしているのであって、変えようとしているのではないのです。そのうえ、彼の仕事の魅力は明確化することの困難さにあるのであって、その仕事がもたらすかもしれない驚きにあるのではありません。通常の条件下にあっては、科学研究者は刷新者ではなくパズル解き家なのであります。そして、彼が集中しているパズルは、既存の科学伝統内で述べることができ、解くことができると彼が信じているパズルなのです。

それでも——ここが重要なのですが——この伝統で束縛された仕事の最終的な効果は、いつもその伝統の変革でした。その時代に同化されていた伝統を明確化しようとする継続的な試みは、繰り返し繰り返し、ついに根本的な理論、問題領域、および科学的規準 scientific standards における一つの転換をもたらし、それを私は以前に科学革命とよんだのです。少なくとも科学者集団全体にとっては、明確でしかも深く根差した伝統内での仕事は、そのような求心的な規準を含まない仕事よりも、伝統破壊的な革新性に関してより生産的だと思われるのです。どうしてそうなのでしょう。思うにそれは、他のどのような種類の仕事も、困難の所在や危機の原因を、継続的かつ集中的な関心のために取り分けておくことにこれほどに適してはいないからであり、基礎科学における最も根本的な進歩はそのような困難や危機の認識に強く依存しているからなのです。

最初の資料論文で私が述べているように、成熟した科学における新しい理論やましてや革新的な発見は、まったく新しく（de novo）発生するものではありません。そうではなくて、それらは古い理論の間から、しかも世界が含みかつ含まない現象に関する古い信条の母体の中から出現するのです。通常そのような革新性は、十分な科学上の訓練を受けていない人が気づくには、あまりにも秘教的で難解すぎます。しかも、かなりの訓練を受けた人でも、たとえば既存のデータや理論では理解にいたらないような領域の開拓へと向かって、ただ出かけていって革新性を捜すというのはほとんどできないのであります。成熟した科学においてすら余りにも多くのそのような領域、すなわち既存のどのパラダイムも明らかに適用はできず、その開拓のためにほとんどの手段や規準が利用できない領域が常に存在しています。新しい現象に対する自らの感受性、新たな組織化のパターンに対する自らの柔軟性を信頼してこのような領域へと足を踏み入れる科学者は、往々にして、どこへも到達できなくなってしまうのです。彼はむしろ、彼の科学を、合意以前の自然誌の段階へと引き戻してしまったほうがましでありましょう。

成熟した科学の研究者たちは、実際には、彼の学位論文の仕事の始まりからずっと、彼の受けた教育や彼の同時代人たちの研究に由来するパラダイムが適用可能だと思われる領域で、仕事をし続けるものです。言ってみれば、その概観が前もって分っている地形的な細部を地図上に明確化することを彼は試みるのであり、さらに――もし彼がその分野の本性を見抜くほどに賢いとすれば――予期していたことが起らなくなるような問題、パラダイム自体の中に潜む根本的な弱点を示唆するような仕方でうまくゆかなくなる問題に取り組むことを望んでいるのです。成熟した科学においては、多くの発見やすべての革新的な理論への前触れは、既存の知識や信条において何かがうまくゆかなくなるということを無視するのではなく、認識することなのです。

以上で私が述べたことは、次のような意味に受け取られるかもしれません。生産的な科学者にとって、既存の理論とは気軽に導入された一時的な仮定として採用し、彼の研究を出発させるために止むを得ず(faute de mieux)用い、次に彼に何かがうまくゆかないという難点がそこから生まれるとすぐに廃棄するだけで十分なものなのだ、と。しかし、困難が到来したときそれに気づくというのは、確かに科学発達のための必要条件には違いないのですが、困難に気づくというのはそれほど容易ではないはずなのです。科学者には、もし彼が成功者となるなら打ち破ることになるはずの伝統に対して、完全に委託していることが要求されるのです。部分的にはこの委託は、科学者が通常に取り組む問題の性格からも要求されます。すでにみたように、通常それは秘教的なパズルであって、そのやりがいは、その解答(細部以外のすべてはしばしば事前に分っている)がもたらす情報にあるというよりも、むしろどのような解答であれ、解答を与えるために乗り越えねばならない技法の困難さにあるのです。この種の問題は、解答が存在していて天分があればそれを暴けるのだと確信している人だけが取り組むものであり、しかもそのような確信はその時代の理論だけが与えることのできるものなのです。そのような理論だけが通常研究のほとんどの問題を意味づけることができるのであり、その理論を疑うということは、通常研究を構成している複雑な専門的パズルがそもそも解答をもつかどうかを疑うことに、しばしばなるのであります。たとえば、もし当時知られていた惑星に対するニュートン力学の適用が、天文学的観測事実をごく細部に至るまで説明できると思っていなかったとしたら、基本的なケプラー軌道に対する惑星間の引力の影響を調べるのに必要とされる込み入った数学的技法の開発を誰が行なったでありましょう。もしそのような確信がなかったとしたら、どのようにして冥王星が発見され、惑星リストの変更がなされ得たでしょうか。

それに加えて、委託を必要とする差し迫った実際的な理由もまたあります。研究的問題はどれであっても、科学者に対して、彼には源泉を同定できないような変則性をつきつけます。彼の理論と観測とが完全に一致することはけっしてありませんし、相次ぐ観測がまったく同じ結果を与えるということもありません。彼の実験は理論的かつ現象的な副産物をもっていて、その解明にはもう一つの研究計画が必要となるのです。このような変則性や完全には理解できない現象のどれもが、もしかしたら科学理論や技法の根本的な刷新のための手懸りであるのかもしれないのですが、それら一つ一つを検討するために立ち止る人は、彼の最初の研究計画をけっして仕上げられなくなってしまうのです。有効な研究に関する報告が繰り返し告げるところでは、最も際立った中心的なものを除くすべての不一致は、もし時間さえかければ、そのとき通用している理論によって扱うことができるはずなのです。このような報告をする人びとは、ほとんどの不一致を当り前のものあるいは興味のないものであるとみなします。このような評価は、通常、そのとき通用している理論に対する彼らの信頼だけがその根拠であるような評価です。そのような信頼がなければ、彼らの仕事は時間と才能の無駄使いとなってしまうでしょう。

そのうえ、委託がない場合には、科学者はあまりにもしばしばほとんど解ける可能性のない問題に取り組む結果となってしまいます。変則性の探求が実りあるのは、その変則性が当り前以上のものである場合に限られます。そのような変則性を見出してしまえば、科学者や彼の専門家集団が尽すべき努力は、核物理学者たちが今日しつつあることと同じなのです。彼らは何とかして変則性を一般化しようとし、同様の効果の他のもっと解明的な現れを発見しようとし、彼らが依然として理解していると感じる現象と、変則性との間の複雑な相互関係を検討することによって、変則性に構造を与えようとするのです。この種の取り扱いを許容し得る変則性はごく少数にすぎません。許容し得るためには、変則性は、そのとき通用している科学的信条のある構造的な中心教義に対して、明瞭かつ曖昧さのない仕方で矛盾していなければならないのです。ですから、それを認識し評価することは、再び、同時代の科学伝統に対する堅固な委託に依存するのであります。

精巧でしばしば秘教的な伝統がもつこのような中心的役割こそ、科学研究に内在する本質的緊張とよぶときに私が心に抱いているものなのです。私は科学者が、少なくとも潜在的には、刷新者であり、精神的な矛盾性をもち、困難が存在すればそれに気づく用意のあることを疑いはしません。このような通俗的な定型化は確かに正しいし、それに相当する人間性の特徴に関する指標を捜すことも、したがって重要であります。しかし、このような定型化に含まれてはおらず、しかも、それに対する注意深い統合が必要であると思われるのは、同じコインの裏側なのです。もし我々が、基礎科学者はどの程度までに堅固な伝統主義者、あるいはもし私があなた方の用語を正しく使用しているとすれば求心的思考者でもあらねばならないのかを認識するならば、我々は自らの潜在的な科学的才能をより十全に発揮できるようになるのではないか、と私は思うのです。最も重要なことは、これら二つの見掛け上は不調和な問題解決の様式が、個人の内部においても集団の内部においても、どのようにして互いに調停可能であり得るのかを我々は理解しようとせねばならない、ということなのです。

以上で述べたすべてには、さらに綿密な仕上げと証拠付けとが必要です。その過程で、ある部分が変更されるということも大いにあり得るでしょう。あやふやな点も多くすべては不完全だと言いたいのですが、それでも、一義的伝統への通過儀礼として最も適切に表現される教育システムが成功した科学研究と何故それほどまでに両立し得るのかを、私の論文が示したことを願うものです。それに加えて、このような求心的な教育とそれに対応する求心的な通常研究とが可能になる以前には、科学のどの部分もきわめて広範囲かつきわめて急速に進歩することはなかったのだという科学史的な命題を、説得できたのではないかと思っています。最後に、このような科学発達の描像から人間性の相互関係を導くことは私の能力をはるかに越えてはいるのですが、生産的な科学者は前もって設定された規則に従って込み入ったゲームを楽しむ伝統主義者でなければならず、それによって彼はゲームを楽しむための新しい規則と新しい手段とを発見する成功した刷新者となり得るのだ、という描像に意味づけができたことを私は願っています。

最初の計画では、私の論文はこの時点で終るはずでした。しかし、会議の参加者たちに配布された資料論文を背景とするこの論文作成の仕事が、追記の必要を感じさせました。そこで、ありそうな誤解の源泉を除いておくことを簡単に試みると同時に、多くの研究が差し迫って必要とされる問題を提起しておきたいと思います。

以上で述べたすべてのことは、厳密に基礎科学に対してだけ当てはまると意図されています。基礎科学とは、その実践者たちが通常は比較的自由に彼ら自身の問題を選ぶことのできる営みであります。すでに示したように、これらの諸問題が特徴的に選び出されてきた分野は、パラダイムが明らかに適用可能ではあっても、どのように適用し、どのようにして自然を適用結果に一致させるのかに関して、刺激的なパズルが残されているというような分野でした。明らかに発明家や応用科学者は、一般的に、この種のパズルを自由に選んだりはしません。彼らがそこから選択する諸問題は、諸科学にとっては外的な、社会的、経済的、あるいは軍事的環境によって大抵はほとんど決定されてしまいます。悪性の病気の治療法、新しい室内照明の源泉、あるいはロケット・エンジンの強熱に耐えられる合金の探索に対する決定は、しばしば、関連する科学の状態とはほとんど無関係になされます。思うに、このような実際的種類の仕事における熟達により直接に必要とされる人間性の特徴が、基礎科学における重要な成果のために必要とされるそれとまったく同じだということは、どのような意味でも明らかではありません。科学史が示すところでは、これらの両方に卓越していた人びとはほんの少数にすぎず、そのほとんどが境界にごく近い分野で仕事をしていた人びとでありました。

この提言が我々に何をもたらすのかは、まったく明らかではありません。基礎研究、応用研究、発明の間の厄介な区別は非常に多くの研究を必要としています。けれども、次のことはありそうに思います。たとえば、科学上のパラダイムを必ずしも不可欠とはしない問題を扱う応用科学者たちは、純粋科学者たちが特徴的に受けてきた教育よりも、はるかに広範囲でより厳格でない教育から恩恵をこうむるかもしれない、ということです。確かに、技術史においては、最も初歩的な科学教育以上のものを欠いていたことが大きな助けとなったという多くの挿話が残されています。この会合では、エジソンの電燈が作られたのは、アーク燈は「分割」不可能であるという科学者たちの満場一致の意見に抗してであったことを思い出してもらう必要はないでしょう。その他にもこの種の挿話はたくさんあります。

しかしながらこのことが、単なる教育の違いが応用科学者を基礎科学者に換えたり、その逆であったりを示唆してはなりません。発明家としては理想的であり、応用科学においては「型破りな人物」であったエジソンの人間性が、基礎科学における根本的な成果から彼を阻んだということは、少なくとも主張はできます。彼自身は科学者たちに対する明らさまな軽蔑を表明し、必要なときに雇えばそれでいい頭の弱い連中とみなしていました。しかしこのことは、彼がときおり最も大雑把で最も無責任な彼自身の科学理論へと到達することを妨げはしませんでした（このパターンは初期の電気工学史でも繰り返されます。テスラもグラムも馬鹿げた宇宙的機構を推し進め、それが当時通用していた科学的知識に取って代る価値があると彼らは考えていました）。このような挿話は、純粋科学者に必要な人間性と発明家に必要な人間性とは異なっていて、応用科学者のそれはおそらくその中間に位置するだろう、という印象を裏付けています。(5)

この他にも、これらすべてから引き出される結論はあるでしょうか。一つの推定的な考えが私を襲ってきます。もし私が資料論文を正しく読んでいるとすれば、そこから示唆できるのは、あなた方のほとんどが捜しているのは実際には発明家的な人間性なのだ、ということです。それは、逸脱的思考をまさに強調し、また合衆国がこれまですでに大勢の人びとを生み出してきたような人格です。その過程で、皆さんは基礎科学者に関する本質的な必要条件のあるものを無視してしまっているのではないでしょうか。それは幾分異なった種類の人格であり、その構成員に関してはいまのところアメリカは周知のように希薄であります。皆さんほとんどが、実際にアメリカ人なのですから、この相関はまったく偶然的だというわけにはゆかないでありましょう。

第十章　思考実験の機能*

思考実験は、物理科学の発達において一度ならず決定的に重要な役割を果してきた。思考実験が人類による自然理解の増大にときおり威力を発揮する潜在的手段であることを、科学史家は少なくとも認める必要はあるであろう。けれども、思考実験がどのようにして非常に重要な効果をもつようになってきたのかは、明らかというにはほど遠いのである。両端を雷で打たれたアインシュタインの列車の場合のように、しばしば思考実験は実験室で試すことのできないような状況を扱う。(1) ときには、ボーア‐ハイゼンベルクの顕微鏡の場合のように、思考実験は完全に調べることが不可能で、自然界で必ずしも起るとは限らないような状況を仮定する。(2) このような事態は、一連の当惑を引き起してきた。この論文ではそのような当惑のうちの三つについて、一つの例の分析を拡張することを通じて調べてゆこう。もちろん、どれであれ単一の思考実験が、科学史的に重要であったすべての思考実験を代表することはできない。いずれにせよ「思考実験」という範疇は、要約するには余りにも広範囲で曖昧でありすぎるのである。多くの思考実験はここで調べるものとは異なっている。しかし、ガリレオの仕事から引かれたこの特定の例には、それ自体としての興味深さがあり、しかもその興味は、二〇世紀における物理学の変革に効果的であったある種の思考実験に明らかに類似していることによって、強化されるのである。この点の論証はしないが、この例が重要な種類の思考実験についての典型だということは、ここで指摘しておこう。

思考実験の研究から発生する主要な問題は、一連の問いとして定式化される。第一に、思考実験で想定される状況は、明らかに任意というわけではないであろうから、それはどのような真実性（verisimilitude）の条件に従わねばならないのだろう。どのような意味でどの程度に、その状況は、自然が与えることができ、あるいは実際に与えたものなのであろうか。このような当惑は次に第二の問いを指示する。成功したすべての思考実験が、それまでに得られていた世界に関する情報をその設計の中に体現していることは認めるとしても、その情報自体が実験の課題なのではない。それとは逆に、もし我々が実際の思考実験を扱うのであれば、それが依存している経験データは、その思考実験が思いつかれさえする以前からよく知られ、一般に受け入れられていたものであったに違いないのである。だとすれば、ありふれたデータだけに依存する思考実験が、どのようにして自然の新しい理解へと導くのであろうか。最後に第三の問いを最も簡単に提起すると、その結果として得られるのはどのような新しい知識あるいは理解なのであろうか。科学者たちが思考実験から学びたいと望むことが、もし少しでもあるとするなら、いったいそれは何なのだろうか。

これらの問いに対する、どちらかといえば気楽な、一組の解答が存在する。そして、すぐ後に続く二つの節で、私はそれらを、科学史と心理学からの例を引きながらより念入りに仕上げてゆこうと思う。その解答というのは——明らかに重要ではあるのだが、私の考えでは、完全に正しくはないものであり——思考実験によってもたらされる新しい理解というのは、自然に関する理解なのではなくて、科学者の概念装置 conceptual apparatus に関する理解なのだというものである。この分析における思考実験の機能とは、科学者に対して彼の考え方の中に最初から潜んでいた矛盾に気づくことを強制して、それまでの混乱の除去を助けるというものである。新しい知識の発見とは違って、既存の混乱の除去は経験データの追加を要しないように思われる。それればかりではなく、想定される状況は自然界に実在する必要すらもない。実在するどころか、混乱の除去だけを唯一の目的とする思考実験が従わねばならない唯一つの真実性の条件は、想定される状況が、科学者が彼の概念をそれまで通常に用いていたのと同じ仕方で適用できるものでなければならない、という条件だけなのである。

この解答は非常に説得的であり、しかも哲学的伝統と密接な関連をもっているので、詳細にしかも敬意をもって検討する必要がある。そのうえ、この解答を一瞥するだけでも、本質的な分析手段が示される。けれどもそこでは、思考実験が機能する科学史的状況の重要な特徴が見失われているのである。そこで、この論文の最後の二節ではこれと幾分かは違った種類の解答を捜すことにしよう。特に第三節では、当該の思考実験が実行される以前の科学者の状況を「自己矛盾を犯している」とか「混乱している」とかよぶことは、非常に誤解を招きがちであると指摘するであろう。思考実験は、科学者たちがそれ以前に信奉していたのとは違う法則や理論に到達するよう助けると言えば、我々は科学者の状況により近づいたことになる。その場合に、以前の理論が「混乱していた」とか「矛盾していた」とかよべるのは、科学の発達が廃棄することを強制したすべての法則や理論に対して混乱とか矛盾とかの言葉を当てはめる、という幾分特殊でまったく非科学史的な意味においてだけなのである。しかしながら、不可避的にこの記述は、思考実験の効果とは、それが何ら新しいデータを提供しないにもかかわらず、通常考えられているよりもずっと実際の実験が与える効果に近いのだ、と示唆することになろう。最後の節において、何故そうであるのかを示そうと思う。

実際の思考実験が既存の概念の変革や再調整に立ち会ったような科学史的な文脈というものは、不可避的にきわめて複雑である。そこで私は、非科学史的であり、それ故により単純な例から始めようと思う。その目的のために、スイスの優れた児童心理学者ジャン・ピアジェによって引き起された実験室内での概念上の転換をとりあげよう。我々のテーマから、このような見掛け上の離脱をすることに対する正当化は、進むにつれて与えられるであろう。ピアジェは子供たちを扱い、彼らに実験室内の実際の状況を見せて、次にそれに関する質問を行なった。しかしながら、対象がより成長した子供であったならば、物理的に提示してみせなくとも、単なる質問だけで同様の効果がもたらされるであろう。もしこのような質問が、対象自身から発せられたとするならば、我々は、次の節でガリレオの仕事をもとにして示すような、純粋な思考実験の状況に出会うことになるであろう。そのうえ、ガリレオの思考実験によって引き起されたまさにその転換が、実験室でピアジェによって引き起された転換に非常によく似ているのである。したがって、より初等的なこの場合から始めることによって、多くを学び取ることができるのである。

ピアジェの実験室の状況においては、一方は赤で他方は青の異なった二色のおもちゃの自動車が子供たちに示される。[3] それぞれの実験的提示の間、両方の自動車は一様に直線上を走らされる。ある場合には、両者は等しい距離を異なった時間の間に走る。他の提示のときには、要する時間は等しく、その間に一方の自動車はより長い距離を走る、走らせた各々の場合の後で、ピアジェは彼の対象の子供に、どちらの自動車がより速かったか、どうしてそれを知ることができたのか、を尋ねた。

この質問に子供たちがどのように答えたかを考察するにあたって、私は関心を中間のグループ、実験から何かを学びとることができる程度に成長していながらも、その応答が成人から期待される応答にはまだ達しない程度に未成長なグループ、に限ろうと思う。ほとんどの場合にこのグループの子供たちは、最初にゴールに達した自動車、あるいは走っているほとんどの間じゅう先頭であった自動車を、「より速い faster」と表現した。そのうえ彼らは、「より遅い」自動車の方が「より速い」自動車よりも等しい時間の間に長い距離を走った場合にも、この言葉を適用し続けた。一例として、両方の自動車が同じ位置から出発するが、赤が遅れて出発してゴールで青に追い付く、という場合の提示を検討してみよう。子供の答えに傍点を施した次のような対話が典型的である。「両方は同時にスタートしましたか」――「いいえ、青が先でした」――「両方は同時に到着しましたか」――「はい」――「一方が速かったですか、それとも同じでしたか」――「青の方がより速かったです」[4]。このような応答が表明することを、私は簡略化して、「より速い」の適用における「ゴール到着 goal-reaching」規準とよぶことにしよう。

もし、ゴール到着がピアジェの子供たちによって採用された唯一の規準であったとしたら、実験だけから彼らが学ぶことは何もなかったであろう。その場合には我々は、彼らの「より速い」の規準は成人の規準とは異なってはいるものの、彼らはこの規準を首尾一貫して採用するのであるから、違いを引き起す可能性があるのは親あるいは教育上の権威だけである、と結論したであろう。しかしながら、他の実験は、第二の規準が存在することを露わにする。しかもそれを、他ならぬいま述べたまさにその実験によってさせることすらできるのである。上に記録した提示のほとんど直後に、赤い自動車が非常に遅れてスタートし、きわめて急速に走っていってゴールで青に追い付く、というように装置を調整し直した。この場合には、以前と同じ子供との対話は次のようになる。「一方の方が他方よりも速かったですか」——「赤です」——「何故それが分るのですか」——「**私はそれを見ました**」(5)。運動が十分に急速である場合には、明らかに運動は子供たちによって直接的に感知され、しかも速いと感知されるのである(成人が時計の秒針の運動を「見る」仕方と、分針の位置の変化を観察する仕方とを比較してみよう)。ときどき子供たちは、より速い自動車の同定のために、このような運動の直接的な知覚を採用するのである。より適切な言葉が見当らないので、これに対応する規準を「絶え間ない不鮮明さ perpetual blurriness」とよぶことにしよう。

子供たちがピアジェの実験室で学ぶことを可能にしたものは、これら二つの規準、ゴール到着と絶え間ない不鮮明さ、の共存なのである。実験室がなかったとしても自然は、ピアジェのグループの年長の子供たちに、遅かれ早かれこれと同じ教訓を与えたことであろう。非常にしばしばというわけではないものの（あるいは、子供たちはこの概念をそれほど長い間もち続けることはできないので）、ときおり自然は、直接的に感知される速さの遅い方の物体が、最初のゴールに達するという状況を提供する。この場合には二つの手懸りは矛盾を来たす。子供は、物体の両方ともが「より速い」あるいは「より遅い」、さもなければ、同一の物体が「より速い」と同時に「より遅い」と言わねばならないことになる。このようなパラドクスの経験は、ピアジェの実験室でときおり驚くべき結果と共に発生した。単一のパラドクス的な実験に接して、子供たちは一方の物体を「より速い」と言い、そしてすぐ後で同じ呼称をもう一方の物体にも当てはめる。彼らの答えは、実験的配置および質問の仕方の僅かな違いに決定的に依存するようになる。ついに、彼らは自分の答えが明らかに随意的な振動をしていることに気づいて、最も賢いあるいは最も準備のできた子供たちは、成人の「より速い」という概念を発見あるいは発明することになるのである。さらに、いくらかの実践とともに、彼らのある者はそれ以後この概念を首尾一貫して使用してゆくようになるであろう。これが、ピアジェの実験室から学んだ子供たちの姿なのである。

しかし、この研究を動機づけた一組の問いに戻ることにすれば、彼らはいったい何を学び、それを何から学んだ、と我々は言えばよいのだろうか。しばらくの間、私は最小できわめて伝統的な一連の解答に限ることにしよう。それらは後の節への出発点となるであろう。ピアジェの子供たちが彼の実験室にもち込んだ知的装置 mental apparatus は、「より速い」という概念的関係の適用に対する二つの独立した規準を含んでいたので、暗黙の矛盾を内包していたのである。実験室において、実験の観察およびそれについての質問の両方を含む革新的な状況から受けた衝撃が、子供たちに矛盾に気づくことを強制したのであった。その結果、彼らのある者は彼らの「より速い」という概念を、おそらくは分岐によって、変更したのである。最初の概念は、成人の「より速い」という考えに近いものと、「先にゴールに達する」という異なった概念との二つに分離したのである。これによって子供たちの概念装置は、おそらくより豊かで、確かにより適切なものとなったのである。彼らは重大な概念上の錯誤を避けられるようになり、したがってより明確に考えられるようになったのである。

これらの解答は、さらにもう一つの解答も用意する。何故ならこれらの解答は、ピアジェの実験的状況が教育的な目的を達成するために満たさねばならない、単一の条件を指示しているからである。明らかにこれらの状況は任意であってはならない。心理学者なら、まったく異なった理由から、子供たちに木とキャベツのどちらが速いか、と問うかもしれない。そして、彼は答えを得るであろうが(6)、しかしそれによってその子供がより明確に考えるようになるということはないであろう。そうなるためには、彼に提示される状況は、最小限でも、関連のあるものでなければならない。すなわちそれは、相対的な速さを判断するときに彼がいつも採用する手懸りを提示するものでなければならないのである。一方、手懸りは通常のものでなければならないのだが、状況全体がそうである必要はない。たとえ自然自体はより速い物体が先にゴールに達するという法則で支配されていたとしても、パラドクス的な運動を表すアニメ漫画が提示されれば、子供は彼の概念に関して同じ結論に達したことであろう。したがって、真実性の物理的な条件というものは存在してはいない。実験家は、通常の手懸りの適用を許しさえすれば、彼の好むどのような状況を想定しても構わないのである。

　次に、科学史的であることを除けば、上と同じであるような概念変革の場合へと向うことにしよう。この変革もやはり、想定された状況の綿密な分析によって引き起されたものである。ピアジェの実験室の子供たちの場合のように、アリストテレスの『自然学』(*Physics*) およびその系統を引く伝統には、速さの議論で使用された二つの相容れない規準の存在を示す証拠がある。一般的な要点はよく知られているのだが、強調のためにここで取り出しておかねばならない。ほとんどの場合にアリストテレスは、運動や変化（これら二つの言葉は彼の自然学では、通常、相互に入れ替り得る）を状態の変化とみなした。したがって、「すべての変化は、あるものからあるものへである――変態する metabole という言葉自身が表しているように」[7]。繰り返されるこのようなアリストテレスの言明は、彼がどのような地上の運動であっても、それは全体として把握されるべき有限で完結する活動なのだ、と通常はみなしていたことを示している。これに対応して、彼は運動の量と速さをその端点、すなわち中世物理学の始点と終点 termini a quo and ad quem を記述する変数で測っている。

　アリストテレスの速さの考えからの帰結は、直接的かつ明白である。彼自身が述べているように、「二つの物体のうちでより速い方は、等しい時間により大きい距離を、より少ない時間に等しい距離を、より少ない時間により大きい距離を通過する」[8]。あるいは他のところでは、「同じ変化が等しい時間で達成されるところには、等しい速さがある」[9]。他の多くのアリストテレスの著作におけると同じように、これらの文章中での速さに関する暗黙の考えは、我々なら「平均速度」とよぶものに非常によく似ている。それは全体の通過距離の、全体の経過時間に対する比である。子供のゴール到達規準と同じように、速さを判定するこの仕方は我々のものとは異なっている。しかしここでも、この違いは、平均速度規準がそれ自体首尾一貫して用いられている限りにおいては、何の害も及ぼしはしないのである。

にもかかわらず、再びピアジェの子供たちと同じように、現代の観点からみると、アリストテレスはいつも完全に首尾一貫していたわけではない。彼もまた速さの判定に関して、子供たちの絶え間ない不鮮明さに似た規準をもっていたようにみえる。とりわけ彼は、運動の初め近くと運動の終り近くにおける物体の速さを、ときには区別しているのである。たとえば、静止へと至る自然的あるいは非強制的運動と、外的な駆動者を必要とする暴力的運動とを区別して、彼は「しかし、停止へと至る運動の速さはいつも増大してゆくようにみえるのに対して、暴力的にもたらされた運動の速さはいつも減少してゆくようにみえる」と述べた[10]。ここでは、いくつかの同様の文章においてと同じく、終点や通過距離や経過時間に関する何の言及もみられはしない。その代りにアリストテレスは、我々なら「瞬間的速度」と記述する平均速度とはまったく異なった性質をもつ運動の側面を、直接的にしかもおそらくは知覚的に捉えているのである。しかしアリストテレスは、そのような区別をまったく行なってはいない。事実、以下でみるように、彼の自然学における重要な実質的側面は、彼が区別し損なっていることによって条件付けられているのである。その結果、アリストテレスの速さの概念を用いる者は、ピアジェが彼の子供たちに直面させたのと非常によく似たパラドクスに出会うことになるのである。

我々はすぐにガリレオがこれらのパラドクスを露わにするために用いた思考実験を検討する。だが、その前に我々は、ガリレオの時代における速さの概念は、もはやアリストテレスが残した速さの概念とまったく同じではなくなっていたことに注目せねばならない。一四世紀の間に形相の幅 latitude of forms を取り扱うために展開されたよく知られている分析手法〔後述のマートン規則〕は、運動の研究者が使用できる概念装置を豊かなものとした。とりわけそれは、一方における運動の全速度 total velocity と、他方における運動の各点における速さの強度 intensity of velocity との間の区別をもたらした。これらの概念のうち第二のものは、瞬間速度という現代の考えと非常に類似している。第一のものは、ガリレオによるある重要な改訂を経た後にではあるが、平均速度という現代の概念へと向う大きな第一歩であった。(11) アリストテレスの速さの概念に潜在していたパラドクスの一部は、ガリレオよりも二世紀半も前に、中世の間に取り除かれていたのである。

しかしながら、中世の間の概念の転換は、ある重要な点において不十分であった。形相の幅が二つの異なる運動の比較に使用できるのは、それらが両方とも同じ「ひろがり extension」をもつとき、すなわち同じ距離を動くか、あるいは同じ時間を費やすときだけなのである。リチャード・スワインズヘッドによる次のようなマートン規則 Mertonian rule の言明は、この余りにもしばしば無視される限定を明らかにするのを助けるであろう。もし、速度の増大が一様に得られるなら「その増大のもとにおける通過距離は……、その増大分の平均の程度 degree（あるいは速度の強度）のもとにおいて、ある物体がその平均の程度（の速度）で全時間を運動したと想定したときに通過する距離にちょうど等しい」[12]。ここでは経過時間は両方の運動について同じであり、さもなければこの比較の手法は破綻してしまう。もしこの経過時間が異なっていてもよければ、強度は小さいが長時間続く一様な運動は、強度はより強い（すなわち瞬間速度はより大きい）が短時間しか続かない運動よりも、大きい全速度をもつことになってしまうのである。一般に、中世の運動の分析家たちは、潜在するこのような困難を、彼らの関心を彼らの手法で扱える比較だけに限定することによって回避したのであった。しかしながら、ガリレオはもっと一般的な手法を必要とし、それを展開する際に（あるいは少なくとも他人にそれを教える際に）、アリストテレスのパラドクス全体を前面に押し出すような思考実験を使用したのである。このような困難が、一七世紀の初めの三分の一においても依然として非常に現実的なものであったことを示す二つの確証が我々にはある。一つは、ガリレオの学者的な鋭さによる——彼の文献 text〔あるいは教科書〕は現実的な問題へと向けられていたのである。おそらくもっと印象的な確証は、ガリレオ自身がいつも困難の回避に成功していたわけではなかった、という事実である[13]。

当該の実験は、ガリレオの『天文対話』（*Dialogue concerning the Two Chief World Systems*）の「第一日」のほとんど冒頭の部分に掲載されている[14]。ガリレオの代弁者であるサルヴィアッチは彼の二人の対話者に対して、水平面ＡＢから同じ高さにまでもち上っている鉛直面ＣＢと斜面ＣＡの二つの平面を想像してほしいと求める。想像を助けるために、サルヴィアッチは次のようなスケッチを与えている。これら二つの面に沿って、二つの物体が共通の出発点Ｃから摩擦なしに滑ってあるいは転がってゆくと想定する。最後に、サルヴィアッチは彼の対話者たちに、滑ってゆく二つの物体がそれぞれＡとＢに達したとき、それらは同じインペトゥスあるいは速さ、すなわちそれらが出発したときと同じ高さにまでそれらを再び運ぶだけの速さ、を獲得したことを承認するよう求める。[15] この要求も

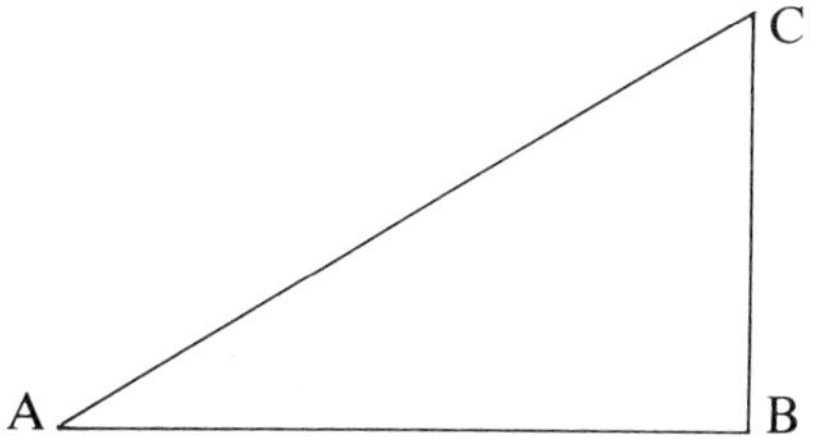

やはり認められ、サルヴィアッチはさらに進んで、対話の参加者たちに二つの物体のうちどちらの方がより速く運動したかを尋ねる。彼の目的は、当時通用していた速さの概念を用いれば、鉛直面に沿う運動は斜面に沿う運動よりも、同時に、速くもあり、同じ速さでもあり、遅くもある、ということを、参加者たちが認めざるを得なくなることに気づかせることであった。彼のもう一つの目的は、このパラドクスの衝撃によって、彼の対話者たちや読者たちに、速さは運動全体にではなく、その部分に属させるべきであると認めさせることである。簡単に言えば、この思考実験はガリレオ自身が指摘しているように、彼の『新科学論議』(*Two New Sciences*)の「第三論議」にある一様運動および加速運動に関する完全な議論への準備なのであった。この議論自体を、私はかなり圧縮し組織的なものにしよ

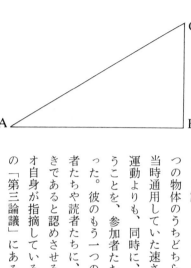

う と思う、なぜなら対話における細かいやりとりには関心がないからである。どちらが速いかと最初に聞かれたとき、対話者たちの答えは我々皆がそう答えたくなるような類いのものであった。もっとも、我々のうちでも物理学者ならもっと見識が高かったのだろうが。対話者たちは、鉛直面に沿う運動の方が明らかに速いと言った。(16) ここでは、我々が既に出会った三つの規準のうちの二つが結びついている。どちらの物体も運動しているのだが、鉛直面に沿って動く物体の方がより「不鮮明」で、しかも鉛直運動は最初にゴールに到達するのである。

しかしながら、この明らかで非常に魅力的な答えは即座に困難を引き起し、それについては対話者のうちのより賢い方、つまりサグレドが最初に気づいた。彼は、その答えは最初の承認と両立しない、と指摘する(あるいは、ほぼ指摘する――私は原著よりも議論のこの部分の拘束をやや強めている)。両方の物体は共に静止から出発し、共に等しい終速度をもつのだから、それらは等しい平均速度をもつはずである。ではどのようにして一方が他方よりも速いということがあり得るのだろうか。この時点でサルヴィアッチが再び議論に加わり、彼の対話者たちに、二つの運動のうちの速い方というのは、通常は、等しい距離を短い時間に進む方である、と定義されていることを思い起させる。さらに彼は、困難の一部は、異なる距離を進む二つの運動を比較しようとすることにあるのだ、と指摘する。その代りに彼は、対話の参加者たちに、共通の標準距離を進むときに二つの物体が要する時間を比較すべきである、とせきたてる。標準距離として彼は、鉛直面の長さCBを選ぶ。

しかしそれは問題をより悪化させてしまう。CAはCBよりも長いので、この質問に対する答えは、斜面CAに沿うどの位置で標準距離CBを測るかに決定的に依存してしまうのである。もしそれが斜面の頂上から下へ向けて測られるなら、鉛直面を運動する物体は、斜面上の物体がCBに等しい距離分を運動するために要するよりも短い時間内に、運動を終えてしまうことだろう。一方、もし標準距離が斜面底部から上へ向けて測られるなら、鉛直面を運動する物体がその運動を終えるためには、斜面上の物体がこの標準距離を通り抜けるために要するよりも長い時間を、必要とするだろう。したがって、鉛直面に沿う運動はより遅いことになる。最後に、距離CBが斜面内のある適当な部分に沿って測られるならば、二つの物体がこれら二つの標準的部分を通過するために要する時間は等しくなるだろう、とサルヴィアッチは主張する。鉛直面上の運動は斜面上のそれと等しい速さをもつのである。この時点で対話は、単一の状況に対する単一の質問に対する三つの答えを提供し、そのどれもが他の二つと両立してはいないのである。

この結果は、もちろん、パラドクスである。そしてこれこそ、ガリレオが彼の同時代人に、運動について議論し、分析し、実験するときに採用する諸概念の変化を用意させた方法、あるいは多くの方法のうちの一つなのであった。新しい諸概念が公開のために完全に展開されるのは『新科学論議』が発表されたときであったが、すでに『天文対話』で、議論がどの方向へと向うかは示されていたのである。「より速い」と「速さ」は、伝統的な意味で用いられるべきではない。ある物体はある特定の瞬間に、他の物体が同じ瞬間にあるいは他の特定の瞬間にもつよりも、より速い瞬間的な速さをもつ、と人は言うことができるのである。あるいは、特定の物体は特定の距離を、同じ物体が同じ距離あるいは他の距離を通過するよりも、より速やかに通過する、と言うこともできる。しかし、これら二種類の言明は、運動の同じ特徴を記述してはいない。「より速い」は、一方において、特定の瞬間同士での運動の瞬間的割合の比較に適用されるときと、他方において、二つの定まった運動全体の完結に要する時間同士の比較に適用されたときとでは、ある違ったものを意味するのである。ある物体は、一方の意味で「より速く」他方の意味ではそうではない、ということがあり得るのである。

概念上におけるこのような変革こそ、ガリレオの思考実験が教えるのに役立ったものであった。我々はこれに関して古くからの質問を呈することができる。明らかなことだが、最小限の答えはピアジェの実験からの帰結を考察したときに与えられたものと同じものである。アリストテレスが運動の研究に適用した概念は、部分的には自己矛盾を含んでいて、それは中世の間に完全には除去されていなかった。ガリレオの思考実験は、読者たちに彼らの思考様式に内在しているパラドクスをつきつけることによって、この困難を前面に引き出した。その結果として、この思考実験は読者らの概念装置の修正に役立ったのであった。

以上のことが正しいとすれば、我々はさらに、思考実験が従わねばならない真実性の規準を見出してゆくこともできる。ガリレオの議論においては、物体が斜面や鉛直面を下ってゆくときに実際に一様加速度運動をするのかどうかは、たいした違いを生じない。また、これら二つの平面のもち上っている高さが等しいとき、二つの物体は最低部において実際に等しい瞬間的速さをもつのかどうかも、やはり問題ではない。ガリレオはこれらの点に関する議論に煩わされることはなかった。『天文対話』

のこの部分における彼の目的にとっては、我々がこれらの事柄は正しいと仮定しさえすればそれで十分なのであった。一方、だからといって、ガリレオの実験状況の選択は任意であっても構わないというわけではない。たとえば彼は、物体が点Cから出発するときに消滅し、中間の距離を通過することなく、しばらく後に点Aで再び出現するという状況を我々に考察せよと示唆したとしても、何の役にも立たなかっただろう。そのような思考実験は「より速い」の適用限界を例示はしたであろうが、少なくとも量子論的飛躍が認識されるまでの間は、そのような適用限界は意味をもたなかったであろう。この適用限界からは、我々にしろガリレオの読者たちにしろ、伝統的に使用されてきた諸概念に関する何ものも学びとることはできなかったであろう。これらの概念は、そのような場合に適用されるように意図されたことは一度もなかったのである。簡単に言えば、もしこの種の思考実験が有効だとすれば、それは、それを実行したり研究したりする人が諸概念をそれまで彼らが使用していたのと同じ仕方で使用することを、許すものでなければならない。この条件が満たされてはじめて、思考実験はその観衆に対して、彼らの通常の概念装置に関する予期せぬ帰結をもたらすのである。

ここまでの点では、私の議論の本質的な部分は、少なくとも一七世紀以来の科学思想の分析において、伝統的な哲学的立場であったと私が思っているものによって、強く条件づけられていた。これまで我々がみてきたように、もしある思考実験が有効であるとするならば、それは通常の状況を与えるもの、すなわち、その思考実験を分析する者がそれ以前の経験だけで十分に取り扱う準備ができていると感じるような状況を与えるもの、でなくてはならない。想定される状況内にあるものはどれでも、完全に馴染みのないものや奇異なものであってはならない。したがって、きっとそうであるように、もし思考実験が自然に関するそれ以前の経験に依存するのであるならば、その経験は思考実験がなされる以前にすでに一般に周知のものであったに違いないのである。思考実験の状況のこの側面は、私がこれまで首尾一貫して引き出してきた結論の一つを指示する。思考実験は世界に関する新しい情報を何も体現してはいないので、それ以前に知られていなかったものは何も教えはしない。言いかえると、それは世界に関しては何も教えはせず、その代りに、それは科学者に彼の知的装置について教えるのだ。思考実験の機能は、それ以前の概念上における錯誤を訂正することに限られているのである。

しかしながら私は、科学史家の何人かはこの結論に不満を抱くであろうと思うし、他の人びともまた同様であろうと感じるのである。いずれにせよこの結論は、プトレマイオスの理論、燃素理論、熱素説を単なる誤謬、混乱、独断とみなし、より自由主義的で知的な科学ならば最初から避けていたであろう、とみなすようなよく知られている立場を、あまりにも思い出させすぎるのである。現代の歴史文献学の風土の中では、このような評価はますます説得力を失いつつあり、そしてこれと同じ非説得的な雰囲気がこの論文で私がこれまで引き出してきた結論を蝕ばんでしまうのである。アリストテレスは、たとえ実験物理学者であるとはいえないとしても、優れた論理学者ではあった。その彼が、彼の自然学にとってあれほど基本的な事柄において、人びとが彼に帰するような余りにも初等的な誤りを犯したということが、いったいあり得るのだろうか。また、もし犯したとしたら、いったい彼の後継者たちは、およそ二千年もの長きにわたって、その同じ初等的な誤りを犯し続けたというのだろうか。論理的な混乱だけが含まれていたすべてであって、思考実験の機能はこれらの立場全体が意味するようなあたりまえのものでしかないということが、あり得るのだろうか。私の信じるところでは、これらの質問に対する答えはいずれも「ノー」である。そしてこのような困難の根源は、思考実験はよく知られたデータだけに依存するのだから、それは世界に関して何も教えはしない、という我々の仮定にあったのである。現代認識論の用語は本当に役立つような言い廻しを提供してはくれないのだが、私はいまや、人びとは思考実験から彼らの概念についてと世界についてとの両方を学ぶのだ、と主張したい。速さの概念を学ぶときガリレオの読者たちは、物体がどのように動くかについてもやはり何かを学ぶのである。彼らにとって生じる事態は、ラヴォアジエの場合のように、新しい予期せぬ実験的発見の結果を受容せねばならない人にとって生じる事態と、非常によく似ているのである。(17)

この一連の中心的な点に近づくにあたって私はまず、我々が、子供のより速いという概念やアリストテレスの速さの概念を「自己矛盾している」とか「混乱している」とかいうときに何が意味されているるか、を問うことから始めたいと思う。少なくとも「自己矛盾している」は、その概念が論理学者たちの有名な例、四角い円のようなものだということを思わせるが、そのようなことはあり得ないのである。四角い円が自己矛盾しているのは、どの可能な世界においても実証できない、という意味においてである。要求されているような性質をもつ対象を、人は想像すらできないのである。ところが、子供の概念もアリストテレスの概念も、その意味で矛盾しているなどとはいえないのである。子供のより速いという概念は、我々自身の世界で繰り返し実証されている。矛盾が生じるのは、知覚的にはより不鮮明な物体がゴール到着には遅れるという比較的まれな種類の運動に、子供が遭遇したときだけなのである。同様に、二つの規準を同時にもつアリストテレスの速さの概念もまた、我々の周囲のほとんどの運動に難なく適用できる。問題が生じるのは、瞬間速度の規準と平均速度の規準とが、定性的な応用に対して相矛盾する答えへと導くという、再びまれな種類の運動についてだけなのである。これらどちらの場合においても、概念が矛盾していると言うのは、それを使用する個人が自己矛盾の危険を犯すという意味においてだけなのである。すなわち彼は、同じ一つの質問に対して両立しない複数の答えを与えるよう強制されかねない状況に、彼自身があることを見出すかもしれないのである。

もちろんこれは、「自己矛盾している」という用語を概念に適用したとき、通常に意味されているものではない。しかしながらそれは、上で検討した概念を「混乱している」とか「明快な考察には不適切である」と記述するとき、我々が心に抱くものであるかもしれない。確かにこれらの用語の方がこの状況にはより適合している。しかしながらこれらの用語は、我々には適用する権利がないほどの明快さや適切さの水準を暗示してしまうのである。我々は我々の概念に対して、我々の法則や理論には要求しないし要求できもしないような、可能などのような世界でも、起り得るどのような状況に対しても、それらの概念が適用されることを要求すべきなのだろうか。それとも我々は、概念に対して、我々が法則や理論に対して要求するのと同じく、我々がいつかは遭遇するかもしれないと期待されるすべての状況に対して概念が曖昧さなく適用されることを要求すれば、それで十分なのではあるまいか。

これらの問いの妥当性を調べるために、すべての運動が一様な速度で生じる世界を想像してみよう（この条件は必要以上に強すぎるのだが、それは議論を明快にするのに役立つであろう。必要なもっと弱い条件というのは、どの規準からであれ「より遅い」物体が「より速い」物体を追い越すことはけっしてないことである。私はこのより弱い条件を満たす運動を「準一様 quasiuniform」とよぼうと思う）。この種の世界において、アリストテレスの速さの概念が実際の物理的状況によって脅かされることはけっしてない。なぜなら、そこではどのような運動についても、瞬間速度と平均速度は一致しているからである。[18] それでは、この想像上の世界においてアリストテレスの速さの概念を首尾一貫して使用している科学者を見出したとしたら、我々はどう言えばよいのだろうか。彼が混乱している、とは言えないと私は思う。彼がこの概念を適用したことによって、彼の科学や論理の何かがうまくゆかなくなる、というようなことはあり得ない。その代りに、我々自身のもつより広範囲の経験とそれに対応するより豊富な概念装置に照してみれば、彼は、意識的にせよ無意識的にせよ、彼の速さの概念の中に彼の世界では一様な運動だけが生じるだろう、という期待を込めてしまっていると我々は多分言うであろう。すなわち、彼の概念は部分的には自然法則、彼の世界では常に満たされるものの我我の世界ではときおりにしか満たされない法則、として機能していると我々は結論するであろう。

アリストテレスの場合に対しては、もちろん、我々はこれとまったく同じことを言うことはできない。たとえば彼は、落下物体が運動とともに速さを増すことを知っていたし、ときおり認めてもいた。

ところが一方、アリストテレスはこの情報を彼の科学的意識のまさに限界近くに止めたままにしていた、ということを示す多くの証拠が存在しているのである。彼は可能なときにはいつも、そしてしばしば可能だったのだが、運動を一様である、あるいは一様運動の性質をもつとみなしていて、このことからの帰結は彼の自然学に影響するところが大きかった。たとえば、前節において我々は彼の『自然学』からの一文を検討した。それは「より速い運動」の定義とみなされるもので、「二つの物体のうちでより速い方は、等しい時間により大きい距離を、より少ない時間により大きい距離を通過する」である。これをその直後に続く次の文章、「AはBよりも速いと仮定しよう。二つの物体のうちでより速やかに変化する方がより速いのであるから、AがCからDへと変化する時間FGの間に、BはまだDには到達しておらず、それ以前の状態である」と比較してみよう。[19] こちらの言明は、もはやまったくの定義だというわけではない。そうではなく、それは「より速い」物体の物理的振舞いに関する言明なのであり、そのようなものとしてのこの言明は、一様あるいは準一様な運動をする物体にしか通用しないのである。[20] ガリレオの思考実験に負わされた責務のすべては、この言明あるいはそれに類似する他の言明――伝統的な「より速い」の概念が支持する定義だけから不可避的に出てくると思われる言明――が、我々の知っている世界では通用せず、したがってこの概念は修正を要する、ということを示すことである。けれども、アリストテレスはさらに進んで、準一様運動という彼の見地を、彼の理論体系の中に深く織り込んでしまっていた。たとえば、先の言明が引用された段落のすぐ次の段落では、彼はこの言明を利用することによって、もし時間が連続的なら空間もまた連続的でなければならないことを示しているのである。彼の議論は、上では暗黙のうちになされていた次のような仮定、もし運動の終点において物体Bが他の物体Aよりも遅れているならば、Bは途中のすべての点においても遅れている、に依存している。この場合には、Bは空間の分割のために、Aは時間の分割のために使用することができる。もし一方が連続的であれば、他方もまた連続的でなければならない(21)。しかしながら残念なことに、先の仮定は、たとえば遅い方の運動は減速してきたのに対して速い方の運動は加速してきた、というような場合には成り立たないのである。それでもアリストテレスは、この種の運動を除外しておく必要をまったく感じてはいない。ここでも再び彼の議論は、すべての運動に一様運動のもつ定性的性質をもたせること、に依存しているのである。

運動に対する同様の見地が、アリストテレスのいわゆる運動の定量的法則を展開する議論においても前提となっている(22)。一例として、物体の大きさおよび経過時間だけに対する通過距離の依存性を考えてみよう。「もし時間Dの間に起動者 movent Aが、Bを距離Cだけ動かしたとすると、同じ時間内に同じ力Aは $^1/_2$Bを Cの二倍の距離だけ、また $^1/_2$D の時間内にAは $^1/_2$BをC全体の距離だけ動かす。このようにして比例の法則が観察される(23)」。すなわち、力と材質が一定であれば、通過距離は経過時間に正比例し、物体の大きさに逆比例するというのである。

現代人の耳にはいやでもこれは奇妙な法則のように聞こえてくる、それでも多分それは通常思われてきたほどには奇妙ではないのである。[24] そして、アリストテレスの速さの概念——ほとんどの適用においては何の問題も生じない概念——に照せば、それは利用可能な唯一の単純な法則であることが即座に分るのである。もし運動が平均速度と瞬間速度とが等しいようなものであったとし、他の事情が同じであるならば(ceteris paribus)、通過距離は経過時間に比例するに違いない。そのうえ、もしアリストテレス(そしてニュートン)とともに仮定「二つの力のそれぞれが二つの錘の一方をある時間内にある距離だけ動かすならば、……二つの力は連結された二つの錘を等しい時間内に等しい距離だけ動かすであろう」をたてれば、速さは力と物体の大きさとの比のある種の関数でなければならない。[25] アリストテレスの法則は、その関数は利用可能な最も単純な関数、すなわち比そのもの、だと仮定することによって即座に得られるのである。おそらくこれは、運動の法則へと到達する合法的な方法だとは言えないかもしれない、しかしガリレオの手続きもしばしばこれと同じなのである。[26] この特定の観点からみると、ガリレオとアリストテレスとを隔てていた主要なものは、前者が異なった速さの概念から出発していたという点なのである。ガリレオはすべての運動が準一様だとはみなさなかったのであるから、外力、物体の大きさ、その他とともに変り得る量は、速さだけではなかったのである。ガリレオは、加速度の変化をも同じように考慮に入れることができたのであった。

このような例はさらに数を増やすこともできる。しかし、私の論点はすでに明らかであろう。平均速度と瞬間速度という現代の別々の概念がごちゃまぜになっているといったような、アリストテレスの速さの概念は、彼の運動理論全体にとって不可欠な部分なのであり、彼の自然学全体に対して強い意味合いをもっているのである。この速さの概念がそれほどまでの役割を果し得たのは、混乱していようといまいと、それが単なる定義ではなかったからなのである。そうではなく、それは物理的な意味合いをもっていたのであり、部分的には自然法則としても振舞ったからなのである。すべての運動が一様か準一様かであるような世界では、そのような物理的な意味合いは観察からも論理からも脅やかされるようなことはあり得ず、アリストテレスはあたかも彼がその種の世界に生きているかのように振舞ったのである。もちろん実際には彼の世界は違うものであったのだが、それでも彼の概念はあまりにもうまく機能し、観察との間の潜在的な矛盾はまったく感知されないままであった。そうである限りにおいては――すなわち、概念の適用における潜在的な困難が顕在的なものとなるまでは――我々がアリストテレスの速さの概念を混乱しているとよぶことは、適当ではないのである。もちろん我々は、時代遅れとなった法則や理論を「誤っている」とか「間違っている」とかよぶのと同じ意味でなら、この速さの概念を「誤っている」とか「間違っている」とかよぶことはできる。そのうえ、我々はサルヴィアッチの対話とともに、この概念は間違っているのだから、この概念を使用する人は混乱を起しやすい、と言うこともできよう。しかし私が思うには、この概念自体に何ら固有の欠陥を見出すことはできないのである。その欠陥は論理的な一貫性にあるのではなく、それが適用できると期待される世界の完全な微細構造に対して、それは適合することに失敗した、という点にあるのである。それ故、その欠陥を認識するようになるということは、その概念についてばかりではなく、必然的にその世界についても学ぶということにならざるを得ないのである。

もし、このような個々の概念のもつ法則定立的内容 legislative content が奇異な考えと感じられるなら、おそらくそれは、私がここでそれへと接近した文脈に原因があるのだろう。言語学者にとっては、このような論点は、たとえそれが議論の多いものであったとしても、B・L・フォーフの著作を通じてずっと以前から馴染み深くなっていたものであった。[27] ブレスウェイトはラムゼーに従って同様の命題を展開し、論理モデルを使用して、比較的基本的な科学概念 scientific concepts の機能までも特徴づけるような法則と定義との込み入った混合物を提示してみせた。[28] さらに一層論点に関連が深いのは、科学概念を構成する際における「還元文 reduction sentences」の使用に関する最近のいくつかの論理学上の議論である。還元文というのは、所与の科学概念が適用される観察的あるいは試験的な条件を（ここでは関わる必要のない論理形式によって）指定するものである。事実、この文は、ほとんどの科学概念が実際に獲得される文脈と密接な類似を示すのである。そしてここから、次の二つのきわめて顕著な特徴が特に重要になる。第一は、科学理論の中で使用されるのに必要となる程度の適用範囲をある概念に付与するためには、いくつかの――ときには非常に多くの――還元文が要求される、ということである。第二は、単一の概念の導入のために一つ以上の還元文が用いられるや否や、これらの還元文は「経験法則の性格をもつ言明」を意味するようになり、「一組の還元文は、概念の機能と理論形成の機能とを特有の仕方で結合させる」、ということである。[29] この引用は、その前の文とともに、我々がまさに検討していた状況をほとんど記述しつくしている。

しかしながら、科学概念の法則定立的機能を認識するために、論理学や科学哲学へと完全に移行してしまう必要はない。他の面において、この機能は、元素、種、質量、力、空間、熱素、エネルギーといったような概念の発達を綿密に調べた科学史家には、すでに馴染み深いものとなっているのである。(30)これらや他の多くの科学概念に出会うのは、いつも、それらを定義するために完全に切り離してしまうことのできない法則、理論、予測の母体の中においてなのである。これらの概念が何を意味するのかを見出すために、科学史家はそれらについて何が言われているか、および、それらがどのように使われているか、の両方を調べなければならない。その過程で彼は、いつもそれらの概念の使用法を規定する数多くの異なった諸規準を見出し、しかもそれらの諸規準の共存を理解することは、その概念を使用する人を導いている他の多くの科学上の（ときには科学外的な）信念への参照によってのみ可能となるのである。ここから分るのは、これらの概念は可能などのような世界に対してもではなく、科学者が見ているまさにこの世界だけに適用されるよう意図されている、ということである。それらの使われ方は、法則や理論の総体に対する彼の委託 commitment を表す一つの指標なのである。また逆に、その信念総体の法則定立的内容の一部は、それらの概念自身によっても荷われているのである。この理由によって、これらの概念の多くはそれが機能する科学史そのものと同程度の広がりの歴史をもっているにもかかわらず、それらの意味や使用の規準が、科学発達の過程であれほどしばしば、あれほど極端に変ってきたのであった。

最後に再び速さの概念に戻ると、それはガリレオによる変革を最後に論理的にきっぱりと明確になったというわけではなかった。先行者であるアリストテレスのそれと同じようにガリレオの速さの概念も、自然の振舞い方に関して意味するもの implications から完全に自由だというわけではなかった。その結果、再びアリストテレスの速さの概念と同じように、ガリレオのそれもまた、蓄積された経験によって疑問に付されるようになってゆく。それが前世紀の終りと今世紀の初めに生じたことであった。この挿話はあまりにも有名なので、これ以上の議論は必要ないであろう。加速度運動に適用されたとき、ガリレオの速さの概念は物理的に加速されていない一組の空間座標系の存在を当然のこととして含んでいた。これがニュートンのバケツの実験が与えた教訓であり、この教訓を一七世紀および一八世紀における相対論者の誰も説明し去ることはできなかった。そのうえ、この論文で用いている改訂された速度概念は、直線運動に適用されたとき、いわゆるガリレイ変換方程式が正しいことを当然のこととして含むが、この方程式は、たとえば物質や光の速度の合成のような、物理的性質をも規定しているのである。ニュートンにおけるような法則や理論の超構造 superstructure の助けに頼らなくとも、これらの方程式は世界がどのようであるかについて非常に重大な情報を提供しているのである。

あるいはむしろ、提供していた、と言うべきであろう。二〇世紀物理学の最初の偉大な勝利の一つは、そのような情報を疑問に付す可能性を認識することと、その結果生じた速度、空間、時間概念を再構築することであった。そのうえ、この概念を再構築するさい、思考実験は再びきわめて重要な役割を演じたのである。我々がガリレオの仕事を通じて調べてきた科学史的な過程は、これ以後、諸概念の同様の配置に関して繰り返されることになった。このような科学史的過程はきっと再び生じるで

読者カード

みすず書房の本をご愛読いただき，まことにありがとうございます．

お求めいただいた書籍タイトル

ご購入書店は

・新刊をご案内する「パブリッシャーズ・レビュー　みすず書房の本棚」（年4回 3月・6月・9月・12月刊，無料）をご希望の方にお送りいたします．

（希望する／希望しない）

★ご希望の方は下の「ご住所」欄も必ず記入してください．

・「みすず書房図書目録」最新版をご希望の方にお送りいたします．

（希望する／希望しない）

★ご希望の方は下の「ご住所」欄も必ず記入してください．

・新刊・イベントなどをご案内する「みすず書房ニュースレター」（Eメール配信・月2回）をご希望の方にお送りいたします．

（配信を希望する／希望しない）

★ご希望の方は下の「Eメール」欄も必ず記入してください．

・よろしければご関心のジャンルをお知らせください．
（哲学・思想／宗教／心理／社会科学／社会ノンフィクション／教育／歴史／文学／芸術／自然科学／医学）

（ふりがな） お名前　　　　様	〒
ご住所　都・道・府・県　　市・区・郡	
電話　（　　　）	
Eメール	

ご記入いただいた個人情報は正当な目的のためにのみ使用いたします．

ありがとうございました．みすず書房ウェブサイト http://www.msz.co.jp では刊行書の詳細な書誌とともに，新刊，近刊，復刊，イベントなどさまざまなご案内を掲載しています．ご注文・問い合わせにもぜひご利用ください．

郵便はがき

料金受取人払郵便

本郷局承認

2074

差出有効期間
2019年10月
9日まで

113-8790

東京都文京区
本郷2丁目20番7号

みすず書房営業部 行

通信欄

（ご意見・ご感想などお寄せください．小社ウェブサイトでご紹介
させていただく場合がございます．あらかじめご了承ください．）

あろう。なぜなら、この過程はそれを通じて科学が発達する基本的な過程の一つだからである。

私の議論はいまやほとんど終りに近づいた。まだ見落としている要素を見出すために、これまで議論してきた主な論点を簡単に要約してみよう。私はまず、一群の重要な思考実験が機能を果すのは、科学者に彼の思考様式の中に潜んでいた矛盾を突きつけることによってである、と述べた。このような矛盾に気づくことは、次にはそれを除くための本質的な準備のようにみえてくる。思考実験の結果として明確な概念が展開され、それまで用いられていた混乱した概念にとって代る。しかしながら、一層綿密に検討することによって、このような分析における本質的な困難が露呈してきた。思考実験の余波において「訂正される」諸概念は、何ら固有の混乱を提示してはいなかったのである。もしそれらの諸概念が科学者に対して問題をなげかけるとしたら、それらの問題は、どれであれ、実験によって基礎づけられた法則や理論が彼になげかけるものと類似しているのである。すなわち、それらが生じるのは、彼の知的装備 mental equipment の中だけからではなく、その知的装備をそれまで同化されていなかった経験に適合させようとする試みで見出された諸困難の中からなのである。論理だけというよりもむしろ自然自体が、この明らかな混乱の原因をなしていたのである。このような状況から私は次のように語った。ここで検討したような思考実験から、科学者はその諸概念ばかりではなく自然そのものについても学ぶのだ、と。科学史的にみれば、思考実験の果す役割は、実際の実験室における実験や観察の果す次のような一人二役的役割にきわめて近いものである。まず第一に、思考実験は、それまで支持されていた一組の予測に対して自然が適合し損なっていることを、明らかにすることができる。そのうえさらに、思考実験は、予測と理論の双方がそれ以後に改訂されねばならない特定の仕方を示唆することもできるのである。

しかし――残された問題を提起するなら――それではいったいどのようにして思考実験はそのような役割を果せるのだろう。実験室でなされる実験がこれらの役割を果せるのは、それが科学者に新しくしかも予期せぬ情報を提供するからである。それに反して思考実験の場合は、すでに手許にあった情報に完全に依存せざるを得ない。もしこれら二つがそのように似た役割を果すとしたら、それは、思考実験はときおり科学者を、手許にありながらも、それと同時に何故か彼が近づくことのできなかった情報へと、近づかせるからに相違ないのである。そこで以下では、簡単でしかも不完全にならざるを得ないのではあるが、何故このようなことが生じ得るのか示してみよう。

他のところで指摘したことであるが、成熟した科学的専門の発達は、通常、個々の研究者が職業教育を通じて身に付けた概念、法則、理論、実験技術の密接に統合された総体によって、ほとんど決定される。(31) そのような長期間の立証に耐えてきた信念と予測の織り物は、科学者に世界はどのようであるのかを告げ、それと同時に、依然として職業的関心を要求する諸問題を定義する。これらの諸問題は、もし解かれれば、一方における既存の信念、他方における自然の観察の両者の間の一致の精確さと範囲とを拡張するのである。諸問題がこのような方法で選ばれると、過去における成功は、未来における成功をもたいていは保証するものである。科学研究が解かれた問題から解かれた問題へと着実に前進してゆくようにみえる一つの理由は、専門家たちが彼らの関心の的を、すでに手許にある概念上、装置上の技法で定義される諸問題に絞ってきたからだ、ということなのである。

しかしながら、このような問題選択の様式は、短期的な成功をとりわけ見込みの大きいものとしてはいるが、他方、長期的な失敗を保証してもいるのであり、むしろこちらの方が科学発達にとっては一層重要にすらなっている。このような制限された研究パターンが科学者に提供するデータでさえ、彼の理論から導出された予測に完全に精確に一致するということはけっしてない。一致し損なった事柄のうちのあるものは、彼の日頃の研究課題を提供する。しかし他のものは意識の周辺へと押しやられ、さらにあるものは完全に隠蔽されてしまう。通常は、そのような変則性を認識し直面させることなどできないということが、結局のところ正当化されることとなる。よくあることだが、装置の僅かな調整や既存の理論を少し明確にすることによって、法則に対する見掛け上の変則性は最終的に消去されてしまう。変則性に遭遇するつどに立ち止まって考えることは、絶え間ない動揺を招いてしまう(32)。しかしすべての変則性が、既存の概念上、装置上の織り物の僅かな調整に反応するというわけではない。反応しない変則性のあるものは、とりわけ際立ったものである。あるいは多くの異なった研究室において繰り返し発生するものであるという理由から、無制限に無視し続けることはできなくなってしまうのである。それらは同化されないままではあっても、科学者集団の意識に対してますます大きな力を振ってゆくこととなる。

この過程が続くにつれて、科学者集団の研究パターンは次第に変化してゆく。まず最初に、同化し得ない観察の報告が、研究室の記録のページや出版された報告内の余談の中にますますしばしば現れるようになる。次にはますます多くの研究が、変則性そのものへと向けられるようになる。変則性を法則的なものに変えようと試みる者は、それまで長い間、疑問を抱くことなく共通に支持していた諸概念や諸理論の意味について、ますます言い争うようになる。彼らの何人かは、科学者集団をそのときの難局へともたらした信念の織り物を批判的に分析し始めるであろう。ときには哲学さえもが、通常はそうではないにもかかわらず、合法的な科学的手段となるであろう。思うに、このような科学者集団の危機的兆候のあるものあるいはすべては、頑固な変則性を除去するために、ほとんどいつも要求される根本的な概念の再構築へ向けての不変の前奏曲なのである。そのような危機が終りを遂げるのは、典型的に、あるとりわけ想像力の強い個人あるいはグループが、法則、理論、概念の新しい織り物を織り上げて、それまで辻褄が合わなかった経験と、それまでに同化されていた経験のほとんどあるいはすべてを、同じように同化されるようにしたときだけなのである。

このような概念の再構築過程を、私は他のところで科学革命と名づけた。そのような科学革命は、先述の概観が意味するほどに全面的なものとは限らないのではあるが、それらは一つの本質的な特徴を共有しているのである。科学革命に必要なデータは、科学革命以前から科学的意識の周辺に存在し続けていた。危機の発生はそれらを関心の中へともたらし、革命的な概念の再構築によってそれらは新しい見方でみられるようになる。(33) 科学革命前には科学者集団の知的装置に抗しておぼろげに知られていた事柄が、科学革命後にはその知的装置のおかげで精確に知られるようになるのである。

このような結論、あるいは結論の配置は、もちろん、ここで一般的証拠提出をするにはあまりにも壮大で不明確でありすぎる。しかし私が言いたいのは、ある一つの限定された応用についてならば、その多くの本質的要素に対してすでに証拠提出がなされている、ということである。予測の失敗によって引き起されその後に科学革命が引き続く危機こそ、これまで我々が検討してきた思考実験の状況の中心に位置するものなのである。逆に言えば、思考実験こそ、危機の間に展開され、次には根本的な概念の改革をよび起す本質的な分析手段の一つなのである。思考実験からの帰結というものは、科学革命からの帰結と同じようなものなのであろう。思考実験によって、それまで自分の知識が近づき難くしていた事柄を、その知識の不可欠な一部として科学者は使用できるようになるのである。これこそ、思考実験が彼の世界についての知識を変える仕方なのである。そして、このような効果をもつからこそ思考実験は、アリストテレス、ガリレオ、デカルト、アインシュタイン、ボーアといった新しい概念の織り物の織り手の著作の中に、あれほど際立って群をなしているのである。

さて、最後に簡単に、ピアジェおよびガリレオに基づく我々自身の実験へと戻ることにしよう。私が思うに、これらの実験において我々が困難を感じた点は、実験対象者がすでに確かに保持していたと我々が感じていた情報とは矛盾するような自然法則が、実験前の知性の中に潜在的に見出されるという点なのであった。もちろん、我々の実験対象者がそもそも実験的状況から何かを学び取ることができたというのは、実験対象者がこのような情報を保持していたからに他ならない。このような状況下において、彼らがこの矛盾に気づいていなかったということが我々を戸惑わせた。彼らには学ぶべき何がいまだあったのか、我々には不可解であった。したがって我々は、彼らを混乱しているとみなさざるを得なかったのである。私が思うに、状況をこのように表現することはまったくの誤りだというのではなく、ただそれは誤解を招きがちなのである。私自身の結論としての代替物は部分的には隠喩とならざるを得ないのではあるが、私は代替として次のような表現を主張したい。

我々が出会うまでのしばらくの間、我々の実験対象者は自然を処理するにあたって、我々自身が用いているのとは異なった概念的な織り物を用いて成功を収めていた。この織り物は長期間の試練に耐えてきたし、それまで実験対象者に困難をつき付けたこともなかった。けれども、我々がその対象者に出会ったときのような場合に、彼らはついに、世界を扱う彼らの伝統的な様式には同化できないような多様な経験をしたのである。この時点において、彼らはその概念を根本的に練り直すために不可欠な経験のすべてを手にしていたのである。しかし、その経験には彼らにはいまだ分からない何かが含まれていた、彼らにはそれが何かいまだ分からないので、彼らは混乱に巻き込まれてしまい、おそらくはすでに不安を感じていたのであろう。(34) しかしながら、完全な混乱が到来したのは思考実験の状況においてのみであり、そのときそれはその治癒の前奏曲として到来したのである。感じられていた変則性を具体的な矛盾へと転換させることによって、思考実験は我々の実験対象に何がうまくいっていなかったのかを教えたのである。このようにして、経験と暗黙の期待との間の不一致を初めて明確にしたことが、状況を正すのに必要な手懸りを提供したのであった。

思考実験がこのような効果をもち得るためには、それはどのような特徴をもたねばならないのだろうか。以前の私の解答の一部分は依然として有効である。もし思考実験が伝統的な概念装置と自然との間の不一致を露わにするものなのであれば、想定される状況は、科学者に対して、彼が通常に使用する概念をそれまで彼が使用していたのと同じ仕方で使用させるものでなければならない。すなわち、その状況は通常の用法を歪めるものであってはならないのである。これに対して、以前の私の解答のうちで物理的な真実性を扱った部分については、いまや修正が必要となった。以前の解答では、思考実験は純粋に論理的な矛盾や混乱へと向けられることが前提とされ、したがって、そのような矛盾を提示できるものならどのような状況でもよく、すると、物理的な真実性に関しては何の条件も存在しないはずなのであった。しかしながらもし我々が、自然と概念装置とは結合し合って思考実験が提示する矛盾の中に巻き込まれてしまっているのだ、と考えるならば、もっと強い条件が要求されることとなる。想定される状況は潜在的にすら実現可能であることを要しないのではあるが、その状況から導かれる矛盾は自然自身が提供できるものでなければならない。実際には、この条件ですら十分なほどには強くない。この実験的状況において科学者が遭遇する矛盾は、どれほど不明確であろうとも、それ以前に彼が遭遇していた類いのものでなければならない。もし彼がすでにそのような経験をもっていなかったとするならば、彼には思考実験だけから学び取るだけの用意はまだできていなかったはずなのである。

第十一章　発見の論理か探究の心理か*

この論文の目的は、科学の発達に関して私が『科学革命の構造』において概説した見解と、〔「批判と知識の成長について」と題されたこのシンポジウムの〕議長であるカール・ポパー卿のよく知られた見解とを対置することである。(1) 通常ならば、私はこのような試みは断っていたであろう。というのも、私は対決の効用に関してカール卿ほど楽天的にはなれないからである。さらにまた、私はあまりにも長い間彼の研究を賞賛し続けてきたので、今になって簡単に批判者に転じることはできそうにもない。そうなのではあるが、この機会にそのような試みをしなければならないと思っている。二年半前の私の本が出版される以前から、私の見解と彼の見解との関係に、しばしば困惑させられるような特殊な特徴があることに私は気づき始めていた。私の見解と彼の見解との関係、および、そうした関係に関して私が遭遇したさまざまな反応からして、二人の見解を学問的に比較すれば何か特別なことを明らかにできるのではないかと考えるようになってきた。なぜそのように私が考えるようになったのかをこれから述べることにしよう。

カール卿と私の科学観は、明示的な形で同一の問題を取り上げているときには、ほとんどいつでも同一である。[2] 我々はどちらも、科学の研究成果の論理的構造よりもむしろ、科学知識が獲得されるダイナミックな過程に関心をもっている。そのような関心を前提として、我々はともに、実際の科学者の活動に関する諸事実や活動精神を正当なデータとして強調しており、それらを見出すためにしばしば歴史を参照する。集められた共通のデータから、我々は共通の結論を数多く引き出している。我々はともに、科学が累積的に進歩するという見解を拒絶する。そしてその代りに、古い理論が拒絶され、それと矛盾する新しい理論に取って代られる革命的な過程を強調している。[3] また、論理や実験や観察によって課される挑戦への対処における古い理論の時おりの失敗がそうした革命的な過程の中で果す役割をきわめて強調している。最後に、古典的実証主義の最も特徴的なテーゼの多くに反対であるという点でも、カール卿と私は一致している。たとえば我々はともに、科学的観察が科学理論と不可避的な形で密接に絡み合っていることを強調している。そしてそれに対応して、何らかの中立的な観察言語を創りだそうとする試みに対してはともに懐疑的である。また我々がともに主張しているのは、科学者たちは、観察された現象を説明する理論の構築、しかも実在的な対象（この言葉によって何を意味するにせよ）を用いて説明する理論の構築を目指すのが妥当なのだ、という点である。

このように列挙しても、カール卿と私が一致している諸論点をすべて尽しているわけではけっしてないが、[4] それにもかかわらず現代の科学哲学者たちの間でカール卿と私をともに同じ少数派とするには、すでに十分であろう。一般に哲学者たちの中ではカール卿の支持者たちが私の本の最も好意的な読者であるのはたぶんそのためであろう。私はこのことに感謝し続けてきた。しかし私の感謝の気持ちは混ざりけのない純粋なものとはいえない。というのも、そのグループの共感を引き起すもとであるそのような一致がまた、そのグループの関心をあまりにもしばしば誤った方向に導くからである。カール卿を支持する者にとって、私の本の大部分の箇所はカール卿の古典的著作『科学的発見の論理』の最新改訂版（一部の人にとっては、思いきった改訂版）の諸章としてしばしば読むことができるということは明らかである。カール卿の支持者の一人は、私の『科学革命の構造』で概説されている科学観は古くからの常識だったのではないだろうかと問うた。またもう一人は、より寛大にも、私が独創的であったのは、理論の革新が示すのとよく似たライフ・サイクルを事実の発見もまた示すということを証明した点だと指摘した。さらにまた、おおむね私の本に満足を表明しながらも、カール卿と私の不一致がきわめてはっきりとしている比較的二次的な二つの論点に関してだけ論じる人もいる。その二つの論点というのは、伝統に対する深い関わりの重要性を私が強調している点と、「反証」という用語の含意に対して私が不満を示している点である。要するに、これらの人びとは皆、きわめて特殊なメガネを通して私の本を読んでいるのである。それは私の本のもう一つの読み方である。その特殊なメガネからの眺めが誤っているというわけではない――私とカール卿との一致は実際に存在するし、しかも、それはかなりの程度の一致である。しかし、ポパー派以外の人びとはほとんどの場合、私の本を読んでもそうした一致が存在することに気づきさえしない。けれども、私が中心的な論点と思っていることを（必ずしも好意をもってというわけではないが）非常にしばしば認知しているのはこれらポパー派以外の人びとなのである。ゲシュタルト転換は私の本の読者を二つあるいはそれ以上のグループに分けてしまうと私は思っている。あるグループにとってはきわだった類似と見えるものが、別のグループには実質的にまったく見えないのである。どうしてこうしたことが起り得るのかを理解したいという気持ちが、私とカール卿の見解をここで比較しようとする動機となっている。

しかしながら必要とされるのは、単なる逐一的な対置による比較ではない。重点を置くべきなのは、我々の間に二次的な不一致が時たま見受けられる周辺的領域ではなく、我々が一見一致しているように見える中心的な領域なのである。事実、カール卿と私は同一のデータを取り上げる。我々は驚くほど、同じ論文の同じ行に着目する。そのような同じ箇所や同じデータについて尋ねられたなら、しばしば我々は実質的に同一のことを答える。少なくとも、問いとそれに対する答えという形式で尋ねられたときには、どう見ても同一と思われるようなことを答えるのである。それにもかかわらず、私は上に述べたのと同じような経験から、我々が同じことを言っているときでさえ、その意図はしばしばまったく異なっていると確信している。同一の行であっても、そこから立ち現れる描像は同一ではないのである。私が、我々の間の隔絶を指して不一致ではなくゲシュタルト転換と呼んでいるのはこのためなのである。また私が、そうした隔絶をどうすれば最もよく探究できるかについて、困惑させられると同時に興味をそそられるのもこのためである。科学の発達について私が知っていることは何でも知っており、いくつかの箇所でそのように語ってすらいるカール卿に対して、彼がアヒルと呼んでいるものがウサギとして見ることもできるのだ、と納得させることはどうすればできるのだろうか。

私が指摘し得る全てのことをすでに自分自身のメガネを通して見るようになってしまっているカール卿に対して、私のメガネをかければどう見えるのかを示すには、どうすればよいのだろうか。

こうした状況の下では、戦略の転換が必要である。自然に思い浮かぶのは次のようなことである。カール卿の数多くの主要な本や論文をもう一度読み返してみて、私は一連の語句に繰り返し何度も遭遇した。私はそれらの語句を理解もできるしまったく同意できないというわけでもないのだけれども、それらは私であれば同じ箇所でけっして用いないであろうような言葉づかいなのである。疑いもなくそれらの言葉づかいが用いられているのは非常にしばしば、カール卿が別の場所で完璧な記述を行なった状況に対して修辞的に隠喩として適用された場合である。にもかかわらず、ここでの目的のためには、直截な記述よりも、私には明らかに不適当と思われるそれらの隠喩の方が役立つであろう。すなわち、それらの隠喩は、注意深い文字通りの表現ならば覆い隠してしまう文脈上の相違を、徴候的に示すであろう。もしそうであれば、それらの言葉づかいは、論文上の行としてではなく、ゲシュタルト図形の見方の変換を友達に教えるときに、人が取り出して見せるウサギの耳やショールや喉のリボンのようなものとして機能するであろう。少なくとも私はそうあってほしいと願っている。私は言葉づかいのそのような差異として四つのものを考えている。これから順次それらを取り上げてゆくことにしよう。

カール卿と私が一致している最も基本的な論点の一つに、科学知識の発達の分析の際には、科学が営まれてきた実際の仕方を考察しなければならないという主張がある。しかしそうであるがゆえに私は、彼が繰り返し行なっている二、三の一般化に驚くのである。その一つは、『科学的発見の論理』の第一章の冒頭の文章である。そこでカール卿は、「科学者は、理論家であれ実験家であれ、言明もしくは言明の体系を提示し、それらを一歩一歩着実にテストする。経験科学の分野ではとりわけ、科学者は仮説または理論の体系を構築し、それらを観察と実験による経験とつきあわせてテストする」(5)と書いている。この言明は事実上の決まり文句となっている。しかしながら、この言明の適用の際には三つの問題がある。一つは、「言明」あるいは「理論」において〔後述する〕二種類のうちのどちらがテストされるのかが明確にされておらず曖昧だという点である。この曖昧さを取り除くことは、カール卿の著作の他の箇所を参照することによって確かに可能ではある。しかしそのようにして明らかになる一般化は、歴史的に見て誤っているし、しかもこの誤りは重大である。というのは、そのように曖昧でない形にされた記述は、科学を他の創造的探究活動から最もはっきりと区別しているまさにその科学的実践の特徴を見失っているからである。

科学者が系統的テストに繰り返しかけるある種の「言明」ないし「仮説」がある。私が念頭においているのは、彼自身の研究課題を〔科学者集団に〕受容されている科学知識の全体へと関連づける適切な方法について個々の科学者がなす最善の推測的言明である。たとえば個々の科学者は、ある化学的に未知な物質が希土類塩を含んでいるのではないかとか、実験用のネズミが肥満になったのはエサにある特定の成分が含まれているのが原因ではないかとか、新たに発見されたスペクトル・パターンは核スピンの効果として理解されるべきではないかなどといった推測を行なう。どの場合においても、次になされる研究のステップは、その推測あるいは仮説を検討しテストすることである。もしその仮説が十分なテストあるいは十分に厳しいテストを通過できれば、その科学者は発見をしたことになる、あるいは少なくとも、課されていたパズルを解決したことにはなる。テストを通過できなければ、科学者は、課されたパズルを完全に放棄するか、何か別の仮説の助けを借りてパズルを解こうと試みねばならないことになる。けっしてすべてというわけではないが、多くの研究課題はこうした形をとる。この種のテストは、私が別の所で「通常科学」あるいは「通常研究」と名づけたもの、すなわち基礎科学においてなされている圧倒的多数の研究の説明となる活動、の標準的要素である。しかしながら〔科学者が現に用いている〕現行の理論に対してこのようなテストが向けられることは通常はけっしてない。それとは逆に、通常の研究課題に従事している時には、科学者は現行の理論を自らのゲームの規則として前提しなければならないのである。科学者の目的は、パズルを解くこと、なるべくならば、他の科学者が解決に失敗したパズルを解くことである。その際に、現行の理論は、パズルを定義するため、および十分な聡明さがあればそのパズルは解けることを保証するために必要なのである。[6] もちろん、そうした活動に携わっている人は、パズルの解に関する自らの独創的な推測をしばしばテストしなければならない。しかしテストされるのはその人の個人的な推測だけである。推測がテストを通過しなかった場合に、誤りとして問題にされるのは、その人の能力であって、現行の科学全体ではない。要するに、通常科学においてテストはしばしばなされはするが、それらのテストは特殊なものであって、最終的にテストされるのは現行の理論ではなく個々の科学者なのである。

しかしながら、カール卿が考えているのはこの種のテストではない。彼が関心をもつのは、何よりも、科学が成長してゆく過程である。しかも彼が確信しているのは、科学の「成長」は主として累積的に起るのではなく、受容されている理論の革命的廃棄およびよりよい理論による置き換えによって生じる、という点である(7)(「廃棄の繰り返し」を「成長」の中に包摂するのはそれ自体言語的におかしいのだが、そうした奇妙なことの存在理由は先に進むにつれてしだいに明らかになるであろう)。カール卿は、こうした見解を取り、受け入れられている理論の限界を探るためになされるテストや、現行の理論を最大限の重圧にさらすためになされるテストを強調する。カール卿が好む例は、どれも驚くべき破壊的な結果をもたらしたものである。そうした実例としては、煆焼に関するラヴォアジエの実験、一九一九年の日食観測のための遠征、パリティの保存に関する最近の実験などがある(8)。もちろんこれらはすべて古典的な意味におけるテストである。しかしそれらを科学活動の特徴づけとして用いることによって、カール卿はそれらについてきわめて重要な点を見落してしまっている。科学の発達においてこれらのようなエピソードが生じるのはきわめてまれなのである。しかもこうしたことが誘発されるのは、当該の分野において先行する危機が存在する場合か(ラヴォアジエの実験やリーとヤンの実験の場合(9))、既存の研究規範と競合する理論が存在する場合(アインシュタインの一般相対性理論の場合)かのどちらかである。しかしながらこれらは、私が別な所で「異常研究」と名づけた側面、あるいは、そうした「異常研究」が生じる機会である。「異常研究」という活動においては、科学者はカール卿が強調する特徴のきわめて多くを実際に示している。しかしそうした活動は、少なくとも過去においては、どの専門科学領域においても、断続的にかつまったく特殊な状況下でしか生じなかったのである。(10)

それゆえ私は、カール卿は科学において時おり現れるにすぎない革命的部分だけにしか当てはまらないような言い方で科学活動全体を特徴づけている、と思うのである。彼が、コペルニクスやアインシュタインの業績はティコ・ブラーエやローレンツの業績よりも読みがいがあると強調するのは理解し得るし、ありふれたことでもある。私が通常科学と呼ぶものは本質的にはつまらない活動であるとカール卿が誤解したとしても、そのような誤解をするのは彼ばかりではないだろう。それにもかかわらず、時おり引き起されるにすぎない革命を通してしか科学研究を見ないとするならば、科学を理解することも知識の発達を理解することもできないであろう。たとえば、基本的な立場についてのテストは異常科学の時期にしか行なわれないが、テストすべき点やテストの仕方の明確化は通常科学によって準備されるのである。あるいはまた、専門家たちの訓練がなされるのは、通常科学の実践のためであって、異常科学の実践のためではない。それにもかかわらず、もし専門家たちが通常科学の実践が依拠している理論の追放と別な理論への置き換えに見事に成功したとすれば、それこそが説明されなければならない奇妙なことなのである。最後に、そしてこれこそが今のところ私の主要な論点なのであるが、科学活動の注意深い観察から分ることは、科学を他の活動から最もはっきりと区別するものは、異常科学の方ではなく、むしろカール卿が考える種類のテストが行なわれることのない通常科学の方なのである。境界設定基準が存在するとすれば（明確な基準や決定的な基準は求めるべきでないと私は思っているが）、そうした基準が存在するのはカール卿が無視しているまさにその部分の科学においてであろう。

カール卿は、きわめて注目すべき論文の一つで、「我々の知識を広げるための唯一実行可能な方法を表すものとしての批判的討論の伝統」の起源を、タレスとプラトンの間に位置するギリシア哲学者たちへと辿っている。カール卿は、それらの哲学者たちが学派間や個々の学派内の批判的討論を奨励したと見ているのである。(11)カール卿がそれとともに行なっている、ソクラテス以前の哲学者の議論に関する記述はきわめて適切であるが、しかし記述されていることは科学とはまったく似ても似つかぬものである。むしろ記述されているのは基礎をめぐっての主張、反論、論争という伝統であり、それ以後の――おそらく中世を除いてではあるが――哲学や社会科学の大部分の特徴をなすものである。ヘレニズム時代には、すでに数学、天文学、静力学、幾何光学は、そうした議論様式を放棄しパズル解きへと移行していた。それ以後、数が増えつつある他の諸科学も同じような変化をたどっている。ある意味において、カール卿の見解とは逆様に、科学への移行を特徴づけるものは、まさに、この批判的議論の放棄なのである。そうした移行がひとたび成された後に、批判的議論が繰り返されることになるのは、その分野の基礎が再び危うくなる危機の瞬間だけなのである。(12)競合する理論のうちのどれかを選択せねばならない時にのみ、科学者は哲学者のように振舞うのである。私が思うにこの理由によって、形而上学的体系の選択の根拠に関するカール卿の優れた記述が、科学理論の選択の根拠に関する私の記述ときわめて似ているのである。(13)間もなく示すように、どちらの選択においてもテストが非常に決定的な役割を果すことはあり得ないのである。

しかしながら、これまでテストが決定的な役割を果すと思われてきた十分な理由が存在する。その理由を探ることによって、カール卿のアヒルは最終的には私のウサギになるであろう。パズル解き活動が存在するためには、パズルがいつ解けたのかをその時点でその集団に対して決定する基準が、パズル解きの実践者たちに共有されていなければならない。当然のことながら、その同じ基準によってパズル解きの失敗が決定される。ある人は、パズル解きの失敗を、理論がテストの通過に失敗したとみなすことを選ぶかもしれない。しかし私がすでに主張したように、通常はそのようにはみなされない。非難されるのはパズル解きに携わった人だけであり、その人の道具は非難されはしない。しかし専門職業分野に危機をもたらすような特殊な状況下では（たとえば、最も優れた専門家たちがひどい失敗をしたり、何度も繰り返し失敗した時に）、その集団の意見は変化するであろう。そしてその時には、それまで個人的失敗とされていたものが、テストされている理論の失敗とみなされるようになるであろう。そうなると、そのテストはパズルから生じ、したがって解に関する確固たる基準を担うものなのであるから、そのテストは、パズル解きではなく批判的議論を通常の〔活動〕様式とする伝統〔たとえば哲学的伝統など〕の中で用いられるテストよりも、さらに厳しく逃れにくいものとなるのである。

したがってある意味でテスト基準の厳しさとは、単にパズル解きの伝統というコインの側面のもう一つの側面にすぎない。これが、〔科学と科学でないものを区分する〕境界設定線 line of demarcation に関してカール卿と私がしばしば一致する理由である。しかしながらそうした一致は、単に結果としての一致にすぎない。我々二人が境界設定線を適用する過程はきわめて異なっており、それらの過程は科学か非科学かの決定を下そうとしている活動から異なった諸側面を取り出すのである。たとえば、精神分析とかマルクス主義的な歴史記述といったやっかいな事例――カール卿によれば、彼の境界設定基準はもともとそれらに適用するために考案された[14]――を検討した場合に、私も現在のところはそれらを「科学」と呼ぶには不適切であるということに同意する。しかし私は、カール卿よりもはるかに確実でより直接的な道筋を通ってそうした結論に到達したのである。一つの簡単な事例を考察することによって、テストとパズル解きという二つの基準のうち、後者の方がより曖昧でないと同時によ り基本的でもあるということを示せるであろう。

本稿の主題とは関係のない現代の論争に関わるのを避けるため、精神分析ではなく占星術の方を考察することにしよう。占星術はカール卿が「疑似科学」の例として最も頻繁に引用している例である[15]。彼が述べるところでは、「彼ら〔占星術師たち〕は、自分たちの解釈や予言を十分に曖昧にしておくことによって、理論や予言がもっと精密なものであったならば理論の反駁になったかもしれないすべての事柄をうまく言い抜けることができた。反証から逃れるために、彼らは理論のテスト可能性を破壊してしまったのである」[16]。こうした一般化は占星術という活動の精神といったようなものを何がしか捉えてはいる。しかし、もしそれが境界設定基準を提供するものであればそうせざるを得ないように、この一般化を文字通りに受け取るならば、それを支持することはできないのである。占星術の知的評判が高かった何百年にもわたる時期の歴史の中にも、明確に失敗に終った数多くの予測が記録されている。[17] 占星術を確信する熱狂的な代弁者たちでさえ、そうした失敗が繰り返されたということが疑わしいなどとは思ってはいない。占星術において予測が行なわれる形式を理由として、占星術を科学から締め出すことはできないのである。

また占星術に携わっている人びとが失敗を説明する仕方を理由として占星術を科学から締め出すこともできはしない。たとえば占星術師の指摘によれば、個人の性癖や自然の災害についての一般的予測と違って、個人の将来の予想は、まことに複雑な仕事であり、最高度の技術を必要とし、関連するデータの小さな誤りからもきわめて大きな影響を受ける。恒星や八つの惑星の配置はたえず変化しているし、その個人が生れた時の恒星や惑星の配置を計算するために用いられる天文表の不完全さは名高い、しかも誕生の瞬間の時刻を必要なだけ正確に知っている人はほとんどいない。[18] それゆえ、予想がしばしば外れたのは少しも不思議ではない。占星術師のこうした議論が論点先取であると考えられるようになったのは、占星術そのものが信じ難いとされるようになってからのことである。[19] 今日でも、たとえば医学や気象学における失敗の説明の際に、同じような議論がきまって用いられる。そうした議論は物理学、化学、天文学などといった精密科学の分野においてさえも、困難に陥った時には援用される。[20] 失敗に関する占星術師たちの説明には非科学的なものは何ら存在しなかったのである。

それにもかかわらず、占星術は科学ではなかった。占星術はむしろ技芸、すなわち、ほんの一世紀たらず前までの工学や気象学や医学ときわめて似た実践的技術の一つであった。とりわけ、昔の医学や現代の精神分析とはきわめて似ていると私は思う。これらのどの分野においても、共有された理論が適切であったのは、その専門分野のもっともらしさの確立や、実践を支配するさまざまな技術的規則の合理的根拠づけのためだけであった。それらの技術的規則は過去には有用であったものの、繰返される失敗の防止のために十分だとは、活動に携わっていたどの人も思ってはいなかった。もっと明確な理論や、もっと強力な規則が望まれていた。しかし、そうした必要物がまだ手に入っていないという理由だけで、限定的ではあっても現に成功している伝統をもち、もっともらしくかつ大いに必要とされている専門分野を捨て去ることは馬鹿げていよう。しかしながら、そうした〔もっと明確な理論やもっと強力な規則といった〕必要物が欠如していたため、占星術師も医者も科学研究を行なうことはできなかった。彼らは、適用すべき規則はもっていたけれども、解くべきパズルをもっていなかったので、実践すべき科学をもてなかったのである。(21)

天文学者と占星術師の状況を比較することにしよう。ある天文学者の予測が失敗し、かつ、彼の計算の正しさが確かめられたとしても、彼は状況を正すことが期待できよう。たとえば、データが間違っていたのかもしれない。その場合には、古い観測を再検討し、新たに測定を行なうことができよう。そうした仕事は、計算や器具に関する一群のパズルをもたらすことになる。あるいはもしかすると、周転円、離心円、エカントなどの操作や、天文学的テクニックのもっと根本的な改良というような、理論の修正が必要だったのかもしれない。一千年以上もの間、そうしたことが理論的かつ数学的なパズルとされてきた。相伴なう器具に関するパズルとともに、そうしたパズルをめぐって天文学的研究伝統が構成されてきたのである。これとは対照的に、占星術師たちはそのようなパズルをもちはしなかった。失敗の発生を説明することはできたが、個々の失敗が研究上のパズルを生み出すことはなかったのである。というのも、どのように技術が優れていても、個々の失敗を占星術の伝統を修正するという建設的な試みのために役立てることは誰にもできなかったからである。困難を引き起し得る原因はあまりにもたくさんあり、しかもそれらのほとんどは、占星術師の知識やコントロールや責任の範囲を越えたものであった。そのため、個々の失敗は情報内容をもたず専門職業仲間の間で個々の失敗が予測者の能力を反映したものと見られることはなかった。[22]プトレマイオスやケプラーやティコ・ブラーエの場合のように、天文学と占星術はいつも同一の人物によって営まれてきたけれども、占星術には天文学におけるパズル解きの伝統に相当するものが存在しなかった。個々の占星術師の才能をまず試し、次に披瀝させることを可能にするパズルが存在しなかったのだから、たとえ星が実際に人間の運命を支配していたとしても、占星術は科学にはなり得なかったであろう。

要するに占星術師たちは、テスト可能な予測を行なったし、そうした予測が時には失敗したことを認めもしていたのだが、科学と認められているもののすべてを通常は特徴づけているような類いの活動に従事してはいなかったし、また、従事できなかったのである。カール卿が占星術を科学から排除したのは正しかったのだが、彼は、科学理論の革命的変化にあまりにも注意を集中しすぎたために、占星術を科学から排除するための最も確実な理由を見逃してしまっていたのである。

こうした事実は、さらにカール卿の歴史記述の中のもう一つの奇妙さもまた説明するであろう。彼は科学理論の交代の際におけるテストの役割を繰り返し強調してはいるけれども、一方でまた、プトレマイオス理論がそうであったように、多くの理論は実際にテスト〔による反駁〕がなされる前に他の理論に取って代られたということを認めざるを得なかった。(23) 少なくともいくつかの場合には、テスト〔による反駁〕は、科学がそれを通じて進歩する革命にとって必要条件ではなかったのである。しかしそのことはパズルには当てはまらない。カール卿が言及している諸理論は、取って代られる前にテスト〔による反駁〕がなされなかったことはありはしたが、それらのうちどの一つの理論といえどもパズル解きの伝統を適切に支えられなくなる前に取って代られたことはなかったのである。一六世紀初頭における天文学はスキャンダルとでもよぶべき状態にあった。それにもかかわらずほとんどの天文学者たちは、基本的にプトレマイオス的なモデルの通常の修正によって状況は正されるだろうと思っていた。こうした意味において理論はテストにまだ失敗してはいなかった。しかし、コペルニクスをはじめとする二、三の天文学者たちは、それまでに展開されたプトレマイオス理論の個々の形態ではなく、プトレマイオス的なアプローチそのものの中に困難が存在するに違いないと思った。そのような確信からの成果はすでに記録されている通りである。(24) こうした状況は典型的なものである。テスト〔による反駁〕があろうとなかろうと、パズル解きの伝統はそれ自身の交替の道を準備することができる。科学を特徴づけるものとしてテストを頼りにするということは、科学者が行なっている主要な事柄、およびそれに伴う科学者の活動に最も特徴的な特色を見落してしまうということなのである。

これまでに述べてきたことを背景として、カール卿が好むもう一つの言葉づかいの理由と帰結をすぐに見出すことができる。『推測と反駁』の序文は次のような文章で始まっている。「本書を構成している論文や講義録は、ひとつのきわめて単純な主題、すなわち、我々は自らの誤り mistakes から学ぶことができるというテーゼを中心に展開されている」。この強調はカール卿によるものであり、このテーゼは彼の著作の中に初期の時代から繰り返し登場する。[25] このテーゼは、それだけを見れば、否応なしに同意せざるを得ないものである。すべての人が自らの誤りから学ぶことができるし、また学んでいる。誤りを取り出し修正することは、子供を教育する際の重要なテクニックである。カール卿のレトリックは日常経験に根ざしている。それにもかかわらず、彼がこの周知の命令に訴えている文脈におけるその命令の適用は、明らかに歪んでいるように思われる。というのもその文脈において私は、何らかの誤りが犯されたのかどうかということを、あるいは少なくとも、そこから何かを学ぶべき誤りが犯されたのかどうかについて確信をもつことができないからである。

いまここで問題にしているのは何かを理解するのに、誤りということによって提示されるさらに深い哲学的問題に立ち向かう必要はない。3＋3＝5とすることや、「すべての人間は死ぬものである」ということから「死ぬものはすべて人間である」と結論するようなことが誤りである。また、それらとは異なる理由によってではあるが、「彼は私の妹である」と述べることや、試験電荷が電場の存在を示していないのに強い電場が存在すると報告することも誤りである。たぶんまだ他にも異なる種類の誤りがあるであろうが、通常の誤りはすべて次のような特徴を共有しているように思われる。誤りは、ある特定の個人がある特定の時刻と場所において犯すものである。誤りを犯したその人は、確立された論理規則や言語規則、あるいは経験と論理や言語との関係についてのある確立された規則に従わなかったのである。あるいはまた、いくつかの選択肢の中から規則が許すある特定の選択をすることによる帰結を、彼は認識しそこねたのであろう。個々人が自らの誤りから学ぶことができるのは、これらの規則を実践において具体化している集団が、規則の適用における個々人の誤りを取り出すことができるからであるにすぎない。要するに、カール卿の命令が最も明確に当てはまるような種類の誤りとは、あらかじめ確立された規則に支配されている活動における個々人の理解や認識の失敗である。科学においてそのような誤りが生じるのは、通常のパズル解き型の研究実践の中できわめて頻繁であり、おそらくはもっぱらその中においてのみなのである。

しかしながら、カール卿が誤りを捜し求めている場所はそこにおいてではない。というのも彼の科学概念は通常研究の存在さえも曖昧にしてしまうからである。その代りに彼が目を向けているのは、科学発達における異常なエピソードや革命的なエピソードである。彼が誤りとして指摘するのは、通常はけっしてある行為に対してではなく、プトレマイオス的天文学やフロギストン説やニュートン力学といった時代遅れの科学理論に対してである。そしてそれに対応して、「自らの誤りから学ぶ」ことは、科学者集団がそうした科学理論を拒絶し別な理論で置き換えるときに生じる事柄であるとされている。(26) これが奇妙な用法であると即座に思えないとすれば、それは主として、その用法には我々の中に残存する帰納主義的傾向に訴えるものがあるからなのであろう。帰納主義者のように、妥当な理論とは事実からの正しい帰納の産物であると信じているならば、偽なる理論は帰納における誤りの結果であると主張しなければならないことになる。帰納主義者は、たとえばプトレマイオス的な体系に到達するのに、いつ誰がどのような誤りを犯したのか、どのような規則を破ったのかといった問いに答える用意が、少なくとも原理的にはできている。こうした問いが理にかなったものであると思う人が、そしてそうした人だけが、カール卿の言葉づかいには何の問題もないと思うのである。

しかしカール卿も私も帰納主義者ではない。我々は、事実から正しい理論を帰納する規則があると信じてはいないし、さらに正しい理論にせよ、誤った理論にせよ、ともかく理論が帰納されるのだということさえも信じてはいない。そうではなくて、我々は理論を、自然への適用のためにひと連なりのものとして発明された、想像上の諸仮定であると見ている。そして我々は、通常そうした諸仮定は自分では解決できないパズルに最終的に出会うのだと指摘してはいるが、理論が発明され受け入れられるようになってからしばらくの間は、そうした厄介な事態との遭遇は生じないということもまた認めている。我々の見解では、プトレマイオス的な体系に到達する際に何らの誤りも犯されてはいなかったのである。それゆえ私には、カール卿がそうした体系あるいはその他の時代遅れの理論を誤りとよぶ時に何を思い浮かべているのか理解し難いのである。せいぜい言えるとしても、かつては誤りではなかった理論が誤りとなったということ、あるいは科学者が一つの理論にあまりにも長い間固執しすぎるという誤りを犯した、ということであろう。このような言葉づかいでさえも、我々が最も慣れ親しんでいる意味での誤りには当てはまらない。少なくとも、第一の言葉づかいはきわめてぎこちない。我々が最も慣れ親しんでいる誤りとは、プトレマイオス的天文学者（あるいは、コペルニクス的天文学者）がたぶん観察や計算やデータの分析の際に自らの体系の中で犯す通常の誤りのことである。すなわち、見出されれば、元の体系には手を触れることなくすぐに訂正できるような種類の誤りのことである。ところが一方、カール卿の意味では、体系全体が誤りに感染するのであり、体系全体を置き換えることによってしか誤りを正すことができない。どのような言葉づかいを用いようとも、どのような類似性に着目しようとも、こうした根本的差異を覆い隠すことはできないし、また感染が生じる前にその体系は健全な知識と現在我々がよぶものがもつ十全な完全性をもっていたのだ、という事実を隠すこともできない。

たぶんカール卿の意味での「誤り」を救い出すことはできるであろう。しかしそうした救出操作を成功させることは、誤りという語から現在通用しているある含意を奪い取ることになるに違いない。「テスト」という語と同じく、「誤り」という語は通常科学から借りてこられたものであり、そこではその用法は十分に明確である。しかし、革命的なエピソードに適用されれば、そのような適用はどう見ても問題が多いものとなる。「誤り」という語のそのような転用は、次のような一般的印象を作り出し、あるいは少なくともそうした印象をより強めることになる。その印象とは、個々の研究に対する理論の適用を判断する基準と同じ類いの基準によって、理論全体を判断できるという印象である。それゆえ、適用可能な基準を見出すことが多くの人びとにとってまず第一に必要なこととなるのである。カール卿もまたその一人であるというのは奇妙なことである。というのもそのような〔適用可能な基準を求めての〕捜索は、彼の科学哲学における最も独創的で実り豊かな鋭い点と矛盾するからである。しかし私は、『探求の論理』(*Logik der Forschung*) 以来の彼の方法論的著作を他の仕方で理解することはできない。私はいまや次のようにみなさざるを得なくなった。カール卿は、彼自身は〔その著作の中で〕明らかに否定しているにもかかわらず、算術や論理や測定における誤りの同定のテクニックに特徴的な論理必然的保証をもって理論に適用できる評価手続きを、首尾一貫して追求してきている、と。私が思うに彼は、テストが科学の根本的特徴であると思わせた、まさにその通常科学と異常科学の連結から、生まれ出た幻影を追い続けているのである。

カール卿は、『探求の論理』の中で、一般化とその一般化の否定が経験的証拠との関係において非対称になっているということを強調した。ある科学理論がすべての可能な事例にうまく当てはまるということは示せないのであるが、ある特定の事例についてうまく当てはまらないということは示せるのである。そのような論理的な自明の理とその含意とを強調することは、そこからの後退のあり得ない一歩前進だと私は思っている。私の『科学革命の構造』においても、これと同じ非対称性が基本的な役割を果している。そこでは、解くことのできるパズルを同定する規則を理論が提供しそこなうことが、理論の置き換えへとしばしばつながる専門研究上の危機の源泉であるとみなされている。私の論点はカール卿のそれときわめて近い。彼の著作に関する以前の伝聞から私がそれを得たということもあり得るかもしれない。

しかしカール卿は、理論を当てはめようとする試みに失敗した時に生じる事柄を、「反証」あるいは「反駁」として記述する。これらが、私には再びひどく奇妙に思われる互いに関連し合った一連の言葉づかいの最初である。「反証」も「反駁」も、ともに「証明」という語の反意語である。これらは論理学や形式的な数学から主として取ってこられたものである。これらが適用される一連の論証は、「Q. E. D.（証明終り）」と書くことで終えられる。これらの用語に訴えることが意味するものは、当該の専門家集団に同意を強要できる能力である。しかしながら、読者の皆さんに改めて言うまでもないことだが、理論全体が危機に直面した場合に、あるいは一つの科学法則が危機に直面した場合でもしばしば、論証がそのように明確であるということはほとんどない。どのような実験でも、その妥当性、あるいは、その正確性に関して異議を唱えることができる。どのような理論でも、その大筋においては同一の理論であるようにしたまま、さまざまなアド・ホックな調整を加えて修正することができる。さらに重要なことには、そうあらざるを得ないのである。というのも科学知識の成長は、観測に異議を唱えたり、理論に調整を施すことによってしばしばなされてきたからである。異議申し立てや調整は、経験科学における通常研究の標準的な部分である。しかも少なくとも調整は、非形式的数学においてもまた支配的な役割を果している。数学的反駁に対してどのような反論が許されるのかについてのラカトシュ博士のすばらしい分析は、素朴反証主義的立場への批判の中で私が知る最も効果的な論証を与えている。(27)

もちろんカール卿は素朴反証主義者ではない。彼は、これまで述べてきたことをすべて知っているし、研究の初期からそのことを強調してきた。たとえば彼は『科学的発見の論理』の最初の方で以下のように述べている。「実際には、理論の決定的な反対証明はこれまでけっしてできたことはない。というのも、実験結果は信用できないとか、実験結果と理論の間に存在すると主張されている不一致は単に見かけだけのものであって我々の理解が進めばそうした不一致は消滅するであろう、というような主張をすることが常に可能だからである」(28)。このような言明は、カール卿の科学観と私の科学観との間の別な類似点を示している。しかし我々がそこから作り上げるものはほど違っているものはめったにない。私の見解においては、そのような言明は、〔私の主張の〕証拠としても源泉としても基本的なものである。それとは対照的に、カール卿の見解においては、そのような言明は彼の基本的立場の完全無欠さを脅かす本質的制限なのである。決定的な反対証明を排除していながら、彼はその代替物を提供しない。彼が用いているのは、依然として論理的反証の関係に留まっているのである。カール卿は素朴反証主義者ではないのだが、彼を素朴反証主義者として取り扱っても不当ではない、と私は言いたいのである。

もし彼の関心がもっぱら境界設定だけにあったのであれば、決定的な反対証明ができないということがもたらす課題は、それほど厳しいものではなく、おそらくは取り除くことが可能であったろう。すなわち、〔その場合には〕境界設定はもっぱら構文論的な基準によって行なうことができたであろう。(29)その時のカール卿の見解は、ある理論が科学的であるのは、理論から観察言明——特に単称存在言明の否定――を、おそらくは明言された背景知識との関連において、論理的に演繹することができる場合であり、しかもその場合に限られる、というものになるであろう。そしてカール卿の見解はたぶん実際にそういうものである。そうだとすれば、ある特定の実験操作からの結果が、ある特定の観察言明の主張を正当化しているかどうかを決定する際に生ずる諸困難（このことについてはすぐ後で扱う）は、〔境界設定問題とは〕無関係ということになろう。また、そうすることの基礎は一層不明確ではあるが、ある理論からの近似（たとえば、数学的に処理できる近似）によって演繹された観察言明が、その理論自身からの帰結と考えられるべきかどうかを決定する際の同じように重大な困難もたぶん同様に取り除くことができるであろう。このような問題は、理論がその中で鋳造される言語の、構文論ではなく、語用論か意味論に属するものであろう。それゆえそうした問題は、ある理論が科学という地位にあるかどうかの決定の際に何の役割も果さないであろう。理論が科学的であるためには、観察言明によって反証可能であればそれでよいのであり、実際の観察によって反証可能である必要はない。言明と観察の間の関係とは異なり、言明どうしの間の関係は、論理や数学においてよく見られる決定的な反対証明となりうるであろう。

先に述べた理由（注21）や以下ですぐに詳しく述べる理由から私は疑問に思うのだが、ここでの解釈におけるカール卿の〔境界設定〕基準が要求するような、純粋に構文論的な判断を許す鋳型に合わせて科学理論を鋳造するということは、理論を決定的に変化させることなしにはできないのではないだろうか。たとえできたとしても、そのように再構成された理論は、単に彼の境界設定基準に対する基礎を提供するだけのものであって、境界設定基準と密接に結びついた知識の論理に対する基礎を提供するものではない。しかしながらカール卿が一貫して関心をもち続けてきたのは後者の方なのであり、しかもそれに関する彼の観念はまったく正確なのである。彼は次のように述べる。「知識の論理は……系統的テストの中で用いられている方法の調査の中にもっぱらあるのであり、その系統的テストに新しいどの考えであれ真剣に心にいだかれたものはかけられねばならない」[30]。彼は続けて、そうした方法を調べることによって次のような方法論的規則あるいは規約が出て来る、と述べている。「ひとたび、仮説が提唱され、テストされ、その頑強さが証明されれば、その仮説を〈十分な理由〉なしに捨て去ることは許されないであろう。〈十分な理由〉とは、たとえば、……その仮説の帰結の一つを反証することとである」[31]。

このような規則、および、それを伴う上述のような論理的活動の全体は、その趣旨において、もはや単純に構文論的なものとはいえない。これらが要求するのは、認識論研究者と科学研究者のどちらもが、理論から引き出される文を、他の文とではなく、実際の観察や実験と関連づけることができねばならないということなのである。カール卿の「反証」という用語が機能すべきなのはこうした文脈においてなのであるが、どうすればそうできるのかについて彼はまったく沈黙している。もし反証が決定的な反対証明でないとすれば、反証とはいったい何なのであろうか。理論を実験についての言明に対してではなく実験そのものに対して対置する時に、知識の論理はどのような状況下において、科学者に対してそれまで受け入れられていた理論を捨てるように求めることになるのであろうか。これらの問題が解明されない間は、カール卿が我々に与えているものがいやしくも知識の論理なのかどうか私にははっきりしない。私の結論としては、カール卿が与えているものは、知識の論理と同じように価値あるものではあっても、知識の論理とはまったく異なる何か別なものなのだと言おう。カール卿は、論理というよりも、イデオロギーを提供している。彼は、方法論的規則というよりも、手続きに関する格言を与えているのである。

しかしながらこうした結論は、カール卿の反証という観念に関わる諸困難の源泉について最後により詳細な考察を施すまでは保留しておかねばならない。すでに述べたように、カール卿の反証という観念は、次のような鋳型の中に理論は鋳造される、あるいは歪めることなしに理論は鋳直せる、ということを前提としている。その鋳型とは、考え得る出来事それぞれを、ある理論に対する確証事例、反証事例、あるいはその理論とは無関係な事例のいずれかに分類することを科学者に許すような鋳型である。一般法則が反証可能であるべきだとすれば、明らかにこうしたことが必要である。$(x)\phi(x)$という一般化を定数aに適用することによってテストするためには、aが変数xの変域内にあるのかどうかということや、$\phi(a)$が成立するのかどうかということが言えなければならない。この同じ前提は、最近カール卿が精緻化を行なった真理近似性 verisimilitude の尺度の中にさらに一層明白に見出される。真理近似性の尺度は、まず第一に理論のすべての論理的帰結の分類を行ない、次に背景知識の助けを借りてそれらの中から真なるすべての帰結と偽なるすべての帰結を選び出すことを我我に求めている。[32] 少なくとも、真理近似性という基準が結果的に理論選択の一つの方法となるのであるとしたら、我々はそうせねばならない。しかしながらそうした課題の達成のためには、理論が完全に論理的に明確にされ、かつまた、理論を自然と結びつける用語は、可能なそれぞれの場合にそれらの用語を適用可能かどうかを決定できるほど十分に定義されていなければならない。しかしながら実際には、どの科学理論もこれらの厳密な要請を満たしてはいない。そして、理論がこれらの要請を満たすならば、理論は研究において役に立つものではなくなってしまうであろうと多くの人びとが論じてきた。(33) 私自身は、科学研究が具体例に依存していることを強調するために、別なところで「パラダイム」という用語を導入した。具体例は、さもなければ生ずるであろうような科学理論の内容と適用の区別における空隙をつなぐものである。これに関連する議論をここで繰り返すことはできない。しかし、一時的に叙述の仕方を変えることになるとしても、簡単な例を挙げておけばより一層有用であろう。

私の例は、ある初歩的な科学的知識から構成される概要の形式を取っている。その知識とはハクチョウに関するものである。現在の問題に関連のある特徴を取り出すため、それについて三つの問いを論じることにしよう。(a)「すべてのハクチョウは白い」というような明白な一般化を導き入れることなしに、人はハクチョウについてどれくらい知ることができるのか。(b)そのような一般化なしにそれまでハクチョウについて知られていたことに対して、さらにそのような一般化を付け加えることに価値があるのは、どのような状況の下においてなのか、また、どのような帰結をもたらすからなのか。(c)ひとたび一般化を行なった後で、その一般化が拒絶されるようになるのはどのような状況の下においてなのか。これら三つの問いを私が提起する目的は、論理は科学的探究のための強力な道具であり究極的にはそのための本質的な道具でもあるにもかかわらず、それがほとんど適用できないような形式の下でも健全な知識は得ることができるのだ、と言いたいためである。同時に私は、論理的な明確化はそれ自身として価値があるのではなく、状況がそれを要請する時にのみ、そして、状況が要請する限度内においてのみ論理的明確化を実行すべきなのだと言いたい。

権威をもってハクチョウと同定されている一〇羽の鳥をあなたは見せられたことがあり、それらの鳥を覚えているとしよう。そしてまた、アヒル、ガチョウ、ハト、カモメなどについて、同じようによく知っており、これらの類型のそれぞれが生物属を構成していることを教えられているとしよう。あなたはすでにご存じのように、生物属とは観察された類似の対象の集まりであって、属の名前を命名するのに十分なほど重要で、かつ十分なほど不連続なものである。もっと正確にいえば、もっともここではその概念が要求する以上の単純化をしているのではあるが、生物属とは、その成員同士の似通い方が、それらが他の生物属の成員と似通っているよりももっと密接であるような成員からなる集合のことである。(34) 観察されたすべての対象がどれかの生物属に属するということは、現在に至るまで何世代にもわたる経験によって確証されてきている。すなわち、何世代にもわたる経験は世界中の全個体が知覚的に不連続なカテゴリーに（きっぱりとではないまでも）必ず分割されるということを示してきた。それらの知覚的なカテゴリー間の空隙に位置するような対象はまったくないと信じられている。

あなたがパラダイムに触れることによってハクチョウについて学んだものは、子供たちがイヌ、ネコ、テーブル、イス、母親、父親について初めて学ぶものにきわめてよく似ている。学んだものの範囲や内容を正確に特定することはもちろん不可能である。しかしそれにもかかわらず、学んだものは健全な知識である。それは、観察から導出されたものであるから、さらなる観察によってその根拠が薄弱なものになることがあるとしても、そうなるまでの間は、合理的行為のための基礎を提供する。あなたがすでに知っているハクチョウととてもよく似た鳥を見かけた時に、その鳥が他のハクチョウたちと同じ食べ物を必要とし、他のハクチョウたちと一緒に雛をかえすであろうと推定するのは理にかなっている。ハクチョウが生物属であるならば、それらと見たところよく似通った鳥は、その鳥をもっと詳細に知ったとしてもハクチョウと根本的に異なるような特徴を示すはずはない。もちろんあなたが、ハクチョウ属の自然的完全性について誤ったことを教えられていたということもあり得よう。しかしそれが誤りであったということは、たとえば次のような経験からわかる。すなわち、知覚可能な隔たりがほとんど残らないほどにハクチョウとガチョウの間のギャップを埋めつくすような特徴をもった多くの動物（一羽よりも多いことが必要であることに注意せよ）を発見すればよいのである。(35)

しかしながらそうしたことが実際に起るまでは、自分が〔ハクチョウについて〕知っていることは何か、ハクチョウとは何か、について完全には確信がもてないままであったとしても、あなたはハクチョウについてかなり多くを知っていることになるであろう。

さて、あなたが実際に観察したハクチョウがすべて白かったとしよう。このとき、「すべてのハクチョウは白い」という一般化を受け入れるべきであろうか。しかしそれを受け入れたところで、あなたが知っていることをほんの少ししか変えはしないであろう。そうした一般化を受け入れたことによる変化が有用となるのは、色が白くないという点を除けばハクチョウに似ている鳥に出会うという、ありそうもない出来事が起った場合だけであろう。また、そのような変化を引き起すことによって、ハクチョウという属が結局のところ生物属ではないことになるという危険を高めることになる。こうした状況の下では、もし特別な理由がないのであれば、あなたは一般化を差し控えるであろう。しかしある場合には、たとえば、パラダイムに直接触れることができない人びとに対してハクチョウを記述しなければならないかもしれない。あなたと、あなたの記述を読む人びとの双方が人間離れしたほどに慎重でない限り、あなたの記述は一般化同様の効力をもつことになるであろう。このことは分類学者がしばしば直面する問題である。ある場合にはあなたは、灰色であるという点を除けばハクチョウに似ているように見えるのに、ハクチョウとは違う食べ物を食べ、ハクチョウには似つかわしくない性質を持ち合わせた数羽の鳥を発見するかもしれない。その場合にはあなたは、間違った行動を避けるための一般化を行なうであろう。さらにまた、一般化することに価値があると考えられるもっと理論的な理由がある場合を考えてみよう。たとえばあなたが、他の生物属の成員の色が共通であることを観察したとしよう。この場合には、あなたが知っていることに対して強力な論理的テクニックを適用することを可能にするような形式へとそうした事実を明確化することによって、あなたは動物の色一般について、あるいは、動物の繁殖についてもっと多くを学ぶことができるようになるであろう。

さて一般化を行なった後で、色が黒いという点を除けばハクチョウに似ているように見える鳥にあなたが出会ったとすれば、あなたはどうするであろう。私が思うに、あなたはそれ以前に一般化をしたことがなかった場合とほとんど同じことをするのではないだろうか。あなたはその鳥の外見、そして、おそらくはその鳥の体の内部を注意深く調べ、その標本をあなたのパラダイムから区別する〔色以外の〕別な特徴を見出そうとするであろう。色が生物属を特徴づけていると信じるべき理論的理由をあなたがもっているとか、あるいは、あなた自身が〔「すべてのハクチョウは白い」というような〕一般化に深く関わっているとかいうような場合には、そうした調査は特に長く徹底したものになるであろう。もしかしたら、調査の結果、他の相違点が明らかになって、新しい生物属の発見をあなたが発表することになるかもしれない。あるいは、そうした相違点を明らかにすることができず、黒いハクチョウが発見されたと発表することになるかもしれない。しかしながら、観察はそのような反証的な結論をあなたに強制はできないし、またもしそうできるとすれば、そのときにはあなたは時おり敗者となってしまうであろう。〔またある場合には、〕理論的考察があって生物属の境界設定には色だけで十分であるということになるかもしれない。その場合には、色が黒いという理由によって、その鳥はハクチョウではないということになる。あるいはまた、他の標本の発見とその調査を待つため、あなたはこの問題の決着を単に先延ばしにするかもしれない。「ハクチョウ」の完全な定義、すなわち、考え得るあらゆる対象に対して適用可能であることが明確であるような定義を前もってはっきりと言明している場合にのみ、あなたは一般化の破棄を論理的に強制され得るのである。[36] だとすると、あなたはいったいなぜそのような定義を提案したのであろうか。そのような定義は、何らの認知的機能も果さないだけではなく、あなたを大変な危険にさらすことにさえなろう。[37] もちろん危険を犯すだけの価値がある場合もしばしばありはするが、危険を犯すだけのために自分が知っている以上のことを言うのは無鉄砲というものである。

科学知識というものは、論理的にはもっと明確であるとともにもっとはるかに複雑ではあるが、こうした種類のものであると私は思う。我々に科学知識を獲得させてくれる書物や教師は、多数の理論的一般化とともに、具体的な事例を提示している。両者はともに科学知識の伝達に不可欠である。それゆえ、科学者が想像しうる各事例が自らの理論と適合するのかそれとも自らの理論を反証するのかを、前もって明確にすることができると想定するような方法論的基準を捜し求めるのは、〔ディケンズの小説“The Pickwick Papers”の主人公〕ピックウィックのように楽天的に過ぎよう。明白に適合する場合や、明白に無関係であるような場合の問題に答えるためだけならば、明示的なものにしろ明示的でないものにしろ、科学者が現に手にしている基準だけで十分なのである。そのような二つの場合だけを科学者は予期しているのである。科学者の知識はそのような二つの場合のために形作られているのである。予期していなかった場面に直面した時には科学者は常に、まさに問題になりだした領域において自らの理論をさらに明確にするために、もっと研究を進めなければならないことになる。その時には科学者は、別な理論を採用し、十分な理由をもって以前の理論を排斥することができる。しかし、何であれもっぱら論理的であるような基準というものは、科学者が引き出すべき結論を完全に規定しきることはできないのである。

これまで述べてきたことはほとんどすべて、一つの主題をいろいろと違った仕方で論じてきたにすぎない。科学者が既存理論の明確化や適用の妥当性を決定する基準は、それだけでは競合理論間の選択を決定するのに十分ではない。カール卿は、日常の研究の中から選び出された特徴を、科学の発達が最も顕著であるような時おり起る革命的エピソードに転用することによって、そして、そうした転用の後は日常の活動を完全に無視することによって誤ったのである。特に彼は、ある理論がすでに前提とされている場合にのみ十全な適用ができる論理的基準によって、革命期の理論選択の問題を解決しようとしてきた〔点において誤っている〕。このことが私のこの論文の主題の最も大きな部分を占めている。そして、提起された問題をまったく未解決のままにしておくことで満足するとすれば、そのことが主題のすべてということになろう。〔提起されているのは、〕科学者は競合理論間の選択をどのように行なうのか、科学が進歩する仕方をどのように理解すべきなのか、〔というような問題である〕。

私はパンドラの箱を開けた後で、それをすぐに閉めようとしているのだということをただちに明らかにしよう。上記のような問題には、私が理解してはいないし、また理解しているふりもすべきでもないことがあまりにもたくさんある。しかしそうした問題に対する答えを探すべき方向はわかっているつもりである。その方向を手短かに示すことを試みることでこの論文を終えたい。そうした試みの終り近くで、我々はカール卿に特徴的な一群の言葉づかいにまた再び出会うであろう。

まず私は、まだ説明を必要とするものは何なのかを問わねばならない。〔説明が必要なのは、〕科学者が自然についての真理を発見するということについてでもないし、科学者が真理に絶えずより近づいてゆくということについてでもない。私の批判者の一人が示唆しているように[38]、真理への接近自体を科学者が行なうことの結果であると単純に定義するのでないならば、真理という目標へ向かっての進歩なるものを認知することはできないのである。我々が説明しなければならないのは、健全な知識の最も確実な例である科学が現にそうであるように進歩するのはなぜなのかということである。そのためにはまず第一に、科学が実際にどのように進歩するのかを見出さなければならない。

驚くべきことに、そうした記述的問題に対する答えはまだほとんど何も知られてはいない。思慮に富んだ経験調査がまだ膨大に必要なのである。一つのまとまりをなすと見られる科学理論が、時間の経過とともにしだいにより明確にされてゆく、ということは明らかである。その過程で科学理論は、より多くの点において、より正確さを増しながら、しだいに自然と合致するようになる。あるいはまた、パズル解きアプローチを適用することが可能なテーマの数は、時間とともに明らかに増してゆく。科学の専門諸分野は、一つには科学そのものの境界の拡張のために、また一つには既存分野の細分化のために、絶えず増殖し続けてゆくのである。

しかしながらこうした一般化は端緒にすぎない。たとえば、新しい理論が必ず提供する報酬を獲得するために科学者集団は何を犠牲にしているか、について我々はほとんど何も知らない。私自身の印象では、もっともそれは印象以上のものではないが、先行理論で取り扱われてきた量的パズルや数値的パズルのすべて、あるいはほとんどすべてを、新しい理論によって解決できるのでない限り、科学者集団が新理論を採用するということはめったにないであろう。[39]ところがその一方で、科学者集団は時おり、いやいやながらではあるにせよ、先行理論で解かれていた問題を、あるときは新理論では解けないままにしておいたり、またあるときはまったく非科学的な問題であると宣言したりすることによって、説明力を犠牲にするであろう。[40]また別な領域に眼を転じれば、我々は諸科学の統一性の歴史的変化についてほとんど知らない。時おりはめざましい成功があるにもかかわらず、科学の専門分野間の境界を越えたコミュニケーションはますます悪くなりつつある。数を増しつつある専門家集団によって採用されている両立不可能な見地の数は、時間とともに増加しているのではなかろうか。諸科学の統一性は科学者たちにとって明らかに一つの価値である。それなのになぜ、科学者たちは諸科学の統一性を放棄するのであろうか。あるいはまた、科学知識の量は時間とともに明らかに増加していると言えるけれども、無知については何と言うべきであろうか。最近三〇年間に解決された問題は、一世紀前には未解決の問題としてすら存在してはいなかった。いつの時代でも、すでに手許にある科学知識が知っているべきことのほとんどを尽しているのであり、目立つパズルは既存の知識の水平線付近にやっと残っているだけである。現代の科学者たちの方が一八世紀の科学者たちよりも、自分たちの世界について知っているべきことについて、より知っていないということがあり得るのではないだろうか、あるいはむしろ、ありそうなことではないだろうか。科学理論はところどころでしか自然と結びついてはいない、ということを思い起すべきである。科学理論と自然とが結びついている箇所の間の空隙は、現在の方が以前よりも大きく、かつその数も多いのではないだろうか。

より多くのこうした問題に答えることができるようになるまでは、科学の進歩とは何かということは十分には分らないであろうし、それゆえ、科学の進歩を説明することも完全には望むことができない。一方、そうした問題に答えられるならば、求められていた説明はほぼ与えられたことになるであろう。〔科学の進歩とは何かを知ることと、科学がなぜ進歩するのかを説明すること、〕これら二つはほぼ同時に生じる。結局のところ、求められている説明は心理学的なものか社会学的なものであるに違いないということはすでに明らかであろう。すなわち求められている説明は価値体系やイデオロギーの記述、および価値体系がそれを通して伝えられ強化されるところの制度の分析であるに違いない。科学者たちが何を価値あるものとしているのかが分れば、科学者たちがどのような問題に取り組むかとか、個個の対立状況の中で科学者たちはどのような選択を行なうかということを理解できよう。見出すべき他の種類の解答があるとは私には思えない。

答えがどのような形を取るか、ということはもちろん別問題である。この点において再び、私は自らの主題を統御しているという感覚を失ってしまうのである。しかし再び、見本となるいくつかの一般化が求めるべき類いの解答を例示するであろう。科学者にとっては、概念や測定器具についての困難なパズルの解決が主要な目標である。努力が実り成功すれば、その科学者は専門家集団の他の成員から認められることによって、かつ他の成員から認められることによってのみ、報われるのである。そしてその専門家科学者によるパズルの解決の実用的な利点はせいぜい二次的な価値しかもたない。そしてその専門家集団の外部の人間の賞賛は、否定的な価値をもたらすか、あるいはまったく価値をもたない。通常科学の形態の規定に大きな役割を果しているこのような価値は、理論選択がなされねばならないときどきにも意味をもっている。パズル解きとして訓練を受けた人は、彼の集団がそれまでに得たパズルの解をできるだけ数多く保存したいと思うであろう。そしてまた、解くことのできるパズルの数を最大にしたいと思うであろう。しかしこうした価値でさえしばしば衝突するし、理論選択の問題を一層難しくしているものは他にもある。科学者たちが何を放棄するであろうかということの研究が最も意味をもつと思われるのは、このような関連においてである。単純性、正確性、他の専門分野において用いられる諸理論との適合性は、すべて科学者たちにとって意味のある価値である。しかし、それらがすべて同一の選択を命じはしないし、すべて同じ仕方で適用されもしないであろう。そうであるが故に、集団の全員一致を最高の価値とすることもまた重要となるのである。そうすることによって、その専門分野を細分するとか、かつては生産的であった成員を排除するといった犠牲を払ってでも、集団内の対立の機会を最小にし、パズル解きのためのただ一組の規則のもとに速やかに再団結するようにするのである。(41)

私はこうしたことが科学の進歩という問題に対する正しい答えであると言うつもりはないが、しかし、求められるべきなのはそうしたタイプの答えなのだということを言いたいのである。さらに探究すべき課題についての私のこうした見解に、カール卿が賛成してくれることを期待できるであろうか。一時期の間、私は彼がそうしないだろうと考えていた。というのも、彼の著作に繰り返し登場する一群の語句から考えれば彼はそうした立場に立ち得ないように思えるからである。彼は何度も、「知識の心理学」や「主観的なもの」を拒絶してきていたし、自らの関心がそうしたものではなく「客観的なもの」や「知識の論理」にあると主張してきた[42]。科学論の分野に対する彼の最も基本的な貢献である著作のタイトルは、『科学的発見の論理』というものである。カール卿はその著作において、自らの関心が個人の心理的動因ではなく知識に対する論理的動機にあることを最も積極的に主張している。つい最近まで私は、問題に対するそうした見方は私が主張してきた種類の解決を禁じているに違いないと考えてきた。

しかし今では私の確信はさほど強くはない。というのも、カール卿の著作には、上述したことと完全には両立しない別の側面があるからである。「知識の心理学」を拒絶する時にカール卿が明示的に関心をもったのは、単に、インスピレーションや個々人の確実性の感覚の個人的源泉が、方法論的重要性をもっているということを否定することであったにすぎない。これだけのことなら私に大きな異議があろうはずはない。しかしながら、個人の心理的特異性を拒絶するということと、ある科学者集団の正会員としての心理的な仕上げのための教育と訓練によって作り上げられる共通の〔心理的〕諸要素を拒絶するということの間には大きな隔たりがある。一方を他方とともに捨て去る必要はない。そしてそのこともまた、カール卿は時々認めているように思われる。彼は知識の論理について書いていると主張してはいるものの、彼の方法論の中で本質的な役割を果しているものは、私にとっては、科学者集団の成員に対する道徳的命令を説く試みとして以外には読むことのできない文章なのである。

カール卿は次のように書いている。「我々のこの未知なる世界の中で生活すること、すなわち、できるかぎりうまく世界に順応し、……そして、もし（そう仮定する必要はないのだが）可能ならば、できるかぎり法則や説明理論の助けを借りて未知なる世界を説明することを、我々は慎重に自らの課題としたものと仮定しよう。もし我々がこのことを自らの課題とするなら、その時には……推測と反駁という方法よりももっと合理的な手続きは存在しない。すなわち、大胆に諸理論を提唱し、それらが誤っていることを示すために最善をつくし、もし我々の批判的な努力が成功しないならばそれらを暫定的に受け入れる〔という方法よりも合理的な手続きは存在しない〕(43)」。レトリックを用いて説かれ、かつ専門家間で共有されているこれらの命令のもつ威力を十分に理解しないならば、科学の成功を理解することはできないであろうと私は思う。（いくぶん異なった形においてであっても）制度化され一層明確にされたそのような格言や価値は、論理や実験だけでは規定できなかった選択結果を説明するかもしれない。それゆえ、これらのような文章がカール卿の著作の中で目立った位置を占めているという事実は、我々の見解の類似性を示すさらなる証拠である。〔しかるに、〕カール卿がそれらを、実際にそうであるにもかかわらず、社会的＝心理的な命令とはけっして見ていないという事実は、いまだに我々の間を深く隔てているゲシュタルト転換の存在を示すさらなる証拠だと、私は思うのである。

第十二章　パラダイム再考*

私の本『科学革命の構造』が出版されてから、今や数年が経った。この本に対する反応はさまざまであり時おりは耳障りですらあったが、それでもこの本は広く読まれ大いに議論され続けてきている。多くの批判をも含めて、この本が呼び起した関心に私は全般的には大いに満足している。しかしながら、反応には時々私をうろたえさせるような一側面がある。この本をめぐる談話を聞くと、この本に熱狂的な人の間での談話の場合には特にそうなのであるが、議論に加わっているさまざまな立場の人びとが同じ本のことを論じているとは信じ難いという気持ちに時々なってしまう。遺憾なことではあるが、この本が成功した理由の一部は、この本が人によってほとんどどのようにでも解釈できるということである、と私は判断している。

このように解釈の幅がきわめて広い原因としては、この本の諸様相の中でもとりわけ「パラダイム」という用語を導入したことによっている。(1) パラダイムという単語は、冠詞や前置詞などの不変化詞を除けば、他のどの単語よりも頻繁に登場する。この本に索引がないことの説明を求められた時には、参照指示の回数が最も多い見出し語は「パラダイム、一——一七二頁、随所」となるであろうといつも指摘することにしている。好意的な批評家であれそうでない批評家であれ、パラダイムという用語がこの本の中で数多くの異なる意味で用いられているということを強調するという点では皆が一致している。(2) その問題が体系的な精査に値すると考えたある注釈家は、部分的な事項索引を作成し、パラダイムという用語に「具体的な科学的業績」(原著 p.11, 邦訳 p.13) というものから「〔ある学派に〕特徴的な信念や先入観の集合」(原著 p.17, 邦訳 p.20) にまで及ぶ少なくとも二二の異なる用法を見出した。その後者の用法には、測定器具に関する立場や理論的立場や形而上学的立場 (原著 pp.39–42, 邦訳 pp.44–47) が含まれる。(3) そうした事項索引の作成者も私も、そのような多義性が示唆するほどには状況が絶望的であると考えてはいないものの、明確化が求められていることは明らかである。もっとも明確化それ自体では十分ではない。用法の数がどれだけであろうと、その本における「パラダイム」という用語の用法は、異なる名前を付け、別々に議論することを必要とする二つの集合に分けられる。一般的な意味での「パラダイム」は、包括的なものであり、ある科学者集団に共有されているすべての立場を含むものである。もう一つの意味での「パラダイム」は、科学者集団に共有されている立場の中から特に重要な種類のものを取り出したものであり、それゆえ、第一の意味のものの部分集合をなすものである。以下において、私はまず最初にパラダイムの用法を解きほぐし、次に、当面のところ哲学的に最も注意を払うべきだと私が思っている、一つの用法を詳しく調べるつもりである。この本を書いた時に、私がどれほど不完全にしかパラダイムを理解していなかったにせよ、今なおパラダイムは大いに注目するに値すると私は思っている。

この本の中で「パラダイム」という用語は、物理的にも論理的にも「科学者集団」という語句のごく近くに登場する（原著 pp. 10-11, 邦訳 pp. 12-13）。パラダイムとは、科学者集団の成員たちが共有しているもの、しかも、彼らだけが共有しているものである。逆に、それ以外の点では無関係な人びとの集りを科学者集団としているものは、彼らが共通のパラダイムをもっていることなのである。こうした言明はともに経験的一般化として擁護することができる。しかしこの本においては、これらの言明は少なくとも部分的には定義として機能している。その結果として、少なくとも二、三の不都合な帰結を伴った循環が生じてしまった。(4)「パラダイム」という用語がうまく説明されるとするならば、それ以前に科学者集団というものが独立した存在としてまず第一に認められねばならない。

実際に最近は、科学者集団の同定や研究が、社会学者の間で意味ある研究と考えられるようになってきた。予備的な研究結果――その多くはまだ公表されていないのだが――によれば、必要とされる経験的テクニックはありふれたものではないが、そのうちのいくつかはすでに獲得されており、他のテクニックも確かに開発されつつある。(5)現場の科学者のほとんどは、彼らの集団の協力関係に関する質問に対して即座に次のように答える。すなわち彼らは、少なくともおおまかにはその成員の範囲が明確であるような諸集団の間で、現存の様々な専門分野や研究テクニックに対する責任が分け負われているということを、当然のことだとみなしているのである。それゆえ、科学者集団を同定するための体系的手段が将来的には開発されると思うが、本稿では科学者集団に関する直観的概念、すなわち科学者や社会学者や多くの科学史家が広く共有している概念、を簡潔な形で明確にすることで満足することにしよう。

その見解によれば、科学者集団とは、ある科学的専門分野に携わっている人びとから構成されるものである。そうした人びとは、教育期間中や見習い期間中の共通要素によって結びつけられており、後継者の訓練を含む一群の共有目標を追求する責任を負った者と自分を考えており、他の人びとからもそう見られている。そうした科学者集団は、集団内のコミュニケーションが比較的に十分であることや、専門的な事柄に関する判断がその集団内で比較的一致しているということによって特徴づけられる。驚くべきほど、ある科学者集団の成員が読む諸文献は同一であり、それらから受け取る教訓も類似している。(6) 科学者集団が異なれば注意の焦点は異なる事柄に置かれるので、集団の境界を越えた専門家間のコミュニケーションは、至難なものとなりがちであるとともに、しばしば誤解を生み出しがちであり、それを追求したとすれば、大きな不一致が見出されることになるであろう。

こうした意味での科学者集団は、明らかに数多くのレベルで存在する。〔最も高いレベルのものとしては〕たぶんすべての自然科学者が一つの科学者集団を形成しているということになろう（C・P・スノーをめぐる激しい論争がこの点を曖昧にするのを許してはならないと私は思っている。この点に関してスノーが語っていることは自明のことである）。もう少し低いレベルの科学者集団の具体例としては、物理学者、化学者、天文学者、動物学者などといった主要な科学的専門職業集団がある。これらの主要な科学者集団に関しては、その集団の成員範囲が、周辺部を除いては容易に確定できる。その確定のためには、最も高度な主題、専門学会の構成員、読まれている雑誌で、普通は十分過ぎるくらいである。また同じようなテクニックを用いることによって、有機化学者や有機化学者の中のタンパク質化学者、あるいは固体物理学者、高エネルギー物理学者、電波物理学者などといった主要な下部集団を見出すこともできよう。たとえば、バクテリオファージを研究している科学者集団を、その集団が世間の賞賛を浴びる前に、部外者がどのようにすれば見出すことができたであろうか。そのためには、サマー・スクールや専門会議への出席状況、論文のプレプリントの配布リスト、そしてとりわけ、〔論文などにおける〕引用のつながりを含む、公式あるいは非公式のコミュニケーション網の利用に訴えねばならない。(7) こうした仕事は実行することができるし、また、実行されるであろうと私は思う。そしてそうした仕事によって、典型的にはたぶん一〇〇名ぐらいの構成員からなる科学者集団が、時にはそれよりもずっと少ない構成員からなる科学者集団が、見出されるだろうと思う。個々の科学者は、しかも最も有能な科学者たちは特にそうなのだが、同時にであれ次々にであれ、いくつかのそうした科学者集団に属するであろう。経験的分析によってどこまで明らかにできるかまだはっきりとはしていないが、科学活動は、この種の科学者集団によって分担され推進されていると考えてよい卓越した理由がある。

さて、どのようなテクニックを用いてであるにせよ、我々がそうした科学者集団の一つを同定したと仮定しよう。専門家間でコミュニケーションが比較的問題なく行なわれるという特徴や、専門家たちによる判断が比較的一致しているということは、どのような共有要素によって説明できるのであろうか。この問いに対して、『科学革命の構造』では「パラダイム」や「一組のパラダイム」というものを解答として認めてきた。これは、この本でその用語が用いられている二つの主要な意味のうちの一つである。その意味でのパラダイムには「パラダイム1」という表記法を今は採用してもよいのだが、しかし「専門母体 disciplinary matrix」という語句を代りに用いた方がより混乱が少ないであろう。「専門 disciplinary」と言ったのは、専門職業としてある分野に従事している人びとが共通にもっているからである。「母体 matrix」と言ったのは、それぞれがまだ不明確化なままではあるが、さまざまな種類の秩序づけられた諸要素から構成されているからである。専門母体の構成要素には、この本の中でパラダイム、パラダイムの部分、パラダイム的として記述していた集団の立場のほとんど、あるいは、すべての対象が含まれている。(8) 今の時点では、専門母体の構成要素を網羅したリストの作成を試みようとすら思わないが、その代りに、その専門母体の構成要素のうちの三つを簡潔に同定しておくことにしよう。それらは、科学者集団の認識操作にとって中心的なものであるから、科学哲学者にとって特に関心の深いものであろう。その三つを、記号的一般化 symbolic generalization、モデル、模範例 exemplar と呼ぶことにしよう。

最初の二つは、哲学的な注意を向けるべき対象としてすでによく知られている。とりわけ記号的一般化は、科学者集団によって問題なく用いられている表式であり、(x)(y)(z)φ(x, y, z) のような何らかの論理的形式の中に容易に組み込むことができる。それらは、専門母体の中の形式的な、あるいは容易に形式化できるような、構成要素である。モデルについては、私にはこの論文でさらに付け加えて言うべきことは何もない。モデルは、好ましいアナロジーを、あるいは深く考えれば存在論を、科学者集団に提供する。その一方の極においてモデルは発見法的機能をもつ。すなわち、電気回路を定常的な流体力学的系とみなすことが実り豊かな結果をもたらしたり、あるいは、気体の振舞いを乱雑な運動をしているきわめて小さなビリヤードの球の集合体であるかのようにみなしたりすることのように。もう一方の極においてモデルは形而上学的立場の客体である。すなわち、物体の熱は構成粒子の運動エネルギーであるとしたり、あるいは、もっと明白に形而上学的な例として、すべての知覚可能な現象は、真空中における質をもたない原子の運動とそれらの相互作用に起因するとしたりすることのように(9)。最後になったが、模範例とは、まったく普通の意味でパラダイム的なものとして科学者集団が受容している具体的な問題解答のことである。本書の読者の多くがすでに推測しておられるように、「模範例」という用語は、『科学革命の構造』における「パラダイム」の第二の意味、しかもより基本的な意味に対して新たに付けられた名称である。

科学者集団が健全な知識の創造者、および健全な知識の正当性の立証者として、どのように機能しているかを理解するために、我々は最終的には、専門母体の構成要素のうちの少なくともこれら三つの要素の機能を理解せねばならない、と私は思っている。それらの三つのうちのどの一つにおける変化も、科学行動に変化を引き起し、科学者集団の研究の方向、および検証の基準の両方に影響を与える。本稿においては、このようなまったく一般的なテーゼを擁護しようというわけではない。私が今最も関心をもっているのは模範例である。しかしながらそのことを論じる準備として、まず最初に記号的一般化についていくらか述べておかなければならない。

科学において、特に物理学においては、一般化は、$f=ma,\ I=V/R,\ \Gamma^2\Psi+8\pi^2\ m/h^2(E-V)\Psi=0$ といった記号的形式においてすでにしばしば見出される。その他に、「作用は反作用に等しい」とか、「化合物の化学的組成は一定の重量比になっている」とか、「細胞はすべて細胞から生じる」といったように、通常は言葉で表現される一般化がある。科学者集団の成員が自らの研究においてこれらのような表現を決まり切ったものとして用いているということや、しかも通常は正当化の必要性を特に感じることなくそうしているということ、あるいは人は自らが属している科学者集団の他の成員からそのような点について異議申し立てがなされることはほとんどないということに関しては、誰であれ疑問に思う者はいないであろう。そのような振舞いこそが重要な点なのである。というのは、もし一組の記号的一般化の立場を共有していなかったとするならば、科学者集団が行なっている研究の中で、論理や数学を決まりきった仕方で適用するということはできなかったであろう。〔もっとも〕分類学という例は、そのような一般化がほとんど存在しなくても、あるいは、まったく存在しなくても科学が存立できるということを示唆してはいる。この点に関しては後で、どうしてそのようなことがあり得るのかを述べることにしたい。しかし、科学に携わっている人びとが自由に使用できる記号的一般化の数が増えるにつれて科学の力は増大する、という一般に広まっている印象を疑うべき理由を私は何ももってはいない。

しかしながら、今までのところ我々が科学者集団の成員間に帰している一致の度合いはきわめて小さなものであることに注意しておきたい。たとえば、彼らが $f=ma$ という記号的一般化の立場を共有しているということで私が意味しているのは、ある人が f、$=$、m、a という四つの記号を一列に順番に書きつけ、その結果として生じる表現を論理や数学によって操作したり、依然として記号的な結果を提示したりしても、科学者集団の成員がその人に異議を唱えたりすることはないであろう、ということにすぎない。記号的一般化を用いている科学者にとってはそうではないにしても、現在の議論のこの時点における我々にとっては、これらの記号、およびこれらの記号の合成によって形成される表現は未解釈のものであり、経験的意味や経験への適用を依然として欠いたものである。一組の一般化の立場を共有しているということが、論理的操作や数学的操作を正当化し、さらにその操作の結果に対する共通の立場をもたらすのである。しかしながらこのことは、必ずしも、個々の記号や記号の集まりを実験結果や観察結果と結びつける仕方についてまで一致している、ということを意味するものではない。この限りにおいて、共有されている記号的一般化はなおも、純粋な数学的体系における表現のように機能するのである。

科学理論と純粋な数学的体系との間のアナロジーは、二〇世紀の科学哲学の中で広く使われてきたし、いくつかのきわめて興味深い結果を生み出してもきた。しかしそれはあくまでも単なるアナロジーにすぎず、誤解を生み出す可能性のあるものである。私としては、そのアナロジーによって我々はいくつかの点で欺かれてきたのではないかと思う。その一つが、ここでの私の議論に直接的な関連をもっている。

$f=ma$ のような表現が純粋に数学的な体系の中に現れる場合には、それはいわば掛け値なしのものとして登場する。すなわち、数学的体系の中で提起された数学的問題の解答の中に入り込む場合、それは常に、$f=ma$ という形式か、あるいは、恒等式の代入や他の何らかの構文論的な置換規則によってその〔$f=ma$ という〕形式に還元できる形式で現れる。ところが科学においては、記号的一般化は通常これとはきわめて異なった形で振舞う。すなわち科学における記号的一般化は、一般化というよりもむしろ、その記号的表現の詳細が適用の場面ごとに変化するような、一般化の下書きないしは図式的な形式なのである。$f=ma$ は、自由落下の問題においては $mg=m\mathrm{d}^2s/\mathrm{d}t^2$ となる。単振子の問題においては $mg\sin\theta=-m\mathrm{d}^2s/\mathrm{d}t^2$ となる。連結された調和振動子の問題においては、二つの方程式になり、その第一の方程式は $m_1\mathrm{d}^2s_1/\mathrm{d}t^2+k_1s_1=k_2(d+s_2-s_1)$ と書かれる。より興味深い力学的問題、たとえば、ジャイロスコープの運動というような問題においては、$f=ma$ という形式と、論理や数学が適用される実際の記号的一般化との間には、さらに大きな隔たりが示されるであろうが、論点はすでに明確であろう。未解釈の記号的表現は科学者集団の成員の共有物であり、しかも、科学者集団に論理や数学への入り口を与えるのはそのような未解釈の記号的表現なのではあるが、論理や数学といった道具が適用されるのは、共有されている一般化に対してではなくて、一般化のあれこれの特殊な形態に対してなのである。ある意味で、一般化の特殊な形態のそれぞれが新しいフォーマリズムを必要としているのである。(10)

このことから、理論的な用語の地位とたぶん関連すると思われる、一つの興味深い結論が導かれる。科学理論を未解釈の形式的体系として提示する哲学者たちは、経験との連関は底部の方から理論の中に入ってくるのであり、その連関は経験的に意味のある基本的語彙から理論的な用語の中へと移されてゆく、としばしば述べている。基本的語彙という概念にまつわるよく知られた諸困難があるとはいえども、こうした道筋は、未解釈の記号が特定の物理的概念を示す象徴へと変容してゆく際に重要であることを、私は疑い得ない。しかしこれが唯一の道筋であるわけではない。科学におけるフォーマリズムはまた、理論的な用語を除去する演繹を介在させなくとも、その頂上部で自然と結びついているのである。科学者は、計器の示す値の予測をもたらす論理的操作や数学的操作を始められるようになる以前に、たとえば振動する弦に $f=ma$ を適用した場合の特殊な形や、磁場中のヘリウム原子にシュレディンガー方程式を適用した場合の特殊な形などを書き下さなければならない。その際に科学者が取る手続きがどのようなものであるにせよ、その手続きは純粋に構文論的なものではありえない。経験的内容は、形式化された理論の中に、その底部からとともにその頂上部からも入り込むのである。

シュレディンガー方程式や $f=ma$ は、それらの記号的表現を特定の物理的問題に適用した場合に、それらが取る数多くの特定の記号形式の連言の省略形と解釈すべきだ、と述べることによって上記の結論から逃れることはできないと思う。まず第一に、科学者はそれでもなお、どの問題にどの特定の記号形態を適用すべきなのかを科学者に命ずる基準を求めるであろう。そしてその基準は、基本的語彙から理論的な用語へと意味を運び移すと言われている関係づけの規則と同じく、経験内容の運搬手段となるであろう。さらにそのうえ、個々の記号形式のどのような連言であっても、科学者集団の成員が記号的一般化の適用の仕方に関して知っていると適切にいわれ得るすべてを尽しはしないであろう。彼らが新しい問題に直面した時、その新しい問題に適する特殊な記号的表現に関してしばしば意見の一致を見ることがある。しかも、彼らのうちの誰一人としてそれ以前にそうした記号的表現を見たことがなかった場合でさえ、そうなのである。

　科学者集団の認知装置に関するどのような説明であっても、直接的重要性をもつ経験証拠よりも前に科学者集団の成員たちが個々の問題――特に新しい問題――に適した特殊なフォーマリズムを同定する仕方について、何かを語ることが当然求められるであろう。科学的知識が果している機能の一つは明らかにそうしたことである。もちろん科学的知識は、そのような同定をいつもそれほど正確に行なっているわけではない。新しい問題に対して提唱された特殊なフォーマリズムを経験的に検証する余地は残されているし、また、事実そうした検証が必要である。演繹の諸段階、および、演繹諸段階の最終的生成物と実験との比較は、依然として科学の前提条件である。しかし特殊なフォーマリズムがもっともらしいものとして受容されるか、もっともらしくないものとして排除されるかは、いつも実験に先立ってなされている。しかも、科学者集団の判断は驚くほど正しいことが多い。それゆえ、特殊なフォーマリズム、すなわち、新しい形態の形式化を考案することは、新しい理論を発明することけっして同じではあり得ない。とりわけ、前者は教えることができるのに対して、理論の発明はそうはできない。そのことが、科学教科書に章末問題が置かれている主たる理由である。章末問題を解く過程で学生はいったい何を学ぶのであろうか。

この論文の残りの部分のほとんどは、その問いに当てられる。しかし私はその問いに対して間接的なアプローチを取ることとしよう。そしてまず第一に、科学者たちは記号的表現をどのように自然と結びつけるのか、というもっと普通の問いから取りかかることにしよう。実際には、その問いは二つの問いを一つにしたものである。というのは、その問いはある特定の実験状況のために特殊な記号的一般化をどのように考案するかを問うものでもあり得るし、実験との比較のために演繹されたそうした記号的一般化がもたらす個別的な記号的帰結は何かを問うものでもあり得るからである。しかしながら現在の目的のためには、そうした二つの問いを一つのものとして取り扱うことができる。科学的実践においてもまた、それらの問いは通常は同時に答えられているのである。

感覚所与《センス・データ》言語への希望が捨てられて以来、このような問いに対する答えは通常は対応規則の観点からなされてきた。対応規則とは、通常、科学用語の操作的定義と考えられるか、あるいは、科学用語の適用可能性についての一組の必要十分条件と考えられてきた(11)。科学者集団を調査することによって、その成員に共有されているいくつかの対応規則が明らかにされるであろうということを私自身疑わない。また、成員の行動を詳しく観察すれば、さらに二、三の対応規則がたぶん正当にも帰納されるであろう。しかし別の所でも述べ、また以下においても手短かに論及するであろう諸理由から、そのようにして発見された対応規則は、実験とフォーマリズムとの間に存在する実際の相互連関――科学者集団の成員がいつも問題なくなしとげている――を説明するためには、数においても力においてもほとんど十分であるとは思えない(12)。もし哲学者が十分な対応規則群を望むとすれば、それらの大部分を独力で供給しなければならないであろう(13)。

そうした仕事を哲学者ができることはほとんど確実である。ある科学者集団の過去の実践に関して収集された具体例を調べることによって、哲学者は、既知の記号的一般化との関連においてそうした実践例のすべてを十分に説明するような対応規則群を構成しうると当然期待できよう。哲学者はきっと異なる何組かの対応規則群を構成できるであろう。それにもかかわらず、そうした対応規則群の一つが研究対象の科学者集団がもつ対応規則の再構成であると記すことに関しては、きわめて注意深くなければならない。たとえ哲学者が構成した対応規則群のそれぞれが科学者集団の過去の実践に関して等価であったとしても、それらはその分野がまさにこの次に直面する問題に適用したときにも等価であるとは限らない。この意味において、異なる諸対応規則群とは、少しずつ異なる諸理論の再構成といえるであろうし、それらの諸理論のうちのどれ一つといえどもその科学者集団が実際に保持している理論であるとは限らないのである。哲学者が、科学者として振舞うことによって、その科学者集団の理論を改良するということはあるかもしれない。しかしそうしたとしてもその哲学者は、哲学者として、その科学者集団の理論を分析したことにはならないであろう。

たとえば、ある哲学者がオームの法則 $I=V/R$ に関心をもっていて、しかも自らが研究している科学者集団の成員が電圧を電位計で、電流を検流計で測定するということを知っている、と想定してみよう。その哲学者は、抵抗についての対応規則を探し求めるために、電圧を電流で割った商を選び取るかもしれない。その場合には、オームの法則は同語反復だということになってしまう。あるいはその哲学者は、抵抗の値をホイートストーン・ブリッジでの測定結果と関連づける方を選ぶかもしれない。この場合には、オームの法則は自然についての情報を提供していることになる。過去の実践に対してならば、これら二つの再構成は等価であろう。しかしそれらは未来における振舞いに関して同一のことを指示はしないであろう。科学者集団の中で特に巧みな実験家がそれ以前になされていたものよりも高い電圧で実験を行ない、高い電圧の下では電圧と電流の比が徐々に変化するということを発見した、と特に想像してみよう。第二の再構成、すなわち、ホイートストーン・ブリッジ〔での測定値に基づく抵抗値〕による再構成によれば、その実験家は高い電圧におけるオームの法則からのずれを発見したことになる。しかしながら第一の再構成によれば、オームの法則は同語反復であり、オームの法則からのずれなどは想像できない。その実験家は、オームの法則からのずれではなく、抵抗が電圧にともなって変化するということを発見したことになるのである。二つの再構成は、困難の所在に関して異なることを導き、異なったパターンでの後続研究を導くのである。(14)

これまでの議論のどこにおいても、研究対象としている科学者集団の振舞いを説明するのに十分な対応規則群が存在しないということの証明はなされていない。その種の否定証明はおそらく不可能であろう。しかしこれまでの議論は、哲学者たちがどうにか見抜こうとしばしばしてきた科学上の訓練や振舞いのいくつかの側面に、我々がもう少し真剣に注目するようにと仕向けるであろう。対応規則は、科学教科書や科学教育にはほとんど見出せない。では、科学者集団の成員はどのようにして十分な対応規則群を習得でき得たのであろうか。注目すべきことに、哲学者からそのような対応規則の提示を求められると、科学者たちはいつもそれらの適切性を否定し、そしてその後、それに関してときどき著しく不明瞭になるのである。科学者たちがともかくも〔対応規則の提示に〕協力した時ですら、彼らの提示する対応規則は科学者集団の各成員ごとに異なるであろうし、どの対応規則も不完全であろう。それゆえそうした対応規則の二、三以上が科学者集団の実践の中に配置されているのだろうかとか、科学者たちが彼らの記号的表現を自然と関連づけるやり方はほかにないのだろうかとか、が疑問になり始めるのである。

科学を学んでいる学生にも科学史家にもよく知られた現象が鍵を提供してくれる。私は〔かつて物理学の学生であり現在は科学史家であるというように〕その両方を経験しているのであるから、自らの経験から話すことにしよう。物理学の学生はきまって、教科書のある章を最後まで読み通し完全に理解したのに、それにもかかわらず、その章の終りにある問題を解くのが難しかった、と告げる。彼らが困難を感じるのは、ほとんどいつでも、適切な方程式を立てる時や、教科書の中で与えられている言葉や具体例を彼らが解くように求められている特定の問題と結びつける時である。これらの困難は、たいていいつも同じような仕方で解消される。すなわち学生は、自らの問題を以前に出くわしたことのある問題と似たものとして見るやり方を発見するのである。類似やアナロジーがいったん見えてしまえば、後に残る困難は手際よく処理することだけである。

同じようなパターンは科学の中にもはっきりと示されている。科学者たちは、ある問題の解き方を得るのに他の問題の解き方をモデルとし、記号的一般化に頼ることをしばしば最小限に止める。〔たとえば〕ガリレオは、斜面を転がり落ちるボールは、どんな傾きの斜面であれ、垂直方向に同じ高さの所まで上がるのにちょうど十分なだけの速度を獲得する、ということを見出した。そして彼はその実験状況を、錘が一質点からなる振り子の場合と類似のものと見るようになったのである。それからホイヘンスが実体振り子の振動中心の問題を解決したが、それは、実体振り子という広がりをもった物体がガリレオ的な質点振り子から構成されており、その質点振り子相互の結びつきは、振動内のどの点においても、即座に消し去ることができるようなものであると想像することによってであった。すなわち、結びつきを消し去れば個々の質点振り子は自由に振動するであろうが、それらの質点振り子全体の重心は、ガリレオの振り子の重心と同じく、広がりをもった振り子の重心が落下を始めた高さとちょうど同じ高さまでしか上昇しないであろう〔と考えて問題を解決したのである〕。最後に、ダニエル・ベルヌーイは、やはりニュートンの法則の助けを借りることなく、どのようにすれば貯水タンクの口から流出する水の流れがホイヘンスの振り子と類似したものと見えるかを発見した。ある微小時間内における貯水タンクと噴流内の水の〔全体の〕重心の下降を決定する。次に、水の各粒子がそれぞれ、重心下降の微小時間の終りの時点にもつ速度でもって最大限上昇しうる高さまで上方に動くと想像しよう。その時、個々の粒子の重心の上昇は、貯水タンクと噴流内の水の重心の下降に等しい。問題をこうした観点から見ることによって、長らく求められていた流出速度がただちに導かれたのである。(15)

さらに例を挙げる余裕はないが、一見したところでは種類が異なるように見える諸問題の間に類似性を見るという後天的に習得されたこの能力が、通常は対応規則に帰せられている役割のうちの重要な部分を科学において果している、ということを述べておきたい。一たび新しい問題がすでに解かれている問題と類似していることが見て取られれば、適切な数学的フォーマリズムも、記号的帰結を自然と結びつける新しいやり方もそれに続くのである。類似性が見えたならば、有効性がすでに証明済みの付属物を利用するだけでよい。思うに、科学者集団によって公認されている類似性を認知する能力こそは、紙と鉛筆を用いてであれ、うまく設計された実験室においてであれ、問題と取り組むことによって学生が習得する主要な事柄である。学生の訓練過程には、きわめて数多くのそうした演習が学生のために用意されている。そして単一の専門分野に入ろうとしている学生たちはいつもほとんどまったく同じ演習問題に取り組む、たとえば、斜面、円錐振り子、ケプラーの楕円軌道などである。これらの具体的問題は、それらの解答とともに、私が以前に模範例として、すなわち科学者集団の標準的な例題として言及したものである。それらは、専門母体の第三の主要な認識要素を構成するとともに、『科学革命の構造』における「パラダイム」という用語の第二の主要な機能を例示している。(16)学生が専門家集団の認識上の成果を利用できるようになるためには、数多くの模範例の習得が記号的一般化を学ぶこととちょうど同じくらいに不可欠なのである。(17) 模範例なしには、学生は力と場、元素と化合物、核と細胞などといった基本的概念について科学者集団が知っていることの多くを、けっして学び取ることができないであろう。

学習された類似関係、習得されたアナロジー感覚という概念を、単純な例を用いてすぐに明らかにしよう。しかしながらまず最初に、明らかにしようとしている問題をはっきりとさせておきたい。あるものが他の何かと似ている所もあればまた異なっている所もあるというのは自明の理である。通常言われているところでは、似ているか異なっているかは基準に依存する。それゆえ我々は、類似性あるいはアナロジーについて語る人に対して、「どの点において類似しているのか」という問いを提起しがちである。しかしながら今の場合、それこそまさに尋ねてはならない問いなのである。というのは、その問いに答えることはそのまま対応規則を与えることになろうからである。〔対応規則によってその問いに答えるとすれば、〕模範例の習得は、類似性の基準という形における対応規則がうまく与えられなかったようなことを、何一つ学生に教えはしないであろう。その時には、問題に取り組むことは単なる対応規則適用の練習となり、類似性について語るのは無用だということになろう。

しかしながらすでに私が述べたように、問題に取り組むというのはそのようなことではない。それはむしろ、低木の植込みや雲の絵の中に隠された動物の形状や顔を見つけるという子供のパズルの方にはるかにずっと似ている。子供は、自分が知っている動物の形状や顔に似た形を探す。いったんそうした形を見出したならば、それらの形が再び背景の中に退くことはない。というのも、その子供がその絵を見る見方が変化してしまっているからである。同じように、科学を学んでいる学生は、問題に立ち向かう時、それを自分が以前に出くわしたことのある一つあるいは複数の模範的問題と似ているものとして見ようとする。彼を導く対応規則が存在する場合には、彼は当然それらを用いる。しかし彼の基本的基準は、類似性の感覚である。その感覚は、同じ類似性の同定を可能とする数多くの基準のどれよりも、論理的にも心理的にも先立っている。類似性が見えた後でならば、人は基準を求めるであろうし、またその時には、そうする価値がしばしばある。しかしそうする必要があるわけではない。二つの問題を類似したものと見るようになってゆく間に習得された精神的構え、あるいは、視覚的構えは、〔基準を用いずに〕直接、適用できる。私がここで主張したいのは、適当な状況下では類似したものの諸集合へとデータを処理し直してゆく手段が存在し、その手段は「どの点において類似しているのか」という問いに対するそれ以前の答えには依存しない、ということである。

「データ」という用語に関する短い余談から私の主張を始めよう。言語学的にはこの用語は「与えられたもの」ということから派生したものである。哲学的に言えば、認識論の歴史に深く根を下した理由によって、この用語は我々の諸感覚が提供する最小の安定した諸要素を意味するものとされている。我々は感覚所与言語にもう期待をかけてはいないけれども、「あちらの緑」、「ここの三角形」、あるいは、「そちらの暑さ」というような語句が、データ、すなわち経験の中に与えられたもの、に対する我々のパラダイムを暗に示し続けている。それらの語句は、いくつかの点においてこうした役割を果すであろう。経験の諸要素への接近においてこれより小さいものはない。対象を同定するためであれ、法則を発見するためであれ、あるいは理を発明するためであれ、我々が意識的にデータを処理する時にはいつでも、この種の感覚あるいは感覚の複合体を取り扱うことになる。それにもかかわらず、別な観点から見れば、感覚や感覚要素は与えられたものではない。経験的にというよりも理論的に見れば、データという称号はむしろ刺激にふさわしい。我々は刺激に対して間接的にしか、すなわち科学理論を通してしか近づくことができないのではあるが、有機体としての我々に作用しているのは感覚ではなく刺激である。刺激の受容から、我々にとってのデータである感覚の反応までの間には、巨大な神経処理過程が存在している。

もし刺激と感覚との間に一対一対応が存在するというデカルトの仮定が正しいとすれば、こうしたことは何ら語るに値しないであろう。しかしその種の一対一対応が存在しないということを我々は知っている。ある特定の一つの色の知覚は無数の異なる波長の組合せによって喚起されるのである。逆に、与えられた一つの刺激は、多様な感覚を喚起できる。一つの刺激が、ある受容者にはアヒルの像を喚起し、別の受容者にはウサギの像を喚起する。このような反応はけっして生得的なものではない。人は訓練によってそれ以前には区別できなかった色やパターンを識別できるようになる。どの程度にまでかはまだ分ってはいないが、刺激からデータを生産する過程は学習によって習得される手続きなのである。学習過程の後には、同一の刺激が以前とは異なるデータを喚起するようになる。結論として言えば、データは我々の個人的経験の最小要素ではあるけれども、それがある与えられた一つの刺激に対する共通の反応とならざるを得ないのは、教育上、科学上、あるいは言語上、比較的同質な集団の成員の間においてだけなのである。(18)

さて私の主張の本筋に戻ることにしよう。しかし科学的事例にではない。科学的事例はどうしても複雑になりすぎる。代りに、父親とともに動物園を散歩している小さい子供を想像するようにお願いしたい。その子供は、鳥を認知したり、コマドリを識別したりすることをそれ以前に学んでいるものとする。その日の午後に、その子供はハクチョウやガチョウやアヒルなどの同定を初めて学ぶものとしよう。そのような状況のもとで子供にものを教えたことのある人ならば誰でも、主要な教育手段が直示なのだということを知っている。「すべてのハクチョウは白い」というような語句は役に立つのかもしれないが、しかしそうとは限らない。しばらくの間、そのような語句を考察の対象からはずしておくことにしよう。私の目的は、それとは異なる学習様式をその最も純粋な形式において取り出すことにあるからである。その時、ジョニーの教育は次のように行なわれることになる。父親が鳥を指さし、「見てごらん、ジョニー。ハクチョウがいるよ」と言う。しばらくしてジョニー自身が鳥を指さし、「おとうさん。もう一羽ハクチョウがいるよ」と言う。しかしながらジョニーはまだハクチョウとは何かを学んでいなかったのだから、「違うよ、ジョニー。あれはガチョウだよ」というように訂正されるに違いない。ジョニーがその次にハクチョウであると同定したものは正しくハクチョウであったが、彼が次に「ガチョウ」であると同定したものが実際にはアヒルであり、彼はまた再び直されるということになる。しかしながら、さらに二、三度そうしたことに遭遇し、そのそれぞれの場合に適切な訂正や再強化がなされた後は、これらの水鳥を同定するジョニーの能力は彼の父親と同じほどに優秀なものとなる。教育はすみやかに完成されるのである。

さて、ジョニーに何が起ったのかを問うことにしよう。私は次のような答えを説得的なものとして強く推したい。その午後の間に、視覚的刺激を処理する彼の神経機構はプログラムし直され、それまではいずれも「鳥」を喚起していた刺激から彼が受け取るデータは、変化してしまったのである。彼が散歩を始めた時の神経プログラムは、ハクチョウとガチョウの間の差異と同じ程度に、個々のハクチョウの間の差異をも際立たせるものであった。散歩が終る頃までには、ハクチョウの首の長さや曲り具合といった特徴が際立たせられ、それ以外の特徴は押し隠され、それまでとは違って、ハクチョウに関するデータ同士は互いに一致し、ガチョウやアヒルに関するデータとは異なったものとなる。それまですべての鳥は似ている（あるいはまた異なっている）ように見えていたのが、今や鳥は知覚空間内においていくつかのはっきりと分れた集りへと分類されることになるのである。

この種の過程は、コンピュター上で容易にモデル化できる。私自身、初期段階のそうした実験に携わっている。コンピュータに対して刺激を、n桁の数字列の形式において与えるとしよう。コンピュータ内において、n個の数字のそれぞれに対してあらかじめ選択された変換を施すことによって、しかも数字列の中の位置によってそれぞれ異なる変換を施すことによって、その刺激をデータに変換する。このようにして得られたすべてのデータは、n個の数字の列であり、私がn次元質的空間と呼ぶつもりのものの中に位置づけられる。その空間中で、二つのデータの間の距離——ユークリッド的計量によって測るにせよ、適当な非ユークリッド的計量によって測るにせよ――が、データの類似性を表現する。どの刺激が類似したデータ、あるいは近接したデータに変換されるかは、当然のことながら、変換関数の選択に依存する。異なる変換関数群は、異なるデータの集り、すなわち類似性や差異性に関する異なるパターンを知覚空間内に生み出す。もっとも変換関数は人間が作ったものである必要はない。いくつかの集りに分類できるような刺激がそのコンピュータに与えられ、しかも、どの刺激とどの刺激が同じ集りの中に位置づけられ、どの刺激とどの刺激が異なる集りの中に位置づけられねばならないかという情報がコンピュータに与えられるならば、コンピュータはそれ自身で適当な変換関数群を設計できるのである。これら二つの条件が不可欠であることに注意してほしい。〔必ずしも〕すべての刺激がデータの集りへと変換されるわけではない。また、そうできる時でさえも、どの刺激とどの刺激は一緒になるのか、また別になるのかを、子供に対する場合と同じようにコンピュータに対しても、まず最初に告げなければならない。ジョニーは自分自身で、ハクチョウやガチョウやアヒルがいることを発見したわけではない。そうではなくて、彼はそれを教えられたのである。

さてジョニーの知覚空間を二次元的な図解で表現するならば、彼が経験した過程は、図1から図2への変化にいくらか似ている。[19] 図1では、アヒル、ガチョウ、ハクチョウが一緒に混じっている。図2では、それらがはっきりと分れたいくつかの集合に分けられ、それらの集合の間には多少の距離が取られている。[20] ジョニーの父親はジョニーに対して、アヒルとガチョウとハクチョウは生物分類上はっきりと分れた属の成員であると事実上知らせたのであるから、ジョニーが将来に見るであろうすべ

図 1

図 2

てのアヒルやガチョウやハクチョウが自然にそうした生物属のどれかの内部ないしは外辺部に位置し、それらの中間の領域に位置するようなデータに出会うことはない、とジョニーが期待してもまったく当然である。たぶんオーストラリアを訪ねたならば、そうした期待は裏切られるかもしれない。しかし、こうした独特の知覚的識別の有用性や実行可能性を経験から発見し、ある世代から次の世代へと識別能力を伝達してきた集団の成員として留まる限り、そうした期待は十分に彼の役に立つであろう。

ジョニーは、将来彼が属するであろう集団がすでに知っていることを認知できるようプログラムされることによって、重要な情報を獲得したのである。ジョニーは、ガチョウとアヒルとハクチョウがはっきりと分れた生物分類上の属を形成しているということや、自然界にはハクチョウ=ガチョウやガチョウ=アヒルが存在しないということを学んだ。ある種の諸性質の組合わせだけは存在するのだけれども、他の組合わせはまったく見出せない。そうした諸性質の集りの中に攻撃性という性質が含まれているならば、公園での午後は、普通の動物学の観点からだけではなく動物行動学としての観点からも意味をもつことになるであろう。ガチョウは、ハクチョウやアヒルとは異なり、シューッと音をたてて威嚇したり嚙みついたりする。それゆえジョニーが学んだことは、知るに値することなのである。しかしながらガチョウ、アヒル、ハクチョウという語が何を意味しているかについて彼は知っていることになるのであろうか。何らかの有用性という意味においてならば、答えはイエスである。というのも彼は、これらのラベルを明確にかつ困難なしに適用でき、そして、そうした適用からの行動上の結論を、直接的にであれ一般的言明を通してであれ引き出すことができるからである。他方、彼はこうしたことすべてを、ハクチョウやガチョウやアヒルを同定する基準をただの一つも獲得することなしに、あるいは少なくとも獲得する必要なしに学んだのである。彼はハクチョウを指さし、その近くに水があるに違いないと告げることができるのだが、おそらく彼はハクチョウとは何であるかを語ることができないのである。

要するに、ジョニーは定義や対応規則のようなものをまったく用いることなく、記号的ラベルを自然に適用することを学んだのである。定義や対応規則がないままに、彼は類似性や差異性に関する学ばれた、にもかかわらず原初的な、知覚を用いるのである。そうした知覚を獲得する間に、彼は自然について何かを学んだのである。その後この知識は一般化や対応規則のうちにではなく、類似性関係それ自体の中に埋め込まれることになる。強調しておきたいのであるが、ジョニーのテクニックが知識を獲得し貯える唯一のテクニックであると私が考えているわけではまったくない。また、人間的知識のほとんどがこのように言語的一般化にほとんど頼ることなく獲得され貯えられるであろうと考えているわけでもない。しかし、ちょうど今概説したばかりの認識過程が完全無欠であることを認めるようお願いしたい。そうした過程は、記号的一般化やモデル化のようなもっとよく知られた過程とともに、科学知識の十分な再構成にとって不可欠なものであると私は思っている。

ジョニーが父親と散歩中に遭遇したハクチョウ、ガチョウ、アヒルは、私が模範例と呼んできたものであったと、〔改めて〕私が述べる必要があるだろうか。それらはラベルを付されてジョニーの前に提示されたのであるが、それらは彼が将来属するであろう集団の成員がすでに解決していた問題に対する解答でもあった。そうした解答を同化することは、ジョニーをその集団の一員とする社会化の手続きの一部である。その過程においてジョニーは、その集団が住んでいる世界について学んだのである。当然のことながら、ジョニーは科学者ではない。そしてまた、彼が学んだことはまだ科学でもない。しかし彼は科学者になるかもしれないし、彼が散歩中に使ったテクニックは、その時にもなお有効であろう。彼がそうしたテクニックを実際に利用するということは、彼が分類学者になるならば最も明白になるであろう。植物学者は、植物標本集がなければ自らの職務を果すことができない。植物標本集は、専門研究上の模範例の宝庫なのである。植物標本集の歴史は、植物標本集が支えている専門分野の歴史と重なり合っている。それほど純粋な形態ではないにしても、同様なテクニックがより抽象的な科学においてもまた不可欠である。すでに主張したように、斜面や円錐振り子のような問題に対する解答を同化することは、ニュートン物理学とは何であるかを学ぶことの一部である。学生や専門家は、数多くのそのような問題を同化した後で初めて、他のニュートン力学的問題を独力で同定するところまで進むことができるようになる。さらに、具体例を同化することによって、彼らは部分的には、新しい問題の中にある力や質量や制約条件を取り出せるようになり、解答に適したフォーマリズムを書き下せるようになるのである。きわめて単純ではあるが、ジョニーの事例は、共有された具体例が模範的とみなされる基準が明確にされる以前に、共有された具体例は本質的な認識機能をもつのだ、と私が主張し続ける理由を示唆するであろう。

記号的一般化との関連で以前に論じた重大な問題に話を戻して、私の議論を終えることにしよう。科学者たちが共有された具体例の中に知識を同化し貯えるとすれば、哲学者はその過程に関わり合う必要があるのだろうか。哲学者はその代りに具体例を研究し、理論の形式的要素と組み合わせることで具体例を不要とする対応規則を導出してはいけないのであろうか。こうした問題に対して、私はすでに次のような答えを示唆してきた。哲学者は具体例の代りに対応規則を用いることが自由にできる。少なくとも原理的には、そうすることがうまくゆくと期待できる。しかしその過程において哲学者は、自らの具体例を引き出してきたところの、集団によって所有されている知識の本質を変えてしまうであろう。結局のところ、哲学者がするであろうことは、ある一つのデータ処理の手段を別のもので置き換えることに他ならない。もし哲学者が並はずれて注意深い場合を除けば、哲学者はそうすることによって科学者集団の認識能力を弱めてしまったことになるであろう。注意深い場合でさえも、いくつかの実験的刺激に対する集団の将来の反応の本質を変えてしまうであろう。

ジョニーの教育は、科学におけるものではないが、こうした主張に対する新しい種類の証拠を提供している。ハクチョウ、ガチョウ、アヒルを知覚的類似性によってではなく対応規則によって同定することは、図2におけるそれぞれの集りの周りに、それを取り囲む閉曲線を互いに交わらないように引くことである。その結果として生ずるのは、互いに重なり合わない三つの集合を示す単純なベン図である。すべてのハクチョウが一つの集合に入り、すべてのガチョウがまた別の一つの集合に入る、等々となる。しかしながら、どこにそのような曲線を引くべきなのであろうか。それには無限の可能性がある。その一つは、三つの集りの中の鳥の絵のごく近くに境界線が引かれた図3のようなものである。境界線をそのように引いた場合には、ハクチョウ、ガチョウ、アヒルという集合の成員を決める基準が何であるかをジョニーは語ることができる。しかしその一方、すぐ次に出会う水鳥に、ジョニーは困ることになるかもしれない。すなわち、知覚空間上の距離という基準によれば外形的輪郭が明らかにハクチョウであるにもかかわらず、集合の成員に対して新たに導入された対応規則によればハクチョウでもガチョウでもアヒルでもないような水鳥である。

それゆえ境界線は、模範例の集りの外辺部にあまり近すぎる所に引くべきではない。そこで、もう一方の極端な図として図4に移ることにしよう。図4では、ジョニーの知覚空間の関連する部分をほとんど覆いつくすように境界線が引かれている。こうした選択を行なった場合には、既存の集りの近くに現れる鳥は何の問題も引き起しはしない。しかしこうした困難を避けることによって、我々は別の困難を作り出してしまう。ジョニーはそれまでハクチョウ＝ガチョウが存在しないということを知っていた。彼の知識に対するこの新たな再構成は、彼からその情報を奪い去ってしまう。そしてその代りに、彼がまったく必要とはしそうにないもの、すなわち、ハクチョウとガチョウの間の何もない空間の深奥に位置する鳥のデータに名前を与えてしまう。失われた情報を補完するためのものとしてなら、ハクチョウの境界線内の様々な位置にあるハクチョウに遭遇する可能性を記述する密度関数を、ガチョウやアヒルについての同様の関数とともに、ジョンの認識装置に付け加えたと想像してもよいかもしれない。しかしそのようなものは、元々の類似性の基準がすでに与えていたのである。これで

図 3

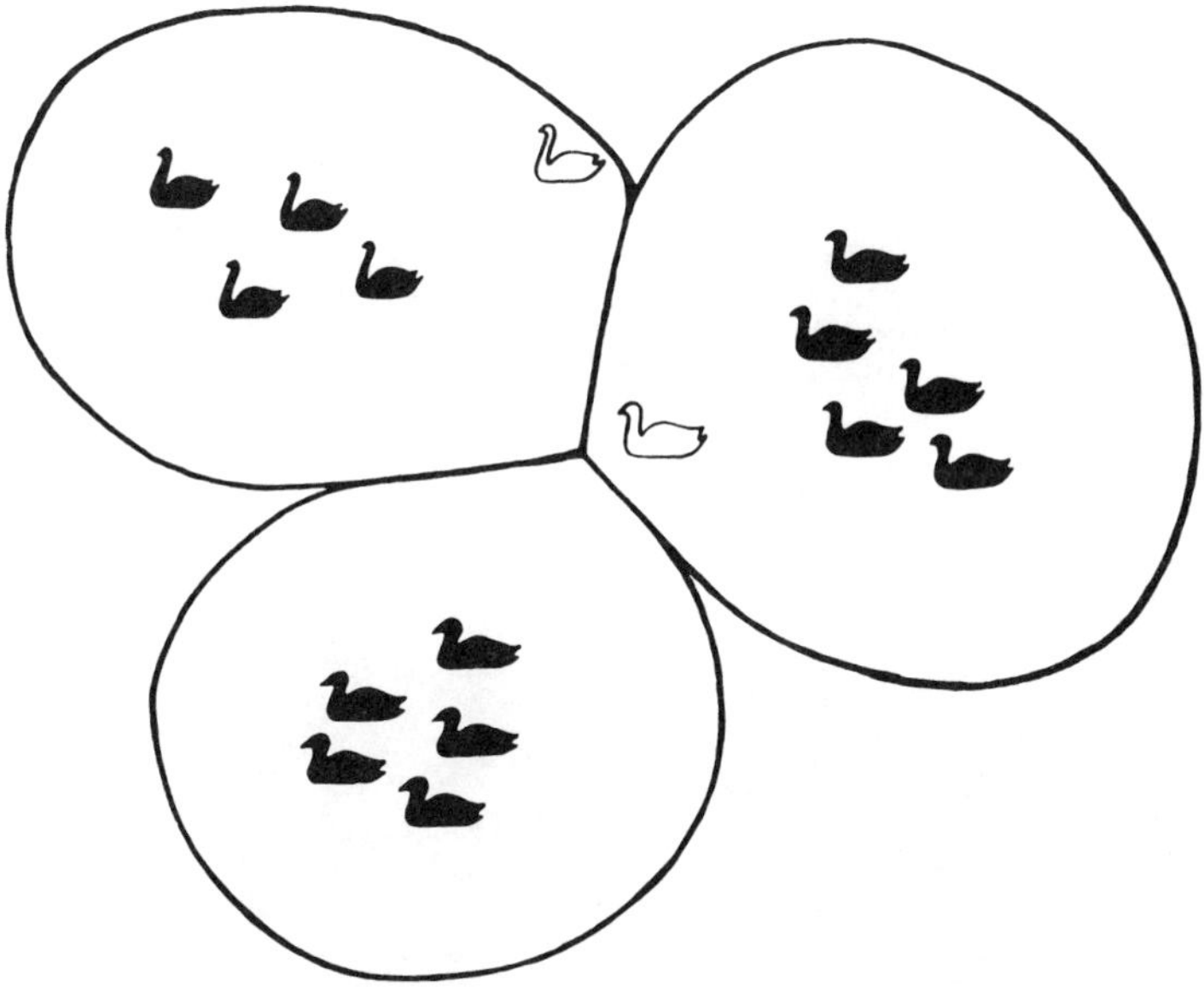

図 4

は我々は、まさに我々が置き換えようと意図していた元々のデータ処理のメカニズムに、事実上また戻ってしまったことになろう。

明らかに、集合の境界を引くためのどちらの極端なテクニックもうまくいかないであろう。図5に示された折衷案は明らかに改良である。既存の集りの一つの近くに現れるどのような鳥もその集りに属す。いくつかの集りの中間に現れるどのような鳥も名前をもたないのだが、そのようなデータはまったく存在しそうにもないものである。このような集合の境界線によって、ジョニーはしばらくの間はうまく操作することができよう。にもかかわらず、彼の元々の類似性の基準を集合の境界線で置き換えることによって得られるものは何もなく、しかも何かが失われてしまっているのである。これらの境界線の戦略的適合性を維持しようとすれば、ジョニーは別なハクチョウに遭遇するたびに境界線の位置を変更することが必要になるであろう。

図6が私の考えを示している。ジョニーがもう一羽のハクチョウに遭遇したとしよう。そのハクチョウは、予期したごとく、完全に集合の古い境界線の中に位置している。この場合には同定に何の問題も生じない。しかし次に出会うハクチョウの場合には、この図に点線で示されているような新しい境界線を引き直して、ハクチョウの集りの形状が変わったことを考慮に入れなければ問題が生じることもあるかもしれない。〔すなわち、〕ハクチョウの境界線を外側に向って修正しないとすれば、まさに次に遭遇する鳥が、類似性の基準からは問題なくハクチョウであるにもかかわらず、古い境界線の上に位置したり、あるいは、その外側にさえ位置する。また〔ハクチョウの境界線を外側に向って拡張す

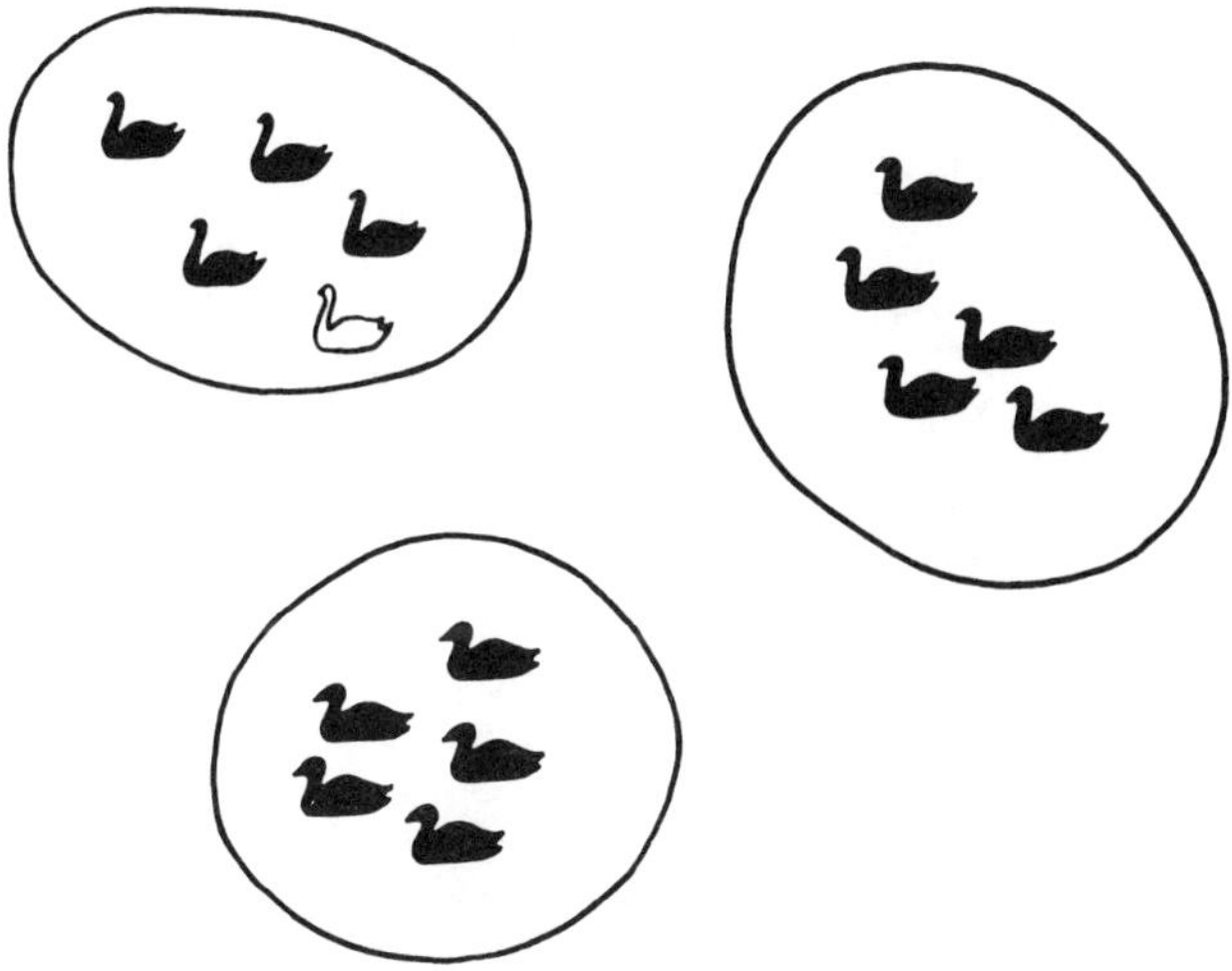

図 5

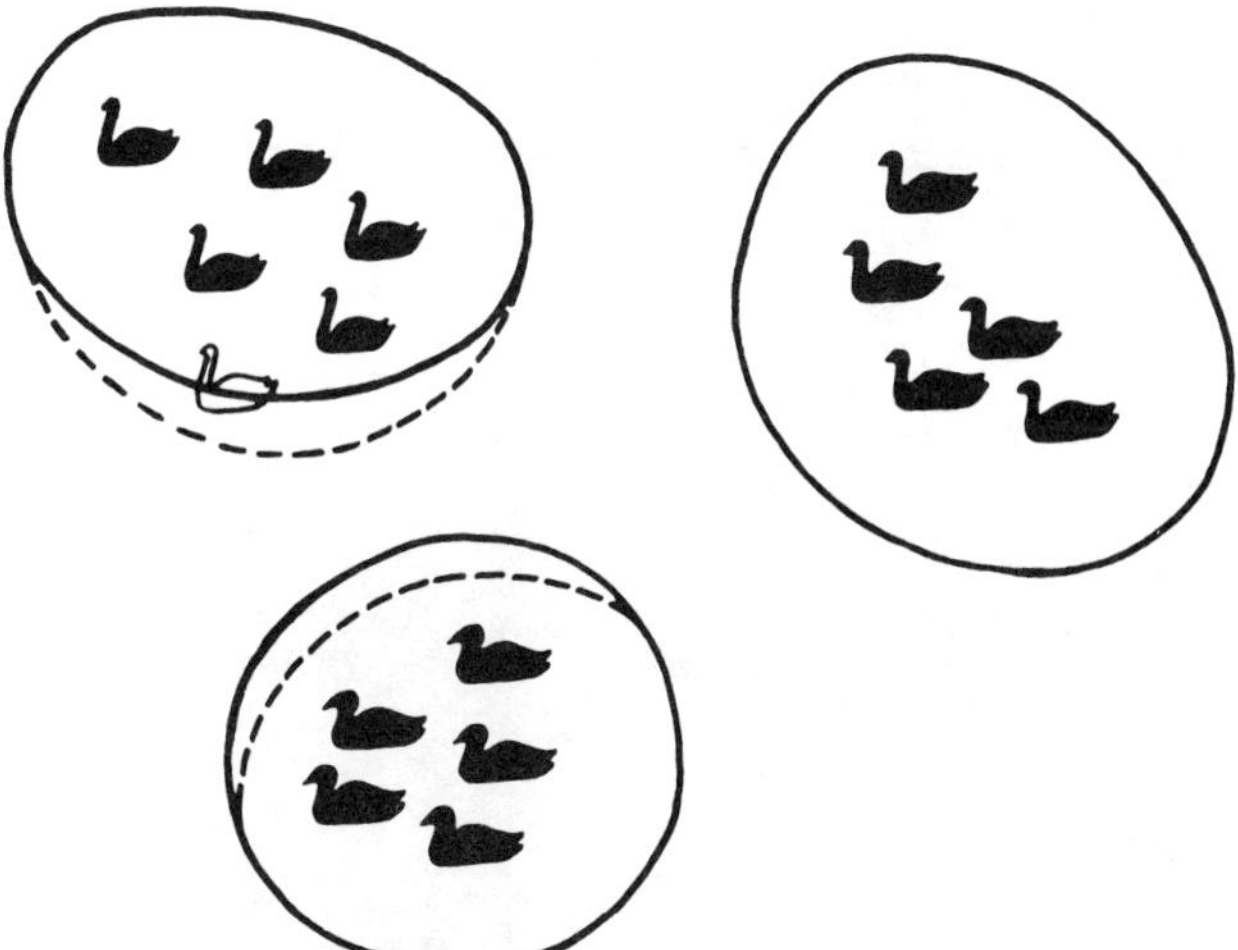

図 6

ると〕同時に、アヒルの境界線を後退させるのでなければ、より経験豊かな先輩がジョニーに維持できると保証した空虚な空間が、あまりにも狭いものとなってしまうかもしれない。もしそうだとすれば、すなわち、新しい経験をするたびに集合の境界線に対するいくらかの調整を要求できるとすれば、ジョニーが自らのために哲学者が何らかのそのような境界線を引くことを許したのは賢明であったかどうかが当然問われることになろう。彼が以前に獲得していた素朴な類似性の基準は、こうしたすべての事例を問題なく、かつ、境界線を絶えず調整することなしに取り扱うことができたであろう。確かに私は、用語の意味変化とか、用語の適用範囲の変化といったようなものが存在するとは思う。しかしここで何かそのような言葉づかいを用いたい気持ちにさせるものがあるとすれば、それは、意味や適用可能性があらかじめ決定された境界線〔や対応規則〕に依存しているという考えだけであろう。(21)

境界線を引いたり対応規則を採用したりするための十分な理由がまったく存在しないと私が言っているのではないことをここで強調しておきたい。ハクチョウとガチョウの間の空虚な空間を埋めるような一連の鳥がジョニーの前にもし現れたとすれば、彼はその結果として生じる苦境の解決のために、ハクチョウ＝ガチョウ連続体を分割する線を定義を用いて引かざるを得なくなるであろう。あるいは、色が水鳥を同定するための安定した基準であると想定する別の理由があるものとすれば、「すべてのハクチョウは白い」という一般化をジョニーは賢明にも利用したことであろう。(22) そして、そうした戦略によって貴重なデータ処理時間を節約できるであろう。ともかく、この一般化は論理操作のための出発点を提供するであろう。〔確かに、〕境界線と対応規則に頼るよく知られた戦略への切り替えが適切である場合もある。しかしその戦略が、刺激やデータの処理のために利用できる唯一のものというわけではない。別な戦略も存在するのである。それは、学習された類似性感覚と私が呼び続けてきたものに基づいている。言語学習であれ、科学教育であれ、科学的実践であれ、それらについて観察をすれば、実際にその戦略が広く使われていることが示唆される。それゆえ、認識論的議論においてそのような戦略を無視するならば、知識の本質に関する理解をひどく歪めてしまうことになろう。

最後に、「パラダイム」という用語に戻ることにしよう。その用語が、『科学革命の構造』に登場したのは次のような経緯によってである。この本の著者であり科学史家でもある私は、科学者集団の成員であるための条件を調査している時に、その科学者集団において問題のないものと考えられている研究行為を十分に説明するような、共有された対応規則を取り出すことができなかった。そこで、次に私が下した結論は、首尾よい実践についての共有された具体例は、その科学者集団の〔共有された〕対応規則に欠けていたものを提供するであろうという結論を下した。それらの〔共有された〕具体例がその科学者集団のパラダイムであった。そしてそのようなものとして共有された具体例は、その科学者集団が研究を継続するのに不可欠なものである。私はそこまで到達した後に、残念なことに、その用語を拡張して適用することを許し、ある科学者集団において共有されているすべての立場、すなわち、私が今では専門母体と呼びたいと思っているものすべての構成要素を、その用語に包含させてしまった。その結果として不可避的に生じたのは混乱であり、その混乱は、〔パラダイムという〕特別な用語を導入した元々の理由を覆い隠してしまった。しかしそれらの理由はいまだに有効なのである。共有された具体例は、通常は共有された対応規則に帰せられている認識機能の役割を果す。共有された具体例がそうした機能を果すとすれば、知識は、それが〔共有された〕対応規則に支配されている時とは異なる形で発達することになる。この論文は、何よりも、このような本質的な諸論点を取り出して明確にし十分に納得してもらうための努力であった。もしそれらの論点が理解されるならば、「パラダイム」という用語はなしですますことができよう。しかし、この用語の導入をもたらした概念自体は、なしですますことはできないのである。

第十三章　客観性、価値判断、理論選択*

一五年前に第一版が出版され議論の的となった本の終りから二番目の章において、科学者たちはどのようにして古くからの理論あるいはパラダイムを捨て去り、別の理論やパラダイムを支持するに至るのかを考察した。その本において私は次のように書いた。そのような決断の問題は、「証明によって決着がつけられるようなものではない」。それゆえそのメカニズムを論じることは、「説得の技術、すなわち、なんらの証明も存在しない状況の下での議論や反論」について語るということである。そうした状況の下では、「(新しい理論に対して) 生涯にわたって抵抗を続けるということは……科学的水準の侵害ではない。……歴史家はプリーストリのように不合理にも生涯にわたって抵抗を続けた人間を必ず見出すことができるけれども、どの時点において抵抗が非論理的あるいは非科学的なものとなるのかを見出すことはできないであろう」(1)。明らかにこの種の言明は、科学的選択を拘束する基準が存在しないにもかかわらず、解かれた科学的問題の数と個々の問題の解の正確さの両方が時間の進行とともにきわめてはっきりと増大するのはなぜなのか、という問題を生じさせる。この問題に立ち向うために、私はその本の最終章において、科学者たちがあれこれの専門家集団の構成員となる資格を得るための訓練を通じて共有するようになった、多数の特徴を概括しておいた。私が論じたように、各個人の選択を命令できるような基準が存在しない場合には、訓練された科学者たちの集団的判断を信頼するのはもっともなことである。そこで私は、「科学者集団の決断以上に、よりよい基準が他に存在しうるであろうか[2]」と修辞的な問を発したのであった。

このような私の主張に対して、多数の哲学者たちは今も私を驚かせ続けているような仕方で対応したのである。それによれば、私の見解というのは理論選択を「群衆心理学の問題」に帰するものである[3]。また、クーンは「新しいパラダイムを採用しようとする科学者集団の決断というものは、事実的あるいはそれ以外の何らかの適切な理由によって基礎づけられるようなものではない[4]」と信じている、とも言われている。私を批判している人びとは、クーンにとっては理論選択をめぐる科学者間の論争は「熟考すべき実質のない、単なる説得行為の展開にすぎない[5]」に違いないと主張した。この種の評価は、まったくの誤解である。これまでも私は本来的には別な目的のために書かれた論文の中で、しばしばこの誤解のことを述べてはきた。しかしそのようなついでの機会をとらえての抗議はほとんど効果がなく、誤解は大きいままであり続けている。結論するに、冒頭でつぶやいたような言明をする際に私が何を考えていたかを、より詳しくより正確に述べるべき時が来たと私は考えている。そうすることをこれまで私が躊躇していたとすれば、それは主に、一般に受け入れられている見解からの私の見解の隔たりが理論選択の場合よりももっと鋭い領域へと注意を集中したかったからに他ならない。

まず初めに、よき科学理論の特徴とは何なのかを問うことにしよう。よく見受けられる数多くの答えの中から、五つを選ぼう。すべてが言い尽されるわけではないが、この五つはそれぞれ重要であり、全体としては問題点を指摘するのに十分なほど変化に富んでいる。まず第一に、理論は精確でなければならない。すなわち、理論が扱うその領域内において、理論から導出される帰結は既存の実験や観察の結果と一致していなければならない。第二に、理論は無矛盾でなければならず、しかも内的に自己矛盾がないだけではなく、関連した自然の諸側面について通常受け入れられている他の理論と両立するものでもなければならない。第三に、理論は幅広い適用範囲をもつものでなければならない。特に理論の帰結は、その理論によって説明しようと最初にもくろまれていた特定の観察や法則や下位理論をはるかに超えたものでなければならない。第四に、〔第三のことと〕密接に関連することではあるが、理論は単純でなければならず、それなしには個々ばらばらで全体として混乱したものとなってしまうであろう現象間に秩序を与えるものでなければならない。第五に、さほど標準的とは言えないが、実際の科学上の決断においては特に重要なことの一つを挙げよう。それは、理論が新しい研究上の発見を実り豊かにもたらす多産なものでなければならないということである。すなわち理論は、新しい現象、あるいは、すでに知られている現象の中からまだ気づかれていない関係を明らかにできなければならない。(6) 精確性、無矛盾性、広範囲性、単純性、多産性というこれら五つの特徴はすべて、理論の適切さを評価するための標準的な基準である。もし仮にそうではなかったとすれば、本書ではそれらにさらに多くのスペースをさいたことであろう。というのも、確立した理論と新興の競合理論との間の選択を科学者が迫られた時に、それらがきわめて重大な役割を果たすという伝統的見解に、私はまったく賛成だからである。同種の他の多くの特徴とともに、それらは理論選択のための共通基盤をまさに提供しているのである。

それにもかかわらず、たとえばプトレマイオスの天文学理論とコペルニクスの天文学理論、燃焼に関する酸素理論とフロギストン理論、ニュートン力学と量子力学といった選択の際に、こうした基準を用いなければならなかった人びとはいつも二種類の困難に遭遇してきた。それぞれの基準は個別的に見れば漠然としたものである。それゆえ、具体的場面に対して基準を適用する仕方が個々人によって異なっても不当なことではない。そのうえ、複数の基準が一緒に用いられた時、それらが互いに対立することが何度もある。たとえば、精確性においてはある理論を選ぶべきだが、広範囲性においてはその競合理論を選ぶべきだという場合である。これらの困難——特に第一の困難——は、比較的よく知られたものであるから、それらの精緻化に時間をかけることはほとんどしない。議論のためにそれらの困難を手短かに説明しておく必要はあるのだが、その後で初めて、私の見解は長らく一般に通用してきた見解から異なり始めることとなるであろう。

まず精確性を取り上げる。現在の目的のためには、量的な一致だけではなく質的な一致も含めて精確性を考察することにする。結局のところは、すべての基準のうちでこの基準が最も決定的なものに近いことがわかるであろう。部分的な理由としては、この基準は他の基準よりも曖昧さが少ないということがある。しかし特に重要な理由は、精確性に依存している〔科学の〕予測力や説明力などは科学者が放棄するのを特にいやがる特徴だからである。しかし残念なことに、諸理論は精確性という観点からいつも区別できるとは限らない。たとえばコペルニクスの体系は、ケプラーがコペルニクスの死後六〇年以上もたってから徹底的に修正するまでは、プトレマイオスの体系よりも精確であるとは言えないものであった。もしケプラーあるいは他の誰かが地動説的な天文学を選択すべき他の理由を見つけ出さなかったとしたら、あのような精確性に関する改良が行なわれることはけっしてなかったであろう。それにコペルニクスの研究は忘れ去られてしまっていたであろう。もちろんもっと典型的なものを例に取れば、精確性による区別は可能であろう。しかし、曖昧でない選択をきちんと導くような種類の区別が可能なわけではない。たとえば酸素理論は、化学反応において観察される重量的関係を説明できることは広く認められていた。一方フロギストン理論の方は、そうしたことを以前からほとんど試みようとさえしてこなかった。しかしフロギストン理論は、その競合理論とは異なり、そこから金属が取り出される鉱石同士よりも、金属同士の方がずっと似かよっているということを説明できた。このように、ある領域では一方の理論が経験とより一致していたとしても、別な領域ではもう一方の理論の方が経験とより一致しているというようなことがある。精確性に基づいて二つの理論のどちらかを選択するためには、精確性がより意味をもっているのはどの領域においてなのかを決断する必要があろう。そうした事柄について化学者たちは、上述の諸基準あるいはこれから提案する諸基準に何ら抵触することなしに、異なった選択をすることが可能であったし、実際にそうしたのである。

それゆえ精確性がどれほど重要であろうとも、精確性それ自体が理論選択のための十分な基準となることはほとんどない。他の基準も同様に機能を果すに違いないが、しかしそれらが問題を解決するというわけではない。その例証のために、無矛盾性と単純性の二つを取り上げ、天動説と地動説の間の選択の際にそれらがどのように機能したかを問うことにしよう。天体理論としては、プトレマイオス説とコペルニクス説のどちらも内的に無矛盾ではあるが、他の分野の関連する理論との関係はかなり異なっている。宇宙の中心にあり静止した地球〔という天動説的考え〕は、受け入れられていた物理理論、とりわけ、石はいかに落下するか、水ポンプはいかに働くか、雲はなぜ空をゆっくりと動くかなどを説明する、しっかりとからみ合った一群の教説の中の本質的な構成要素であった。地球の運動を要請する地動説的天文学は、地上のあれこれの現象に関する既存の科学的説明と矛盾していた。それゆえ無矛盾性という基準だけから考えると、明らかに天動説的伝統が有利である。

しかしながら単純性から言えば、コペルニクス説の方が有利である。もっとも、そうなるのはある特殊な仕方で評価した時だけにすぎない。特定の時刻における惑星の位置を予測するのに実際に必要な計算の労力という観点から二つの体系を比較したとすれば、二つの体系は実質的に同等である。実際、天文学者たちは特定の時刻における惑星の位置予測というような計算を行なっていたが、コペルニクスの体系は、天文学者たちに計算の労力を節約するようなテクニックを提供はしなかった。その意味において、コペルニクスの体系がプトレマイオスの体系よりも単純であるということはなかった。他方、惑星運動の量的な詳細ではなく、単なる大よその質的特徴——最大離角や逆行運動のような

――を説明するために必要な数学的道具立ての量を問題にしたとすれば、学童でも知っているように、プトレマイオスの体系では一つの惑星につき二つの円が必要なのに対し、コペルニクスの体系では一つの円だけでかまわない。その意味においては、コペルニクスの理論の方がより単純である。このことはケプラーとガリレオが選択を行なった際に決定的に重要だったのであり、それゆえ、コペルニクス的地動説が最終的に勝利するのに本質的なことであった。しかしそのような意味での単純性とは、職業的な天文学者すなわち惑星の位置を実際に計算することを仕事としていた人びとにとって、意味ある唯一のものでもなかったし最も自然なものというわけでもなかったのである。

時間の不足もあるし、他の場所でより多くの具体例を挙げてもいるので、ここでは私は次の点だけを主張しておきたい。選択のための標準的な基準を適用する際のこの困難は典型的なものであって、二〇世紀の状況においても上述のよく知られた初期の例の場合にまさるとも劣らないほど烈しく生ずる。科学者たちが競合理論の間で選択をしなければならない時に、二人の人が完全に同じ基準リストに基づいて選択をしたとしても、異なる結論に到達するかもしれない。彼らは単純性を異なった形で解釈したり、無矛盾性という基準が成り立たねばならない領域の範囲について異なった理解を示すかもしれない。あるいは、彼らがこれらの事柄について一致したとしても、いくつかの基準を一緒に用いる時にそれらの基準に当てはめるべき相対的な重みについて異なった評価を下すかもしれない。この種の相違に関しては、これまで提案されたどのような組合せの選択基準も何の役にも立ちはしない。こ人は、歴史家が特徴的に行なっているのと同じように、特定の人間が特定の時期に特定の選択をしたのはなぜかを説明することができる。しかしその目的のためには、人は、共有された基準のリストを超えて、選択を行なう諸個人の特徴にまで進んでゆかねばならない。すなわち、科学者ごとに異なる特徴を取り扱わねばならない。しかもそれによって、科学を科学的なものとしている規範 canons への執着を危険にさらすことが少しもないようにしなければならない。科学を科学的なものとしている規範〔私が論じた選択基準も明らかにそこに含まれている〕は、実際に存在するし、またそれらを発見することも可能なはずであるが、それらはそれらだけでは個々の科学者の決断を決定するのに十分ではない。〔個々の科学者の決断を決定するという〕そうした目的のためには、共有されている規範に具体的な肉付けを与えなければならないが、そのやり方は科学者それぞれで異なるのである。

私が考えている科学者間のそうした差異のいくつかは、科学者としての個人的な先行経験に由来するものである。選択の必要に迫られた時に、その科学者はその領域のどの部分で研究していたのか。彼はどのくらいそこで研究していたのか。彼はどのくらい成功していたのか。彼の研究のどのくらいが新しい理論からの挑戦を受けている概念やテクニックに基づいていたのか。〔これらのような事柄がそうである。〕選択に関わる他の要素としては科学外のものもある。ケプラーがその初期にコペルニクス的地動説を選択した背景には、彼がその時代の新プラトン主義的運動やヘルメス主義的運動に夢中になっていたことが部分的に関係している。ドイツ・ロマン主義は、その影響を受けた人びとにエネルギー保存則を認知し受容する素地を与えた。一九世紀イギリスの社会思想は、同様の影響を生存競争というダーウィンの概念の着想と受容に与えた。科学者間の意味ある他の差異としてはさらに、個性の果す機能がある。ある科学者たちは、他の科学者よりももっと独創性に重点を置き、そのためには危険をあえて冒そうとする。またある科学者たちは、正確で詳細ではあっても適用範囲が明らかにもっと狭いような問題の解き方よりも、包括的で統一的な理論の方を好む。私を批判した人びとは、このような諸要素に科学者間の差異を設けることは主観的な事柄であると述べ、私の出発点である共有された基準、あるいは、客観的な基準と対比した。〔私を批判した人びとの〕こうした用語法の問題点は後で論じるつもりであるが、当面の間はこの用語法を受け入れておくことにしよう。するとここでの私の論点は、競合理論のどれを個人が選択するかはすべて客観的要素と主観的要素との混合物、あるいは、共有基準と個人的基準との混合物に基づいているということである。主観的要素や個人的基準については通常は科学哲学の中で描かれてこなかった。そこで、私はその点を強調したのだが、その結果、客観的要素や共有基準の存在を私が信じていることを私を批判した人びとになかなか理解してもらえなかった。

私がいま述べてきたことは、根本的には、理論選択の際に科学の中で起っていることを単に記述しているにすぎない。私を批判する人びとは、私がこのように述べてきたことには異議申し立てをしてこなかった。その代りに、実際の科学者の活動に関するこれらの事実が哲学的な重要性をもつという私の主張を退けただけである。そうした論点を取り上げて、いくつかの意見の違い——私はその違いが大きいとは思わないが——をはっきりさせることから始めることにしよう。まず初めに、個々の科学者たちの実際の理論選択の中には常に含まれている主観的要素——科学哲学者たちもそれはこだわりなく認めているが——を、科学哲学者たちがこんなにも長い間にわたって無視し続けることが、いったいどうしてできたのかを問うことにしよう。主観的要素は、人間的弱さを示す指標にすぎず、科学的知識の本質をなすものではまったくない、と科学哲学者たちが思ってきたのはなぜなのだろうか。

もちろんこうした問いに対する一つの答えは、基準の完全なリスト、あるいは、きわめてよく練られたリストをもっていると主張する哲学者がたとえあったにせよほとんどいなかった、ということである。それゆえ、さらなる研究によって、残りの不完全性が取り除かれ、合理的で誰でも異議のない選択を指示するようなアルゴリズムが生みだされるかもしれない、と期待するのも当面は合理的であろう。そうしたことが達成されるまでの間は、最も通用している客観的基準のリストでもなお欠けているところを、科学者たちが主観的に埋め合せるほか仕方がないということになるであろう。また、完全なリストが手に入った後でもなお科学者の中の何人かがそのような主観的選択をしたとすれば、それは単に人間本性の不可避的な不完全さを示す指標にすぎないということになるであろう。

この種の答えがやはり正しかったということはあり得るのではあるが、そうなると期待している哲学者は一人もいないだろうと思う。アルゴリズムに従った決断過程を求める探究がしばらくの間は続けられ、力強くすばらしい結果が生み出された。しかしそうした探究の結果はすべて次の二つの前提、すなわち、個々の選択基準は明確に述べることができるということと、一つ以上の基準が関連している場合には、同時に適用する諸基準に対して適切な重みづけをする関数が利用可能であるということに基づいている。あいにくなことに、科学理論間での選択が問題となっている場合においては、先に述べた二つの前提条件の第一のものに関してはほとんど進歩が見られないし、第二の前提に関してはまったく進歩が見られない。それゆえ、今では、伝統的に探し求められてきたようなアルゴリズムはとても到達不可能な理想である、とほとんどの科学哲学者たちはみなしているものと私は思う。私はそれが到達不可能であることに完全に同意するし、これからはそのことをまったく当然のこととして取り扱うことにしよう。

しかしながらたとえ理想としてではあったにせよ、それが信頼に堪えるものとするならば、当てはまると想定されている状況に対する何らかの妥当性の提示が必要である。私を批判する人びとは、その提示には主観的要素がまったく含まれないと主張することによって、暗黙の内にであれ明白にであれ、発見の文脈と正当化の文脈というよく知られた区別に訴えているように思われる。(7) すなわち彼らは、私が論じている主観的要素が新しい理論の発見あるいは発明において重要な役割を果すことを認めはするものの、そのように直観的にならざるを得ない過程は科学哲学の境界の外側に位置するのであり、科学的客観性の問題とは無関係であると主張している。そして彼らは続けて、科学の中に客観性が入ってくるのは、理論がテストされたり正当化されたり判断されたりする過程を通してであるとしている。そうした過程は、主観的要素に訴えるものではまったくないし、あるいは少なくとも、主観的要素に訴える必要はない。そうした過程の支配は、十分な判断能力をもった集団が共有している一群の（客観的）基準によって行なうことが可能である〔と彼らは主張する〕。

そうした立場が実際の科学者の活動に関する観察と一致しないことはすでに論じた。それゆえ今は、それは十分に認められたものと仮定しておこう。今問題なのは別な論点である。すなわち、発見の文脈と正当化の文脈との区別をこのように引き合いに出すことが、納得のゆく有用な理想化を与えるかどうかの問題である。私は、発見の文脈と正当化の文脈の区別がそのような理想化を与えるとは思わない。そうした区別の見かけ上の説得力の源泉と思われるものをまず最初に示唆すれば、私の目的は最もうまく果されるであろう。私を批判した人びとは、科学教育、あるいは、私が別な場所で教科書科学と呼んだところのものによって誤った方向に導かれてしまったのではないか、と私は思う。科学教育においては、理論は模範的な応用例とともに提示され、応用例は証拠と見られている。しかしこれは、応用例本来の教育的機能ではない（困ったことに、科学を学ぶ学生たちは、教授や教科書からの言葉をすすんで受け入れる）。応用例のうちのいくつかは、疑いなく、実際の決断がなされた時点における証拠の一部をなしていた。しかしそれらは決断過程に関連した考察のほんの一部分を表しているにすぎない。教育の文脈は、それが発見の文脈と異なっているのとほとんど同じくらい正当化の文脈とも異なっているのである。

その論点を立証する証拠を完全に挙げるとすれば長い議論が必要となるが、ここでは不適切であろう。しかし、科学哲学者たちが選択基準の妥当性を論証する通常のやり方に関して、記しておくに値する二つの側面がある。科学哲学の本や論文は、それらがしばしばモデルとしている科学教科書と同じく、地球の運動を証明したフーコーの振り子、重力に関するキャヴェンディシュの証明、水中と空気中における音速の比に関するフィゾーの測定など、有名な決定実験に繰り返し言及している。これらの実験は、科学的選択に対する納得のゆく理由のパラダイム〔すなわち、模範例〕をなしている。それらの実験は、二つの理論のうちのどちらに従うべきかに確信をもてない科学者が利用できるあらゆる種類の議論の中で最も有効なものの例証である。それらは選択基準を伝達する手段であるが、また別な特徴も共通にもっている。それらの実験がなされる時点までの間に、今日その結果が証明に用いられている理論の妥当性に関して、科学者たちは説得を受ける必要性がもはやすでになくなっていた。すなわち決断は、かなり曖昧な証拠に基づいてずっと以前になされていたのである。科学哲学者たちが繰り返し言及している典型的な決定実験が歴史的に理論選択との関わりをもっていたのは、決定実験が予期しない結果を生みだした場合だけであった。例証として決定実験を用いることは、科学教育にとっては必要なむだのなさを提供する。しかし決定実験は、科学者たちがなすべく求められる理論選択についてその特徴を解明するものではないのである。

科学的選択に関する標準的な科学哲学的説明は、別なやっかいな特徴をもっている。私が前に指摘したように、語られるのは実際に最終的に勝利した理論に有利な議論だけである。酸素理論は燃焼時の重量関係を説明できるが、フロギストン理論はできない、ということは語られる。しかしフロギストン理論の効力や酸素理論の限界については何も語られない。プトレマイオス理論とコペルニクス理論の比較も同じような形で進められる。これらの例は、発達した理論といまだ揺籃期の理論とを比較するものであるから、挙げるのが適切ではないだろう。しかしそれにもかかわらず、哲学者たちはこれらの例を常に用いる。もし哲学者たちがその結果として単に決断状況を単純化しているだけであったならば、誰も反論できはしないであろう。歴史家さえも、自らが記述している状況の事実的な複雑性を完全に取り扱っていると主張したりはしない。しかし〔哲学者たちによる〕こうした単純化は、理論選択にはまったく疑問点がないとすることによって、ものごとを骨抜きにしてしまっている。すなわち、こうした単純化は、決断状況の中で、科学者が自らの分野を前進させるために解決しなければならない一つの本質的な要素を排除してしまっているのである。すなわち、そうした状況においては、可能な選択のそれぞれに少なくとも何らかの納得のゆく理由が必ず存在するのである。発見の文脈に関連して行なった考察は正当化に対してもまた当てはまる。まさにこの事実によって（ipso facto）、新しい理論の最初の支持者の中にはその理論を発見した人と関心や感性を共有する科学者たちが不釣り合いなほど頻繁に見受けられがちなのである。これが、理論選択のためのアルゴリズムの樹立がなぜ困難であったのか、そしてまた、そのような困難を解決することがなぜそんなにも価値があると思われたのかの理由である。問題点を提供している理論選択こそ、科学哲学者たちが解明する必要のあるものである。科学哲学的に興味深い決断手続きが機能するのは、その決断手続きなしではいまだ決断が疑わしいものであるような場面においてに違いないのである。

ほんの手短かにではあったにせよ、これは以前にも述べた。しかし最近になって私は、私を批判する人びとの立場が示す見かけ上の説得性についてもっと微妙な源泉が存在することに気づいた。

その源泉を提示するために、私の批判者の一人との仮想的な対話を手短かに記述することにしよう。私も私を批判する者も、各科学者は競合理論間の選択を、何らかのベイズ的〔条件付確率の定理を応用して推論についての主観確率を導入する統計学の学派〕なアルゴリズムを展開することによって行なう、ということに同意する。そのアルゴリズムは、ある特定の期間内において彼および彼が所属する専門集団の構成員が手に入れることのできる証拠Eの下における、理論Tの〔妥当性の〕確率p（T、E）の値を計算可能にする。さらにわれわれはともに、「証拠」というものを幅広く解釈しており、単純性や多産性などの考慮がその中に含まれると考える。しかしながら私を批判する者は、客観的選択に対応する確率pの値はただ一つしか存在しないと主張し、集団の構成員の中の合理的な人びとはすべて客観的選択に到達するに違いないと信じている。一方私は、先に挙げたような理由から、私の批判者が客観的と呼んでいる諸要素は何らかのアルゴリズムを完全に規定するには不十分であると主張する。ただし議論のために、各人がアルゴリズムをもっており、それらすべてのアルゴリズムに共通点が数多くあると認めることにしよう。それでも、各人は何らかの計算を行なう以前に客観的基準を完全なものにしなければならないが、そのためになされる主観的考察のおかげで、結局のところ各人のアルゴリズムはすべて異なったものとなる、と私は続けて主張したい。私の仮想的な批判者が公平であるとすれば、対立理論間の競争の初期の段階において各人が頼りにする仮説的なアルゴリズムを規定する際に、こうした主観的要素がある役割を果すということを今では認めるであろう。しかし私の批判者はまた、時間の経過とともに証拠が増大するにつれて、さまざまな諸個人のアルゴリズムは私の批判者が最初に提示した客観的な選択のアルゴリズムへと収束する、と主張するであろう。私の批判者にとっては、各個人の選択の一致が増大してゆくということが、選択の客観性の増大、ひいては決断過程からの主観的要素の排除の証拠なのである。

一見したところ説得的と思われる立場の基礎にある不合理な推論を明らかにするために、もっぱら私が考え出した対話はこれまでにしよう。証拠の時間変化とともに収束するのは、各個人が自らのアルゴリズムに従って計算する確率pの値だけでよい。たぶん各個人のアルゴリズム自体も時間とともにより似かよったものにはなろう。しかし理論選択の最終的一致は、アルゴリズムが最終的に一致することの証拠を与えるものではまったくない。専門家の間でも当初は決断が異なっていたということを説明するのに主観的要素が必要とされるのであれば、後で専門家が一致するようになった時にもなお主観的要素が存在すると言ってよいであろう。私はここでこの点を論じることはしないが、科学者集団が分裂する場合を考察すれば実際にそうであることが示唆される。

私の議論はこれまでのところ二つの論点に向けられてきた。まず第一に、競合理論の間で科学者が行う選択は、共有された基準——私を批判している人びとが客観的と呼んでいる基準——に基づいているだけではなく、個々人の経歴や性格に依存した個々人に特異的な要素にも基づいている、という証拠を挙げた。私の批判者の用語法によれば、後者は主観的なものである。第二に、この後者の哲学的含意を否定するいくつかの可能なやり方を締め出そうと試みた。ここではより実証的なアプローチに移り、私が初めに挙げた共有基準のリスト――精確性、単純性、その他――を手短かに論じることにしよう。私が示唆したいと今思っているのは、そのような基準がもつかなりの有効性は、それらを支持している各個人の選択を指令できるほど十分に基準が明確化されていることに依るものではない、ということである。実際、それらの基準がそれほどまでに明確化されているとすれば、科学の進歩にとって基本的な行動メカニズムが機能しなくなってしまうであろう。伝統的には選択規則の中の除去可能な不完全さとみなされてきたものが、私には、部分的に科学の本質的性格を反映したものであると思われるのである。

しばしばそうしてきたように、自明な事柄から始めよう。あるべき決断の結果を規定はしないが、決断には影響を与えるような基準が、人間生活の多くの場面でよくみられる。しかしながら通常それらは、基準や規則ではなく、格言、規範、価値と呼ばれている。まず最初に格言を考えよう。選択が迫られている時に格言に訴える場合、格言が失望を招くほど曖昧であり、またしばしば互いに対立していることがよくある。「躊躇する者は負ける」と「ころばぬ先の杖」という格言を対照してみよ。あるいは、「人手が多ければ仕事は楽になる」と「船頭多くして船山に登る」という格言を比べてみよ。格言は個別的にはそれぞれ異なる選択を指令するが、多くの格言を合わせると何も指令しない。にもかかわらず、これらのように矛盾した格言を子供に教えることが教育上不適当であると主張するような人はいない。対立する格言〔のそれぞれ〕は、なされるべき決断の本質を変え、それが提示する本質的な論点をきわだたせ、各個人が自分自身で責任を取るべく決断に残された諸側面を指し示す。

いったん格言に訴えるならば格言は決断過程の本質を変え、それゆえ決断過程の結果を変化させることができるのである。

価値や規範は、対立や曖昧さの存在のもとにおける効果的な指導のより明確な例を提供している。たとえば、生活の質の改善という価値を考えてみよう。各家庭に一台の車をということが、その価値からかつては規範として導かれた。しかし生活の質という価値には別な側面があり、今や、そうした古い規範は疑わしいとされるようになった。あるいはまた、言論の自由という価値と、生活と財産の保護という価値を考えてみよう。適用の場面において、これら二つの価値はしばしば対立する。たとえば、暴動を扇動するとか、満員の劇場の中で火事だと叫ぶとかという行為を禁止するには、法に関する鋭い自己分析が必要とされてきたし、今なおそうした自己分析が続けられている。こうした困難は、フラストレーションの格好な源泉である。しかしそこから、価値というものは何らの機能ももっていないという非難がなされたり、価値を捨て去るように要求されたりするようなことはほとんどない。ほとんどの人びとがそのような反応をしないのは、異なる価値をもつ社会が存在すること、および、価値の違いの結果として生活様式が異なったり行なってよいことといけないことに関する決定が異なるようになる、ということが強く意識されているからである。

もちろん私は、私が最初に取り上げた選択基準は選択を決定する規則としてではなく、選択に影響を与える価値として機能しているのだと、提案しているのである。二人の人間が、同一の価値を心底から奉じているにもかかわらず、特定の状況の下では異なる選択をするということは現にみられる。

しかし結果においてそうした差異が生じることは、科学者の共有している価値が、科学者の決断にとっても科学者の関与している営みの発展にとっても、決定的というほどの重要性はもたないことを意味はしない。精確性、無矛盾性、広範囲性などの価値は、それぞれを個別的に適用しようと、それらをまとめて一緒に適用しようと、どちらの場合であっても、多義的であろう。すなわちそれらは、選択に関する共有アルゴリズムのための十分な基礎とはならないであろう。しかしそれらの価値は、多くのことを規定している。すなわち、決断に到達するために科学者は何を考慮せねばならないか、科学者は何を関連があると考えまた考えないか、自らが行なった選択の基礎として科学者は何を正式に報告するよう求められるかなどを規定するのである。たとえば、リストを変更して、社会的有用性を基準に加えたとしよう。そうしたとすれば、いくつかの選択は異なったものとなり、技術者がすると期待される選択により似たものとなるであろう。あるいはまた、自然との一致の精確性をリストから取り除いたとしよう。そうすればその結果としての活動は、科学とはまったく似ても似つかないものになり、おそらくは哲学と似たものになるであろう。創造的諸分野間の相違は、共有価値の組合せの相違によってとりわけ特徴づけられるわけである。哲学や技術が科学にあまりにも近すぎるとすれば、文学や造形美術を考えてみよう。ミルトンが『失楽園』をコペルニクス的宇宙の中に置き損ねたことは、ミルトンがプトレマイオスに賛成していたということを示しているのではなく、ミルトンが科学とは異なることに従事していたことを示しているにすぎない。

選択の諸基準は規則としては不完全でも価値としては機能しうることを認めれば、数多くの驚くべき利点があると思う。第一に、すでに長々と論じてきたように、伝統的に変則的と見られてきた、あるいは、非合理的とさえ見られてきた科学的行為の諸相が、それによって詳しく説明できるようになる。さらに重要なことには、それによって、理論選択の最も初期の段階、すなわち理論選択の基準が最も必要とされる時期、そして伝統的見解では選択の諸基準がうまく機能しないか、まったく機能しないとされているその時期において、通常の基準が十分に機能するようになる。地動説を、包括的な概念図式から惑星の位置予測のための数学的手続きへと変換するために必要であった年月において、コペルニクスは、通常の選択基準に応じようとしていたのである。惑星の位置予測は、天文学者が高く評価しているものであった。惑星の位置予測ができなかったとすれば、コペルニクスは地球の運動という考えにたまたま思い及んだ何者かにすぎず、ほとんど誰も彼の言うことを聞こうとはしなかったであろう。コペルニクス自身の考えがほんの少数の人びとしか納得させ得なかったということは、もし地動説が生き延びるとすれば判断に達するための基礎とせねばならない事柄をコペルニクスが認識していたことに比べれば、さほど重要ではない。ケプラーやガリレオがなぜ早くからコペルニクスの体系に転向したのかを説明するには個人的特異性に訴えなければならないとしても、コペルニクスの体系を完全なものとするための彼らの努力によって埋められた空隙は、共有価値によってしか特徴づけることができないものなのである。

この論点には、より重要な帰結がまだある。提案された新理論のほとんどは生き延びることができない。新理論を呼び起した困難は、通常はより伝統的な手段によって説明されてしまう。そうでなかったとしても、新理論が十分な精確性と広範囲性を示すことができ、多くの人びとに受け入れられるようになる前に、多大な理論的研究および実験的研究が普通は必要とされるのである。要するに新しい理論は、科学者集団によって受け入れられる前に、その理論に従って研究をしたり、それと競合する伝統的理論に従って研究をする数多くの人びとによって、何度もテストされるのである。しかしながら、このような発達の仕方は、合理的な人びとの間での意見の不一致を許すような決断過程を必要とし、哲学者たちが一般に求めてきた共有アルゴリズムは、そのような意見の不一致を禁じている。共有アルゴリズムが使えるとすれば、それに従うすべての科学者は同じ時期に同じ決断を下すであろう。新理論に対する受容の規準をあまり低く置けば、科学者たちは一つの魅力的な包括的視点から他の包括的視点へと〔簡単に〕移動してしまい、伝統的理論に対して新理論と同等な魅力を提供する機会をまったく与えないことになるであろう。逆に受容の規準をより高く置けば、合理性の基準を満たしている人で、新理論を試し、新理論の多産性を示したり、精確性や広範囲性を明示するような仕方で新理論を明確にしようとする人はいなくなってしまうであろう。その場合、科学が変化に耐えて生き延びることができるのかどうか私は疑わしく思う。ある観点からみれば規則として考えられた選択基準のおおざっぱや不完全さを示すと思われるものが、その同じ選択基準を価値とみなす時には、新奇なものを導入したり支持したりする際に常に伴う危険を分散するために不可欠な手段と見えるであろう。

ここまで私についてきた人でさえも、私が記述してきたような価値に基礎を置く営みが、どのようにすれば科学が実際にそうあるように発展し、予測と制御のための強力な新しいテクニックを繰り返し生み出しうるのか、を知りたいと思うであろう。残念ながら、その問題に対する答えを私はまったく持ち合せてはいない。しかしそれは、帰納の問題を解決したと私が主張してはいないということの別の表現にすぎない。もし、科学が進歩するのは選択に関する何らかの拘束的な共有アルゴリズムのおかげだとしたとしても、私は科学の成功の説明に同じように困ってしまうことになろう。この空隙は私も強く感じている。しかしそうした空隙の存在が私の立場と伝統とを分っているのではない。

結局のところ、科学的選択を導く価値に関する私のリストが、選択を命じる規則に関する伝統的リストと何の違いももたらさないほどに同一だということは偶然ではない。科学哲学者の挙げる規則が適用可能であるような具体的状況が与えられれば、私の挙げる価値は科学哲学者の挙げる規則と同じように機能し、同じ選択を与えるであろう。帰納に関するどのような正当化も、規則が機能した理由に関するどのような説明も、私の価値に対して同じように当てはまるであろう。さて、規則が誤っているからではなく、その規則が規則としては本来的に不完全であるために、共有規則による選択が不可能となるような状況を考えてみよう。その時にもなお、個々人は選択をせねばならず、そして選択の際には規則（今では価値）に導かれなければならない。しかしながらそうした目的のためには、各個人はまず最初に規則を具体化せねばならず、そして、たとえさまざまな形で完成された規則が命じる決断がまったく一致しているとしても、各個人はいくらか異なった仕方で具体化を行なうであろう。さらに、個々人の差異がある種の正規分布を描くほど集団が十分に大きいとすれば、哲学者が主張する規則による選択を正当化するどのような議論も、私が主張する価値による選択にただちに当てはまるであろう。もちろん、集団が小さすぎるか、個々人の差異の分布が外的な歴史的圧力によってひどく歪められている場合には、そのようなことはできないであろう。(8) しかしそうした状況とは、まさに、科学が進歩できるかどうかそれ自体が疑わしい場合なのである。そうした時には、科学哲学者が主張する規則による選択を正当化する議論を、私が主張する価値による選択に当てはめることは期待できないのである。

もし、個々人の差異の正規分布や帰納の問題に対するこうした言及が、私の立場をより伝統的な見解ときわめて近いとみえるようにするとすれば、私は満足である。理論選択に関して、私の立場が伝統的見解と大きくずれているとは思っていない。それゆえ、本章の冒頭に引用した「群衆心理学」というような非難にはびっくりさせられた。しかしながら、私の立場が伝統的見解とまったく同一ではないということは述べておくに値する。その目的のためにはアナロジーが役立つであろう。液体や気体の多くの性質は、すべての分子が同一の速さで動いていると仮定することで気体分子運動論的に説明できる。そうした性質の中には、ボイル－シャルルの法則として知られている規則性がある。他の特徴——最も明白なものとしては蒸発——はそんなに単純には説明できない。そうした特徴を取り扱うためには、分子の速さの異なりとか、偶然の法則に支配された分子の速さのランダムな分布を想定しなければならない。私がここで述べたいのは、理論選択という事柄もまた、選択を行なわねばならないすべての科学者に同一の性質を帰属させるような理論では部分的にしか説明できないということである。立証として一般的には知られている過程の本質的側面は、科学者が依然として科学者でありながらもお互い同士が異なっていることを許すような特徴によってのみ理解されよう。そうした特徴が発見過程にとってきわめて重要であるということは伝統的に当然のことと考えられてきたし、そうした理由からただちに、発見過程は科学哲学の範囲を越えていると伝統的にされてきた。科学哲学者たちは、この特徴が理論選択の正当化という科学哲学の中心的問題においてもやはり重要な機能を果しているかもしれないことを、これまで断固として否定してきたのである。

言うべき残されたことは、いくぶん雑多なエピローグの中にまとめることができる。明確性のため、および、一冊の本を書くようなことになるのを避けるため、この論文においては、その有効性に関して私が別な所で重大な疑問を表明した伝統的な概念や言葉づかいをずっと用いてきた。私がそのような表明をした著作を知っている人びとのために、私がこれまで述べてきたことについて三つの側面を指摘して終えることにしよう。三つの側面を別な形で言い替えれば私の見解はよりうまく表されるであろうし、同時に、そうした言い替えを進めるべき主要な方向も示されるであろう。私が考えているのは、価値の不変性、主体性、部分的なコミュニケーションという領域である。科学の発達に関する私の見解が新奇なものであるとすれば——そうであるかどうかに関しては正当な疑いの余地があるのだが——私の立場と伝統的立場との主要なずれを捜し求めるべきなのは、理論選択ではなくこうした領域に関してなのである。

この論文を通じて私は、理論選択の際に用いられる基準や価値は、それらの起源がどうあろうとも、きっぱりと固定されており、理論転換との関わりによって影響を受けるようなことはない、と暗に仮定してきた。荒っぽく言えば、もっともとても荒っぽく言ってだけではあるが、私はその通りであると考えている。関連する価値のリストを短い（先に私が挙げたすべてが独立というわけではない五つの）ままにしておくとすれば、さらに、それらの価値の明確さを曖昧なままにしておくとすれば、精確性、広範囲性、多産性といった価値は科学の永遠の属性である。しかし、そうした価値の適用の仕方、より明確にはそうした価値の間の相対的比重が、時代や価値の適用分野によって著しく異なることを示すのに、科学史の知識はほとんど要しない。さらにまた、そうした価値の変動の多くは科学理論における個々の変化に伴ってきた。科学者たちの経験は彼らが用いる価値の哲学的正当化を与えるものではないが（そうした正当化が可能であるとすれば帰納の問題は解決されることになるだろう）、科学者たちの価値は、部分的には彼らの経験から学ばれたものであり、経験とともに進化するものなのである。

主題全体はもっと研究する必要がある（科学史家たちは通常、科学的方法に関してではないが、科学的価値に関しては疑問の余地のないものとみなしてきた）。しかし、私が考えている価値に関する変動の種類を説明するために二、三の注意をしておこう。価値としての精確性は、時とともにしだいに量的一致や数的一致を意味するようになり、質的一致の方は時おり無視されるようになっていった。しかし近代の初めにおいては、量的一致や数学的意味での精確性が基準となっていたのは天界に関する科学である天文学についてだけであった。他の分野ではそのような精確性は期待されても、追求されてもいなかった。しかしながら数的一致という基準は、一七世紀には力学に、一八世紀末から一九世紀初頭にかけては化学およびその他の電気や熱といった分野に、そして今世紀には生物学の多くの分野に適用されるようになった。あるいは、私の最初のリストにはないが、有用性という価値の項目を考えてみよう。それもまた科学の発達に大きく関わってきた。しかしそれは、数学者や物理学者においてよりも化学者においてきわめて重要なものとされてきた。あるいはまた、広範囲性を考えてみよう。それも依然として重要な科学的価値ではあるが、重要な科学的発展は繰り返しそれを犠牲にしてなされてきた。そしてそれに応じて、選択の際にそれに帰せられる比重は減少してきた。

当然のことながら、これらのような価値変化に関して特に厄介であると思われるのは、それらが通常は理論変化の余波として生じるということである。ラヴォアジエの新しい化学に対する反対論の一つは、ラヴォアジエの化学はそれ以前の化学の伝統的目標とされていたものを成し遂げること、すなわち、色や手触りといったような性質を説明することや、そうした性質の変化を説明することに対して障害をもたらすということにあった。ラヴォアジエ理論の受容とともにいつしか、そうした事柄の説明は化学者の価値ではなくなった。すなわち、質的変動についての説明能力はもはや化学理論を評価するための基準ではなくなったのである。そうした価値変化がそれの関係する理論変化と同じほど素早く起り、同じほど完全なものであったとすれば、明らかに、理論選択は価値選択になるであろうし、理論選択と価値選択のどちらも互いに他を正当化はできないであろう。しかし歴史的には、価値変化は通常は理論変化に遅れて生じるたいていは無意識的な付随物なのである。そして価値変化の規模は、理論変化の規模よりも常に小さい。私がここで価値に帰属させている機能に対しては、そうした相対的安定性が十分な基礎を与える。理論変化をもたらした価値に対して理論変化が影響を与えるというフィードバック回路の存在は、決断過程を何らかの破壊的な意味で循環的なものにするわけではない。

私が伝統的な概念や言葉づかいをずっと用いてきたことによって生じるであろう第二の誤解については、私はきわめて不確かであると言わなければならない。それを解明するには日常言語学派の哲学者たちの技術を必要とするが、そうした技術を私はもってはいない。しかし、「客観性」という用語や、さらに特に「主観性」という用語が本論文において機能した仕方に人びとが不快感をもよおすのに、言語を聞き分けるきわめて鋭い耳は必要としない。言語がどの点で正しい道からそれたと私が考えているのかを簡単に述べることにしよう。「主観的」という用語には、確立した用法がいくつかある。ある用法ではその語は「客観的」という用語と対立する意味で、他の用法では「判断力ある」という用語と対立する意味で用いられる。私を批判する人びとは、私が主観的なものとして挙げている個々人に特異的な要素を記述する時に、〔主観的という用語を〕――私は誤っていると思うのだが――この第二の意味で用いている。私が科学から客観性を剝奪していると彼らが不満を述べる時、彼らは主観的という用語の第二の意味に第一の意味を重ね合わせてしまっているのである。

「主観的」という用語は通常は、好みの問題に対して適用される。私を批判する人びとは、私が理論選択に関して行なったことはまさにそれであると考えているように思われる。しかし彼らはその時に、区別に関するカント以来の規準を見落としているのである。今問題としている意味において主観的な、感覚に関する報告と同じく、好みの問題は議論不可能である。たとえば、友人と映画館で西部劇を見た後、私が「あれはひどい駄作だけれども私は気に入った」と叫んだ場面を想定してみよう。もし私の友人がその映画を嫌いだとすれば、彼は私の好みが低級だと言うかもしれない。こうした場面では、私はそのことに関してすぐに賛成するであろう。しかし私の友人も、私が嘘をついたとまで言わないとすれば、その映画が気に入ったという私の報告に反対もできないし、私が自分の反応について語ったことが間違っていると私を説得しようと試みることもできない。私の見解の中で議論可能なのは、私の内的状態についての私の特徴づけや、好みに関する私の例証ではなく、その映画が駄作であったという私の判断である。私の友人がその点について同意しないとすれば、二人がそれまでに見た名画とその映画とをそれぞれが比較しながら夜の間じゅう議論すればよいのである。そうすることによって二人それぞれは、暗黙にであれ明白にであれ、私の友人がどのような映画を優れていると判断するのか、彼の美学について何かを明らかにすることができよう。議論を止める前に、二人のうちのどちらかが他方を説得できたとしても、その説得によって、二人の違いが好みにではなく、判断にあるのだということが示されたことになるとは限らないのである。

思うに、理論の評価や選択もまさにこうした特徴をもっている。もっとも、科学者たちがこれこれしかじかの理論が好きだとか嫌いだとかといったことをまったく言わないというわけではない。一九二六年以後アインシュタインは、量子論に対する反対の中でそれ以上のことはほとんど語っていない。しかし科学者は必ず、自らの選択について説明し、自らの判断の根拠を示すことを求められる。そうした判断は明らかに議論可能であり、自らの判断について議論することを拒絶する人は、真剣に取り上げられることを期待できない。きわめて稀には科学に関する好みを指導する人がいるが、そうした人の存在は逆に規則を証明することになるものである。アインシュタインはその数少ない一人である。アインシュタインが晩年になるにつれて科学者集団からしだいに孤立していったことは、理論選択において好みが果す役割がいかにきわめて限定されたものであるかということを示している。ボーアは、アインシュタインとは異なり、自らの判断の根拠を議論した。そしてボーアは勝利を得たのである。もし、私を批判する人びとが、判断力あるということに対立する意味において「主観的」という用語を導き入れている——それゆえ、私が理論選択を議論不可能な好みの問題にしているということを示唆している——とすれば、彼らは私の立場をひどく誤解していることになる。

さて、「客観性」に対立する意味での「主観性」を取り上げることにしよう。まず第一に、そのことは上で議論したばかりの問題とはまったく別の問題を提起している点を指摘しておかなければならない。私の好みが低級であるにしろ洗練されたものであるにせよ、私が嘘をついていないとすれば、その映画が気に入ったという私の報告は客観的である。しかしながら、その映画が駄作であるという私の判断に、客観的か主観的かという区別適用をすることはまったくできない。少なくともはっきりとした形や、直接な形では適用できない。それゆえ、私が理論選択から客観性を剥奪していると私を批判している人びとが語る時、彼らは何らかのきわめて異なった意味において主観性という用語を用いているに違いない。たぶん、実際の事実の代りに、あるいは、実際の事実にもかかわらず、偏見や個人的な好き嫌いが機能している、という意味においてその用語を用いているに違いない。しかしそうした意味での主観的ということが、私が記述してきている過程に対して適合しないのは、第一の意味での主観的ということが適合しないのと同様である。価値を適用できるようにするために、個々人の経歴や性格に左右される要素を考慮に入れねばならない場合であっても、事実性や現実性に関するどのような規準も無視されるようなことはない。おそらく理論選択に関する私の議論は、客観性に対する何らかの限定を指し示していると思われるが、しかしそれは、主観的と呼ばれるのが適切であるような要素を分離して取り出すことによってではない。そしてまた私は、私が現に示しているのは客観性の限界であるという考えにもまったく不満である。客観性は、精確性や無矛盾性というような基準によって分析可能なはずである。もしこれらの基準が通常は期待される導きのすべてを与えないならば、その時には、私の議論が示しているのは客観性の限界なのではなく客観性の意味なのだと言えるであろう。

最後に、この論文で書き直す必要がある第三の事柄に移ろう。私はこの論文の中でずっと、理論選択の際になされる議論には問題点がなく、そうした議論において挙げられている諸事実は理論から独立しており、そうした議論の所産は選択と呼ばれるにふさわしい、と仮定してきた。別な所で私は、これらの三つの仮定すべてを問題にし、異なる理論の支持者たちの間でのコミュニケーションは必ず部分的なものでしかないということ、各人が何を事実と考えるかはその人が支持している理論に部分的に依存するということ、ある理論から別な理論への個人の忠誠の変更は選択というよりも転向として記述する方がしばしば適切であるということを論じた。これら三つのテーゼは異論があり疑わしいものではあるけれども、それらへの私の傾倒は弱まってはいない。私はこの論文においてこれら三つのテーゼの弁護をするつもりはないが、にもかかわらず少なくとも、どのようにすればこの論文で私の述べたことが科学の発達に関する私の見解のこれらのより中心的な〔三つの〕側面と協調させることができるのか、を示すことを試みなくてはなるまい。

この目的のために、私が他の場所で展開したアナロジーを用いよう。異なる理論の支持者たちは、異なる言語を話す人間のようなものである。彼らの間でのコミュニケーションは、翻訳によって行なわれる。そしてその際には、翻訳についてよく知られた困難がすべて生じる。もちろん二つの理論においては語彙が同一であり、どちらの理論でもほとんどの単語が同じように機能しているのであるから、そうしたアナロジーは、不完全でしかない。しかし二つの理論の基本的でしかも理論的な語彙の中のいくつかの単語——「恒星」や「惑星」、「混合物」や「化合物」、「力」や「物質」といった単語——の機能は異なっている。こうした差異は予期されないものであり、こうした差異が発見され突き止められるのは、もしそれが可能であるとしても、コミュニケーションの挫折が繰り返し経験されることによってだけであろう。このことをさらに追究することはせず、異なる理論の支持者たちの間のコミュニケーションには重大な限界が存在するということだけを主張しておきたい。このようなコミュニケーションの限界のために、ある人が両理論をともに信じたり、両理論を互いに逐一的に比較したり、両理論と自然とを互いに逐一的に比較することは、困難であるか、おそらくは不可能であろう。しかしながら「選択」という単語の適切性は、その種の比較の過程に基づいているのである。

しかしながら、異なる理論の支持者たちは、彼らの間でのコミュニケーションの不完全さにもかかわらず、それぞれの理論にしたがって活動している人びとが達成できる具体的な専門的成果を互いに示し合うことが、必ずしも簡単ではないにせよ、できるのである。少なくとも、何らかの価値基準をそうした成果に適用するのに、翻訳はほとんどいらないか、まったく必要とされない（精確性や多産性はほとんど直接的に適用可能である。広範囲性がたぶんこの二つに続くであろう。無矛盾性と単純性の場合はずっと問題が多い）。伝統の支持者にとって新しい理論がどんなに理解し難いものであったとしても、印象的な具体的成果を示せば、伝統の支持者のうちの少なくとも二、三の人を、そうした成果がどのようにして達成されたのかを見出さなければならないという気にさせるであろう。そうした目的のためには、すでに公表された論文をロゼッタ石のように取り扱うことによってか、あるいは、しばしばもっと効果的な方法としては、革新者を訪ねて、その人と話をしたり、その人やその人の学生が研究中のところを観察することによって、翻訳をするようになるに違いない。ただし、それによってその理論を採用することになるとは限らない。伝統を擁護する者の中には、伝統的理論の立場に戻り、古い理論を調整して新しい理論と同等な結果を導出できるように試みる人もいるであろう。しかしまた他の人びとは、もし新しい理論が生き延びるとすれば、言語学習過程のある時点において翻訳をやめ、代りにその新しい理論の言語を母国人のように自分が話し始めているのに気がつくであろう。そのような際には、選択のような過程はまったく起りはしない。にもかかわらず、彼らは新しい理論を実践するようになるのである。さらにまた、彼らが経験した転向という危険を冒すようにと彼らを導いた諸要素は、これとはいくぶん違う過程、哲学的伝統に従えば理論選択と呼ばれてきた過程を、この論文の中で論じた際に、私がまさに強調してきた諸要素なのである。

第十四章　科学と芸術の関係について*

後で理由は述べるが、アッカーマン教授とクブラー教授の提示したアヴァンギャルドの問題から、私は思ってもみない、しかも実り豊かであればと思う方向に興味をそそられた。けれども、私の能力や私の課題の性格もあって、ここでの論評では、ハフナー教授が論じている科学と芸術の親近性を最初に取り上げることにしよう。以前は物理学の研究者であり、現在は主として科学史に携わっている者として、かつて正反対のものとして見るように教えられてきたこの二つの活動の間に、密接で根深い類似性を私自身が発見したときのことはよく覚えている。この発見からかなり遅れて出来上がった産物が、〔本誌に〕寄稿されている諸氏が言及して下さった科学革命についての例の本である。この本は、科学における発達パターンあるいは創造的革新の本質を論じながら、競合学派、共約不可能な伝統、価値基準の変化、知覚様式の変容などの役割を論題として取り扱っている。このような論題は、芸術史家にとってはずっと以前から基本的なものであったが、科学史家の著作で取り上げられることはほとんどなかった。したがって、科学にとってこの論題が中心的であるとするこの本が、価値の世界と事実の世界、主観的なものと客観的なもの、直観的なものと帰納的なものといった古典的二分法の適用によって、芸術を科学から簡単に区別できるという見解の否定——少なくとも、この点は強く含意している——にもまた関わっているといっても、驚くべきではない。ゴンブリッチの仕事は多くの点で同じ方向を向いており、そこから私は大きな励ましを受けてきた。ハフナーの論文もまたそうである。だから私は、彼の論文の主要な結論、すなわち、「我々が芸術家と科学者を注意深く区別しようとすればするほど、それだけそれはより困難な課題となる」に賛成しなければならない。確かにこの言葉は私自身の経験をそのまま記しているのである。

しかしながら私はハフナーと異なり、そうした経験は人を不安にさせるし、その結論は歓迎され難いものであると思う。芸術家と科学者の区別、あるいは、芸術家の生産物と科学者の生産物の区別が我々に困難であると思われるのは、我々が最も精緻な分析手段を用いて特別な注意を払う場合だけである。どれほど十分な教育を受けた人であっても物事に無頓着な観察者はこの困難をふつうは感じはしない。例外は、ハフナーの例のいくつかがそうであるように、注意深く選ばれた対象がそれらの通常の文脈から外されて、体系的に誤りへと導くような文脈の中に置かれている場合である。注意深い分析が芸術と科学を信じ難いほど似ていると思わせるとしても、それはそれらの固有の類似性のせいというよりも、綿密な調査のために我々が用いる手段の欠陥のせいであろう。別の所で詳しく展開した議論をもう一度繰り返す余裕はないので、ここでは私の確信を主張するに止めたい。すなわち、区別の問題が現在きわめて現実的な問題であること、我々の分析手段には欠陥があること、そして、代替の分析手段が緊急に必要とされていることである。詳細に分析すれば再び次のことが明らかになるに違いない。すなわち、科学と芸術はたいへんに異なった活動であること、少なくとも、過去一世紀半の間にはそうなったということである。どのようにすればそのような分析を成し遂げられるのかについて、私はずっと不確かであった（前述した本の最後の章ではその難しさについて例証を挙げておいた）。しかしハフナーの論文は長らく求めてきた手がかりをいくつか提供してくれた。彼のあげている科学と芸術の間の類似性は三つの領域、すなわち、科学者の生産物と芸術家の生産物、それらの生産物を生み出す活動、そして最後に、それらの生産物に対する大衆の反応という三つの領域から主として引き出されたものである。私はこの三つすべてに関して、完全に体系的な順序においてというわけではないが、論評を加えてゆこうと思う。それによって、科学と芸術の区別といういまだに捉え難い問題、すなわち彼と私とで共通はしているがそれに対する態度がまったく異なる問題への入口を見つけられればと思う。

科学者と芸術家の生産物の間の類似には、周知の困難がある。ハフナーの魅力的な実例の中で並置されている科学的仕事と芸術的仕事の例は、利用可能な素材のうちの非常に限られた範囲から引き出されたものである。たとえば、彼が科学的図例として実質的に言及しているものはすべて、有機物や無機物の顕微鏡写真である。いやしくもそのような際立った類似性を示せるということ自体が、当然のことながら、彼も私も論じる用意ができてはいない科学と芸術の間の相互の影響力について重大な問題を提起するものではある。しかしながら、互いに影響を及ぼし合うために、活動が類似している必要はない。固有の類似性を示すための事例としてならば、体系的とはいえない一群の具体例を選び出す方が有益であろう。

類似の図例を示した人為的な文脈では、困難はより明白となる。その文脈では科学における図例と芸術における図例のどちらもが同一の基盤を背景とした芸術的仕事として示されている。このことは、それらを科学と芸術それぞれの活動の「生産物」としてラベル付けすることにおける意味の差異をかなり不明瞭にしてしまう。どれほど変則的であれ、どれほど不完全であれ、絵画は芸術活動の最終的生産物である。絵画は、画家が生産しようと志している目的であり、画家の評判は絵画の魅力によって決まる。一方、科学的図例の方は、せいぜいのところ科学活動の副産物であるにすぎない。通常、科学的図例は、科学者によってよりもむしろ、科学者の研究のためにデータを提供する技術者によって造られ、また時には分析がなされる。研究結果がひとたび公表されれば、元の絵は破棄されることさえあろう。ハフナーのあげている際立った類似性では、芸術の最終的生産物が科学の手段と並置されている。科学の手段を実験室から展示場へと移す間に、手段が目的に置き換えられてしまっているのである。

芸術と科学において数学的概念や数学的基準を見掛け上類似した仕方で適用する用法を検討するならば、前述のことと密接に結びついた困難に遭遇する。ハフナーが強調したように、記号表現における対称性、単純性、優雅さなどの数学的な美の諸形式への配慮が、科学と芸術のどちらの分野においても重要な役割を果しているのは疑いない。しかし芸術においては、美それ自体が仕事の目標である。これに対して科学では、美は、せいぜいのところ再び手段であるにすぎない。すなわち、美は、美以外の他の点においては対等な諸理論に対する選択基準の一つ、あるいは、手ごわい専門的パズルを解くカギを捜す際に想像力を導くものである。美によってパズルが解ける時にのみ、あるいは、科学者にとっての美が結果的に自然の美と一致するということになる時にのみ、美は科学の発達において役割を果すのである。科学において美それ自体が目的となることはほとんどなく、まして、第一の目的となるようなことは絶対にないのである。

この点を強調するために一例をあげよう。時おり述べられるところでは、古代や中世の天文学者たちは円の美的完全性ということに束縛されていた、そしてそのため、科学において楕円が役割を果し得るようになるためにはルネサンス期の新しい空間感覚が必要であった。この論点がまったく誤りであることはあり得ない。しかし一六世紀後半以前には、どのような美意識の変化があろうとも、天文学において楕円は有意義なものにはならなかった。楕円がいかに美しかろうと、楕円という図形は、地球が宇宙の中心にあるとする天文学理論においては無用なものであった。コペルニクスが太陽を宇宙の中心に置いた後で初めて、楕円は天文学的問題を解くために貢献しうるようになったのである。天文学的問題を解くために楕円を用いたケプラーは、コペルニクス主義へ転向した人びとの中で、数学に堪能な最初の一人であった。楕円利用の可能性とその実現との間に〔時間的な〕ずれはなかった。確かに、自然界の数学的調和に関するケプラーのピュタゴラス主義的な見方は、楕円軌道が自然に合致しているという彼の発見において道具立てとして役立った。しかしそれは道具立てにすぎなかった。すなわち、観察された火星の運動の記述という差し迫った専門的パズルの解決のための時宜にかなった適切な道具立てだったのである。

ハフナーや私のような人間にとって、科学と芸術の間の類似性は一つの啓示として与えられたものである。我々は、芸術家も科学者と同じように、自らの職業に従事する中で解かなければならない専門的問題に繰り返し直面することを強調するように心がけてきた。さらに我々は、科学者が芸術家と同じように、美的考察によって導かれ、しかも既成の知覚様式に支配されているということも強調している。このような類似性は、さらに一層強調され、かつ展開される必要がある。我々は、科学と芸術を一つのものと見ることの利点を発見し始めたばかりである。しかしこうした類似性だけをもっぱら強調するならば、きわめて重大な差異を曖昧にすることになる。「美」という用語が何を意味するにせよ、芸術家の目標は美的対象の生産にある。芸術家にとっての専門的問題とは、そうした美的対象を生産するために芸術家が解かなければならないものである。一方、科学者にとっては、専門的パズルを解くことが目標なのであり、美はそうした目標を達成するための手段なのである。生産物の領域においても活動の領域においても、芸術家にとって目的であるものが科学者にとっての手段であり、科学者にとって目的であるものが芸術家には手段なのである。さらにこうした置き換えは、より重要なもう一つの置き換えを指し示している。すなわち、その職業的自己同定における公的な構成要素と私的な構成要素、明確な構成要素と不明確な構成要素の置き換えを指し示しているのである。科学者集団の成員は、彼ら自身の眼から見ても、一般の人びとの眼から見ても、一群の問題解答を共有している。しかし彼らの公表された仕事からはしばしばいたましくも取り除かれている美的反応や研究スタイルは、かなり私的なものであり多様なものである。芸術に関して一般化を行なう力量は私にはない。しかし、一つの芸術流派の各成員が共有するとともにかなり一体感をもつのはスタイルや美意識に関してであることや、スタイルや美意識がその集団のまとまりを維持する決定的要素として共有の問題解答に優先するということは、意味があるのではないだろうか。

次に、ハフナーの挙げているもう一つの類似点である大衆の反応を見てみよう。大衆との広範囲にわたる疎遠さは、科学と芸術の双方に対する現代の特徴的な反応である。こうした反応はしばしば類似した用語で表現される。しかし、明白な差異もまた存在するのである。今日、にべもなく現代科学を拒絶する人びとでも、〔芸術家を拒絶する場合のように、〕彼らの五歳の子供が〔科学者たちと〕同じような活動がやれると述べはしない。あるいはまた、科学者によって最も賞賛されている活動から今日生じているものが、本当は科学ではまったくなく偽物でしかないと言明したりもしない。科学の場合には、ハフナーの論文の冒頭に掲げられている漫画に明確に対応するものは想像しにくい。こうした差異はもっと一般的に言い表すことができる。科学に対する大衆の拒絶は、一部分は不安に由来するにすぎないが、たいていは、「私は科学が好きではない」というように、科学という活動全体に対する拒絶である。一方、芸術に対する大衆の拒絶は、「現代芸術は本当の芸術ではまったくない。私に見分けがつくような主題の絵を見せてくれ」というように、芸術上の別な動向を支持して、ある動向を拒絶するというものである。

反応のこうした相違は、芸術と科学に対する大衆の関係における、より根本的な差異を指し示している。どちらの活動もその支えは究極的には大衆に依存している。直接的にであれ、選ばれた機関を通してであれ、大衆は芸術の消費者であるとともに、科学の技術的生産物の消費者でもある。しかし大衆的観衆が存在するのは芸術に対してのみであり、科学に対しては存在しない。『サイエンティフィック・アメリカン』のような雑誌でさえも読んでいるのは、主に科学者や技術者であると思う。科学に対する観衆を構成しているのは科学者である。しかも、特定の専門分野の人に対する当該の観衆はもっと少なく、その専門分野の他の専門家たちだけである。他の専門家たちだけがその人の研究を批判的に見るのであり、彼らの判断だけがその人の経歴のさらなる進展に影響を与えるのである。職業的仕事に対してより広範な観衆を求めようとする科学者は、彼の研究仲間から非難されることになる。もちろん芸術家もまた、互いの仕事に対する判断を下し合う。アッカーマンが指摘しているように、大衆全体および仲間のほとんどの芸術家の非難の合唱に対して、仲間の小集団の芸術家だけが革新者に対する唯一の支えを提供することがしばしばある。しかし〔芸術においては〕多くの人びとが革新者の仕事を詳しく吟味するのであり、彼の経歴は、そうした詳しい吟味とともに、批評家、画廊、美術館の反応にも依存している。これらのいずれに関しても科学者の経歴においては類似のものはない。芸術家がこれらの制度を評価するにせよ拒絶するにせよ、芸術家がそれらの存在に大いに影響されるということは、芸術家がそれらを拒絶する場合の激しさ自体が時々証明している。芸術は本来的にさまざまな点である程度まで他者志向的な活動なのであり、科学はそうではないのである。観衆、および、目的と手段の同定におけるこうした相違は、これまでのところ、科学と芸術の間のもっと中心的で重要な一群の差異に対する単なる個別的徴候として引き出されてきたにすぎない。究極的には、より深奥にあるそれらの相違を同定し、諸徴候がそれらの相違から直接に出てくるのを示すことができるだろう。ただ現在のところ、私はその種のことを試みる準備がまだできていない。その理由は部分的には、私が活動としての芸術についてあまりにも少ししか知らないからである。しかし、これまで検討してきた諸徴候が相互にどのように関係し合っているのか、さらにその他の差異の徴候とどのように結びついてゆくのかを示唆することはできる。これらの徴候をある一つのパターンの諸部分として見ることによって、ここで論じている問題の将来の取り扱いが何を明確化し明瞭化させるかを一瞥できよう。

こうした目的のために、アッカーマンと私の両方がすでに言及した科学者と芸術家の間の差異、すなわち、自らの分野の過去に対する反応のはっきりとした違いを思い起していただきたい。現代人は過去の芸術活動の生産物に対して〔過去の時代の人とは〕異なった感性で向い合うにもかかわらず、過去の生産物は今なお芸術という場におけるきわめて重要な部分である。ピカソの成功によってレンブラントの絵画が美術館の地下倉庫に追いやられたりはしない。近い過去や遠い過去の名作は、大衆の趣味の形成において、および多くの芸術家〔の卵〕に対する技能の伝授において、今なおきわめて重要な役割を果している。さらにまた奇妙なことに、過去の名作のこうした役割は、芸術家であれその観衆であれこの同じ名作を現代の活動の正当な生産物として受け入れているのではないという事実によって影響されることはない。芸術と科学の対照がこれほどはっきりとしている領域は他にない。科学教科書には、過去の偉人たちの名前、そして時にはその肖像画が散りばめられている。しかし古い科学的著作を読むのは科学史家だけである。科学においては、新しい飛躍によって突然に時代遅れとなってしまった本や雑誌は、科学図書館で現に使われている場所から一般廃棄用書庫へと移されてしまう。科学博物館の中で科学者を見ることはほとんどない。ともかく、科学博物館の機能は、記念したり補充したりすることであって、技能を教え込んだり大衆の好みを啓発することではない。芸術とは違って、科学は自らの過去を破棄するのである。

しかしアッカーマンが強調しているように、希薄であるにせよ芸術家と大衆的観衆の間にコミュニケーションがなされるのは、通常は、現代的な革新を通してではなく、過去の伝統の生産物を通してなのである。それが、美術館やそれに類似の機関の機能である。これらの機関の常として、〔そこでの革新は芸術の〕革新から一般に一世代かそれ以上遅れる。アッカーマンは、こうした遅れを取り除くこと――他の芸術家による分析評価に先立って革新のための革新を受容すること――は芸術活動それ自体を破壊するものであるとさえ示唆している。私はこうした見解をもっともであるし魅力的であるとも思うのだが、この見解によれば、芸術の発展はいくつかの本質的な点において、芸術を創造することのない成員からなる観衆、しかもその好みが革新に抵抗する諸機関によって養われた観衆の存在によって、形成されてきたということになる。なぜ科学にはそうした大衆的観衆が存在しないのか

（そしてまた、大衆的観衆を作り出すことがなぜとても困難であるのか）という一つの理由は、博物館のような仲介機関が科学者の職業生活において何の機能も果していないということにある。科学者がそれによって大衆のつながりを維持できたかもしれない〔過去の〕科学の生産物は、時には単に一世代古いだけにすぎないにもかかわらず、科学者にとっては無意味な過去の遺物なのである。

観衆の問題にはもう一つの側面がある。しかし、徴候間の関係パターンの別な部分をまず第一に調べなければならない。美術館は芸術家にとっては不可欠なものであるのに、博物館は科学者にとっては何らの機能ももたないのはなぜなのだろうか。その答えは、以前に論じたそれぞれの目標の差異に関係していると思う。しかしその議論にとってきわめて重要な要素の一つが欠けている。知る必要があるのに、これまでのところ私が見出すことができずにいるのは次の点である。すなわち、過去の名作をその美的達成度については賞賛しながらも、自らがそれと同じ仕方で描くのは芸術家の信条の基本的教義を侵すことになると認める時に、芸術家はいったい何を心に抱いているのかという点である。たとえば、レンブラントの作品を生き生きとした芸術として受け入れながらも、今日の科学的なテストによらなければレンブラントの作品（あるいはレンブラント派の作品）と容易には区別できない贋作を拒絶するというような態度について、私は認知し評価することだけはできるが、それを解釈したり理解したりはできないのである（「贋作」という語をこうした文脈にもってくることは興味深い。というのもそれは少し不自然だからである）。科学ではこのような問題は存在せず、それゆえ文章上の類いの事柄を除けば贋作は想像もできない。たとえば、あなたの仕事はなぜガリレオやニュートンよりもアインシュタインやシュレディンガーの仕事に似ているのかと科学者に尋ねたとすれば、その科学者は、ガリレオやニュートンがいかに天才であったにしろ、彼らは誤っており間違いを犯しているからだと答える。それゆえ私にとっての問題は、伝統は死んでもその生産物は生きていると宣言する〔芸術の〕イデオロギーの中で、「正しい」と「誤っている」、「精確な」と「不精確な」という事柄の代りをしているものは何なのか、を知ることである。そうした問題を解くことは、芸術と科学の差異をより深く理解するための前提条件であると私には思われる。しかしながら、この問題の存在を認知することだけでも、いくらかの進歩はもたらされるであろう。

ほとんどのパズルと同じく、科学者が解こうとしているパズルもまた、解を一つだけもつ、あるいは、最善の解を一つだけもつ、と考えられている。解を見出すことが科学者の目標である。解がいったん見出されたならば、それ以前のすべての試みは、それまで感じられていた研究との関連性を失うことになる。科学者にとって、解が発見される以前のすべての試みは、自らの分野のためには無視すべき余計なお荷物、不必要な重荷となる。発見者を解へと導いた私的かつ特異的な要因のほとんどの痕跡は、単なる歴史的・美的なものとして、解の発見以前のすべての試みとともに破棄されてしまう(名高い芸術家の予備的なスケッチがもつ地位と、これに相当する科学者の草稿がたどる運命とを比較して見てほしい。前者はそれを見る人びとをより十全な鑑賞へと導く。これに対して後者は、それに引き続くより仕上げられた形態のものと比較した時、科学者のパズルの解ではなく、草稿を書いた科学者の知的伝記を解明するためのものにすぎない)。この理由によって、現場の科学者は、時代遅れの理論に対しても、現行の理論の元々の定式化に対してもあまり興味を示さないのである。別な言い方をすれば、これがパズル解き活動としての科学の中に博物館が何らの場所ももたない理由である。もちろん芸術家もまた、遠近法、彩色法、ブラシ技巧、枠取りなどの解くべきパズルをもってはいる。しかしながらパズルの解は、芸術家の仕事の目的ではなく、仕事を達成するための手段なのである。芸術家の目標――それを適切に特徴づける能力を私がもっていないことはすでに告白したが――は、美的対象であり、排中律が当てはまらないようなより全体的な生産物である。マチスのオダリスク図を見た後、人はアングルのオダリスク図を新たな眼で見るようになるであろうが、見ることを止めたりはしない。それゆえ、どちらのオダリスク図も素晴しい美術品であり得るにもかかわらず、科学者のパズルに対する二つの解はそうではあり得ないのである。

目的と手段のあり方が多様な中でパズルの解の地位が異なるということはまた、芸術と科学に対する大衆的観衆という問題に対する、第二の、たぶんもっと基本的な解を提供している。芸術と科学という二つの分野は、その分野の専門家に対してはパズルを提示しているが、どちらの場合にも、パズルに対する解は専門的で難解である。パズルは、そのようなものとして、芸術家と科学者のそれぞれの専門家たちにとってきわめて興味深いものではあるが、一般観衆にはほとんど関心のないものである。芸術にせよ、科学にせよ、一般観衆というより大きな集団の構成員は、パズルの存在もその解も独力では一つも見分けることができないのである。一般観衆が興味をもつのは、活動のより全体的な生産物、すなわち、一方では芸術作品であり、他方では自然に関する理論である。しかし芸術家にとっての芸術作品とは異なり、科学者にとっての理論は主として手段である。私が別なところで詳しく論じたように、科学者は、理論を当然のものと考えて使用するように訓練されるのであり、理論を変更したり創出したりするように訓練されるのではない。実際に大衆的反応を呼び起すようなきわめて特殊な場合を除けば、科学の中で大衆が最も興味をもつであろうものは、科学者にとっては決定的に二次的なものなのである。

このようにして、過去の生産物に対して置く価値、目的と手段の同定の仕方、大衆的観衆の存在ということすべては、芸術と科学の間における互いに関連し合う差異からなる単一のパターンの諸部分とみなすことができる。おそらく、そうしたパターンは、さらに奥深く立ち入った分析を行なうことによってさらにもっとはっきりと浮び上がってくるであろう。しかし現在までのところ私は、そうした目的に向って最もよく展開された概念をほとんど知らない。しかしながら、二、三の結びの言葉のための前置きとして私にできるのは、いくつかの付加的な差異の徴候を包含するようにパターンを拡張することである。この場合の差異の徴候とは、芸術と科学が時間的に発達する仕方を調べることによって引き出されるものである。アッカーマンが指摘しているように、私は他の所で科学と芸術という二つの分野の進化の道筋の類似性を強調してきた。歴史家は芸術と科学のどちらにおいても、価値やテクニックやモデルからなるあれこれの安定した組合せの上に基礎を置く伝統に従って実践がなされている時期を発見できる。そしてまた歴史家は、一つの伝統がもう一つの伝統へ、そして、価値やテクニックやモデルの一組が他の一組へと比較的急速に入れ替るような時期を、芸術と科学のどちらにおいても取り出すことができる。しかしながらその大部分は、おそらく、何らかの人間活動の発達についてであると言えるだろう。大まかな発達パターンに関しての私の独創性は、もし私にそれがあるとすれば、それはたとえば芸術や哲学の発達に関してずっと前から認められていたことが科学についてもまた当てはまると主張したということにあったにすぎない。したがって、このような基本的類似性を認めることは、単なる第一歩以上のものではあり得ないのである。第一歩を踏み出した後に、人は発達〔パターン〕の微細構造について数多くの啓発的な差異を見出す用意をもたねばならない。そのような差異のいくつかはきわめて容易に見出される。

たとえば、一つの芸術的伝統の成功が他の伝統を誤ったものや間違ったものにするわけではないというまさにその理由から、芸術は、科学よりもずっと容易に、多数の両立不可能な伝統や学派を同時に支えることができるのである。同じ理由から、伝統が変化する時にそれにともなって生じる論争は、科学においては芸術よりも通常はずっと素早く解消される。芸術においては、アッカーマンが示唆しているように、革新をめぐる論争が収まるのは、通常は、何らかの〔別の〕新しい学派が形成されて激高した批判家たちの激しい非難を引き出すようになってからである。そしてそうなった時でさえも、論争の終焉はしばしば、古い伝統の終焉ではなく、新しい伝統の受容を意味するにすぎないと私は思う。一方、科学においては、勝利や敗北はそれほど長く引き延ばされることはなく、負けた側は勝敗の決着とともに消え去ってゆく。〔ともかく、〕負けた側に依然として固執し続ける人びとがもしいたとしても、彼らはその分野を離れてしまったとみなされるのである。あるいはまた、革新に対する抵抗は芸術と科学の両方に共通な特徴であるけれども、死後に認知されるというようなことが繰り返し起るのは芸術においてのみである。その貢献がいつかは認知されるようなほとんどの科学者は、その生存中に自らの業績に対する報償が受けられる程度には長生きするのである。メンデルのような例外的な事例においては、遅れて認知を受ける科学者の貢献は、他の科学者によって独立に再発見されねばならなかった。メンデルの事例は、彼の素晴しい論文が彼の属する分野の引き続く発達に何の影響も与えなかったという点において、科学的業績が死後に認知された場合の典型である。とはいっても芸術との類似は存在していない。というのも、メンデルの死から彼の仕事の再発見に至るまで、一時的には孤立して仕事を行なった後ついには主要な科学的伝統の中に包含されることになるというようなメンデル学派が、まったく存在しなかったからである。

これらの差異は芸術家や科学者の集団的行動から引き出されてきたものである。しかし、そうした差異は個々人の経歴の展開にも見られる。芸術家たちは、存命中に一度あるいはそれ以上、スタイルを自発的に劇的に変化させることができるし、実際にも時々そうしている。さらにまた、ほとんどの芸術家は、彼らの師匠のスタイルで描くことから始めるのであり、最終的に彼らがそれで知られるようになる作風を発見するのは後になってからにすぎない。はるかにずっと稀にではあるが、個々の科学者の経歴の中でも同様の変化は起る。しかしそれは自発的にではない（例外は、物理学から生物学へと変る場合のように、ある科学分野を完全に捨て去って、別な科学分野に進むというような人の場合であり、この場合はそれ自体として啓発的である）。そうではなくて、そうした変化は、科学者が最初に奉じた伝統内に存在するきびしい内的困難か、あるいは彼の特定分野内における誰か他の人によって引き起された革新の特殊な成功かのどちらかによって強制されるのである。そしてそうした時でさえ、人はいやいやながら変化に取りかかるのである。というのも、科学分野の中でスタイルを変えるということは、自分の初期の生産物や自分の師匠の生産物が誤っていたことを告白することだからである。

アッカーマンの洞察力に富んだ見解は、発達上における差異の配置の中心への道を指し示していると私は思う。アッカーマンが示唆しているように、解こうとしているパズルが本来それが応ずべきようには応じなくなった時に科学的伝統の出会う内的危機のようなものは、芸術の進化の中にはまったく存在しない。私はこの見解に賛成であるが、そうした差異というものは、パズル解きを目的としている活動とそうではない活動との間の不可避的な差異なのだ、ということだけは付け加えておきたい。(議論されている数多くの差異に関して、数学の発達は科学の発達よりも芸術の発達にずっと似ているということ、そしてそれゆえ、数学において危機は稀であるということに注意されたい。解かれる以前から認知されているようなパズルは数学にはほとんど存在しない。ともかく、数学の基礎に関わるようなパズルではない限り、パズルを解くことの失敗によって疑いが投げかけられるのは、けっしてこの分野における前提条件に対してではなく、その分野の研究者の能力に対してにすぎない。一方、科学においては、どのようなパズルであっても、もしそれを解くことがとても難しいならば、基礎的問題を生むことになる)。アッカーマンの見解は正しいに違いないし、それを一つのパターンの部分として見るならば、きわめて重要なものであることがわかる。

科学における危機の機能は、革新の必要性を合図し、実り多い革新が引き起されるであろう領域へと科学者の注意を向け、そうした革新の性格を解き明かす手懸りを引き出すことにある。科学という分野にはこうした合図の体系がまさに組込まれているのであるから、科学者にとって革新それ自体が最も重要な価値である必要はないし、革新のための革新は非難されかねない。科学にはエリートとともに、後方支援者、つまらない研究成果を生み出す人びとが存在するであろう。しかし科学にアヴァンギャルドは存在しないし、存在したとすれば科学を脅かすことになろう。科学の発達における革新は依然として、具体的なパズルによって提示された具体的な異議申し立てに対する反応、しかもしばしば不承不承になされる反応に留まるに違いない。アッカーマンは、アヴァンギャルドに対する現代の反応は芸術にとってもまた脅威となると示唆しているが、彼は正しいであろう。しかしそのことによって、アヴァンギャルドの存在が明確にしている歴史的機能を覆い隠してはならない。芸術家たちは、個人としても集団としても、表現すべき新しい諸事物や、それらを表現するための新しい方法を追い求めている。芸術家たちは革新を第一の価値としているが、アヴァンギャルドがそうした価値に制度的表現を与える以前から、すでにそうし始めていたのである。少なくともルネサンス以来、芸術家のイデオロギーの中のこうした革新的要素（それは唯一の要素でもないし、他のすべての要素と簡単に両立するものでもない）は、内的危機が科学における革命の推進において果してきた役割のある部分を、芸術の発達において果してきた。芸術家も科学者もしているように、科学は累積的であるが芸術はそうではないと誇りをもって言うことは、両方の分野における発達パターンを誤解することになるのである。それにもかかわらず、しばしば繰り返しなされるこの一般化は、これまで調べてきた差異の中で最も奥深いかもしれないものを表現しているのである。それは、科学者と芸術家とでは革新のための革新に対して置いている価値が根本的に異なるということである。

ここで私は、個人的特権あるいは専門家としての特権に訴え、話題を突然変えて結びを述べることにし、科学革命に関する私の本のアッカーマンによる用い方についてクブラーが述べた見解に対してきわめて簡潔に論評を加えることにしたい。疑いもなく過ちは私にあった。というのも、クブラーの言及している点は、その本の中で最も曖昧な部分に属するからである。しかしそれにもかかわらず、私の見解、および、私の見解がいま議論されている問題にもつ可能性に関連することの両方に関して、クブラーが誤っていることを指摘しておく価値はあるように思われる。まず第一に、私はパラダイムや革命という概念を「主要な理論」に限定しようとはけっして意図していなかった。反対に、それらの概念が特に重要なのは、酸素やエックス線や天王星の発見といった出来事がもつ奇妙に非累積的な性格について十分な理解を与えてくれる、という点にあると私は考えている。さらに重要なことには、パラダイムは理論と完全には等置することのできないものなのである。パラダイムとは、最も根本的には、科学者が注意深く研究し、それを模範として自分自身の研究を行なうところの、受容された科学的業績の個々の具体例、問題の実際の解なのである。パラダイムの概念が芸術史家にとってもし有用なものであり得るとすれば、パラダイムの役目を果すのは様式 style ではなく、絵画の方であろう。

類似性を引き出すこうした方法は重要であろう。というのも、私が見出したところでは、理論についての話からパラダイムについての話へと私を駆り立てた諸問題は、クブラーに様式の概念を蔑視するようにさせた諸問題とほとんど同一のものだからである。「様式」と「理論」はともに、それとわかるほど類似している一群の仕事を記述するときに用いられる用語である（「同じ様式のもとに」とか「同じ理論の応用」というようにである）。どちらの場合にも、所与の様式や所与の理論を他のものから識別するために共有された諸要素の本質を明確に言うことは難しい——私には結局のところは不可能であると思われる——のである。そうした困難に対する私の答えは、科学者たちは、理論を構成しているであろう諸要素を抽出するというような過程をまったく経ることなしに、パラダイムあるいは受容された模範から学び取ることができるということを示唆することであった。これと同じことが、特定の芸術作品を詳しく調べることによって芸術家が学び取る仕方に関しても言えるのではないだろうか。

クブラーは、私にはきわめて重要だと思われるもう一つの一般化を行なっている。「事実上、クーンの見解は、動物行動学的であり、集団が得つつある成果よりも、集団の行動の方により多く向けられている」と彼は言っている。ここには何の誤解もない。記述としては、クブラーの見解は私の中心的関心の数多くをうまく捉えている。にもかかわらず、これらの私の中心的関心は、ここで考察している諸論点とは無関係であると宣言するために、一つの議論さえなしに、そのような記述が援用されるのを見出して私は当惑してしまうのである。クブラーが言及している本、および、これまでの論評の両方において私が述べようとしてきたことは、科学史家や科学哲学者と芸術史家や芸術哲学者を大いに悩ませてきた数多くの問題は、もし動物行動学的および社会学的に考察するならば、パラドクスのように見えることはなくなり、それらは研究課題となるという点なのである。科学と芸術がともに人間行動の産物であるのは自明であるが、しかしそれゆえ重要ではないということにはならない。たとえば、「様式」と「理論」のどちらの問題も、自明なことを無視したために我々が支払っている数多くの代償の例なのであろう。

訳者あとがき

本書は、T. S. Kuhn, "*The Essential Tension ; Selected Studies in Scientific Tradition and Change*" の全訳である。原書はクーンの論文（あるいは講義録）集であって、I Historiographic Studies（科学史叙述的研究）、II Metahistorical Studies（メタ科学史的研究）の全二部からなる一冊本である。本訳書ではこれら第一部、第二部それぞれを、1、クーン科学史論集、2、クーン科学哲学論集と名づけて二分冊に分けた。

原書が発行されるに至った経緯について、および収録された各論文とクーンの思想形成との関連については、第一部冒頭のクーンによる「自伝的序文」に精しいので参照していただきたい。そこでも述べられているように、本書に収録された諸論文はクーンの前著『科学革命の構造』（邦訳、中山茂訳、みすず書房、1971）の前後に発表されたものであり、本書はクーンのこの前著の内容をさらに深め、また前著においては曖昧であった部分を訂正して、より明確にする役割を担っている。この意味合いを込めて、みすず書房より邦訳を刊行したい旨の強い要請を受け、ここに訳出を行なったものである。

ところで、クーンは自伝的序文の中で次のように述べている（第一部、p. x）。「もし本書が主に科学史家を対象とするものであったら、このような自伝的断片は記録に値しないかもしれない。物理学者としての私が自分で発見しなければならなかったことは、たいていの科学史家なら専門家としての訓練の中で実例によって学んでいるからである。」この記述から、本書は科学史家を主な対象としたものではなかったことが読みとれる。そこで筆者は読者対象として、自然、社会、人文を問わず一般の科学研究者、科学史愛好家、あるいは学科を問わず学部の学生、等を想定して平易な翻訳に努めた。しかし、科学史を専門としない人にとっては、自伝的序文そのものがすでに難解と感じられるのではないかと恐れられる。そこでここではその理解のために、重複を厭わず、若干の解説を試みることとしたい。

自伝的序文の理解を助けるために、本書に収録されている各論文を発表年代順に年表風に纏め、あわせて本書と密接に関連する科学論書（の原書）の発行も並記してみよう。

一九五九年　カール・ポパー『科学的発見の論理』（大内義一・森博訳、恒星社厚生閣、1972）
　第四章「同時発見の一例としてのエネルギー保存」
　第九章「本質的緊張——科学研究における伝統と革新」
一九六一年　第八章「近代物理科学における測定の機能」
一九六二年　第七章「科学上の発見の歴史構造」
　トーマス・クーン『科学革命の構造』（中山茂訳、みすず書房、1971）
一九六三年　カール・ポパー『推測と反駁』（藤本・石垣・森訳、法政大学出版局、1980）
一九六四年　第十章「思考実験の機能」
一九六八年　第五章「科学史」
　第一章「科学史と科学哲学の関係」
一九六九年　第十四章「科学と芸術の関係について」
一九七〇年　ラカトシュ、マスグレーヴ編『批判と知識の成長』（森博監訳、木鐸社、1985）

一九七一年　第十一章「発見の論理か探究の心理か」
　　　　　　第六章「科学史と歴史の関係」
一九七三年　第二章「物理学の発達における原因の諸概念」
一九七四年　第十三章「客観性、価値判断、理論選択」
一九七六年　第十二章「パラダイム再考」
一九七七年　第三章「物理科学の発達における数学的伝統と実験的伝統」
　　　　　　トーマス・クーン『本質的緊張——科学における伝統と革新』(本書)

周知のように、一九六二年『科学革命の構造』の発行をきっかけとして、科学論は大きな曲り角に達し、一種の「科学論革命」とでもよべそうな様相を呈していた。本書に収録されている『科学革命の構造』発行以前に発表された四編の論文は、『科学革命の構造』へと収束してゆくクーンの思想を醸成する役目を果した論文であり、「科学論革命」を準備する前奏曲を奏でていたものということができる。そこでまず、この四編をとり上げて、それらが『科学革命の構造』に結晶した思想へとどのように結びついていったのかを見てゆくことにしよう。

まず、第四章「同時発見の一例としてのエネルギー保存」においては、科学史の中でたびたびみられる相互に無関係に研究を行なっていた科学者たちによる同時発見という現象を、エネルギー保存の発見を例にとって分析する。クーンはここで次のような問いかけを行なう(第一部、p. 92)。「一八三〇年から一八五〇年の時期に、エネルギー保存の完全な表明に必要とされるかくも多くの実験や概念が、科学的意識の表面のかくも近くに横たわっていたのはなぜだったのだろうか?」と。それに答えるための要素としてクーンは、「転換過程の利用可能性」「機関への関心」「自然哲学」の三つを挙げ、それらを順次に論じてゆく。後知恵的に振り返ってみるならば、エネルギー保存の発見はクーンがベーコン的諸科学とよぶところの化学、熱学、電磁気学などが学問として一人立ちする出発点となった出来事であり、クーンがしばしば第二科学革命とよぶものの中核をなすものである。そのように考えれば、クーンがこの論文で行なっていたことは、この第二科学革命を準備した危機的状況の分析であったとみなすことができるのである。

次に第九章「本質的緊張」であるが、いうまでもなく、この論文は本書の表題をなす論文であり、クーン自身がそれだけ重要視していた論文であるといえる。一見したところでは意味不明なこの表題の文言は、この論文の中で次のような文脈で登場する（第二部、p. 284–285）。「しかし、科学伝統の革命的転換というものは比較的まれなことであり、求心的研究の長い期間がこの転換に対する必然的な前提となります。以下で示すように、その時代の科学伝統に固く基礎づけられた研究だけが、その伝統を打壊し新しい伝統を招来し得るのであります。この理由によって私は、科学研究には『本質的緊張』が内在しているのだと言うのです」。したがって、この本質的緊張という文言は、科学という営みを最もよく特徴づけ人間が行なう他の営みから区別する文言として、表題に採用されているのである。そして、この本質的緊張をもたらした重要な契機として、その専門家集団が受け入れるようになった問題解答例、すなわちパラダイムという概念がこの論文で初めて導入されたのである。

次の第八章「近代物理科学における測定の機能」は、具体的な数値をもたらす操作としての測定が、科学においてなぜあれほど重要な役割を果しているのかを論じたものである。この論文で導入されるのは、成熟した学問分野としての科学という概念であり、測定という操作が機能を果すのは成熟した学問分野においてのみであることが論じられる。そして、この論文の第二節「通常測定の目的」は、『科学革命の構造』において重要な役割を果す「通常科学」という概念を生み出す端緒となった部分である。

第七章「科学上の発見の歴史構造」では、発見という小規模な科学上の革命的変化をとり上げ、それが時期、場所、発見者を必ずしも特定できない内的構造をもつ出来事であることが最初に指摘される。続いてその理由の追求がなされ、発見には、変則事例の出現とそれに対する科学の再調整という過程が付随することが論じられる。それを通して、科学とは必ずしも個人的とはいえない集団的な営みであり、発見や革命的変化には先入観ないしは共同主観の転換という過程が伴うことを示唆している。こうして、以上の四つの論文によって、『科学革命の構造』において展開される概念枠組の導入は完了しているとみなすことができるのである。

一九六四年から一九六九年にかけて発表された四つの論文および、一九七一年に発表された二つの論文は、前著『科学革命の構造』で展開された思想、ないしは科学の特徴づけ、をいくつかの個々の場面について敷延させ発展させたもの、とみなすことができよう。

第十章「思考実験の機能」では、ピアジェの子供の例やガリレオの例を引きながら、これまで科学革命の時期においては、いつも思考実験が重要な役割を果してきたことが指摘される。そして、そのことは前著で行なわれた科学革命の特徴付けと無関係ではなく、思考実験とは「感じられていた変則性を具体的な矛盾へと転換させる」(第二部、p. 336)ものであり、「思考実験こそ、危機の間に展開され、次には根本的な概念の改革をよび起す本質的な分析手段の一つなのである」(第二部、p. 335)と主張される。この論文に強い関連をもつのが、第二章「物理学の発達における原因の諸概念」である。これは、自伝的序文で詳述されている「一九四七年夏の決定的な出来事」(第一部、p. x)、すなわちアリストテレスのテキストの新しい読み方の発見、という体験を発展させたものである。この論文においてクーンは、「私がアリストテレスの自然学の理解の仕方を学んだのはピアジェの子供たちからです」(第一部、p.32)と述べ、科学史上においてと個人の発達上においてとを対比させながら、原因という概念の変遷を論じている。ここでとり上げたテキストの新しい読み方の発見や、概念の変遷は、科学革命における概念の変革に合い通ずるものである。

第五章「科学史」は、これまで科学史の研究がどのように行なわれてきたかについて、クーンの立場からみた総括である。その中で、クーンの立場に立てば内的科学史と外的科学史がいかに総合されるのかが論じられ、また、最後の節「科学史の意義」においてはこれからの科学史が果さねばならない役割などが強調され、科学社会学の重要性が説かれる。さらに、第一章「科学史と科学哲学の関係」、第六章「科学史と歴史の関係」では、クーン自らの体験を交えながら、これらの学問間の関係がこれまでどうあったかが論じられ、将来はどうあらねばならないかが論じられる。

第十四章「科学と芸術の関係」では、前著で展開された科学の特徴付けに照しながら、科学という営みと芸術という営みの違いが論じられる。結論として指摘されるのは（第二部、p. 467）、「科学者と芸術家とでは革新のための革新に対して置いている価値が根本的に異なるということである」。ここにおいて価値観という問題の重要性がクローズアップされている。

さて、『科学革命の構造』発行後の一九六五年には、クーンをロンドンに招いて、生粋の科学哲学者カール・ポパーを議長とする科学哲学国際コロキウムが開催された。これが世に言う、ポパー派によるクーンの袋叩きと称せられる国際会議である（この会議でクーンを擁護したのは、マーガレット・マスターマン嬢ただ一人だけであった）。このときクーンが基調報告として発表したものが第十一章の論文「発見の論理か探究の心理か」であり、ポパーの反証主義に対してクーンが承服できない理由が述べられている。この会議でのやりとりはラカトシュ、マスグレーヴ編『批判と知識の成長』として纏められた（したがってこの第十一章の論文は、『批判と知識の成長』の邦訳の中にも立花希一訳として収録されており参考にさせていただいた）。この第十一章を含めて、残る四編の論文は、このような各方面からの反論を意識して、クーンによる自説の擁護・明確化および修正のために書かれたものである。

第十一章においてクーンは（第二部、p. 371）、「特に彼（カール・ポパー）は、ある理論がすでに前提とされている場合にのみ十全な適用ができる論理的基準によって、革命期の理論選択の問題を解決しようとしてきた〔点において誤っている〕」と断定する。さらに（第二部、p. 371）、「科学者は競合理論間の選択をどのように行なうのか、科学が進歩する仕方をどのように理解すべきなのか」と問いかける。答えを捜すべき方向としてクーンは科学者の価値体系をとりあげ、次のように提起する（第二部、p. 374）。「科学者たちが何を価値あるものとしているのかが分れば、科学者たちがどのような問題に取り組むかとか、個々の対立状況の中で科学者たちはどのような選択を行なうかということを理解できよう。見出すべき他の種類の解答があるとは私には思えない」。この論文の表題「発見の論理か、探究の心理か」はポパーとクーンの考えの間のこのような対立を指しているのである。

このような観点は、第十三章「客観性、価値判断、理論選択」においても貫かれている。クーンはこの論文で、クーンは理論選択の問題を群衆心理の問題に帰しようとしているとか、理論選択は何らかの適切な理由で基礎づけられるものではないと言っている、とかのような非難に対して反論を試みている。クーンはまずよい理論の特徴と通常に考えられているものとして、精確性、無矛盾性、広範囲性、単純性、多産性、の五つを選ぶ。そして、これらの選択基準を規則としてよりも価値とみなす方が如何に適切であるかを論じてゆく。さらに、クーンは理論選択を主観的とみなしているという非難に対して反論するために、「主観的」という言葉の意味を「客観的」という意味に対立するものと「判断力ある」という意味に対するものとに分け、クーンの立場はこれらどちらの意味にも該当しないことを論証してゆく。

第十二章「パラダイム再考」は、『科学革命の構造』第二版（邦訳、第一版）の「補章――一九六九年」を敷延させたものである。まずクーンは、パラダイムという用語が数々の混乱を招いたことを指摘し、その責任はパラダイムという用語をいろいろな意味に使用したクーン自身にあったことを率直に認める。そこでその収拾のため、広義のパラダイムの代りに「専門母体」という用語を用いることを提唱する。そして、それを構成する三つの要素として、記号的一般化、モデル、模範例を挙げる。クーンは特に最後の模範例をとり挙げて詳細に論じ、模範例を具体的な問題に適用するにあたって科学者たちが実際に用いるのは、ある種の対応規則のようなものではなくむしろ類似性の感覚である、と述べる。ここにおいても第十一章と同じく、論理か心理かが問われているのである。ただし、ここで心理というのはゲシュタルト心理学というような意味合いにおける心理である。

さて、本書に取りあげられた中で最後に書かれたのが、第三章「物理科学の発達における数学的伝統と実験的伝統」である。最初に指摘されるのは、過去における科学者集団を規定するのに今日の科学分野区分をそのまま適用してはならない、という点であり、これもまた『科学革命の構造』に対して向けられた批判に答えたものである。そして過去における科学者集団を最もおおまかに規定するものとして「伝統」という考えを導入する。表題の数学的伝統というのは古代ギリシアからニュートンへと綿々と続いてきた伝統であり、実験的伝統とは十七世紀に職人たちの活動やベーコン主義の活動の中から起り産業革命とともに発達していった伝統のことである。私事に亙って恐縮であるが、筆者はこの論文から強い示唆を受けて初期アインシュタインに関する論文を纏めることができた（『科学史研究』II、vol. 27, no.168, 1988；*HSPS*, vol. 22, no. 1, 1991）。

以上、本書に収録された各論文について簡単にみてきた。さて、先述のカール・ポパーを議長とする科学哲学国際コロキウムを通じて、ポパーの弟子であるファイヤアーベント、ラカトシュといった面々は、クーンの強い影響下で、新しい思想を練っていった。しかし、これら科学哲学者たちの著作と本書とを読みくらべてみると、そこには大きな隔たりが存在することに気づくのである。パース・ウィリアムズは次のように述べている。「クーンとポパーの両者は彼らの所説を（クーンの場合は）科学者がやっていることに、（ポパーの場合には）科学者が行うべきことに基礎づけている」（「通常科学、科学革命、科学の歴史」山田富秋訳、『批判と知識の成長』p. 73、強調は原著、引用文中一部省略あり）。すなわちクーンの思想は、自らの物理学者としての経験を背景とした、現実の科学者たちの具体的な行動の分析の中から、その必然的な成果として生れ出たものであり、机上における抽象的かつ哲学的な思索の中から生じたものではけっしてなかったのである。現実主義者クーンに対する理想主義者ポパーおよびポパー派の科学哲学者たちという対立点が浮び上ってはこないだろうか。

クーンのこのような特徴は、これらの科学哲学者たちが主として参照した『科学革命の構造』だけからでは十分には摑みきれない点であり、具体的な科学史研究の成果を盛った本書によって初めて全貌が明らかとなる点であると思う。実際、本書に収録された第一論文においてクーン自身が次のように述べている（第一部、p. 26）。「科学史家が資料を省察し、叙述を練り上げることから立ち現れたそのとき、彼は本質的なものに通じたのだと主張する権利をもっているだろう。だからもし『哲学者が無視している科学の諸側面に中心的な場所を与えるのでなければ、私は生き生きした叙述を作り上げることはできない。また哲学者が本質的だと考えるような要素を、私はいささかも見出すことができない』という人がいれば、その発言は傾聴に値しよう。なぜなら彼の主張は、哲学者によって再構築された企てはある本質的な点で科学ではないということなのである」。

本訳書は、もともと坂本賢三氏訳の予定で出発したものであったが、氏の事情によって翻訳が不可能となったために、みすず書房より筆者に対して翻訳をしてみないかとの問い合せをいただいたものである（その後、坂本賢三氏は急逝されてしまった。しかし、生前坂本賢三氏より訳語等について適切なご助言を頂戴できた。この場を借りてお礼を申し述べさせていただくとともに、慎しんでご冥福をお祈り致したい）。翻訳開始後、全体の内容を精しく検討してみると、本書には科学哲学の専門用語等が多数含まれていて、その方面に詳しい方の協力が必要だという考えに達した。そこで、旧来の知己である佐野正博氏に協力を要請し、引き受けていただいた。そ

して、

第一部は、第一章〜第五章　安孫子、第六章　佐野
第二部は、第七章〜第十章　安孫子、第十一章〜第十四章　佐野

のように一応の分担を決めて翻訳作業を進めていった。その後、佐野氏の訳文に対しては、佐野氏の了解の許に筆者が大幅に手を加えて、本書全体にわたっての調整を行なった。

本書の訳業全体にわたって数々のご助言と激ましの言葉を下さったみすず書房の編集担当者、守田省吾氏に心よりお礼を申し述べたい。また、本書第一部発行後に、安孫子、佐野の双方の転勤や佐野氏の多忙等が重なって、第二部の原稿作成が大幅に遅れてしまったことをお詫び申しあげたい。

一九九一年秋、奥浜名にて

安孫子誠也

合本刊行にあたって

このたび従来二巻本で刊行されていた『本質的緊張——科学における伝統と革新』を合本とし、タイトルも『科学革命における本質的緊張——トーマス・クーン論文集』に改めた。

一九九八年秋

索　引

ア　行

サ　行

タ　行

ナ　行

マ 行

ラ　行

原　注

自伝的序文

(1) *Die Entstehung des Neuen: Studien zur Struktur der Wissenschaftsgeschichte* (Frankfurt, 1977). この書物はクリューガー教授による「はしがき」を含んでいる. この英語版では序文のドイツの読者向けのごくわずかの部分を省略したり差し替えたりした. さらに, これまで出版されなかった論文「科学史と科学哲学の関係」および「客観性, 価値判断, 理論選択」の文章を少し引き締めたり推敲したりした. 前者は新しい結論をも含んでいるが, それは後の注 (7) に引用した書物を読まなければこの形で書くことはおそらくできなかったものである.

(2) この主題についてもっと詳しくは T. S. Kuhn, "Notes on Lakatos," *Boston Studies in Philosophy of Science* 8 (1971) 137-46 にある.

(3) Herbert Butterfield, *Origins of Modern Science, 1300-1800* (London, 1949), 〔邦訳『近代科学の誕生』渡辺正雄訳, 講談社学術文庫, 1978〕 p. 1. 初期近代科学の転換についての私自身の理解と同様バターフィールドの書物もアレクサンドル・コイレの著作, とくに彼の *Etudes galiléennes* (Paris, 1939), に大きな影響を受けている.

(4) 独学のために必要な時間は, 最初はハーヴァード・ソサイエティ・オブ・フェローズのジュニア・フェローに指名されることによって得られた. もしこのことがなければ, 科学史への移行がうまく行けたかどうかわからない.

(5) *The Copernican Revolution: Planetary Astronomy in the Development of Western Thought* (Cambridge, Mass., 1957). 〔邦訳『コペルニクス革命』常石敬一訳, 紀伊國屋書店, 1976.〕

(6) 1961 年のはじめ『科学革命の構造』の最初の草稿を書き上げたあと, すぐに私は, その年の 7 月にオクスフォードで開かれた会議のために, 数年間温めてきた「本質的緊張」の改訂版に当るものを書いた. この論文は, A. C. Crombie, ed., *Scientific Change* (London and New York, 1963), pp. 347-69 に "The Function of Dogma in Scientific Research" という表題で発表された. これを「本質的緊張」と比較してみると (便利なことに C. W. Taylor and F. Baron, eds., *Scientific Creativity: Its Recognition and Development* (New York, 1963), pp. 341-54, が利用できる), パラダイムについての私の観念の拡張の速さとひろがりがよくわかる. その拡張のせいで, 私にその意図はまったくないのに両論文

は別の論点を述べているように見える.

(7)　ヴォルフガング・シュテグミュラーは，この難点を克服することに特に成功している．彼の *Structure and Dynamics of Theories*, trans. W. Wohlhueter (Berlin, Heidelberg, and New York, 1976), pp. 170–80 の "What Is a Paradigm?" の部で，彼はこの語の3つの意味を論じている．2つめ，つまり彼の "Class II" は，私の本来の意図を正確にとらえている.

(8)　「パラダイム再考」は1969年3月に開かれた会議のために用意されたものである．これを書きあげたあと，I. Lakatos and A. Musgrave, eds., *Criticism and the Growth of Knowledge* (Cambridge, 1970)〔邦訳『批判と知識の成長』森博監訳，木鐸社，1985〕の終章 "Reflections on My Critics" で同一の主張をいくつか，たどりなおした．最終的には，なおも1969年のうちに『構造』第二版の補章を書いた.

(9)　この種の批判における標準的文献は，S. B. Barns and R. G. A. Dolby, "The Scientific Ethos: A Deviant Viewpoint," *Archives Européennes de Sociologie* 11 (1970): 3–25. その後も，とくに雑誌 *Social Studies of Science*（旧名 Science Studies）にしばしば登場している.

(10)　初期の表現については，*The Structure of Scientific Revolutions*, 2d ed. (Chicago, 1970), pp. 152–56, 167–70.〔中山茂訳前掲書，pp. 171–76, pp. 188–92.〕これらの文章は1962年の第一版のままである.

第1章　科学史と科学哲学の関係

*　1968年3月1日ミシガン州立大学で行なわれたアイゼンベルグ講義.

第2章　科学の発達における原因の諸概念

*　初出掲載は *Etudes d'épistémologie génétique 25* (1971)．初出の表題は "Les notion de causalité dans le developpement de la physique" である.

第3章　物理科学の発達における数学的伝統と実験的伝統

*　初出掲載は *The Journal of Interdisciplinary History* 7 (1976): 1–31. この論文は，1972年にワシントン D.C. で行なわれたジョージ・サートン記念講演に改訂を加えて増補したものである．それはアメリカ科学振興協会 the American Association for the Advancement of Science とアメリカ科学史学会 the History of Science Society の共催で行なわれ，また，準備的な原稿がその前月にコーネル大学で朗読された．その後の3年間に，私はここではあげきれないほど大勢の

同僚たちからコメントをいただくという恩恵に浴した．何人かのとりわけ大きかった恩恵に対しては以下に続く注で謝意を表しよう．ここでは，改訂に際し，激励と明確化への援助とを下さった私と関心を共にする2名の歴史家に，感謝を記すにとどめる．それは，セオドル・ラブ（Theodore Rabb）とクェンティン・スキナー（Quentin Skinner）である．その結果の改訂版の仏訳は，*Annales* 30 (1975):975–98に掲載された．この英語版には，いくつかの変更が加えられているが，そのほとんどはさほど重要ではない．

(1)　これら二つのアプローチに関するさらに広範な議論は，Kuhn, "The History of science" in *the International Encyclopedia of the Social Sciences*, vol. 14 (New York, 1968), pp. 74–83〔邦訳「科学史」，本書第5章に収録〕を参照．このような区別の方法は，科学史に対する内的アプローチと外的アプローチという今日ずっとよく知られている区別を，深めるとともに不明瞭にもする．今日，内的とみなされているすべての著者は，実質的にある一つの科学部門あるいは密接に関係し合う一組の科学上の観念に取り組んでいる．一方，外的とみなされる著者は，ほとんど必ず諸科学を単一のものとして扱うグループに属する．しかしそうなると，「内的」，「外的」というラベルはもはやあまりよく当てはまらなくなってしまう．たとえばアレクサンドル・コイレ（Alexandre Koyré）のように，主に個別科学に集中する人びとは，科学外的な思想に科学発達における重要な役割を帰することをためらわなかった．彼らが主に反対したのは，B. ヘッセン（B. Hessen），G. N. クラーク（G. N. Clark），R. K. マートン（R. K. Merton）のような著者が扱うように，社会経済学的，制度的な要素に注目することである．しかしこのような非知的な要素が，科学を単一とみなす人びとによって，いつも重視されていたとは限らない．したがって，「内的－外的論争」は，しばしばその名称が示唆するのとは異なった論点に関わっていて，その結果生じた混乱は有害な場合もあった．

(2)　この点に関しては以下に続く部分の他に，Kuhn, "Scientific Growth: Reflections on Ben-David's 'Scientific Role,'" *Minerva* 10 (1972) 166–78参照．

(3)　このような総合の問題は私の経歴の出発点にまでさかのぼられる．当時，それらは最初は互いにまったく無関係なように見えた二つの形をとっていた．第1の方は，注(2)で触れたように，科学思想の発達についての叙述に対して，社会経済的関心をどのように関与させるか，であった．第2の方は，ハーバート・バターフィールド（Herbert Butterfield）による賞賛に値し影響力の大きい *Origines of Modern Science* (London, 1949) の出版によって浮び上ったもので，17世紀の科学革命における実験的方法の役割に関わっていた．バターフィールドの著書の最初の4章は，近代科学の初期における主要な概念的変革を説得的に次のように説明している．「それをもたらしたのは，新しい観察や追加された証拠がまず

第一なのではなくて，科学者自身の心の中で生じた転換，……いわば思考の帽子をかぶり替えたこと……なのである」(p. 1)．続く二つの章「17世紀における実験的方法」と「ベーコンとデカルト」は，このような主題についてさらに伝統的な説明を与えている．それらの主題が科学の発達に関与したことは明らかだが，それらを扱っている章は，その本の他の箇所にも有効に当てはまるような内容をほとんど含んではいないのである．後になって気づいたことだが，その理由の一つは，バターフィールドが特に「化学における遅ればせの科学革命」の章で，18世紀の科学における概念的変革を，17世紀に対して輝かしい成功を収めたのと同じモデル（新しい観察によるのではなく，新しい思考の帽子によるというモデル）に同化させようと企てたことであった．

(4)　ヘンリー・ゲラック (Henry Guerlac) がはじめて，古典的諸科学の群の中に音楽理論を含める必要があると，私をせきたてた．今日ではもはや科学とはみなされていない分野を私が当初，割愛していたことは，私が冒頭で述べた方法論的教訓がいかに容易に効力を失う傾向があるかを示している．しかしながら，和声学は我々が今日よぶところでの音楽理論そのものではなかった．その代わりにそれは，さまざまなギリシア音階や旋法における，数多くの音程に対して数量的な比率を当てはめる数学的科学であった．音階や旋法は7種類あってそれぞれが3つの様式と15の調で用いられその規則は複雑だったので，ある音程の指定には4または5桁の数字が必要であった．振動する弦の長さの比として経験的な接近が可能であったのは，最も単純ないくつかの音程に限られていたから，和声学は高度に抽象的な主題でもあった．それと音楽演奏との関係はあったとしても間接的であり，あいまいであった．歴史的には，和声学は紀元前5世紀まで溯られ，プラトンやアリストテレスの時代にはすでに高度に発達していた．ユークリッドはそれに関する教程を著わした大勢の人物の1人であったが，その著書はほとんどプトレマイオスのそれによって取って代わられた．これは，他の分野でもよくあることであった．これらの記述的な見解と後出の注(8)におけるそれとについて，私はノエル・スウァードロウ (Noel Swerdlow) と交した何回かの対話に負っている．それまで私は，ゲラックの助言には従いがたいと感じていたのであった．

(5)「古典的諸科学」と略記することは混乱の源泉となる可能性がある．なぜなら，解剖学と生理学もまた古典古代に高度な発達を遂げていた科学であり，ここで古典的物理諸科学へと帰した発達的特徴を，決してすべてではないものの，一部は担っていたからである．しかしながら，これらの生物・医学的諸科学は古典的な第2の群の一部であり，たいていは医学や医療機関に関係するまったく異なった一群の人びとによって実践されていた．これらの違いやその他にも違いがあるので，これら二群を一緒に扱うことはできない．ここでは私は物理的諸科学だけに専念する．一部は私の適格性のためであり，他の一部は余分な複雑さを避けるためである．しかし後出の注(6)と(9)も参照のこと．

(6) 練り上げられた精密なデータが利用可能となるのは，一般的に，それらの集積がなにか認知された社会的機能をもつ場合だけである．そのようなデータを必要とする解剖学と生理学が古代において高度な発達を遂げたのは，それらは見たところ医学に関与すると思われたことの結果であったに違いない．関与するというそのこと自体が，しばしば（にせ医者たちによって！）激烈な議論の的となった．このことは，16 世紀以後の生命科学には基礎的となるようなさらに一般的な，分類学的，比較研究的，発達的な関心に適用可能なデータが，古代においては，アリストテレスとテオフラストスの場合を除けば，相対的に不足していたということを説明するであろう．古典的物理諸科学の中では，天文学だけが（カレンダーや，紀元前 2 世紀からは星占いのような）見かけ上社会に有用なデータを必要とした．他の分野も，もし精密なデータの用意を必要としていたなら，おそらく熱のようなトピックスと同程度にしか研究は進まなかったであろう．

(7) この節はジョン・マードック（John Murdoch）との議論からかなりの恩恵をこうむっている．彼は，もしも古典的諸科学をラテン中世における研究伝統の継続とみなしたとすると，出会うことになる歴史記述上の問題点を強調した．この点に関しては彼による，“Philosophy and the Enterprise of Science in the Later Middle Ages,” in Y. Elkana, ed., *The Interaction between Science and Philosophy* (New York, 1974), pp. 51–74 参照．

(8) 和声学自身は変化しなかったにもかかわらず，その地位は 15 世紀末から 18 世紀はじめにかけて大きく低下した．次第次第にそれは，その教程の第 1 部である主として実用的主題に当てられた部分へと追いやられた．作曲，調律，楽器製作などのこれらの主題は，きわめて理論的な教程においてすらますます中心的となってゆき，音楽は次第に古典的諸科学から分離していった．しかし，この分離は遅れて起り，決して完全となることはなかった．ケプラー，メルセンヌ，デカルトはみな，和声学について書き，ガリレオ，ケプラー，ニュートンはそれに興味を示した．オイラー (Euler) による『新しい音楽理論の試み』(*Tentamen novae theoriae musicae*) は長く続いた伝統の中にある．1739 年のその出版の後には，和声学は主要な科学者の研究の中にそれ自体の目的では現れなくなるのだが，初期には関係し合っていた分野がすでに登場していた．振動する弦，震動する空気性，その他音響一般に関する理論的研究と実験的研究がそれである．ヨゼフ・ソヴール（Joseph Sauveur, 1653–1716）の経歴は，音楽としての和声学から音響学としての和声学への移行を明瞭に示している．

(9) それらは，解剖学や生理学という古典的生命諸科学においてはもちろん生じた．さらに，これらだけが科学革命の間に変化した生物・医学的諸科学の部分であった．しかし，生命諸科学は精密な観察やときには実験にも，それまでいつも依存してきた．それらはその権威を，しばしば古典的諸科学にとって重要であるのとはまったく異なった古代の源泉（たとえばガレノス）から引き継いでいた．

またそれらの発達は医師業や対応する診療施設の発達と密接に関連し合っていた．したがって，16・17世紀における生命諸科学の概念的変革あるいは範囲の新たな拡大を説明するために論ずべき諸要素は，物理的諸科学において同様の変化に最も関連が深い諸要素と，けっしていつも一致してはいないのである．にもかかわらず，私の同僚であるジェラルド・ギーソン（Gerald Geison）との繰り返された対話によって，それらをもここで展開されたと同様の観点から検討することは実り多いことだ，という私の印象は強化された．その際には，実験的伝統と数学的な伝統の区別は役立たず，その代わりに医学的な生命諸科学と非医学的な生命諸科学の区別が決定的となるであろう．

(10)　A. C. Crombie, *Robert Grosseteste and the Origins of Experimental Science, 1100–1700* (Oxford, 1953); J. H. Randall, Jr., *The School of Padua and the Emergence of Modern Science* (Padua, 1961).

(11)　中世の実験に対する有益で手近な例については，ダンテの『天国編』(*Paradiso*) 詩編IIを参照．また Ernan McMullin, ed. *Galileo, Man of Science* (New York, 1965) の中の index では“experiment, role of in Galileo's work”とある部分をみれば，中世の伝統に対するガリレオの関係はいかに複雑で議論の余地のあるものか，が分るであろう．

(12)　さらに広範な例は，Kuhn “Robert Boyle and Structural Chemistry in the Seventeenth Century,” *Isis* 43 (1952) 12–36 に与えられている．

(13)　“Hydrostatical Paradoxes, Made out by New Experiments” in A. Millar, ed., *The Works of the Honourable Robert Boyle* (London, 1744), 2:414–47, そこではパスカルの本に関する議論は第1頁にある．

(14)　ガリレオによる振り子へのアプローチの中世における先行物については，Marshall Clagett, *The Science of Mechanics in the Middle Ages* (Madison, 1959), pp. 537–38, 570–71 参照．トリチェリの気圧計への道については，ほとんど知られていないモノグラフ C. de Waard, *L'expérience barométrique, ses antécédents et ses explications* (Thouars [Deux-Sévres], 1936) 参照．

(15)　Alexandre Koyré, *Etudes galiléenes* (Paris, 1939); Butterfield, *Origins of Modern Science*.

(16)　知的関心の主題としての化学発達の初期段階については，Marie Boas, *Robert Boyle and Seventeenth-Century Chemistry* (Cambridge, 1958) 参照．きわめて重要な次の段階については，Henry Guerlac, “Some French Antecedents of the Chemical Revolution,” *Chymica* 5 (1959) : 73–112 参照．

(17)　I. B. Cohen, *Franklin and Newton* (Phyladelphia, 1956).

(18)　Boyle, *Works*, 2:42–43.

(19)　手段としてあるいは存在論として，初期近代科学者たちが数学に対する評価を高めていったことは，すでに半世紀ほども前から認められている．それは長年

の間，ルネサンス期の新プラトン主義への応答であると記述されてきた．ラベルを「ヘルメス主義」と変更してみても科学的思考のこの側面の説明力を増しはしない（もっとも，それは他の重要な革新性の認知を助けはしたが）．この変更は最近のある学派の決定的限界を示していて，その学派についてここで触れずに済ますすべを私は知らない．普通に用いられているところでは，「ヘルメス主義」が指示するのは，さまざまな，互いに関連し合うと思われている活動，新プラトン主義，カバラの教理，薔薇十字会の神秘思想，その他何でもお好みのものである．それらは是非とも区別されねばならない．時期的に，地理的に，思想的に，イデオロギー的に，である．

(20)　Frances A. Yates, "The Hermetic Tradition in Renaissance Science," in C. S. Singleton, ed., *Science and History in the Renaissance* (Baltimore, 1968), pp. 255-74; Paolo Rossi, *Francis Bacon: From Magic to Science*, trans. Sacha Rabinovitch (London, 1968).〔邦訳『魔術から科学へ』前田達郎訳，サイマル出版会，1970.〕

(21)　P. Rossi, *Philosophy, Technology, and the Arts in the Early Modern Era*. trans. Salvator Attanasio (New York, 1970). しかしながら，ロッシ (Rossi) やこの問題の初期の研究者は，芸術家－技術者によって実践された技芸と，ヴァノッチョ・ビリングッチョやアグリコラのような人物によって後に思想界に導入された技芸とを区別する，というありうる重要性を議論していない．引き続いて紹介するこの区別のいくつかの側面について，私は私の同僚であるマイケル・S. マホーニー (Michael S. Mahoney) と交した対話に多くを負っている．

(22)　どちらも直接的にその問題を扱っているわけではないが，最近の2つの論文が，17世紀においてまずヘルメス主義が次に粒子論主義が思想的・社会的な地位獲得の戦いに参加した様子を示唆している．P. M. Rattansi, "The Helmontian-Galenist Controversy in Restoration England," *Ambix* 12 (1964): 1-23; T. M. Brown, "The College of Physicians and the Acceptance of Iatromechanism in England, 1665-1695," *Bulletin of the History of Medicine*, 44 (1970) 12-30.

(23)　この点に関与する情報は次の文献中の各所に散見される．Pierre Brunet, *Le physiciens Hollandais et la méthode expérimentale en France au XVIIe siècle* (Paris, 1926).

(24)　R. K. Merton *Science, Technology and Society in the Seventeenth-Century England* (New York, 1970). 最初に1938年に出版された著作のこの新しい版は，"Selected Bibliography: 1970." を含んでいて，最初の出版後から続けられてきた議論に対する有用な案内を提供してくれる．

(25)　Everett Mendelssohn, "The Emergence of Science as a Profession in Nineteenth-Century Europe," in Karl Hill, ed., *The Management of Scientists* (Boston, 1960).

(26) 1920年代のイギリス，フランス，アメリカにおける数学と数理物理学との関係についての回想が，レオン・ブリユアン，E.C. ケンブル，N.F. モットらとのインタヴューの中に含まれていて，それは方々の量子物理学史資料保存所に保管されている．これらの保存所に関する情報については，T.S. Kuhn, J.L. Heilbron, P.F. Forman, and Lini Allen, *Sources for History of Quantrum Physics: An Inventory and Report* (Philadelphia, 1967) 参照．

(27) 物理学の数学化の問題の諸側面の考察は，Kuhn, "The Function of Measurement in Modern Physical Science," *Isis* 52 (1961): 161–90〔邦訳「近代物理科学における測定の機能」，本書第II巻に収録〕，そこでは古典的諸科学とベーコン的な諸科学の間の区別が最初に導入され印刷に付された．他の側面については，Robert Fox, *The Caloric Theory of Gases from Lavoisier to Regnault* (Oxford, 1971) 参照．

(28) 関連する情報については，René Taton, "L'école royale du génie de Mézieres," in R. Taton, ed., *Enseignement et diffusion des Sciences en France au XVIIIe siècle* (Paris, 1964), pp. 559–615 参照．

(29) R. Fox, "The Rise and Fall of Laplacian Physics," *Historical Studies in the Physical Sciences* 4 (1976) 89–136; R.H. Silliman, "Fresnel and the Emergence of Physics as a Discipline," ibid., pp. 137–62.

(30) 今でも貧弱ではあるが，関連する情報とこのテーマに関する文献については，R. Fox, "Scientific Enterprise and the Patronage of Research in France, 1800–70," *Minerva* 11 (1973) 442–73; H.W. Paul. "La Science française de la seconde partie du XIXe siècle vue par les auteurs anglais et américains," *Revue d'histoire des Sciences* 27 (1974): 147–63 参照．しかしながら，この両者がフランス科学全体としての衰退という主張に主として関わっている．それはフランス物理学の衰退にくらべれば，間違いなく目立たないものであるし，おそらくはまったく違う効果である．フォックスとの対話によって私の確信は強められ，この点に関する私の見解をまとめるのを助けられた．

(31) Russel McCormmach, "Editor's Forward," *Historical Studies in the Physical Sciences* 3 (1971) ix–xxiv.

(32) 他のしばしば指摘されてはいるがほとんど研究されていない現象が，この分裂に関する心理学的な基礎を与える．多くの数学者や理論物理学者が，情熱的に音楽に興味をもち，音楽に関わってきた．ある者は科学と音楽のどちらの職業を選ぶかに大きな困難を感じさえした．同程度の関わりが実験物理学をも含めて実験科学にもあるようには思えない（私の思うところでは，一見して音楽とは関係のないような他のどの部門についてもそうである）．しかるに，音楽あるいはその一部は，かつて数学的諸科学の一群の成員であったのであり，実験的諸科学のではなかった．参考になりそうなもう一つのことは物理学者によってしばしば指

摘される微妙な違いをいっそう研究することである．つまり，「数理」物理学者と「理論」物理学者の違いについてである．両者ともに数学を多用し，しばしば同じ問題を扱う．しかし前者は物理学の問題を概念的には固定されたものと捉え，それに応用するために強力な数学的技巧を開発する傾向がある．後者は，もっと物理的に考え，彼の問題の概念構成の方を，彼の意のままになるがしばしばより限られた数学的手段へと，合わせようとするのである．ルイス・ピエンソン (Lewis Pyenson) に対して私は第1章稿への有益なコメントを負っているが，彼はこの違いの発達について興味深い考えを展開している．

第4章　同時発見の一例としてのエネルギー保存

*　初出掲載は Marshall Clagett, ed., *Critical Problems in the History of Science* (Madison: University of Wisconsin Press, 1959), pp. 321-56.

(1)　J. R. Mayer, "Bemerkungen über die Kräfte der unbelebten Natur," *Ann. d. Chem. u. Pharm.*, vol. 42 (1842). 私は J. J. ヴァイラウフ (J. J. Weyrauch) の編纂による優れた選集中のリプリント，*Die Mechanik der Wärme in gesammelten Schriften von Robert Mayer* (Stuttgart, 1893), S. 23-30 を用いた．この選集は以下で Weyrauch, I として引用される．同じ編者による姉妹編，*Kleinere Schriften und Briefe von Robert Mayer* (Stuttgart, 1893) は Weyrauch, II として引用される．

James P. Joule, "On the Calorific Effects of Magneto-Electricity, and on the Mechanical Value of Heat," *Phil. Mag.*, vol. 23 (1843). 私が用いた版は *The Scientific Papers of James Prescott Joule* (London, 1884), pp. 123-59 である．この全集は以下で Joule, *Papers* として引用される．

L. A. Colding, "Undersögelse on de almindelige Naturkraefter og deres gjensidige Afhaengighed og isaerdeleshed om den ved visse faste Legemers Gnidning udviklede Varme," *Dansk. Vid. Selsk.* 2 (1851): 121-46. 私はキルステン・エミリー・ヘデボル嬢 (Miss Kirsten Emilie Hedebol) にこの論文の翻訳を負っている．この論文はコールディング (Colding) が1843年に朗読したオリジナルよりも，もちろんずっと完璧であり，それに関する多くの情報も含んでいる．さらに， L. A. Colding, "On the History of the Principle of the Conservation of Energy," *Phil. Mag.* 27 (1864): 56-64 も参照．

H. von Helmholtz, *Ueber die Erhaltung der Kraft. Eine physikalische Abhandlung* (Berlin, 1847). 私が用いたのは，*Wissenschaftliche Abhandlungen von Hermann Helmholtz* (Leipzig, 1882), 1: 12-75 にある注釈付きのリプリントである．この全集は以下で Helmholtz, *Abhandlungen*

として引用される.

(2) カルノー (Carnot) の見解による保存仮説は，1824年の彼の『考察』の出版から1832年の彼の死までの間のノートのあちこちに散見される．彼のノートの最も権威ある版は，E. Picard, *Sadi Carnot, biographie et manuscript* (Paris 1927) である．もっと手近な源泉は，カルノーによる *Réflexions sur la puissance motrice du feu* (Paris, 1953) の最近のリプリント版への付録である．カルノーは，このノートに盛られた内容が彼による有名な『考察』〔前記 *Réflexions*，この『考察』とノートの邦訳は，『カルノー・熱機関の研究』広重徹訳と解説，みすず書房，に収録〕の主要命題とは両立不能だと考えていた．実際には，彼の命題の基本部分は救済可能なのであった．しかし，表現法にも導出法にも変更が必要となった．

Marc Séguin, *De l'influence des chemins de fer et de l'art de les construire* (Paris, 1839), pp. xvi, 380–96.

Karl Holtzmann, *Über die Wärme und Elasticität der Gase und Dämpfe* (Mannheim, 1845). 私は W. フランシス (W. Francis) による翻訳 *Taylor's Scientific Memoirs*, 4 (1846): 189–217 を用いた．ホルツマン (Holtzmann) は熱素説を信奉していて彼のモノグラフでもそれを用いているので，エネルギー保存〔訳注，conservation は保存則と訳される場合も多いが，抽象的な意味合いを考慮に入れて直訳を採用した．以下と本文でも同様〕の発見者のリストに挙げる人物としては特異である．しかしながら彼は，気体を等温的に圧縮するのに要した仕事は，気体中に同量の熱を生み出すと信じてもいた．その結果，彼は熱の仕事当量の初期の計算の一つを行なった．したがって彼の著作は，熱力学の初期の著者たちによって彼らの理論の重要な要素を含んでいるとして繰り返し引用された．ホルツマンは，我々が今日その定理を定義する意味では，エネルギー保存のいかなる部分をも捉えていたとは言えない．しかし，同時発見についてのこの研究においては，彼の同時代人の判断は我々自身によるそれよりもさらに当を得ている．同時代人の何人かにとっては，ホルツマンはエネルギー保存の発達における活動的な当事者なのであった．

G. A. Hirn, "Etudes sur les principaux phénomènes que présentent les frottements médiats, et sur les diverses manières de déterminer la valeur mécanique des matières employées au graissage des machines," *Bulletin de la societé industrielle de Mulhouse* 26 (1854): 188–237; and "Notice sur les lois de la production du calorique par les frottements médiats," ibid., pp. 238–77. イルン (Hirn) が1854年に Études を書いたときに，マイヤー (Mayer)，ジュール (Joule)，ヘルムホルツ (Helmholtz)，クラウジウス (Clausius)，ケルヴィン (Kelvin) の著作を知らなかったということは信じがたいことである．しかしながら彼の論文を読んでみた後には，彼が独立な発見をしたのだという彼の

主張（前記 Notice 中にある）はまったくもっともなことだということがわかった．標準的な科学史においてこれらの文献が引用されることはないし，イルンの主張の存在が認知されることすらない．そこでその根拠の概略をここに述べておくのは適当であろう．

イルンが研究したのは，種々のエンジン潤活剤の相対的な効果を，軸受けにおける圧力や及ぼされたトルクの関数として調べることであった．まったく以外なことに，と彼は言っているが，彼の測定は次の結論へと導いた，「媒介物のある摩擦（たとえば，潤活剤で隔てられた 2 面間の摩擦）によって生み出される熱の絶対量は，この摩擦によって吸収された力学的な仕事に直接的に一意的に比例する．もし仕事を高低差 1 メートルだけ持ち上げるキログラム数で表し，熱の量をカロリーで表すならば，この 2 量の比は 0.0027（これは 370 kg. m./cal. に相当）にきわめて近く，速さや温度や潤活物質の種類には依らない」（p. 202）．1860 年頃までイルンは，不純な潤活剤の場合や潤活剤を用いない場合のこの法則の正しさを疑っていた（特に彼の *Récherches sur l'équivalent mécanique de la chaleur* [Paris, 1858]，p. 83 を参照）．このような疑いを抱いていたにしても，彼の研究はエネルギー保存の重要な部分へと向う 19 世紀中頃の道程の 1 つを明らかに提示しているのである．

(3)　C. F. Mohr, "Ueber die Natur der Wärme," *Zeit. f. phys.* 5 (1837): 419–45; and "Ansichten über die Natur der Wärme," *Ann. d. Chem. u. Pharm.* 24 (1837): 141–47.

William R. Grove, *On the Correlation of Physical Forces: Being the Substance of a Course of Lectures Delivered in the London Institution in the Year 1843* (London, 1846)．この初版においてグローヴ（Grove）は，その講演がなされた以後に何も付け加えてはいない，と述べている．後のもっと手に入りやすい版においては引き続いた研究に基づいて大幅な改訂が施されている．

Michael Faraday, *Experimental Researches in Electricity* (London, 1844), 2:101–4．これがその一部となっていたオリジナルな "Seventeenth Series" は，1840 年 3 月に王立協会で朗読された．

Justus Liebig, *Chemische Briefe* (Heidelberg, 1844), pp. 114–20．グローヴの場合と同じくこの著作の場合にも，エネルギー保存が確認された科学法則となった後に出版された版だけに，導入されている変更に注目しなければならない．

(4)　私の結論のいくつかは，研究のために選ばれた人名リストの特別さに依存するので，選択手続きについて一言述べておくのが基本であろう．私は，エネルギー保存のある重要な部分に独立に達したと，その同時代人やすぐ後の後継者たちに思われていたすべての人物を含めるよう努めた．私はこのグループの中にカルノーとイルンをも含めた．彼らの研究は，もし知られていたならば，たしかにそ

のようにみなされていたはずだからである．彼らによる影響が実際にはなかったということは，この研究の観点からすれば問題ではない．

この手続きによって2人の名前がリストに上った．私の知るところでは，リストに上げよという主張がなされる可能性があるのはあと4人だけである．それは，フォン・ハラー（von Haller），ロジェ（Roget），カウフマン（Kaufmann），ラムフォード（Rumford）である．P.S. エプスタイン（P. S. Epstein）による熱情的な弁護（*Textbook of Thermodynamics* [New York, 1937], pp. 27-34）にもかかわらず，フォン・ハラーはこのリストに上っていない．動脈と静脈における流体摩擦が体温に寄与するという考えは，エネルギー保存の考えのどの部分をも含んではいないのである．摩擦による熱発生を説明するどのような理論でも，フォン・ハラーの考察を含みうるであろう．ロジェの場合はずっとましである．彼は永久機関〔訳注，perpetual motion は直訳では永久運動となるが，惑星の運行も1種の永久運動なので，意味から判断してこのように訳した．以下や本文でも同様〕の不可能性を用いてガルヴァーニ電気の接触電圧説に反対したのである（注(27)参照）．私が彼を割愛したのは，彼はその議論を拡張できる可能性に気づかなかったようにみえるからであり，さらに，彼自身の考察はファラデー（Faraday）の研究の中に繰り返されていて後者はそれを拡張したからである．

ヘルマン・フォン・カウフマンはおそらくリストに含めるべきだったかもしれない．ゲオルグ・ヘルム（Georg Helm）によれば彼の研究はホルツマンによるのと同一であった（*Die Energetik nach ihrer geschichtlichen Entwickelung* [Leipzig, 1898], p. 64）．しかし，私はカウフマンの著作を見ることができなかったし，ホルツマンの場合自体がリストに上げるべきかどうかすでに疑わしかった．そこで，リストをふやしすぎない方がよいと考えた．ラムフォードについては最も難しい．以下で指摘するように，1825年以前において熱の動力学的理論〔訳注，dynamical theory of heat は熱運動説と訳されることが多いが，熱波動説や熱伝導論と区別して直訳を採用した．以下や本文でも同様〕がその支持者たちをエネルギー保存へと導いたことはなかった．19世紀中頃までこの2組の観念の間には，関係が必要でもなかったしありそうにすらなかった．しかしラムフォードはたんなる熱の動力学論者ではなかった．彼は次のようにも述べている，「（熱の動力学的理論から）次のことが必然的に導かれる……宇宙における活動的な力の総和は常に一定に留まらねばならない」（*Complete Works* [London, 1876]. 3:172）．そして，これはエネルギー保存のことのようにも聴える．おそらく実際にそうだったのだろう．しかしたとえそうであったとしても，ラムフォードはその意味にまったく気づいてはいなかったように思える．私は彼の著作の他の箇所でそれが応用されることも繰り返されることも見出すことはできなかった．したがって私の意向はこの文を，フランス人聴衆を前にしたときには適切な，18世紀の活力保存定理への容易な追従とみなすことである．ダニエル・ベルヌーイ

(Daniel Bernoulli) とラヴォアジエ (Lavoisier) とラプラス (Laplace) は皆それ以前に，この定理を熱の動力学的理論へと適用した (注(95)参照) が，エネルギー保存のようなものに到達したことはなかった．私には，ラムフォードが彼ら以上のものを見出したと考える理由が思い浮ばない．

(5) このことは，なぜ開拓者たちはお互いの著作から，それを読んだときですら，得るところがほとんどなかったのかを十分に説明してくれる．グローヴとヘルムホルツはジュールの研究を知っていて，1843年と1847年の論文に引用している (Grove, *Physical Forces*, pp. 39, 52 ; Helmholtz, *Abhandlungen*, 1 : 33, 35, 37, 55)．次にはジュールもまたファラデーの研究を知り，引用した (*Papers*, p. 189)．リービッヒ (Liebig) はモール (Mohr) とマイヤーを引用してはいないが，彼らの研究を知っていたに違いない．なぜならそれは彼自身が主催する雑誌に掲載されたからである (リービッヒがモールの理論を知っていたことに関しては，G. W. A. Kahlbaum, *Liebig und Friedrich Mohr, Briefe, 1834–1870* [Braunschweig, 1897] も参照)．さらに精確な伝記的情報が得られれば，他の依存関係も同様に明らかとなるに違いない．

しかしこれらの依存関係は，少なくとも分っている範囲内では，重要とは思われない．1847年にヘルムホルツは，ジュールの関心の一般性も彼自身の関心との広範囲にわたる重複も，どちらにも気づいてはいなかったようである．彼はジュールの実験的諸発見のみを引用し，それも非常に選択的に批判的にであった．ヘルムホルツがそこに，彼が予見していたのと同程度の広がりを見出したのは，世紀後半における先取権争い以前ではなかったようである．ほとんど同様のことがジュールとファラデーの関係に対しても成り立つ．後者からジュールは示唆を受けはしたが，インスピレーションをではなかった．リービッヒの場合はさらに解明的である．彼がモールとマイヤーを引用せずにすますことができたのは，たんに彼らが何ら関連ある示唆を与えなかったからであり，さらに同じ主題を扱っているとすら思えなかったからである．明らかに，我々がエネルギー保存の初期の代表者とよんでいる人びとは，時おり互いの著作を読んでも同じ事柄を議論しているとは全然気づかずにいたようである．さらに言えることは，彼らのあれほど多くがそれぞれ別の職業的，知的背景から書いていたこと自体が，彼らがお互いの著作を見ることすらまれであったことを説明するであろう．

(6) J. P. Joule, "Sur l'équivalent mécanique du calorique," *Comptes rendus* 28 (1849): 132–35. 私は Weyrauch, II, pp. 276–80 のリプリントを用いた．これは先取権争いの最初の一撃にすぎなかった．しかしそれはその後の争いがどうなるかをすでに示している．二つの (後には二つ以上の) 異なった言明のうちのどれをエネルギー保存と等価だとみなすべきなのだろうか？

(7) J. R. Mayer, *Die organische Bewegung in ihrem Zusammenhange mit dem Stoffwechsel* (Heilbronn, 1845) in Weyrauch, I, pp. 45–128. 1843

年から1847年にかけてのほとんどのジュールの論文が関連しているが，特に関連が深いのは，On the Changes of Temperature Produced by the Rarefaction and Condensation of Air" (1845) and "On Matter, Living Force, and Heat" (1847) in *Papers*, pp. 172-89, 265-81.

(8)　この定式化は通常のそれよりも少なくとも一つの利点がある．それは「エネルギー保存を最初に発見したのは本当は誰なのか？」という質問を求めもしないし許しさえしないからである．１世紀にわたる実りのない争いが示したように，エネルギー保存の適当な拡張あるいは縮小によって，開拓者たちのうちのほとんどどの１人にも冠を授けることができる．それは，彼らの誰も互いに同じことを言っていたのではなかったことを再び示している．

この定式化は第２の解答不能な質問をもはばむことになる，「ファラデー（あるいはセガン（Séguin），モール，その他どの開拓者でも）は本当に，たとえ直感的にせよ，エネルギー保存の概念を把握していたのだろうか？　彼は本当に開拓者たちのリストに含まれるのだろうか？」このような質問には，解答者の好みに基づく以外の答は考えられない．解答者の好みがどのような答をさせようとも，ファラデー（あるいはセガン，その他）は，エネルギー保存の発見へと導いた力についての有益な証拠を提供したのであった．

(9)　これらの３つの規準，特に２番目と３番目のそれは，この研究の方向を，すぐには明らかでない仕方で，決定している．それらは視点を，エネルギー保存発見の前提条件から，同時発見に対する引き金要素とでもよぶべきものへと，移すことになる．たとえば以下の頁で暗黙のうちに示されるように，すべての開拓者たちは熱量測定の概念的，実験的要素をかなり用いていたし，また彼らの多くはラヴォアジエとその同時代人の研究によってもたらされた新しい化学上の概念にも依存していた．これらやその他多くの科学内部における発達が，我々が理解するところでのエネルギー保存の発見以前に，生ずる必要がおそらくあったのであろう．しかしながら，以下ではこのような要素を明確に取り分けることはしなかった．なぜなら，それらは開拓者たちをその先行者たちから区別はしないように思われるからである．熱量測定も新しい化学も，同時発見の時期よりも数年前からすでに科学者の共有財産となっていたので，それらが開拓者たちの研究の引き金となる直接的な刺激を提供したことはありえないのである．発見の前提条件としてならば，これらの要素はそれ自体で興味深くもあるし重要性ももっている．しかしそれらを研究することが，この研究が向かっている同時発見の問題を大きく解明することはありそうにもないのである．（この注はオリジナルな原稿に対して，その口頭発表に引き続く議論で指摘された点への回答として付け加えられた．）

(10)　ファラデーは，ガルヴァーニ電気の化学親和力説と接触電圧説の代弁者たちの間の議論の発達について，わずかではあるが有益な情報をもたらしている（*Experimental Researches*, 2 : 18-20）．彼の説明によれば，化学親和力説は

少なくとも1825年以後にはフランスとイギリスで有力であった一方，1840年にファラデーが書いた時点でドイツとイタリアでは依然として接触電圧説が支配的であった．ドイツにおける接触電圧説の優位は，マイヤーとヘルムホルツの両者がともにそのエネルギー保存の説明において電池を割愛しているいささか驚くべき仕方を，説明しないであろうか？

(11) 次に挙げる発見については，Sir Edmund Whittaker, *A History of the Theories of Aether and Electricity*, vol. 1, *The Classical Theories*, 2d ed. (London, 1951), pp. 81-84, 88-89, 170-71, 236-37〔邦訳，ホイッテーカー『エーテルと電気の歴史』霜田光一，近藤都登訳，講談社，1976〕を参照．エールステズ (Oersted) の発見については，R. C. Stauffer, "Persistent Errors Regarding Oersted's Discovery of Electromagnetism," *Isis* 44 (1953): 307-10も参照．

(12) F. Cajori, *A History of Physics* (New York, 1922), pp. 158, 172-74.〔邦訳，カジョリ『物理学の歴史』上・中・下，武谷三男，一瀬幸雄訳，東京図書，1966〕．グローヴは初期の写真感光過程を特に指摘している (*Physical Forces*, pp. 27-32)．モールはメローニ (Melloni) の研究を非常に強調している (*Zeit. f. Phys.* 5 [1837]: 419)．

(13) 静電気の化学作用については，Whittaker, *Aether and Electricity*, 1: 74, n. 2 を参照．

(14) 唯一の重要な例外があり，以下で多少精しく論ずる．18世紀の間，蒸気機関は時おり転換過程とみなされていた．

(15) Mary Sommerville, *On the Connexion of the Physical Sciences* (London, 1834), unpaginated Preface.

(16) モールのアプローチを，グローヴとファラデーのそれから区別する理由は以下で分析される（注(83)）．それに伴う本文では，「力」の保存に関するモールの確信の可能な源泉について考察する．

(17) Joule's *Papers* (pp. 1-53) の初めの11事項は，どれも専一的に，最初はモーターの次に電磁石の改良に関わっていて，これらの事項は1838年から41年の時期にわたっている．工学的概念〔訳注．本書では主として，engineering＝工学的，technical＝専門的，technological＝技術的，と訳し分けている．ただし，17世紀以前については工学的という訳語の使用は避けた〕である仕事と「効率」によるモーターの系統的評価は pp. 21-25, 48 にある．ジュールによる仕事の概念あるいはその等価物の最初の出版された用例については，p. 4 を参照．

(18) 電池について，もっと特殊には電池による熱の電気的な発生についてのジュールの関心が *Papers*, pp. 53-123 の初めの5つの論文の主要部である．ジュールがモーターの設計に失望して電池へと向ったという私の見解は仮説であるが，きわめて確からしく思われる．

(19)　注(1)参照．この論文が，通常に，エネルギー保存を発表したといわれているものである．

(20)　注(7)参照．

(21)　*Zeit. f. Phys.* 5 (1837): 442.

(22)　Bence Jones, *The Life and Letters of Faraday* (London, 1870), 2: 47.

(23)　*A Lecture on the Progress of Physical Science Since the Opening of the London Institution* (London, 1842)．巻頭のページには 1842 年と日付されているがその後すぐに「未出版」と書かれている．実際の印刷がいつなされたのか私には分らないが，著者の巻頭言には講演のなされた直後に本文が書かれたとある．

(24)　*Physical Forces*, p. 8.

(25)　残りのステップが「明白である」とする理由は，この論文の最後のパラグラフに与えられる（注(92)参照）．

(26)　厳密に言えば，この導出が正しいのはすべてのエネルギー変換が可逆なときだけであり，実際には可逆ではない．しかしその論理的欠陥に，開拓者たちはまったく気づいてはいなかった．

(27)　P. M. Roget, *Treatise on Galvanism* (London, 1829)．私が参照したのは Faraday, *Experimental Researches*, 2: 103, n. 2 に引用された抜粋だけである．

(28)　*Experimental Researches*, 2 : 103.

(29)　*Progress of Physical Science*, p. 20.

(30)　*Physical Forces*, p. 47.

(31)　*Ibid*., p. 45.

(32)　このことがコールディングについても成り立つかどうかについては，私は完全に確信があるわけではない．それは特に私が 1843 年の彼の未出版論文を読んでいないからである．彼の 1851 年論文（注(1)参照）の初めの方の頁には，転換過程の多数の例が含まれていて，モールのアプローチを思い出させる．さらに，モールはエールステズの輩下であり，後者の命名は電気・磁気転換の発見によっている．ところが，コールディングが引用しているほとんどの転換過程は，18 世紀に溯られるものばかりである．コールディングの場合には，転換過程と形而上学の間に事前の紐帯が存在していたのではないかと私は推定している（注(83)とそれに伴う本文参照)．非常にありうることは，そのどちらかが論理的にも心理的にも彼の思想の展開にとってより本質的であるとはみなしがたい，ということである．

(33)　カルノーのノートは 1872 年まで出版されなかった．そのときもたんに重要な科学法則の予知を含んでいたという理由からにすぎなかった．セガンは 1839

年の彼の本において，当該の部分に注意を喚起せざるをえなかった．イルンは功績を主張することに煩わされてではなく，剽窃を否定するために彼の1854年論文に注を付けたのであった．その論文はある工学関係の雑誌に掲載されたが，私はそれが科学者によって引用されたのを見たことがない．ホルツマンの論文は，あいまいでないという点で例外である．しかしもし他の人びとがエネルギー保存を発見しなかったとしたら，ホルツマンの論文はカルノーの論文を拡張したもう１つの場合と思われ続けていたことであろう．なぜなら基本的にはそれはその通りだったからである（注(2)参照）．

(34)　1850年から1875年の間にグローヴの本は少なくともイギリスで６回，アメリカで３回，フランスで２回，ドイツで１回それぞれ増刷された．そこにみられる拡張はもちろん多様ではあるが，私は２つの基本的な新しさしか見出さない．熱に関する独創的な議論（pp. 8–11）でグローヴは，巨視的な運動が熱となって現れるのはそれが微視的な運動に変換されない限りにおいてであると述べている．そのうえもちろん，グローヴによる定量化への数少ない試みは完全に誤っていた（以下を参照）．

(35)　*Physical Forces*, p. 46.

(36)　*Zeit. f. Phys.* 5 (1837): 422–23

(37)　Weyrauch, II, pp. 102–5. これは彼の最初の論文 “Ueber die quantitative und qualitative Bestimmung der Kräfte,” の中にある．この論文は1841年にポッゲンドルフ Poggendorf〔当時の物理学学術誌編集者〕の許に送られたがマイヤーの死後まで出版されなかった．第２論文を書く前に，第１論文が出版されるためには，マイヤーはもう少し物理を学ばねばならなかった．

(38)　エネルギー保存の前史は基本的には予知のリストである．これらは活力に関する初期の文献において特にしばしば生じた．

(39)　18世紀初期の文献は，形而上学的力とみなされた活力保存に関する多くの一般的言明を含んでいる．これらの定式化については以下で簡単に議論する．ここでは，それらのどれもが動力学の専門的問題へと適用するのに適してはいなかったことに注目しさえすればよい．ここで我々が関心をもっているのはこれらの定式化についてである．動力学的と形而上学的の両方の定式化に関する優れた議論が A. E. Haas, *Die Entwicklungsgeschichte des Satzes von der Erhaltung der Kraft* (Vienna, 1909) にある．それは一般的にいって最も完全で最も信頼できるエネルギー保存の前史である．他の有益な詳細が見出されるのは，Hans Schimank, “Die geschichtliche Entwicklung des Kraftbegriffs bis zum Aufkommen der Energetik,” in *Robert Mayer und das Energieprinzip, 1842–1942*, ed. H. Schimank and E. Pietsch (Berlin, 1942) である．私はエルウィン・ヒーベルト教授 (Professor Erwin Hiebert) に，これら２つの有益であるにもかかわらずほとんど知られていない著作を知らせていただいたことを負っ

ている．

(40) Christian Huyghens, *Horologium oscillatorium* (Paris, 1673). 私が用いたのはドイツ語版 *Die Pendeluhr*, ed. A. Heckscher and A. V. Oettingen, Ostwald's Klassiker der Exakten Wissenschaften, no. 192 (Leipzig, 1913), S. 112 である．

(41) D. Bernoulli, *Hydrodynamica, sive de viribus et motibus fluidorum, commentarii* (Basel, 1738), p. 12.

(42) J. L. d'Alembert, *Traité de dynamique* (Paris, 1743). 私が参照することができたのは第2版 (Paris, 1758) だけである．そこでは当該の内容は pp.252-53 にある．初版の後に導入された変更についてのダランベールの議論からは，この時点で最初の定式化を変更したと推定すべき理由がまったく窺われない．

(43) D. Bernoulli, "Remarques sur le principe de la conservation des forces vives pris dans un sense général," *Hist. Acad. de Berlin* (1748), pp. 356-64.

(44) L. Euler, *Mechanica sive motus scientia analytice exposita*, in *Opera omnia* (Leipzig and Berlin, 1911-), ser. 2, 2 : 74-77. 初版は St. Petersburg, 1736 である．

J. -L. Lagrange., *Mécanique analytique* (Paris, 1788), pp. 206-9. 私は初版を引用した．なぜなら Lagrange's *Oeuvres* (Paris, 1867-92) の volumes 11 and 12 にある第2版は非常に重要な変更を含んでいるからである．初版では，時間に依存しない束縛条件と中心力やその他の積分可能な力についてのみ活力保存が定式化されている．するとそれは $\sum m_i v_i^2 = 2H + 2\sum m_i \pi_i$ の形となる．ここで H は積分定数であり π_i は位置座標の関数である．第2版 Paris, 1811-15 (*Oeuvres*, 11 : 306-10) では，ラグランジュ (Lagrange) は前述のことを繰り返しはするがそれを特殊な弾性体の集まりにのみ制限している．それはラザール・カルノー (Lazare Carnot) の工学的論文 (注(45)) を考慮に入れたためであり，それを引用している．カルノーによって扱われた工学的問題のさらに完全な解説のためには，彼は彼自身の論文 *Théorie des fonctions analytiques* (Paris, 1797), pp. 399-410 を引用していて，そこでは彼によって改作されたカルノーの工学的問題がより明確に定式化されている．その定式化は工学的伝統の影響をきわめて明らかにしている．なぜならここで仕事概念が現れ始めるからである．ラグランジュは述べる，系の2つの動力学的状態の間の活力の増大は $2(P)+2(Q)+\cdots$ と表され，ここで (P)――ラグランジュはそれを "aire" とよんでいるが――は $\sum_i \int P_i dp_i$ であり，P_i は i 番目の物体に位置座標 p_i の方向へと作用する力である．これらの "aires" は言うまでもなく仕事である．

P. S. Laplace, *Traité de mécanique céleste* (Paris, 1798-1825). 当該の部分はより手近に *Oeuvres complètes* (Paris, 1878-1904), 1 : 57-61 の中に見出

される．数学的にはこの 1798 年の取扱いは，実際にはラグランジュの 1788 年の形よりも 1797 年の形の方によく似ている．しかし工学的となる以前の定式化の場合と同じく，仕事積分を含む保存法則は，ポテンシャル関数を用いるより制限された言明へと急速に移し替えられていった．

(45) L. N. M. Carnot, *Essai sur les machines en général* (Dijon, 1782). 私は Carnot's *Oeuvres mathématiques* (Basel, 1797) の中の彼の著作を調べてはみたが，基本的には，増補されより影響力の大きい第 2 版 *Principes fondementaux de l'équilibre et du mouvement* (Paris, 1803) に依存した．カルノーは我々が仕事とよんでいるものに何通りかの用語を導入したが，最も重要なのは "force vive latent" と "moment d'activité" (ibid., pp. 38–43) である．これらについて彼は次のように述べている，「私が *moment of activity* と名づけたところのある種の量は，運転される機械の理論において非常に大きな役割を果す．なぜなら一般的に言って，ある動作要因（つまり動力源）からそれが作り出しうるすべての（力学的な）効果を引き出すために，できる限り節約しなければならないのはまさにこの量だからである」(ibid., p. 257).

(46) この重要な活動の初期の歴史の有益な概観は C. L. M. H. Navier, "Détails historiques sur l'emploi du principes des forces vives dans la théorie des machines et sur diverses roues hydrauliques," *Ann. Chim. Phys.* 9 (1818): 146–59 にある．私の推定するところでは，ナヴィエ (Navier) の編集による，B. de F. Belidor's *Architecture hydraulique* (Paris, 1819) は新しい工学的物理学の最初の発達した表現を含んでいると思う．しかし私はまだこの著作を参照してはいない．標準的な専門書は，G. Coriolis, *Du calcul de l'effet des machines, ou considérations sur l'emploi des moteurs et sur leur évaluation pour servir d'introduction à l'étude special des machines* (Paris, 1829); C. L. M. H. Navier, *Résumé des leçons données à l'école des ponts et chaussées sur l'application de la mécanique à l'établissement des constructions et des machines* (Paris, 1838), vol. 2; and J.-V. Poncelet, *Introduction à la mécanique industrielle,* ed. Kratz, 3d ed. (Paris, 1870) である．この著作は最初に 1829 年（一部は 1827 年に石版印刷で出た）に出版された．第 3 のもののもととなった大幅に拡大され今日標準的とみなされている版が出たのは 1830 年から 39 年にかけてである．

(47) 仕事 *work* (*travail*) という用語の正式な採用はしばしばポンスレ (Poncelet) の功績に帰せられている (*Introduction,* p. 64). ところが他の大勢の人びとがそれ以前に日常的にこの用語を使用していた．ポンスレ (pp. 74–75) は，この量を測るために普通に使われていた単位 (*dynamique, dyname, dynamie,* etc.) についての有益な説明もまた与えている．コリオリ Coriolis (*Du calcul de l'effet des machines,* p. iv) は活力を $^1/_2mv^2$ として，それが作り出しう

る仕事と数量的に一致するようにすべきだと最初に主張した．彼は *travail* という用語を多用しているが，ポンスレはそれを彼から借りたのであった．保存法則の再定式化は，ラザール・カルノーからこれらすべてのその後の著作へと，徐徐に進行していったのであった．

(48) マイヤーは，その最初の論文で定量的な問題の考察を開始するやいなや，次のように述べている，「重りの上昇をもたらすところの原因は，力である．この力は物体の落下をもたらすのだから，我々はそれを落下力［Fallkraft］とよぶことにしよう」(Weyrauch, I, p. 24)．これは工学的尺度であって，動学理論的尺度ではない．マイヤーはそれを自由落下に適用することによって，運動のエネルギー〔訳注．原語は，energy of motion. クーンは運動エネルギー kinetic energy という用語の使用をわざと避けている．以下と本文でも同様〕の尺度として即座に $^1/_2mv^2$（分数に注目せよ）を導いた．彼の導出法の粗雑さそれ自体と一般性の欠如とが，彼がフランスの文献を知らずにいたことを示している．彼が著作物中で実際に言及しているフランスの文献（G. Lamé, *Cours de physique de l'école polytechnique*, 2d ed. [Paris, 1840]）は，活力もその保存もまったく扱ってはいないのである．

ヘルムホルツは，彼の基本的な可秤量な力に対して，*Arbeitskraft, bewegende Kraft, mechanische Arbeit, Arbeit* などの用語を用いている（Helmholtz, *Abhandlungen*, I, 12, 17–18)．私はまだこれらの語句をさらに初期のドイツ文献にまで溯って追跡することに成功していない．しかしフランスとイギリスの工学的伝統におけるそれらの相似物は明確である．さらに，*bewegende Kraft* という用語は，クラペイロン（Clapeyron）によるサディ・カルノー（Sadi Carnot）の『考察』の解説の翻訳者によって，フランス語の *puissance motrice* の訳語として用いられていて（*Pogg. Ann.* 59 [1843]: 446），ヘルムホルツはこの翻訳を引用している（p. 17, n. 1)．この限りにおいて工学的伝統との紐帯は明白である．

しかしながら，ヘルムホルツ自身はフランスの工学的伝統に気づいてはいなかった．マイヤーと同じように，彼もまた運動のエネルギーの定義における係数 ½ を導いていて，その先行者の存在には気づいていない（p. 18)．さらに重要なことに，彼は $\int Pdp$ を仕事あるいは *Arbeitskraft* とみなすべきことを完全に見落していて，その代りにそれを運動している空間全体にわたる「張力の和」と（*Summe der Spannkräfte*）とよんでいる．

(49) セーヴァリ（Savery）における仕事で暗黙のうちに仮定されている単位は，実際には馬力であったが，それは「重さ」かける「高低差」をその一部として含んでいた．H. W. Dickinson and Rhys Jenkins, *James Watt and the Steam Engine* (Oxford, 1927), pp. 353–54. Antoine Parent, "Sur le plus grande perfection possible des machines," *Hist. Acad. Roy.* (1704), pp. 323–38 参照．

(50) J. T. Desagulier, *A Course of Experimental Philosophy*, 3d ed., 2 vols. (London, 1763) 特に1:132と2:412を参照．この死後出版の版は，実際には第2版のリプリントである (London, 1749).

John Smeaton, "An Experimental Inquiry concerning the Natural Powers of Water and Wind to Turn Mills, and Other Machines, depending on a Circular Motion" *Phil. Trans.* 51 (1759): 51. ここでの尺度は，単位時間あたりの「重さ」かける「高低差」である．しかしながら，次に挙げる彼の論文では時間依存が欠落している，An Experimental Examination of the Quantity and Proportion of Mechanic Power Necessary to be Employed in Giving Different Degrees of Velocity to Heavy Bodies," *Phil. Trans.* 66 (1776): 458.

ウォット (Watt) については Dickinson and Jenkins, *James Watt*, pp. 353-56 を参照．

(51) J.C. Borda, "Mémoires sur les roues hydrauliques," *Mem. l'Acad. Roy.* (1767), p. 272. ここでの尺度は，「重さ」かける「鉛直方向の速度」である．次に挙げる論文では，速度が高低差で置き替えられている．C. Coulomb, "Observation théorique et expérimentale sur l'effet des moulins à vent, et sur la figure de leurs ailes," ibid. (1781), p. 68, and "Resultat de plusieurs expériences destinée à determiner la quantité d'action que les hommes peuvent fournir par leur travail journalier, suivant les differentes manières dont ils emploient leurs forces," *Mem. de l'Inst.* 2 (1799): 381.

(52) マイヤーは，少年時代に水車の模型を作るのが好きで，それを調べるうちに永久機関の不可能性を知った，と述べている (Weyrauch, II, p. 390). 彼は同時に，機械の所産の適当な尺度も知りえたはずである．

(53) ヒーベルト教授は私に次のように尋ねた，力学的仕事という概念は静力学の初歩，特に仮想速度の原理から導かれるその定式化，から生じたのではなかっただろうかと．この点はさらに研究が必要ではあるが，現在のところでの私の回答は，少なくとも多義的な意味で，否定的であると言わざるをえない．静力学の初歩と仮想速度の原理，あるいはその等価物は，18世紀のすべての工学者の素養の中の重要事項であった．したがって工学的問題に関する18世紀の著作中には繰り返し出てくる．すでに存在していた静力学的原理がなければ，工学者は仕事概念を発達させることはできなかった，ということは十分ありうるだろう．しかし，これまでの議論が示唆するように，たとえ18世紀における仕事概念が遠い昔からあった仮想速度の原理から発生したとしても，それが発生したのは，その原理が工学的伝統の中にしっかりと根づいたときにのみであり，その伝統の関心が動物，落下する水，風，蒸気などの動力源の評価へと向けられたときにだけであった．したがって，注 (9) の言葉を置き換えて言えば，仮想速度の原理はエネルギー保存の前提条件ではあったかもしれないが，それが引き金となることはあ

りえなかった．（この注は，議論の中で指摘された点に対する回答としてオリジナルな原稿に書き加えた．）

(54) *Hydrodynamica,* p. 231.

(55) *De l'équilibre et du mouvement,* p. 258. ラグランジュがカルノーによる問題（注(44)）へと向かうやいなや同じように述べていることは，注目に値する．*Fonctions analytiques* の中で彼はこう言っている．滝，石炭，弾薬，動物，その他はいずれも「ある量の活力を含んでいて，人はそれを捕えることはできるが，力学的な手段でそれを増やすことはできない．［したがって］機械をいつも次のようにみなすことができる，［源泉から］与えられた活力を消費することによって，［負荷中で］ある量の活力を崩壊させるように意図されている」と (*Oeuvres,* 9 : 410).

(56) *Du calcul de l'effet des machines,* chap. 1. コリオリにとっては，完璧な機械に当てはめられた保存法則は，「仕事伝達の原理」となった．

(57) Helmholtz, *Abhandlungen,* 1: 17. Colding, "Naturkraefter," *Dansk. Vid. Selsk.* 2 (1851): 123–24. エネルギー保存の理論と，それとは両立しないカルノーによる熱機関の理論との間の，見かけ上の類似に関する特に興味深い証拠がカルロ・マテウッチ (Carlo Matteucci) によって提供されている．彼の論文 "De la relation qui existe entre la quantité de l'action chimique et la quantité de chaleur, d'électricité et de lumière qu'elle produit," *Bibliothèque universelle de Genève, Supplement,* 4 (1847): 375–80 は，何人かのエネルギー保存の初期の唱導者に対する攻撃である．彼は彼の反対者のことを，「熱の動力に関するカルノーの有名な定理が他の不可秤量流体についても適用できることを示そうとする」一群の物理学者である，と記述している．

(58) Helmholtz, *Abhandlungen,* 1: 18–19 には，ヘルムホルツによる循環過程の最初の抽象的定式化がある．

(59) T. S. Kuhn, "The Caloric Theory of Adiabatic Compression," *Isis* 49 (1958): 132–40.

(60) John Dalton, "Experimental Essays on the Constitution of Mixed Gases; on the Force of Steam or Vapour from Water and Other Liquids in Different Temperatures, Both in a Torricellian Vacuum and in Air; on Evaporation and on the Expansion of Gases by Heat," *Manch. Mem.* 5 (1802): 535–602. この第2論文はドルトン (Dalton) の気象学的関心から発生したにもかかわらず，即座にイギリスとフランスの工学者によって利用された．

Clément and Désormes, "Mémoires sur la théorie des machines à feu," *Bulletin des sciences par la société philomatique* 6 (1819): 115–18; and "Tableau relatif à la théorie général de la puissance mécanique de la vapeur," ibid. 13 (1826): 50–53. 第2論文が完全な形で出ているのは，Crelle's *Journal*

für die Baukunst 6 (1833): 143-64. これらの人びとの断熱圧縮への寄与については注(59)に挙げた私の論文を参照.

(61) S. D. Poisson, "Sur la chaleur des gaz et des vapeurs," *Ann.. Chim. Phys.* 23 (1823): 337-52. 蒸気機関の試算に章を割当てたナヴィエ，コリオリ，ポンスレについては注(46)参照.

(62) A. T. Petit, "Sur l'emploi du principe des forces vives dans le calcul de l'effet des machines," *Ann. Chim. Phys.* 8 (1818): 287-305.

(63) F. Delaroche and J. Bérard, "Mémoire sur la determination de la chaleur specifique des differents gaz," *Ann. Chim. Phys.* 85 (1813): 72-110, 113 82. 私は，この論文が獲得した賞を蒸気機関工学と関係づける直接的な証拠を知ってはいない. しかし，アカデミーは蒸気機関の改良に対して，すでに1793年から実際に賞を提供していた. H. Guerlac, "Some Aspects of Science during the French Revolution," *The Scientific Monthly* 80 (1955): 96 を参照.

(64) *Mém. de l'Acad.* 21 (1847): 1-767 の中にある.

(65) 注(21)とそれに伴う本文を参照.

(66) *Chemische Briefe*, pp. 115-17.

(67) Colding, "History of Conservation," *Phil. Mag.* 27 (1864): 57-58.

(68) レオ・ケーニヒスベルガー Leo Koenigsberger (*Hermann von Helmholtz*, tr. F. A. Welby[Oxford, 1906], pp. 25-26, 31-33) は，保存に関するヘルムホルツの観念はすでに1843年に完全となり，1845年までには実験的証明の試みがヘルムホルツによるすべての研究の動機となった，と述べている. しかしケーニヒスベルガーは何も証拠を示していないし，彼が完全に正しいことはありえない. 1845年から1846年にかけて書かれた生理学的な熱についての２つの論文 (*Abhandlungen*, 1: 8-11; 2: 680-725) で，ヘルムホルツは体熱が力学的仕事に消費される可能性を見落している（後出のマイヤーに関する議論と比較せよ). この２つの２番目の論文で彼は，断熱圧縮〔による温度上昇〕を圧力による熱容量の変化で説明する通常の熱素説による説明法を与えている. 要するに，彼の観念は1847年あるいはその直前まではけっして完全ではなかった. しかし1845年と1846年の論文は，ヘルムホルツがこれらの年に生気論と戦おうとしていたことを示している. 彼は生気論を無から力を生成するものとみなしていたのである. さらにそれら２論文は，彼がクラペイロンとホルツマンの研究をすでに知っていたことを示していて，しかも彼はそれらが重要であると考えていたのである. 少なくともこの限りでは，ケーニヒスベルガーは正しかったことになる.

(69) *Chemins de fer*, p. 383. セガンは蒸気機関のボイラーから取り出された熱量と凝縮器へと受け渡される熱量との差を測定しようと試みたが成功しなかった.

(70) Weyrauch, I pp. 12-14.

(71) E. Farber, "The Color of Venous Blood," *Isis* 45 (1954): 3-9.

(72) A. Lavoisier and P.S. Laplace, "Mémoire sur la chaleur," *Hist. de l'Acad.* (1780), pp. 355-408.

(73) この研究についてヘルムホルツは1845年に書かれた論文で多くを触れている. "Wärme, physiologisch," for the *Encyclopädische Wörterbuch der medicinischen Wissenschaften* (*Abhandlungen*, 2: 680-725).

(74) Haas, *Erhaltung*, p. 16. *Institutions physiques de Madame la Marquise du Chastellet adressés à Mr. son Fils* (Amsterdam, 1742) からの引用.

(75) Haas, *Erhaltung*, p. 17.

(76) 開拓者たちのうちの誰も，そのオリジナルな論文中で，18世紀の保存に関する文献に言及してはいない. しかしながらコールディングは，1839年に彼がダランベール (d'Alembert) を読んでいるうちに，保存に対する最初の一瞥を得たと述べている (*Phil. Mag.* 27 [1864]: 58). またケーニヒスベルガーは，ヘルムホルツは1842年までにダランベールとダニエル・ベルヌーイを読んでいたと述べている (*Helmholtz*, p. 26). これら2つの反例は，しかしながら，私の論点に対する変更を実際にはもたらしはしない. ダランベールは，彼の *Traité* の初版では，形而上学的な保存定理に関するあらゆる言及を削除している. さらに第2版では，彼はその見解を明確に拒否しているのである (Paris, 1758, "Avertissement" の冒頭部と pp. xvii-xxiv). 事実，ダランベールは，彼がたんなる動力学的な思弁と考えたものから，動力学を解放した最初の人物のうちの1人だったのである. コールディングは，この源泉から彼の観念を取り出すために，さらに強力な傾向性を必要としたであろう. ベルヌーイの *Hydro dynamica* はより適切な源泉であった (たとえば注 (54) に伴う本文を参照). しかし，ケーニヒスベルガーは非常にもっともらしく次のように述べている. ヘルムホルツは彼の保存概念から先入観を追い払うためにベルヌーイを参照したのだと.

(77) 自然哲学のルーツは，もちろんカント (Kant) とヴォルフ (Wolff) からライプニッツ (Leibniz) へと溯って追跡できる. さらに，ライプニッツは形而上学的な保存定理の創始者であり，それについてカントもヴォルフも書いている (Haas, *Erhaltung*, pp. 15-18). したがって，これら二つの活動は完全に独立ではなかったのである.

(78) Quoted by R. C. Stauffer, "Speculation and Experiment in the Background of Oersted's Discovery of Electromagnetism," *Isis* 48 (1957): 37, from Schelling's *Einleitung zu seinem Entwurf eines Systems der Naturphilosophie* (1799).

(79) Quoted by Haas, *Erhaltung*, p. 45, n. 61, from Schelling's *Erster Entwurf eines Systems der Naturphilosophie* (1799).

(80) Émile Bréhier, *Schelling* (Paris, 1912). これは私が見出したうちで最も

役立った議論であり，科学と自然哲学の複雑な関係の研究に有益な資料についてのストーファ Stauffer によるリストに是非加えるべきである（*Isis* 48 [1957]: 37, n. 21）.

(81) Stauffer, "Speculation and Experiment," p. 36, from Schelling's "Allgemeiner Deduktion des dynamischen Prozesses oder der Kategorien der Physik" (1800).

(82) Haas *Erhaltung*, p. 41.

(83) 自然哲学からの影響と転換過程からの影響をはっきりと区別することはもちろん不可能である．ブレイエ（Bréhier）(*Schelling*, pp. 23-24) とヴィンデルバント (Windelband) (*History of Philosophy*, trans. J. H. Tufts, 2d ed. [New York, 1901], pp. 597-98) は共に，転換過程それ自体が自然哲学の重要な源泉であり，したがって両者はしばしば同時に把握されていた，と主張している．この事実はこの論文の最初の部分で設定した二分法のあるものを和らげるに違いない．なぜなら，保存概念についての2つの源泉の間の区別を個々の開拓者に当てはめることも，しばしばやはり同じように困難となるからである．私はすでにコールディングの場合（注(32)）についてこの困難を指摘した．モールとリービッヒに関しては，私は依然として自然哲学の方に心理的な優位を認めたいと感じる．なぜなら，両人ともにみずからの研究において新しい転換過程をあまり扱ってはいないし，非常に大きな飛躍をしているからである．彼らの場合は，グローヴとファラデーの場合とは鋭い対比を表している．後者は，転換過程から保存へと連続的な道筋を進んだようにみえるからである．しかしこの連続性はおそらくみせかけだけのものであろう．グローヴ（*Physical Forces*, pp. 25-27）はコールリッジ (Coleridge) に言及していて，コールリッジは自然哲学のイギリスにおける主唱者であった．これらの例によって示される問題は現実的であるとともに未解決であると私には思われるので，そのことが影響を及ぼすのはこの論文の構成に対してだけであって，主要な論点に対してではない，と指摘するにとどめておいた方がよいであろう．転換過程と自然哲学は，おそらく両者一緒に同じ節で扱うべきなのであろう．それでも，それらは両方とも考察される必要はあるであろう．

(84) Povl Vinding, "Colding, Ludwig August," *Dansk Biografisk Leksikon* (Copenhagen, 1933-44), pp. 377-82. 私は，この有益な伝記的スケッチの要約の提供に対して，ロイとアン・ローレンス (Roy and Ann Lawrence) に感謝している．

(85) E. von Meyer, *A History of Chemistry*, trans. G. McGowan, 3d ed. (London, 1906), p. 274. J. T. Merz, *European Thought in the Nineteenth Century* (London, 1923-50), 1: 178-218, 特に最後の頁.

(86) G. A. Hirn, "Etudes sur les lois et sur les principes constituants de l univers," *Revue d'Alsace* 1 (1850): 24-41, 127-42, 183-201; ibid., 2 (1851):

24-45. 自然哲学に関係する著作への引用が比較的しばしばなされているが，それらはあまり好意的にではない．ところが，この論文の表題自身が自然哲学を示唆していて，しかもその表題は内容に相応しいのである．

(87) B. Hell, “Robert Mayer,” *Kantstudien* 19 (1914): 222-48.

(88) Koenigsberger, *Helmholtz*, pp. 3-5, 30.

(89) Helmholtz, *Abhandlungen*, 1: 68.

(90) イルンの生涯と著作の研究のための多くの伝記的，文献的記述が *Bulletin de la société d'histoire naturelle de Colmar* 1 (1899): 183-335 に見出される．

(91) 6人目がセガンであり，彼の観念の源泉は完全に謎のままである．彼はそれを叔父のモントゴルフィエ (Montgolfier) に帰している (*Chemins de fer*, p. xvi) が，その人物についての有用な情報を手に入れることは私にはできなかった．

上述した統計は，自然哲学に接した者が例外なくそれから影響を受けたということを言おうと意図されたものではないし，また私は，著作中に概念的空白を示さなかった人びとは，その事実自体《イプソ・ファクト》が自然哲学に影響されなかったことを示している，と主張しようと意図しているのでもない（注(83)のグローヴに関する記述を参照）．謎を構成しているのは，ドイツの知的伝統の支配下の地域出身の開拓者たちが存在することではなく，優位を占めていることなのである．

［以下のパラグラフは，議論の中で挙げられた点に対する回答としてオリジナルな原稿に付け加えられた．］

ギリスピー教授 (Professor Gillispie) は，その論文中で，自然哲学と際立った相似性を示す18世紀フランスにおける活動への注目を求めている．もしこの活動が19世紀のフランスでも一般に行なわれていたとするならば，ドイツの科学的伝統とヨーロッパの他の箇所におけるそれとの間の私の対比は，疑問に付せられることとなろう．しかし，私が調べたどの19世紀フランスの文献にも自然哲学に類似するものを見出すことはなかったし，ギリスピー教授は，彼の知る限り，彼が論文で注目していたような活動は世紀の変り目までには（おそらく生物学の一部を除けば）消滅していた，と私に保証してくれた．それに付け加えて，工芸家や発明家の間に流行していたこの18世紀の活動は，モントゴルフィエに関する謎の解明への手懸りを与えてくれることに注目すべきである．

(92) E. Mach, *History and Root of the Principle of the Conservation of Energy*, trans. Philip E. B. Jourdain (Chicago, 1911), pp. 19-41; and Haas, *Erhaltung*, chap. 4. 1775年にフランス・アカデミーは，永久機関の意図的な設計の審査は以後一切しないと決定したことを思い起すべきである．この論文のほとんどすべての開拓者が永久機関の不可能性を用いていた．しかも，誰もその正しさについて議論する必要性をまったく感じていなかった．これに対し，普遍的な転換性という概念の正しさについては，長々と議論する必要があると彼らは実

際に思っていた．たとえばグローヴは，彼の *Physical Forces* (pp. 1-3) を革新的な考えに対して公平に耳を傾けるよう嘆願することから始めている．この考えというのは，本文 (pp. 4-44) で長々と展開される普遍的な転換性の概念であることが分るのである．永久機関の不可能性は，最後の7頁 (pp. 45-52) で，何の議論もなしにこの議論へとさりげなく適用されるのである．これに似た諸事実から，私は，普遍的な転換性から非定量的な保存の考えへのステップを「ほとんど明白である」と言ったのである．

(93) 17世紀の熱理論については，M. Boas, "The Establishment of the Mechanical Philosophy," *Osiris* 10 (1952): 412-541 参照．18世紀の理論に関する多くの情報が散見されるのは，D. McKie and N. H. de V. Heathcote, *The Discovery of Specific and Latent Heat* (London, 1935), and H. Metzger, *Newton, Stahl, Boerhaave et la doctrine chimique* (Paris, 1930). 他の多くの有益な情報が見出されるのは G. Berthold, *Rumford und die Mechanische Wärmetheorie* (Heidelberg, 1875), ただしベルトホルト (Berthold) は17世紀から19世紀へあまりにも急速に飛び移りすぎている．

(94) 1789年にラヴォアジエによる *Traité élémentaire de chimie* が出版されるまでは，熱素説はその発達した形ではほとんど紹介されていなかったので，ラムフォードの著作が出版されるまでの残りの10年間に，それが動力学的理論を根絶やしにしたということはありえなかったはずである．はっきりとした熱素説論者ですら動力学的理論を論じていたことの証拠としては，Armand Séguin, "Observations générales sur le calorique……reflexions sur la théorie de MM. Black, Crawford, Lavoisier, et Laplace," *Ann. de Chim.* 3 (1789): 148-242, and 5 (1790): 191-271, 特に3:182-90を参照．もちろん熱の物質説はラヴォアジエよりもはるかに遠い昔に起源をもっている．しかし，ラムフォード，デーヴィー (Davy)，その他が実際に異を唱えたのは，新しい理論に対してであって昔の理論に対してではなかった．彼らの著作，特にラムフォードのそれは，動力学的理論を1800年以後まで生き残らせはしたであろうが，しかしラムフォードが動力学的理論を作り出したのではなかった．それは死に絶えてはいなかったのである．

(95) ほとんど知られていないことだが，19世紀中頃まで，優れた科学者たちは熱と仕事とは互いに転換可能でなければならなくなることにまったく気づかないまま，活力の動力学的な保存を「熱は運動である」という理論へと適用しえていた．次の3つの例を考えてみよう．ダニエル・ベルヌーイは，彼の *Hydrodynamica* の Section X の中のしばしば引用されるパラグラフにおいて，熱を粒子の活力と等置して気体法則を導いている．次にパラグラフ40で，この理論を適用して，気体をその最初の体積から一定の割合にまで圧縮するために一定の錘を落下させねばならないとし，その高低差を計算している．つまり彼の解答は，気体を圧縮するために落下する錘から取り出さねばならない運動のエネルギーを与えることな

のだが，このエネルギーは気体粒子へと受け渡されねばならず，したがって気体温度を上昇させるはずであることをベルヌーイはまったく見落しているのである．次にラヴォアジエとラプラスは，その古典的な論文（注(72)）の pp. 357-59 で，エネルギー保存を動力学的理論へと適用することによって，あらゆる実験的目的にとって熱素説と動力学的理論とは完全に同等であることを示そうとしている．J. B. ビオ（J. B. Biot）は同じ議論を彼の *Traité de physique expérimentale et mathématique* (Paris, 1816), 1: 66-67 および同じ chapter の別の箇所で繰り返している．最後に，熱についてのグローヴの誤り（注(34)）は，転換過程という概念ですらこの事実上は普遍的な誤りから科学者を救い出すのに十分ではなかったことを示している．

(96)　Grove, *Physical Forces*, pp. 7-8. Joule, *Papers*, pp. 121-23. おそらくこれら2名は，熱を運動とみなそうとする傾向がなかったとしたら，彼らの理論を展開させはしなかったであろう．しかし，2人の出版物にはそのような決定的な関係を窺わせるところはない．

(97)　ホルツマンの論文は熱素説に基づいていた．マイヤーについては，Weyrauch, I, pp. 265-72, and II, p. 320, n. 2 参照．セガンについては *Chemins de fer*, p. xvi 参照．

(98)　このように容易にしかも即座に，動力学的理論がエネルギー保存と同一視されてしまうことは，Weyrauch, II, pp. 320 and 428 に引用されている同時代人のマイヤーに対する誤解によっても示される．しかし古典的な場合はケルヴィン卿（Lord Kelvin）の場合である．その研究に熱素説を採用して1850年まで著作を続けてから，彼は有名な論文 "On the Dynamical Theory of Heat" (*Mathematical and Physical Papers* [Cambridge, 1882], 1: 174-75) を，デーヴィーが53年前に動力学的理論を「確立した」という一連の言明から書き始める．続けて彼は言う，「マイヤーとジュールによる最近の発見は……もし必要ならば，サー・ハンフリー・デーヴィーの見解に対する完全な確証を与えるであろう」（傍点クーン）．しかし，もしデーヴィーが1799年に動力学的理論を確立したとし，しかも，もしその後の保存則はそれからすぐに出たのだとするならば，1852年までケルヴィン自身はいったい何をしていたことになるのだろう？

(99)　動力機関の抽象的理論は，はっきりとした時間的な始まりをもっていない．私が1760年を選んだのは，重要で広く引用されているスミートン（Smeaton）とボルダ（Borda）の著作（注(50)と(51)）との関係によってである．

(100)　Merz, *European Thought*, 1: 178, n. 1.

第5章　科学史

＊　初出掲載は *International Encyclopedia of the Social Sciences*, vol. 14 (New

York : Crowell Collier and Macmillan, 1968), pp. 74–83.

第6章　科学史と歴史の関係

* 初出掲載は *Daedalus* 100 (1971): 271–304. この論文を修正するにあたっては，この論文のために開かれた会合でのコメントから得るところが多かった．特にフィンレイ (M. I. Finley) のコメントが有益であった．さらにまた，ブラウン (T. M. Brown)，ロジャー・ハーン (Roger Hahn)，ハイルブロン (J. L. Heilbron)，カール・ショースキー (Carl Schorske) など私の何人かの同僚の批判が役に立った．彼らのうちの誰も，ここで表明された見解と完全に同じ意見であったわけではない．しかしこの論文をより良いものとするのに，彼らとの討論は重要であった．

(1) ロジャー・ハーンは，最新の 2, 3 の教科書には変化の兆候が見られるというように私を説得した．たぶん私が，せっかちにすぎないのであろう．しかし過去 6 年間の進歩は，その進歩が本当のものであるにしても，まだ時代遅れで散漫であり，不完全であるように私には思われる．たとえば，J. H. ランドール (J. H. Randall) の *Making of the Modern Mind* は，1926 年に出版されたものであり，時代遅れになってから久しい本である．しかしそれにもかかわらず今もってなお，西洋思想の発展における科学の役割についてバランスの取れた概括を与えているすぐれた本としてその本を挙げざるをえないのは，なぜなのだろうか．

(2) バターフィールドの議論は，実のところ一面では，古い神話に味方するものとなっている．彼の本において歴史記述の革新性が見られるのは，天文学や力学の発展を取り扱った第1章，第2章，および，第4章に集中している．しかしながらこれらは，ウィリアム・ハーヴェイに関する章に示されているように，ベーコンやデカルトの方法論的見解についての本質的に伝統的な説明と並置されている．変容した科学のためのこれら二つの必要条件は，調和させるのが困難である．化学革命に関するバターフィールドの引き続く議論がそのことを特に明確にしている．

(3) 次のような観察によって，私が論じようとしている論点が強化されるであろう．芸術においては，創造する人と批評する人は，別々の集団に属しておりしばしば敵対的である．ときおり歴史家は，批評家を過度に信頼することもある．しかし歴史家は，批評家と芸術家との差異を知っている．そして歴史家は，芸術作品にも精通しようと努力する．ところで科学において批評家の著作に最も近いものは，科学者自身によって書かれた序章やいくつかのエッセーである．歴史家は，もっぱらこうした「批評」の著作を信頼しているのが普通である．批評を行なっているのが創造的な科学者であるために，自らのそうした選択が科学を無視する

ことになっていることに歴史家は気がつかないのである．科学と芸術における批評の役割の差異については，私の論文「科学と芸術の関係について」〔本訳書，下巻所収〕を参照されたい．

(4) 科学と科学史の両方を知っている人によってなされた分析の一例としては，啓蒙思想における科学の役割を論じた，C. Gillispie, *The Edge of Objectivity* (Princeton : Princeton University Press, 1960)〔邦訳『科学思想の歴史』島尾永康訳，みすず書房，1965〕の第5章「科学と啓蒙思潮」を見られたい．

(5) T. S. Kuhn, *The Copernican Revolution* (Cambridge, Mass. : Harvard University Press, 1957)〔邦訳『コペルニクス革命』常石敬一訳，紀伊國屋書店，1976〕pp. 181–89, N. R. Hanson, *Patterns of Discovery* (Cambridge University Press, 1958)〔邦訳『科学理論はいかにして生まれるか』村上陽一郎訳，講談社，1971〕第4章．ただし，ケプラーの思想の中で新プラトン主義と明白な関係をもつ側面は他にもある．

(6) たとえば，R. M. Young, "Malthus and the Evolutionist : The Common Context of Biological and Social Theory"（「マルサスと進化論者：生物学理論と社会理論の間の共通な文脈」），*Past and Present*, no 43 (1969), pp. 109–45 を見よ．この論文には，ダーウィン主義に関する最近の文脈についてのきわめて有益な手引が含まれている．しかしながら，その中には一つの皮肉が含まれている．ヤングの論文は，いまここで議論している問題を説明する実例となっているのである．「科学的な思想と発見は，明確な境界をもつかなりはっきりとした単位として取り扱うことができるのであり，"非科学的な" 要素が科学的な思想の発展に対して何らかの役割を果たすことはほとんどないという前提が……科学史家および他の歴史分野の研究者の間にともに」広く見られることを，ヤングはまず最初に嘆いている．明らかに彼の論文は，「科学史と他の歴史分野との間に介在する小領域内の障壁を打ち破るための事例研究」を意図して書かれたものである．しかしながらヤングは，科学的な思想や技術の発達に対する反応として，ダーウィン主義の出現を説明するような文献をほとんどひとつもあげていない．実際のところ，引用すべき文献が非常に少ないのも事実である．さらにまた彼の論文は，ダーウィンの思考を形作る助けとなった専門的論点を取り扱おうともしていない．彼の論文は，たぶんしばらくの間は，進化思想に対するマルサスの影響を説明する標準的見解となろう．というのもこの論文は，みごとに徹底したものであり，博識で，全体的な視野を与えるものだからである．しかし彼の論文は，実際には科学史と他の歴史分野との間の障壁を破るどころか，自らが批判していたところの，まさにそうした分離を保持するのに大きな役割を果してきた標準的な歴史記述の伝統に属するものとなっている．

(7) 技術的応用を伴う科学に関する歴史家の困難は，産業革命に関する議論の中にもっともはっきりと示されている．長く標準とされてきた考え方によれば，「フ

ランシス・ベーコンの教えに発し，ボイルやニュートンといった天才によって発展させられたイギリスの科学思想の流れは，産業革命の主要な流れの一つであった.」(T. S. Ashton, *The Industrial Revolution, 1760–1830*, London and New York Oxford University Press, 1948〔邦訳『産業革命』岩波書店，1953〕p. 15.) ロラン・ムスニエ (Roland Mousnier) は，*Progrès scientific et technique au XVIIIe siècle* (Paris Plon, 1958) において，これと反対の立場をきわめて極端な形においてとり，2つの活動がまったく独立であると主張している．ムスニエの本は，産業革命がニュートン的な科学の応用であるという見解を矯正するためには役立つ．しかしそれは，18世紀の科学と技術との間の重大な方法論的な相互作用やイデオロギー的な相互作用を完全に見落としている．この事情に関しては，本文のこれからの論述を見られたい．あるいはまた，E. J.Hobsbawm,*The Age of Revolution, 1789–1848* (Cleveland: World Publishing Company, 1962) の中の「科学」という章におけるすぐれた概括を見られたい．

(8) R. P. Multhauf, "The Scientist and the 'Improver' of Technology," *Technology and Culture* 1 (1959): 38–47; C. C. Gillispie, "The *Encyclopédie* and the Jacobin Philosophy of Science," in M. Clagett, ed., *Critical Problems in the History of Science* (Madison: University of Wisconsin Press, 1959), pp. 255–89. こうした対立の説明としては，私の "Comments" in R. R. Nelson, ed., *The Rate and Direction of Inventive Activity*, a Report of the National Bureau of Economic Research (Princeton: Princeton University Press, 1962), pp. 379–84, 450–57 を見られたい．また本訳書の下巻の第9章「本質的緊張」の結語も参照のこと．

(9) W. C. Unwin, "The Development of the Exprimental Study of Heat Engines", *The Electrician* 35 (1895): 46–50, 77–80 は，カルノーやその後継者たちの理論を実際の熱機関の設計に用いようとする試みの中で現れた困難についての素晴らしい説明を行なっている．

(10) C. G. Gillispie, "The Natural History of Industry", *Isis* 48 (1957): 398–407; R. E. Schofield, "The Industrial Orientation of the Lunar Society of Birmingham", *Isis* 48 (1957): 408–415. 両者は，激しく意見が異なっているが，それでもさまざまな言い方で同じ主張を擁護しているということに注意されたい．

(11) H. Guerlac, "Some French Antecedents of the Chemical Revolution," *Chymia* 5 (1968): 73–112; Archibald Clow and N. L. Clow, *The Chemical Revolution* (London: Batchworth Press, 1952); and L. F. Haber, *The Chemical Industry during the Nineteenth Century* (Oxford Clarendon Press, 1958).

(12) John Beer, *The Emergence of the German Dye Industry*, Illinois Studies in the Social Sciences, vol. 44 (Urbana: University of Illinois Press, 1959);

H. C. Passer, *The Electrical Manufacturers, 1875-1900* (Cambridge, Mass. Harvard University Press, 1953).

(13)　本書の第5章「科学史」において，これに引き続く数多くの論点をもっと詳しく論じた.

(14)　Bertrand Russell, *A History of Western Philosophy* (New York : Simon & Schuster, 1945)〔邦訳『西洋哲学史』市井三郎訳，みすず書房〕p. 39.

(15)　T. S. Kuhn, "Alexandre Koyré and the History of Science", *Encounter* 34 (1970): 67-70.

(16)　フィンレイ (M. I. Finley) は，法律の歴史がもっと適切な類似事例であり，より多くのことを明らかにするであろう，と指摘した．結局のところ法律は，伝統的に歴史家が研究してきた政治的発展や社会的発展を規定する自明な要因のうちの1つである．しかし歴史家は，制定された法律の中に社会的意志が表現されていることに言及する以外は，法律の制度としての進化に注意を払うことはめったにない．軍事史は部分的にはそれ自体としての生命をもつ制度としての軍事体制の歴史であるに違いないという，ピーター・パレ (Peter Paret) の主張に対して学会でなされた反応に見られるように，個別分野の歴史に対してとても強い反発が示されることが時々ある．たとえばその学会の参加者たちは，軍事史とは戦争の社会的起源や，戦争が社会に与える影響についての研究でなければならない，と述べていた．しかしこれは，軍事史の研究が求められる主要な理由ではあっても，もっとも重要な焦点であるわけではない．戦争の発展や，戦争の結果を理解するには，軍事体制を理解することが本質的に重要である．ともかく，戦争と社会という主題は，軍事史を専門としている研究者だけではなく，一般歴史家も研究すべき主題である．このように状況は，科学史の場合ときわめて類似している．

(17)　Liam Hudson, *Contrary Imaginations: A Psychological Study of the English Schoolboy* (London : Methuen, 1966), p. 22.

(18)　ハドソンの先駆的な本によって多くの魅力的な手がかりが与えられている．そうした手がかりに沿ってより完全な分析を行なうならば，この両極性にはさまざまな次元が存在することが分かるであろう．たとえば，歴史を軽蔑している科学者が，芸術の他の主要な表現形態には関心をもっていなくても，しばしば音楽には強い関心をもっている場合がある．ハドソンも私も，一方の極に芸術家を置き，他方の極に科学者を置いてしかも歴史家と芸術家を同じ極に置くというような，単純な分類を考えているわけではない．

(19)　ギリスピーは，"Remarks on Social Selection as a Factor in the Progressivism of Science", *American Scientist* 56 (1968): 439-50 の中でこのような現象を強調し，それに関連した文献一覧表を与えている．

(20)　F. A. Yates, "The Hermetic Tradition in Renaissance Science", in C. S. Singleton, ed., *Art, Science, and History in the Renaissance* (Baltimore:

Johns Hopkins University Press, 1967), pp. 255-74; Walter Pagel, *William Harvey's Biological Ideas* (New York: Karger, 1967).

(21) P. M. Rattansi, "Paracelsus and the Puritan Revolution", *Ambix* 11 (1963): 24-32, および, "The Helmontian-Galenist Controversy in Restoration England", *Ambix* 12 (1964): 1-23.

(22) 注(13)で引用した本書第5章「科学史」の最後から二番目の節で，このような可能性を理論的用語を用いて念入りに論じた. T. M. Brown の "The College of Physicians and the Acceptance of Iatromechanism in England, 1665-1695", *Bulletin of the History of Medicine* 44 (1970): 12-30 の中で，具体的な例が挙げられている.

第7章　科学上の発見の歴史構造

＊　初出掲載は，*Science* 136 (1962): 760-64.

(1)　より大規模な変革については，秋にシカゴ大学出版局から刊行予定の *The Structure of Scientific Revolutions*〔邦訳『科学革命の構造』中山茂訳，みすず書房，1971〕で議論される．この論文の中心的な考えはこの源泉，特にその第3章 "Anomaly and the Emergence of Scientific Discoveries" [2d ed., 1970]〔邦訳，前掲書，第6章「変則性と科学的発見の出現」〕から採られた．

(2)　これらの点に関する素晴しい議論については R. K. Merton, "Priorities in Scientific Discovery: A Chapter in the Sociology of Science," *American Sociological Review* 22 (1957): 635 を参照．この論文が書かれる前にはまだ出版されていなかったが，非常に関連の深い論文として，F. Reif, "The Competitive World of the Pure Scientist," *Science* 134(1961): 1957.

(3)　すべての発見が，私の二つの群のどちらかに本文中でのようにぴたりと分類されるわけではない．たとえば，陽電子に関するアンダーソンの仕事は，新粒子の存在がほとんど予言されていたディラックの電子論についてまったく無知のままになされた．一方，ブラッケットとオッキアリーニによるその直後に続く仕事は，ディラックの電子論を完全に利用しながら行なわれ，したがって，より完全に実験を展開し，アンダーソンにできたよりも一層強力な陽電子存在の証拠を構築した．この点に関しては，N. R. Hanson, "Discovering the Positron," *British Journal for the Philosophy of Science* 12(1961): 194; 12(1962): 299. ハンソンはこの論文で展開したいくつかの点に関して述べている．私はハンソン教授が送ってくれたプレプリントに多くを負っている．

(4)　私は同じ観点をより馴染みの薄い例について "The Caloric Theory of Adiabatic Compression," *Isis* 49 (1958): 132 で展開した．新しい理論の出現に関する非常によく似た分析が，私の論文 "Energy Conservation as an Example of Simultaneous Discovery,"〔邦訳，本書，第1巻，第4章「同時発見の一例としてのエネルギー保存」〕の初めの方にある．これらの論文での参考文献は以下の議論に深さと細部とを付け加えるであろう．

(5) 酸素発見の議論としていまだに古典的なのは, A. N. Meldrum, *The Eighteenth Century Revolution in Science : The First Phase* (Calcutta, 1930), chap. 5. 一層便利で一般的にはかなり信頼のおける議論は, J. B. Conant, *The Overthrow of the Phlogiston Theory: The Chemical Revolution of 1775–1789*. Harvard Case Histories in Experimental Science, case 2 (Cambridge: Harvard University Press, 1950). 先取権論争の発達に関する記述を含む, 最近の不可欠な総覧は, M. Daumas, *Lavoisier, théoricien et expérimentateur* (Paris, 1955), chaps. 2 and 3. プリーストリとラヴォアジエの間の初期の関係に関する我々の知識に多くの重要な詳細を付け加えてくれたのは, H. Guerlac, "Joseph Priestley's First Papers on Gases and Their Reception in France," *Journal of the History of Medicine* 12 (1957) : 1 および同じ著者のごく最近の書物, *Lavoisier: The Crucial year* (Ithaca: Cornell University Press, 1961). シェーレについては, J. R. Partington, *A Short History of Chemistry*, 2d ed.(London, 1951), pp. 104–9.

(6) シェーレの仕事の日付けについては, A. E. Nordenskjöld, *Carl Wilhelm Scheele, Nachgelassene Brief und Aufzeichnungen* (Stockholm, 1982).

(7) U. Bocklund ("A Lost Letter from Scheele to Lavoisier," *Lychnos*, 1957–58, pp. 39–62) は, シェーレは彼が酸素を発見したことを1774年9月30日の手紙でラヴォアジエに知らせたと主張している. その手紙は確かに重要であり, それが書かれたときシェーレはプリーストリとラヴォアジエの両者よりも前進していたことを, それは明らかに示している. しかし私が思うに, その手紙はボックルンドが考えるほど包み隠しのないものではなかったのではあるまいか. 私にはラヴォアジエがどのようにしてその手紙から酸素の発見を引き出したのか分らない. シェーレは普通空気を再構成する手続きを書いたのであり, 新しい気体を再構成するためのものではなかった. さらに, 以下でみるように, シェーレが書き送ったことは, ラヴォアジエがほぼ同時にプリーストリから受けた情報とほとんど同じだったのである. いずれにせよ, シェーレが示唆した類いの実験をラヴォアジエが実行したという証拠は何もない.

(8) P. Bayen, "Essai d'expériences chymiques, faites sur quelques précipités de mercure, dans la vue de découvrir leur nature, Seconde partie," *Observations sur la physique* 3(1774): 280–95, 特に pp. 289–91.

(9) J. B. Conant, *The Overthrow of the Phlogiston Theory*, pp. 34–40.

(10) Ibid., p. 23. コナントの著書には, このテキスト全体の有用な翻訳が掲載されている.

(11) 簡潔にするため, 私は赤色沈澱物 *red precipitate* という用語を使用し続ける. 実際には, バイヤンは沈澱物を使用したが, プリーストリは沈澱物と, 水

銀を直接焙焼して得られる酸化物の両方を用い，ラヴォアジエは後者だけを用いた．この違いは重要でないわけではない．なぜなら，これら二つの物質が等価であることは，化学者たちにとって曖昧さなく明らかだというわけではなかったからである．

(12)　この時点でプリーストリがラヴォアジエの思想に影響を与えたことに関しては，疑問が呈されたことがある．しかし，後者が1776年2月に気体の実験へと戻ったとき，彼はノートに「M. プリーストリ氏の脱燃素空気」(M. Daumas, *Lavoisier,* p. 36) を得たと記録しているのである．

(13)　J. R. Partington, *A Short History of Chemistry,* p. 91.

(14)　ラヴォアジエによる化学反応の解釈における伝統的な要素については，H. Metzger, *La philosopie de la metière chez Lavoisier* (Paris, 1935)，および，Daumas, *Lavoisier,* chap. 7.

(15)　P. Doig, *A Concise History of Astronomy* (London: Chapman, 1955), pp. 115–16.

(16)　L. W. Taylor, *Physics, the Pioneer Science* (Boston: Houghton Mifflin Co., 1941), p. 790.

(17)　ここで論点を議論することはしないが，変則性を起り易くする条件と，変則性を認識可能とする条件とは，かなりの程度に同じものである．この事実は，諸科学において同時発見がきわめて多いことを理解する手助けになるだろう．

(18)　気体化学の発達の有用な概略があるのは，Partington, *A Short History of Chemistry,* chap. 6.

(19)　R. Wolf, *Geschichte der Astronomie* (Munich, 1877), pp. 513–15, 683–93. 写真術以前における小惑星の発見は，しばしばボーデの法則の案出による効果だとされている．しかし，この法則がすべてを説明し尽すことはできないし，大きい役割を果したとさえ思えない．1801年のピアッツィによる小惑星セレスの発見は，火星と木星の間の「空隙 hole」における見失われた惑星に関する当時流行中の考察について，まったく無知のままになされた．その代りに，ピアッツィはハーシェルと同じく星の探索に従事していた．もっと重要なことには，ボーデの法則は1800年には既に古くからのものであった (ibid., p. 683) が，その時期までにこの法則を他の惑星を捜すのに有用だと考えたように思える人物は，たった一人だけだったのである．最後に，ボーデの法則それ自体としては，もう一つの惑星を捜すためだけに有用なのであり，天文学者たちにどこを捜せばよいかを教えはしないのである．しかしながら，明らかにもう一つの惑星を捜そうとする動因は，天王星についてのハーシェルの仕事の時期から始まるのである．

(20)　その発見が1896年の時期から始まる α 線，β 線，γ 線については，Taylor, *Physics,* pp. 800–804. 第4の新しい型の放射線であるN線については，D. J. S. Price, *Science Since Babylon* (New Haven: Yale University Press, 1961),

pp. 84-89. N線が最終的には科学上におけるスキャンダルとなったということは，N線が科学者集団の精神状態を明らかにするのに役立たない，ということを意味するものではない．

第8章　近代物理科学における測定の機能

* 初出掲載は，*Isis* 52 (1961): 161-90.

(1) 研究棟正面については，*Eleven Twenty-Six: A Decade of Social Science Research*, ed. Louis Wirth (Chicago, 1940), p. 169 参照．そこに彫られている意向はケルヴィンの著作の中で繰り返される．しかし私は，次にあげる引用よりもこのシカゴ大学の引用により近い表現を見出すことはできなかった．「あなたがそれを数値で表すことができないなら，あなたの知識は貧弱で不十分である」．Sir William Thomson, "Electrical Units of Measurement," *Popular Lectures and Adresses*, 3 vols. (London, 1889-91), 1 : 73 参照．

(2) この論文の中心的な節は，このプログラムに後から付け加えられたものであって，私の論文「自然科学の発達における測定の役割」から抽出されたものである．後者は，最初にバークレーのカリフォルニア大学の社会科学コロキウムで行なった講演を，改訂してマルチリスで印刷したものである．

(3) この現象は，刊行予定の私の著書，*The Structure of Scientific Revolutions*〔邦訳『科学革命の構造』中山茂訳，みすず書房，1971〕で一層詳しく検討される．そこでは，科学の教科書的描像に関する他の多くの側面，その源泉，その威力，についても検討される．

(4) 明らかなことだが，ほとんどの理論の構成に必要とされる言明のすべてが，この特定の論理的形式をとるのではない．しかし，このような複雑化はここでの論点には関わりがない．R. B. Braithwaite, *Scientific Explanation* (Cambridge, 1953) は，科学理論の論理構造に関する，非常に一般的ではあるが有用な記述を含んでいる．

(5) たとえばフランク・ナイト教授は，次のように述べている．社会科学者にとって「(ケルヴィンの言明が)実際に意味するものは，もしあなたが測定できないとしても，どうにかして測定しなさい，となりがちである」．(*Eleven Twenty-Six*, p. 169).

(6) 熱力学の初めの三つの法則については，専門外の人びとにもよく知られている．「第四法則」は，実験装置のどの一部であっても，初めて組み立てられたときすぐに役立つことはない，というものである．第五法則に関する証拠については，以下で検討するであろう．

(7) T. S. Kuhn, *The Copernican Revolution* (Cambridge, Mass.,1957),

pp. 72–76, 135–43.〔邦訳,『コペルニクス革命』常石敬一訳, 紀伊國屋書店, 1976〕

(8) William Ramsay, *The Gases of the Atmosphere: The History of Their Discovery* (London, 1896), chaps. 4 and 5.

(9) この点を追求することはこの論文の主題から大きく外れてしまうが, 追求されねばならない. なぜなら, もし私が正しければ, このことは, 分析的に真であることと総合的に真であることの区別に関する現代の重要な論争と関係しているからである. もし科学理論が, それが経験的意味をもつ証拠を示す言明を伴うのであれば, (証拠までも含む)理論全体は分析的に真でなければならない. 分析性の哲学的問題に関する言明については, W. V. Quine, "Two Dogmas of Empiricism" および, *From a Logical Point of View* (Cambridge, Mass., 1953) に収録されている他の論文を参照. ときおり分析的となる科学法則の状態に関する, 散漫ではあるが刺激的な議論は, N. R. Hanson, *Patterns of Discovery* (Cambridge, 1958), pp. 93–118.〔邦訳,『科学的発見のパターン』村上陽一郎訳, 講談社学術文庫, 1986〕論争の的となっている文献への多量の参照を含む, 哲学的問題に関する新しい議論については, Alan Pasch, *Experience and the Analytic: A Reconsideration of Empiricism* (Chicago, 1958).

(10) 注(3)で引用した文献では, 科学教科書によって供給された誤った指示について組織的かつ機能的に議論するであろう. 科学的過程に関するより現実的な描像が, 物理科学者たちの研究効率を向上させるかどうかは, まったく明らかではない.

(11) もちろんのことだが, 私が議論しようとしているすべての期間について,「科学文献」とか「教科書」とかいうような用語を適用するのは, ある程度は時代錯誤である. しかし私が強調しようとしているのは, 専門的交信のパターンなのであり, その起源は少なくとも17世紀には見出すことができ, それ以後いよいよ厳密さを増してきたのである. 科学における交信のパターンが, 人文科学や多くの社会科学において今日いまだにみられるものと同じであった時期（科学ごとに異なった時期）も存在していた. しかし, すべての物理科学においてはこのパターンは一世紀前に姿を消し, その多くはそれ以前に姿を消している. 今日では, 研究結果の出版のすべては, 専門家集団だけによって読まれる雑誌になされる. 書物はもっぱら, 教科書, 解説, 通俗読物, 哲学的考察であり, それらを書くことは, 非専門的であるが故に, 何かしら怪しげな活動なのである. 言うまでもなく, このような論文と書物, 研究著作と非研究著作の間の厳格な区別は, 私が教科書的描像とよんだものの威力を大きく増大させている.

(12) ここでもこの論文の他の箇所でも, 私は単に事実に関する情報を収集するだけのためになされる非常に多くの測定を無視している. 私が考えているのは, 比重, 波長, 弾性定数, 沸点, その他のような測定であり, それらがなされるのは,

科学理論の中へ挿入されねばならないパラメータでありながら，その値をその理論が予言できない（あるいは，その時期には予言できなかった）パラメータを決定するためなのである．この種の測定には興味がないというわけではないのだが，それについては広く理解されていると私は思う．いずれにせよ，それを考慮に入れるとすれば，この論文の限界をあまりにも大きく拡張してしまうことになるであろう．

(13)　これらは，太陽重力中における光の偏向，水星の近日点歳差，遠い星からの光の赤方偏移，である．理論の〔1961年当時の〕現状においては，初めの二つだけが実際に定量的といえる予言である．

(14)　一般相対性理論の具体的な応用をもたらすことが困難なのは，科学者たちがその理論に体現されている科学上の観点を利用しようと試みることを，必ずしも妨げはしなかった．しかし，不幸なことに，妨げてはいたようである．特殊相対性理論とは違って，〔1961年の〕今日，一般相対性理論は物理学の研究者たちによってほとんど研究されてはいない．50年以内に，おそらく我々はアインシュタインのこの側面を完全に見失ってしまうであろう．〔一般相対性理論が盛んに研究されている1988年の翻訳の時点では，この言明はあてはまらないように訳者には思われる．〕

(15)　最も関連が深くしかも広く用いられていた実験は，振り子によるものであった．二つの振り子の錘が衝突したときのはね返りの決定が，17世紀において，動的な「作用」と「反作用」とは何かを決定するために用いられた主要な概念的，実験的な手法であった． A. Wolf, *A History of Science, Technology, and Philosophy in the Sixteenth and Seventeenth Centuries*, の D. McKie によって用意された新版 (London, 1950), pp. 155, 231-98, および R. Dugas, *La mécanique au xviie siècle* (Neuchâtel, 1954), pp. 283-98, および, *Sir Isaac Newton's Mathematical Principles of Natural Philosophy and His System of the World*, ed. F. Cajori (Barkeley, 1934), pp. 21-28 参照． Wolf (p. 155) は，第三法則は「三つのうちで唯一の物理的法則」だと記述している．

(16)　この装置に関する優れた記述およびアトウッドがそれを作成した理由に関する記述は，Hanson, *Patterns of Discovery*, pp. 100-102〔邦訳，前掲注(9)〕およびその頁への注，にある．

(17)　A. Wolf, *A History of Science, Technology, and Philosophy in the Sixteenth and Seventeenth Centuries*, 2d ed. revised by D. McKie (London, 1952), pp. 111-13. キャヴェンディッシュの1798年の測定には先行者があった．しかし，測定が首尾一貫的な結果を産出しだしたのは，キャヴェンディッシュ以後になってからである．

(18)　学生たちがガリレオの自由落下の法則を学ぶ手助けのために設計された現代

の実験装置は，創造的な科学と測定との関係について，教育がどのように科学史的な想像力を誤って指示しているか，を示す古典的な，しかしおそらくはぜひ必要な，例となっている．今日使われているどの装置も，17世紀にはとても作成できなかったものばかりである．たとえば，最良で最も広く普及している装置の一つでは，一対の平行な鉛直のレールの間を重い錘が落下するようになっている．これらのレールは1/100秒ごとに充電され，そのときレールからレールへと通り過ぎるスパークが，化学的な処理をされたテープに錘の位置を記録する．他の装置は電気的なタイマーを使用する．この法則にあてはまる実験を行なうことの科学史的な困難については，以下を参照．

(19)　ニュートンの法則の応用は，すべてこのような近似を伴う．しかし以下の例における近似は，先行する例にはなかったような定量的な重要性をもっている．

(20)　Wolf (*Eighteenth Century*, pp. 75–81) は，この仕事に対する適切な準備的記述を与える．

(21)　Ibid., pp. 96–101. William Whewell, *History of the Inductive Sciences*, rev. ed., 3 vols. (London, 1847), 2 : 213–71.

(22)　原著に対する現代の英語版は，Galileo Galilei, *Dialogues Concerning Two New Sciences*, trans. Henry Crew and A. De Salvio (Evanston and Chicago, 1946), pp. 171–72.〔原著の邦訳「新科学論議」伊藤和行・斎藤憲訳，伊藤俊太郎『人類の知的遺産 31. ガリレオ』講談社．1985〕

(23)　この物語全体およびそれ以上が，巧みに与えられているのは，A. Koyré, "An Experiment in Measurement," *Proceedings of the American Philosophical Society* 97 (1953) : 222–37.

(24)　Hanson, *Patterns of Discovery*, p. 101.〔邦訳，前掲注(9)〕

(25)　もちろん，これはドルトンのオリジナルな記号法ではない．事実，私はこの叙述全体をいくぶん現代化し単純化している．より完全な再構成が得られるのは，A. N. Meldrum, "The Development of the Atomic Theory: (1) Bertholle's Doctrine of Variable Proportions," *Manchester Memoirs* 54 (1910): 1–16 および "(6) The Reception accorded to the Theory advocated by Dalton," ibid. 55 (1911) : 1–10; L. K. Nash, *The Atomic Molecular Theory*, Harvard Case Histories in Experimental Science, case 4 (Cambridge, Mass., 1950) および "The Origins of Dalton's Chemical Atomic Theory," *Isis*, 47 (1956) : 110–16. および原子量に関する有用な議論が散在している J. R. Partington, *A Short History of Chemistry*, 2d. ed. (London, 1951) 参照．

(26)　T. S. Kuhn, "The Caloric Theory of Adiabatic Compression," *Isis* 49 (1958) : 132–40.

(27)　Marie Boas, *Robert Boyle and Seventeenth-Century Chemistry* (Cambridge, 1958), p. 44.

(28) 多くの関連する資料が見出されるのは, Duane Roller and Duane H. D. Roller, *The Development of the Concept of Electric Charge: Electricity from the Greek to Coulomb*, Harvard Case Histories in Experimental Science, case 8 (Cambridge, Mass., 1954), および Wolf, *Eighteenth Century*, pp. 239–50, 268–71.

(29) もっと完全な論述においては,「ニュートン的」として, 初期および後期の接近法, 両方の記述をしなければならないであろう. 電気力がエフヴィアからの結果だという考えは一部はデカルトによるものである. しかし, 18 世紀においては, この考えの古典的準拠 (*locus-classicus*) は, ニュートンの『光学』で展開されたエーテル理論であった. クーロンの接近法および彼の何人かの同時代人のそれは, ニュートンの『自然哲学の数学的原理』の数学的理論の方により直接的に依存していた. これらの書物の違い, 18 世紀におけるそれらの影響, 電気理論の発達に及ぼしたそれらの作用については, I. B. Cohen, *Franklin and Newton: An Inquiry into Speculative Newtonian Experimental Science and Franklin's Work in Electricity as an Example Thereof* (Philadelphia, 1956).

(30) Kuhn, "The Caloric Theory of Adiabatic Compression."

(31) 注(3)参照.

(32) 変則性の追求を決定する要素に関する最近の例が研究されているのは, Bernard Barber and Renee C. Fox, "The Case of the Floppy-Eared Rabbits: An Instance of Serendipity Gained and Serendipity Lost," *American Sociological Review* 64 (1958): 128–36.

(33) René Vallery-Radot, *La Vie de Pasteur* (Paris, 1903), p. 88 に引用されている 1854 年リユで行なわれたパスツールの就任演説より.

(34) Agnus Armitage, *A Century of Astronomy* (London, 1950), pp. 111–15.

(35) 塩素については. Ernst von Meyer, *A History of Chemistry from the Earliest Times to the Present Day*, trans. G. M'Gowan (London, 1891), pp. 224–27 参照. 一酸化炭素については, J. R. Partington, *A Short History of Chemistry*, 2d ed., pp. 113–16, 140–41, および J. R. Partington and D. McKie, "Historical Studies of the Phlogiston Theory: IV. Last Phases of the Theory," *Annals of Science* 4 (1939): 365.

(36) 注(7)参照.

(37) 電子の発見へと導いた実験に関する有用な総覧は, T. W. Chalmers, *Historic Researches: Chapters in the History of Physical and Chemical Discovery* (London, 1949), pp. 187–217, および, J. J. Thomson, *Recollections and Reflections* (New York, 1937), pp. 325–71. 電子スピンについては, F.

K. Richtmeyer, E. H. Kennard, and T. Lauritsen, *Introduction to Modern Physics*, 5th ed. (New York, 1937), p. 215.

(38) Rogers D. Rusk, *Introduction to Atomic and Nuclear Physics* (New York, 1958), pp. 328-30. 私はこの他には，ニュートリノの物理的検出に関する記述を含むほどに最近の基本的な論述を知らない．

(39) 科学者たちの関心は，しばしば変則性を示す問題に集中するので，変則性を通しての発見の頻繁さは，諸科学における同時発見の頻繁さの一つの理由であろう．それだけが唯一の理由ではない証拠については，T. S. Kuhn, "Conservation of Energy as an Example of Simultaneous Discovery,"〔邦訳，本書，第1巻，第4章「同時発見の一例としてのエネルギー保存」〕．ただし，「転換過程」の出現についてそこで言われていることの多くは，危機状態の発展に関する記述であることに注意せよ．

(40) Kuhn, *Copernican Revolution*, pp. 138-40, 270-71〔邦訳『コペルニクス革命』常石敬一訳，紀伊国屋書店，1976〕, A. R. Hall, *The Scientific Revolution*, 1500-1800 (London, 1954), pp. 13-17. 特に，暦改革を求めるアジテーションが，危機の強化に果した役割に注目せよ．

(41) Kuhn, *Copernican Revolution*, pp. 237-60, および pp. 290-91 にある文献目録の項目．

(42) ニュートンについては，T. S. Kuhn, "Newton's Optical Papers," in *Isaac Newton's Papers and Letters on Natural Philosophy*, ed. I. B. Cohen (Cambridge, Mass., 1958), pp. 27-45. 波動理論については，E. T. Whittaker, *History of the Theories of Aether and Electricity, Vol. 1, The Classical Theories*, 2d ed. (London, 1951), pp. 94-109〔邦訳『エーテルと電気の歴史』霜田光一，近藤都登訳，講談社，1976〕および Whewell, *Inductive Sciences*, 2: 396-466. これらの文献は，フレネルが1812年以後，独立に波動理論を展開し始めたときに，光学を特徴づけていた危機を明快に描写している．しかし，それらは18世紀の間の発展についてあまりに少ししか述べていないので，1801年およびそれ以後のヤングによる波動理論の早期の擁護よりも先行していた危機を指示し損なっている．実際には，危機が存在したのか，あるいは少なくとも新しい危機があったのかどうかは，まったく明らかというわけにはゆかない．ニュートンの粒子論がすっかり一般的に受け入れられていたことはけっしてなかったし，それに対するヤングによる早期の反対は，以前から認識されていて，しばしば活用されていた変則性に，完全に基づいたものであった．我々は，18世紀のほとんどは，光学における低い水準の危機によって特徴づけられると結論する必要があるであろう．なぜなら，支配的な理論は基礎的な批判や攻撃から影響されないということはけっしてないからである．

ここで関心のある点を論じるためであれば，これだけで十分であろう．しかし

私は，18世紀の光学文献を注意深く研究すれば，一層強い結論が得られるのではないか，と推測しているのである．文献の集積をざっと見渡しただけで，ニュートン光学の変則性は，ヤングの仕事の前の20年間にはそれ以前よりもずっと明らかで切迫していたことが分るのである。1780年代には，色消しレンズと色消しプリズムの使用が可能なことから，太陽と星の相対運動の天文学的決定に対する多くの提案がなされた．（Whittaker, *Aether and Electricity*, 1: 109の参照文献は非常に多くの文献へと直接導いてくれる.）しかし，これらすべては光は空気中でよりもガラス中での方が速く進むという考えに依拠していたので，古くからの論争に新しい関連を与えた．L'Abbé Haüy ("Sur la double réfraction du Spath d'Islande," *Memoires de l'Academie*, 1788, pp. 34–60) は，ホイヘンスによる複屈折の波動理論による扱いの方が，ニュートンによる粒子論的なそれよりも，良い結果を産出することを実験的に示した．その結果として出された問題は，1808年にフランス科学アカデミー提供の賞へと導き，さらに同年のマリュスによる反射によって生じた偏光の発見へと導いた．さらにまた，1796年，1797年，1798年の *Philosophical Transactions* には，Brougham による二論文，Prévost による一論文という一連の論文が掲載されていて，それらはニュートン理論のさらに別の困難を指摘していた．特に，Prévostによれば，反射と屈折を説明するために物質表面で光に作用しなければならない力というものは，屈曲を説明するのに必要な力とは両立しないのであった．（*Philosophical Transactions* 84(1798) : 325–28. ヤングの伝記作家は，先述の文献中の Brougham の二論文にこれまでより一層関心を払ってほしい．これらが示している知的合意は，回り回って，続いて Brougham によって引き起された *Edinburgh Review* 誌上におけるヤングに対する痛烈な攻撃を説明することになろう.）

(43) Richtmeyer, Kennard, and Lauritsen, *Modern Physics*, pp. 89–94, 124–32, 409–14. 黒体輻射の問題と光電効果に関する一層初等的な解説は，Gerald Holton, *Introduction to Concepts and Theories in Physical Science* (Cambridge, Mass., 1953), pp. 528–45.

(44) 理論に対するそれ以前の経験からくるこの効果についての証拠は，よく知られてはいるが調べ方が不適切であった，有名な革新者たちの若さ，および若い人たちが新しい理論に群がろうとする仕方，とによって与えられる．後者の現象に関するプランクの言明については引用の必要もないであろう．同じような感情の早期のしかもとりわけ感情的な表現は，ダーウィンの『種の起源』の最後の章で与えられる．*The Origin of Species*, 6th ed. (New York, 1889), 2 : 295–96.〔邦訳『種の起源』堀伸夫訳，槙書店〕参照.

(45) J. L. Dreyer, *A History of Astronomy from Thales to Kepler*, 2d ed. (New York, 1953), pp. 385–93.

(46) Kuhn, "Newton's Optical Papers," pp. 31–36.

(47)　これはやや単純化しすぎている．なぜなら，ラヴォアジエの新しい化学と，その反対者たちとの論争は，燃焼過程以上のものを含んでいて，関連する証拠の範囲全体は燃焼だけで扱いきることはできない．ラヴォアジエの寄与の有用で基本的な解説が与えられているのは，J. B. Conant, *The Overthrough of the Phlogiston Theory,* Harvard Case Histories in Experimental Science, case 2 (Cambridge, Mass., 1950)，および D. McKie, *Antoine Lavoisier: Scientist, Economist, Social Reformer*(New York, 1952)である．Marice Daumas, *Lavoisier, théoreticien et expérimentateur*(Paris, 1955)は，最近の最良の学者総覧である．J. H. White, *The Phlogiston Theory*(London, 1932)，および特に J. R. Partington and D. McKie, "Historical Studies of the Phlogiston Theory: IV. Last Phases of the Theory," *Annals of Science* 4 (1939): 113–49, は，新理論と旧理論との衝突に関する細部のほとんどを与えている．

(48)　これは注(3)であげた文献における中心的な論点である．事実，おおよそのところでは，説明力の増大と減少の間のつり合いと，しばしばつり合いの適切さに対する不満から生じる論争とが，理論の変化を「革命」と表現することを適切なものとするのである．

(49)　Cohen, *Franklin and Newton,* chap. 4; Pierre Brunet, *L'introduction des théories de Newton en France au xviii*[e] *siècle*(Paris, 1931).

(50)　このような化学の伝統的任務については，E. Meyerson, *Identity and Reality,* trans. K. Lowenberg (London, 1930), chap. 10, 特に pp. 331–36. 多くの本質的な資料が散在しているのは，Helene Metzger, *Les doctrines chimiques en France du début du xvii*[e] *à la fin du xviii*[e] *siècle,* vol. 1 (Paris, 1923)，および *Newton, Stahl, Boerhaave, et la doctrine chimique* (Paris, 1930)．特に注目すべきことには，燃素論者たちは，鉱石とは燃素を付加することによって金属を合成できる基本物質であるとみなしていたので，なぜ種々の金属はそれらの合成の元となる種々の鉱石よりも互いにずっとよく類似しているのかを，説明できたのである．すなわち，すべての金属は原質である燃素を共通に含んでいる，というのである．ラヴォアジエ理論では，そのような説明はまったく不可能であった．

(51)　Boas, *Robert Boyle,* pp. 48–66.

(52)　電気学については，Roller and Roller, *Concept of Electric Charge,* および Edgar Zilsel, "The Origins of William Gilbert's Scientific Method," *Journal of History of Ideas* 2 (1941): 1–32 参照．ツィルゼルは，電気科学の発生，および暗示されているベーコン主義の発生において，単一の要素の重要性だけを誇張しすぎていると感じる人びとに，私も同意する．しかし，彼が記述している工芸からの影響を無視することはとてもできない．18世

紀以前における熱科学の発達については，これに匹敵するほど満足のできる議論は存在しないが，Wolf (*Sixteenth and Seventeenth Centuries*, pp. 82–92, 275–81) はベーコン主義によってもたらされた変革を提示している．

(53) Wolf, *Eighteenth Century*, pp. 102–45, および Whewell, *Inductive Sciences*, 2: 213–371. 特に後者において，装置の改良による進歩と理論の改良による進歩とを分離することの難しさに注意せよ．この困難の発生は，第一義的にはホウィーウェルの提示の仕方に由来するものではない．

(54) ガリレオ前における仕事については，Marshall Clargett, *The Science of Mechanics in the Middle Ages* (Madison, Wis., 1959), 特に part 2 および part 3 参照．この仕事のガリレオによる利用については Alexandre Koyré, *Etudes galiléennes*, 3 vols. (Paris, 1939), 特に vols. 1 および 2 参照．

(55) A. C. Crombie, *Augustine to Galileo* (London, 1952), pp. 70–82. および Wolf, *Sixteenth and Seventeenth Centuries*, pp. 244–54.

(56) Wolf, *Sixteenth and Seventeenth Centuries*, pp. 254–64.

(57) 17 世紀における仕事（ホイヘンスの幾何学的構成も含めて）については，ibid. 参照．これらの現象に関する 18 世紀の研究についてはまだほとんど研究されていないが，知られている事柄に関しては，Joseph Priestley, *History... of Discoveries relating to Vision, Light, and Colours* (London, 1772), pp. 276–316, 498–520, 548–62 参照．私が知っている複屈折に関するより精確な研究の最も早期の例は，R. J. Haüy, "Sur la double réfraction du Spath d'Islande" (注 (42) 参照)，および W. H. Wollaston, "On the Oblique Refraction of Iceland Crystal," *Philosophical Transactions* 92 (1802): 381–86.

(58) I. H. B. and A. G. H. Spiers, *The Physical Treatises of Pascal* (New York, 1937), p. 164 参照．この書物全体は，17 世紀の気学がどのようにして流体静力学から概念を受け継いだかを提示している．

(59) 電気科学の定量化と初期の数学化については，Roller and Roller, *Concept of Electric Charge*, pp. 66–80; Whittaker, *Aether and Electricity*, 1: 53–66; W. C. Walker, "The Detection and Estimation of Electric Charge in the Eighteenth Century," *Annals of Science* 1(1936): 66–100 参照．

(60) 熱については，Douglas McKie and N. H. de V. Heathcote, *The Discovery of Specific and Latent Heats* (London, 1935) 参照．化学においては，「測定と理論との間に初めて有効な接触がもたらされた」日付けを特定することは，不可能かもしれない．体積と重さの測定は常に化学における処方と分析の構成要素であった．17世紀までは，たとえばボイルの仕事におけるように，重さの増大と減少は，しばしば特定の化学反応の理論的分析の手掛りであった．

しかし18世紀中頃までは，化学上の測定の役割は記述的である（処方におけるように）か，あるいは定性的である（重さの増大を，その増し高をあまり顧慮することなく，提示するときのように）かであった．ブラック，ラヴォアジエ，リヒターの仕事になって初めて，測定は化学の法則と理論の発達において十分な定量的な役割を果しはじめたのである．これらの人びととその仕事の紹介については，J. R. Partington, *A Short History of Chemistry*. 2d ed., pp. 93-97, 122-28, 161-63 参照.

(61)　Maurice Daumas (*Les instruments scientifiques aux xviie et xviiie siècle* [Paris, 1953], pp. 78-80〕は，温度計を実験器具として装備してゆく諸段階の遅さに関する簡単な優れた説明を与えている．Robert Boyle の *New Experiments and Observations Touching Cold* は，17世紀の間において，熱的測定において適切に作成された温度計が感覚に置き換わることが，両者はどちらもばらばらな値をもたらしたにもかかわらず，必要であったことを例示している．*Works of Honourable Robert Boyle*, ed. T. Birch, 5 vols. (London, 1744), 2: 240-43.

(62)　熱量概念の練り上げについては，E. Mach, *Die Principien der Wärmelehre* (Leipzig, 1919), pp. 153-81〔邦訳『熱学の諸原理』高田誠二訳，東海大学出版会，1978〕，および McKie and Heathcote, *Specific and Latent Heats* 参照．後者（pp. 59-63）におけるクラフトの研究に関する議論は，測定が機能する特に際立った例を与えている．

(63)　Gaston Bachelard, *Etude sur l'evolution d'un problème de physique* (Paris, 1928), および Kuhn, "Caloric Theory of Adiabatic Compression."

(64)　S. F. Mason (*Main Currents of Scientific Thought* [New York, 1956], pp. 352-63) は，このような制度的変化についての簡単ながらも優れた概観を与えてくれている．それ以上の記述は，J. M. Merz, *History of European Thought in the Nineteenth Century*, vol. 1 (London, 1923) 中に散在している。

(65)　効果的な課題選択の例としては，量子力学をもたらした三つの問題――光電効果，黒体輻射，比熱――を取り出した深遠な定量的不一致に注目せよ．立証手続きの新しい有効性については，根本的に新しい理論が専門家集団によって受容された速さに注目せよ．

(66)　この専門的合意に付随する他の重要な事情について，私の論文 "The Essential Tension: Tradition and Innovation in Scientific Research,"〔邦訳，本書，第2巻，第9章「本質的緊張――科学研究における伝統と革新」〕の中で展開した．

(67)　特に彼の，*Robert Grosseteste and the Origins of Experimental Science, 1100-1700* (Oxford, 1953) 参照.

第9章　本質的緊張——科学研究における伝統と革新

*　初出掲載は，*The Third* (*1959*) *University of Utah Research Conference on the Identification of Scientific Talent*, ed. C. W. Taylor (Salt Lake City: University of Utah Press, 1959), pp. 162–74. 1959年にユタ大学で行なわれた科学的才能の同定に関する会議での講義.

(1)　*The Structure of Scientific Revolutions* (Chicago, 1962)〔邦訳『科学革命の構造』中山茂訳，みすず書房，1971〕

(2)　厳密に言えば，これら二つの性格を同時に示すのは，科学者個人であるよりも専門家集団である．この論文で扱った論題のより完全な論述においては，個人と集団の特徴のこの違いは根底的となるであろう．ここでは，この区別は上述の衝突や緊張を弱めはするが消し去りはしないことを，指摘しておくことしかできない．集団内において，ある個人はより伝統主義的であろうし，他の個人はより偶像破壊的であろう．そして，彼らの寄与はそれにしたがって異なるであろう．それでも，教育，制度的規準，なすべき仕事の性格，は互いに結び付き合って，集団のすべての成員が，多かれ少なかれ，両方の方向へと牽引されてゆくことを，否応なく保証するのである．

(3)　ニュートン以前における物理光学の歴史は，最近，Vasco Ronchi, *Histoire de la lumière*, trans. J. Taton (Paris, 1956) によく書かれている．彼の論述は，上で私がほんの少ししか練り上げなかった要素を正当に扱っている．物理光学に対する多くの基本的な貢献が，ニュートンの仕事以前の二千年の間になされた．自然科学におけるある種の進歩に対しては，合意は，社会科学や芸術における進歩に対して前提でないのと同じように，前提ではない．しかしながら，自然科学を芸術や社会科学から区別するときに，今日我々が一般的に言及するような進歩に対しては，合意は前提なのである．

(4)　改訂版が，*Isis* 52 (1961): 161–93 に掲載されている．

(5)　白熱光の技術的可能性に対する科学者たちの態度については，Francis A. Jones, *Thomas Alva Edison* (New York, 1908), pp. 99–100, および Harold C. Passer, *The Electrical Manufacturers*, 1875–1900 (Cambridge, Mass., 1953), pp. 82–83. 科学者に対するエジソンの態度については，Passer, ibid., pp. 180-81. さもなければ科学的扱いにまかされるべき分野におけるエジソンの理論構築に関しては，Dagobert D. Runes, ed., *The Diary and Sundry Observations of Thomas Alva Edison* (New York, 1948), pp. 205–44, passim.

第10章　思考実験の機能

＊　初出掲載は，*L'aventure de la science, Mèlanges Alexandre Koyré* (Paris: Herman, 1964), 2: 307-34.

(1)　この有名な列車の実験が最初に現れたのは，アインシュタインによる相対性理論の通俗読物，*Über die spezielle und allgemeine Relativitätstheorie* (*Gemeinverständlich*) (Braunschweig, 1916)〔邦訳『特殊および一般「相対性理論」について』金子務訳，白楊社，1991〕．私が参照した第5版 (1920) では，この実験は pp. 14-19 に掲載されている．この思考実験は，アインシュタインの最初の相対性理論の論文 "Zur Elekrodynamik bewegter Körper," *Annale der Physik* 17 (1905) : 891-921 で用いられた思考実験の単純化にすぎないことに注意せよ．このオリジナルな思考実験では一つの光信号だけが用いられ，鏡による反射がもう一つの光信号の代りとなっている．

(2)　W. Heisenberg, "Ueber den anschaulichen Inhalt der quantentheoretischen Kinematik und Mechanik," *Zeitschrift für Physik* 43 (1927): 172-98. N. Bohr, "The Quantum Postulate and the Recent Development of Atomic Theory," *Atti del congresso Internazionale dei Fisici, 11-20 September 1927*, vol. 2 (Bologna, 1928), pp. 565-88. この議論は，電子を古典的な粒子として扱うことから始まり，電子の位置あるいは速度を決定するために用いられる光子との衝突前後における電子の軌道を論じる．その帰結は，このような実験は古典的に遂行されるものではないこと，したがって最初の記述の仕方は量子力学的に許される以上のものを仮定していたこと，を示すことである．しかしながら，量子力学的原理を破っていることは，この思考実験の重要さを減じるものではない．

(3)　J. Piaget, *Les notions de mouvement et de vitesse chez l'enfant* (Paris, 1946)，特に，chap. 6 と 7 以下で述べる実験は後者の章にある．

(4)　Ibid., p. 160. これは拙訳．

(5)　Ibid., p. 161. これは私による強調．この文章で，私は "plus fort" を more quickly〔よりも速かった〕と訳したが，それ以前の文章でのフランス語は "plus vite" であった．しかし，いつもではないまでも，この文脈では，"plus fort?" という質問と "plus vite?" という質問に対する答えは同じである．

(6)　これとちょうど同じような質問が，Charls E. Osgood によって，種々の単語の「意味論的輪郭 semantic profile」と彼がよぶものを得るために用いられた．彼の最近の著書 *The Measurement of Meaning* (Urbana, Ill., 1957) 参照．

(7) Aristotle, *Physica*, trans. R. P. Hardie and R. K. Gaye,in *The Works of Aristotle*, vol. 2 (Oxford, 1930), 224b35–225a1.

(8) Ibid., 232a25–27.

(9) Ibid., 249b4–5.

(10) Ibid., 230b23–25.

(11) 形相の幅の問題の全体についての詳しい議論は，Marshall Clargett, *The Science of Mechanics in the Middle Ages* (Madison, Wis., 1959), part 2 参照.

(12) ibid., p. 290.

(13) この種の最も重要な思い違いが現れるのは，ガリレオの *Dialogue concerning the Chief World Systems*（邦訳『天文対話』青木靖三訳，岩波文庫）の「第二日」である（Stillman Drakley による英訳〔Berkeley, 1953〕, pp. 199–201参照）．そこではガリレオは，どれほど軽い物体であっても，たとえ地球がいまよりもずっと速く回転していたとしても，回転する地球から放り出されることはない，と主張している．このような結果（これはガリレオの体系が必要としていた――彼の思い違いは，わざわざでないことは確かなのだが，動機がなかったわけではない）が得られたのは，一様な加速される物体の最終速度を，その運動の通過距離に比例するかのように扱ったことによってであった．この比例関係とは，言うまでもなくマートン規則からの直接的な結果であった．しかし，それが適用可能なのは，同じ経過時間を要する運動に対してだけなのである．この部分に対する Drake の注も検討されるべきである．なぜなら，これとは幾分異なった解釈を与えているからである．

(14) Ibid., pp. 22–27.

(15) ガリレオは，私が以下でするほどには，この承認を強く利用してはいない．厳密に言うと彼の議論は，もし斜面ＣＡをＡよりもさらに延長しておき，その延長された斜面を転がり降りる物体が速度を増し続けるならば，この承認には依存してはいない．簡単にするため，私の組織化された要約では，ガリレオのテキストの最初の部分にあるお手本に従って，延長されていない斜面に限ることにする．

(16) これが非常に魅力的で自然な答えであることを疑う人は，私がしてみたように，ガリレオの質問を物理学の大学院生にしてみるとよい．前もって問題点を知らせておかなければ，彼らの多くはサルヴィアッチの対話者たちと同じ答えをするであろう．

(17) この言明には，新しい発見が出現する仕方の分析が前提となっている．これに関しては，私の論文 “The Historical Structure of Scientific Discovery,”〔邦訳，本書，第2巻，第7章「科学上の発見の歴史構造」〕参照.

(18) ピアジェの子供たちが用いた一つの規準が，けっして矛盾し合うことのない世界を考えることもまたできる．しかし，それはもっと複雑なものとなるであろ

うから，私は以下の議論でそれを用いることはしない．しかしながら，その世界における運動の性格に関する一つの検証可能な推論を試みてみよう．子供たちが年上の者たちの真似をすることがなければ，上で述べたような仕方で運動をみる子供たちは，かけっこに勝つために，ハンディキャップにはあまり関心を払わないに違いない．その代りに，すべてを決めるものは，腕や足を動かす激しさだと思うであろう．

(19)　Aristotle, *Works* 2: 232a28–31.

(20)　もちろん実際には，最初の方の文章も定義ではあり得ない．そこで述べられている三つの条件のうちのどの一つもが定義となり得るが，アリストテレスがしたように三つを同等のものだとみなすことは，私が第二の文章について提示したのと同じ物理的関係をもつことになってしまう．

(21)　Aristotle, *Works* 2: 232b21–233a13.

(22)　これらの法則はいつも「定量的」と記述されるので，私はそれに従った．しかし，定量的という用語がガリレオ以後の運動の研究で通用している意味において，これらの法則が定量的であろうとしていたとは思えない．古代においても中世においても，天文学にとって測定は不可欠だといつも考えていた人も，測定をときおり光学に用いていた人も，これらの法則を議論するときには，どのような種類の定量的観測にも一切言及することはなかった．私にとっては．これらの法則の内容は定性的のように思われる——それらは，比例の用語を用いた，いくつかの正しく観察された定性的規則性に関する言明である．この描像は，もし我々がエウドクソス以後は幾何学的な比例でさえ通常は非数値的と解釈されるようになったことを思い出せば，一層説得的なものとなるであろう．

(23)　Aristotle, *Works* 2:249b30–250a4.

(24)　この法則を単に馬鹿馬鹿しいとみなした人びとに対する適切な批判は，Stephen Toulmin, “Criticism in the Histoy of Science: Newton on Absolute Space, Time and Motion, I,” *Philosoplical Review* 68 (1959): 1–29, 特に脚註 1．

(25)　Aristotle, *Works* 2: 250a25–28.

(26)　一例をあげれば，「それでは，最初に静止していた石が高所から落下し，どんどん新たな速さを追加してゆくことを観察するとき，そのような増大は，きわめて簡単で，誰の目にも明らかな仕方で生じるのだ，と信じてはいけませんでしょうか．そこで，このことを注意深く検討してみますと，どの追加もどの増大であっても，いつも同じ仕方で繰り返されるものよりも簡単なものはない，ということが分るのです」．Galileo Galilei, *Dialogue Concerning Two New Sciences*, trans. H. Crew and A.de Salvio (Evanston and Chicago, 1946), pp. 154–55.〔原著の邦訳「新科学論議」伊藤和行・斎藤憲訳，伊藤俊太郎『人類の知的遺産 31．ガリレオ』講談社，1985〕．しかしガリレオは，実験的な確認へ

と実際に進んでゆく.

(27) B. L. Whorf, *Language, Thought, and Reality: Selected Writings*, ed. John B. Carrol (Cambridge, Mass., 1956).

(28) R. B. Braithwaite, *Scientific Explanation* (Cambridge,1953), pp.50–87. および, W. V. O. Quine, "Two Dogmas of Empiricism," in *From a Logical Point of View* (Cambridge, Mass., 1953), pp. 20–46 も参照.

(29) C. G. Hempel, *Fundamentals of Concept Formation in Empirical Science*, vol. 2, no. 7, in the *International Encyclopedia of Unified Science* (Chicago, 1952), 還元文に関する基本的な議論は, Rudolf Carnap, "Testability and Meaning," *Philosophy of Science* 3 (1936) : 420–71 および 4 (1937) : 2–40.

(30) 熱素と質量の場合は特に教訓的である. なぜなら, 前者は前述のケースと平行的だからであり, 後者は発達の過程を逆に辿るからである. サディ・カルノーが熱素理論から正しい実験的結果を導けたのは, 彼の熱概念は, 後に熱とエントロピーへと分配されることになる特徴を, 結合していたからだとしばしば指摘されている. (私と V. K. La Mer とのやりとり *American Journal of Physics* 22 [1954] : 20–27 ; 23 [1955] : 91–102 および 387–89 を参照. これらのうち最後のものには, ここで必要な仕方で論点が述べられている.)一方, 質量の方は, 逆向きの発達過程を例示している. ニュートン理論においては, 慣性質量と重力質量とは, 異なった手段で測定される違う概念である. これら二つの測定が, 装置精度の限界内で, いつも同じ結果を与えるというためには, 実験的に検証された自然法則が必要である. ところが, 一般相対性理論によれば, 独立な実験法則はまったく必要がない. 二つの測定は同じ結果を産出せねばならない, なぜならそれは同じ量を測定しているからである.

(31) この点およびそれに続く点についての不完全な議論に関しては, 私の論文 "The Function of Measurement in Modern Physical Science,"〔邦訳, 本書, 第 2 巻, 第 8 章「近代物理科学における測定の機能」〕, および "The Function of Dogma in Scientific Research," in *Scientific Change*, A. C. Crombie, ed. (New York, 1963), pp. 345–69 参照. これらすべての主題は, 多くの追加された例とともに, 私の著書 *The Structure of Scientific Revolutions*〔邦訳『科学革命の構造』中山茂訳, みすず書房, 1971〕でさらに完全に扱われる.

(32) この点に関する多くの証拠が見出されるのは, Michael Polanyi, *Personal Knowledge* (Chicago, 1958) 特に chap. 9.〔邦訳『個人的知識』長尾史郎訳, ハーベスト社, 1985〕

(33) 「それらは新しい見方でみられるようになる」という句は, ここでは隠喩に止まらざるを得ないが, 私はそれをまったく文字通りに意図しているのである.

N. R. Hanson（*Patterns of Discovery* [Cambridge, 1958], pp.4–30〔邦訳『科学的発見のパターン』村上陽一郎訳，講談社学術文庫，1986〕）はすでに，科学者がみるものは，彼らのそれまでの信条と訓練に依存すると主張している．この点に関する多くの証拠が，先の注(31)で最後にあげた文献に見出される．

(34)　もちろんピアジェの子供たちは，彼らに彼の実験が提示されるまでは，（少なくとも当面の理由によっては）不安ではなかった．しかしながら，科学史的状況においては，何かがどこかでうまくいっていないことに徐々に気づくに従って，一般に思考実験が呼び起されてきたのである．

第11章　発見の論理か探究の心理か

*　この論文はもともとは P. A. シルプ（Schilpp）の依頼に応じて彼の編集した *The Philosophy of Karl R. Popper* (La Salle, Ill.: Open Court Publishing Co., 1974), pp. 798–819 のために準備されたものである．最初に依頼を受けた書物に掲載する前に，このシンポジウム〔訳注1〕の会報の一部として先に出版することを許可して下さったシルプ教授と出版社に，大いに感謝している．

(1)　以下の議論のために，カール・ポパー卿の *Logic of Scientific Discovery* (1959)〔邦訳『科学的発見の論理』大内義一，森博訳，上下2巻，恒星社厚生閣，1971–1972〕，*Conjectures and Refutations* (1963)〔邦訳『推測と反駁』藤本隆志，石垣寿郎，森博訳，法政大学出版局，1980〕，*The Poverty of Historicism* (1957)〔邦訳『歴史主義の貧困』久野収，市井三郎訳，中央公論社，1961〕を再吟味した．また時々，彼の〔『科学的発見の論理』の〕原著である，*Logik der Forschung* (1935)，および，*Open Society and Its Enemies* (1945)〔邦訳『自由社会の哲学とその論敵』武田弘道訳，世界思想社，1973〕を参照した．私自身の *Structure of Scientific Revolutions* (1962)〔邦訳『科学革命の構造』中山茂訳，みすず書房，1971〕では，以下で論じられている諸論点の多くについてもっと幅広い説明がなされている．

(2)　広範囲にわたるこうした重なり合いは，たぶん偶然の一致以上のものである．『探究の論理』(*Logik der Forschung*) の英訳本が出版された1959年（その時に私の本はすでに草稿段階にあった）より前にカール卿の著作を読んだことはなかったが，彼の主要な考えの多くに関して議論されるのは何度も聞いたことがあった．とりわけ1950年の春には，ハーヴァード大学のウィリアム・ジェームズ講演の講師として彼が自らの考えのいくつかに関して論じているのを聞いた．そうしたわけで，カール卿から私が受けた知的恩恵を事細かに述べることはできないけれども，恩恵を受けたことは間違いない．

(3)　科学革命の時に拒絶され取って代られるものを指すのに，「理論」ではなく

「パラダイム」という用語を私は別の所で用いている．こうした用語の変更の理由のいくつかは以下で明らかになるであろう．

(4) 一致しているにもかかわらず，大きく誤解されている領域をもう一つ追加して強調しておくことによって，カール卿と私の見解の間の真の相違であると私が考えているものを，さらに際立たせることができよう．我々はどちらも，伝統への固執が科学の発達にとって本質的な役割を果していると主張している．たとえばカール卿は，「量的かつ質的に，我々の知識のはるかに重要な源泉は――生得の知識を別にして――伝統である」(Popper, *Conjectures and Refutations*, p. 27〔邦訳『推測と反駁』 p. 49〕）と書いている．さらに適切な例としては，カール卿は1948年という早い時期に，「私は，伝統の紐帯から我々が完全に自由になりうることがあるとは考えてはいない．いわゆる自由になるということは，実際にはある伝統から別な伝統へ移ることに過ぎない．」(ibid., p. 122〔邦訳，同上書，p. 197〕）と書いている．

(5) Popper, *Logic of Scientific Discovery*, p. 27〔邦訳『科学的発見の論理』上巻，p. 30〕．

(6) 通常科学，すなわち，専門科学者たちが遂行することができるように訓練される活動についての広範な議論に関しては，*Structure of Scientific Revolutions*, pp. 23–42 および pp. 135–42〔邦訳『科学革命の構造』pp. 26–47, pp. 153–161〕を参照されたい．私が科学者をパズルを解く者として記述するのに対して，ポパーは科学者を問題を解く者として記述している（たとえば，Popper, *Coniejctures and Refutations*, pp. 67, 222〔邦訳『推測と反駁』p. 111, p. 374〕．こうした場面における我々の用語の類似性が〔我々の間の〕基本的な差異を覆い隠していることに注意することが重要である．カール卿は「明らかに，我我の期待は，したがってまた我々の理論は，歴史的には，我々の問題にさえ先行することがあるだろう．しかしながら科学は問題とともにのみ出発するのである．問題は，我々の期待が裏切られた時や，理論が我々を困難や矛盾に巻き込む時に特に，不意に現われる」(強調はポパーによるもの)〔邦訳，同上書，p. 374〕と書いている．私が「パズル」という用語を用いるのは，たいへんに優れた科学者であっても通常直面している困難は，クロスワード・パズルやチェス・パズルの場合のように，その人の才能 (ingenuity) に対する挑戦〔と考えられるようなもの〕だからである．困難に陥っているのは，科学者であって現行の理論ではない．私の主張はカール卿の主張をほぼ裏返しにしたものである．

(7) この立場に関する特に力強い言明としては，Popper, *Conjectures and Refutations*, pp. 129, 215, and 221〔邦訳『推測と反駁』p. 210, pp. 362–3, p. 373〕を見られたい．

(8) たとえば，*ibid.*, p. 220〔邦訳，同上書，pp. 371–372〕．

(9) 煆焼に関する研究に関しては，Guerlac, *Lavoisier: The Crucial Year*

(1961) を見られたい．パリティに関する実験の背景としては，Hafner and Presswood, "Strong Interference and Weak Interactions," *Science*, 149 (1965): 503-10 を見られたい．

(10) この点については，私の *Structure of Scientific Revolutions*, pp. 52-97〔邦訳『科学革命の構造』pp. 58-110〕において詳細に論じてある．

(11) Popper, *Conjectures and Refutations* の第5章，特に pp. 148-52〔邦訳『推測と反駁』pp. 244-251〕．

(12) 当時，私は境界設定基準を捜し求めていたわけではないが，まさにこれらの論点に関しては，私の *Structure of Scientific Revolutions*, pp. 10-22, 87-90〔邦訳『科学革命の構造』pp. 12-25, 99-102〕において詳細に論じてある．

(13) Popper, *Conjectures and Refutations*, pp. 192-200〔邦訳『推測と反駁』pp. 322-337〕と私の *Structure of Scientific Revolutions*, pp. 143-58〔邦訳『科学革命の構造』pp. 162-179〕を比較されたい．

(14) Popper, *Conjectures and Refutations*, p. 34〔邦訳『推測と反駁』pp. 58-59〕．

(15) Popper, *Conjectures and Refutations*〔邦訳『推測と反駁』〕の索引には，「典型的な疑似科学としての占星術」という項目の下に八ヵ所挙げられている．

(16) Popper, *Conjectures and Refutations*, p. 37〔邦訳『推測と反駁』p. 64〕．

(17) たとえば，Thorndike, *A History of Magic and Experimental Science*, 8 vols. (1923-58), 5 : 225 ff.: 6:71, 101, 114 を見られたい．

(18) 失敗に関して何度も繰り返しなされた説明については，Thorndike, ibid, 1 : 11, 514-15 ; 4 : 368 ; 5 : 279 を見られたい．

(19) 占星術がもっともらしさを失うようになったいくつかの理由についての鋭い説明が，Stahlman, "Astrology in Colonial America: An Extended Query," *William and Mary Quarterly* 13 (1956) : 551-63 の中でなされている．占星術がかつては魅力をもっていたことの説明としては，Thorndike,"The True Place of Astrology in the History of Science," *Isis* 46 (1955) 273-78 を見られたい．

(20) 私の *Structure of Scientific Revolutions*. pp. 66-76〔邦訳『科学革命の構造』pp. 74-86〕を参照．

(21) こうした定式化からの示唆によれば，誰の目にも明らかなカール卿の意図を保持しながらも，多少の言い替えによって彼の境界設定基準を完全に救うことができるかもしれない．〔たとえば，〕ある分野が科学であるためには，その分野における結論が，共有前提から論理的に導出可能でなければならない〔とすることによってである〕．こうした見解によっても，占星術は〔科学から〕排除されることになるが，その理由は占星術による予想がテスト不可能だったからではなく，

受け入れられている理論から導出できたのがきわめて一般的でテスト可能性のきわめて小さい予想だけだったからである．〔言い替えられた〕このような条件を満たすどの分野もパズル解きの伝統を支持するであろうから，こうした提案は明らかに有用である．ある分野が科学であるための十分条件を提示することのすぐ近くまで来ているのである．しかし少なくともこうした形のままでは，この条件は十分条件でさえない．そして必要条件でないことも確かである．たとえばこの条件では，測量術や，船や飛行機の操縦術が科学として認められることになってしまうであろう．そしてまた，分類学，歴史地質学，進化論が〔科学から〕排除されることになってしまうであろう．受け入れられている前提から論理によって導出することが完全にはできなくても，科学の結論は，正確であるとともに拘束力のあるものであり得るであろう．私の *Structure of Scientific Revolutions*, pp. 35–51〔邦訳『科学革命の構造』pp. 39–57〕，および，以下の議論を見られたい．

(22) このことによって，占星術師たちが互いに批判し合わなかったと言っているのではない．逆に，哲学に携わっている人びとやいくつかの社会科学に携わっている人びとと同じく，占星術師たちは異なる多様な学派に属し，学派間の争いはときには激しいものであった．しかしそれらの論争は，一，二の学派に使用されている特定の理論がもっともらしくないということをめぐってのものであった．〔それらの論争において〕個々の予測の失敗が果した役割はきわめて小さなものであった．Thorndike, *A History of Magic and Experimental Science*, 5:233 と比較されたい．

(23) Popper, *Conjectures and Refutations*, p. 246〔邦訳『推測と反駁』pp. 418–419〕．

(24) 私の *Structure of Scientific Revolutions*, pp. 77–87〔邦訳『科学革命の構造』pp. 87–99〕．

(25) この引用は，Popper, *Conjectures and Refutations*, p. vii〔邦訳『推測と反駁』p. xi〕からのものであり，1962年という日付が付けられた序文の中にある．初期のカール卿は，「誤りから学ぶこと」と「試行錯誤による学習」とを同一視していた．(Ibid., p. 216〔邦訳，同上書，p. 363〕) 試行錯誤〔による学習〕という定式化は，少なくとも1937年まで遡ることができるものであるが (Ibid., p. 312〔邦訳，同上書，pp. 578–579〕)，その精神においてはそれよりももっと古いものである．カール卿の「誤り (mistake)」という観念について以下で述べることのほとんどは，彼の「錯誤 (error)」という概念にも同じように当てはまる．

(26) Ibid., pp. 215 and 220〔邦訳，同上書，pp. 362–363 および pp. 370–371〕．これらの箇所でカール卿は，科学が革命を通して成長するという彼のテーゼに関する概説および例証を行なっている．彼はその過程において，「誤り」という用

語と，時代遅れの科学理論という名称とを並置するようなことはしていない．彼の健全な時代感覚がそうした粗雑な時代錯誤を許さなかったためであろう．しかしカール卿のレトリックの時代錯誤は基本的なものである．そのことは，我々の間のより実質的な相違を解明する鍵を幾度となく提供する．時代遅れの理論が誤りであるとはしていないとすれば，カール卿の序文の冒頭の文章（Ibid., p. vii〔邦訳，同上書，p. xi〕の「自らの誤りから学ぶ」とか，「自らの問題をしばしば誤った仕方で解こうとする試み」とか，「我々の誤りを発見するのに役立つであろうようなテスト」といった文章）と，「科学的知識の成長は，……科学理論を次々とくつがえし，より良い，より満足できる理論で置き換えること〔にある〕」という見解（Ibid., p. 215〔邦訳，同上書，pp. 362–363〕）とを調和させる道がないことになる．

(27)　I. Lakatos, "Proofs and Refutations," *British Journal for the Philosophy of Science* 14 (1963–64): 1–25, 120–39, 221–43, 296–342.〔訳注2〕

(28)　Popper, *Logic of Scientific Discovery*, p. 50〔邦訳『科学的発見の論理』上巻，p. 60〕.

(29)　私の論点はいくらか異なっているけれども，私がこうした問題に取り組むことの必要性を認めるようになったのは，C. G. ヘンペルが行なっている次のような批判を通してである．すなわちヘンペルは，カール卿が相対的反証ではなく絶対的反証を信じているというように誤解している人びとを批判しているのである．Hempel, *Aspects of Scientific Explanation* (1965), p. 45〔邦訳『科学的説明の諸問題』長坂源一郎訳，岩波書店，1973〕を見られたい．また私は，ヘンペル教授がこの論文を草稿段階で読んで下さり詳細で鋭い批判を加えて下さったことにも感謝したい．

(30)　Popper, *Logic of Scientific Discovery*, p. 31〔邦訳『科学的発見の論理』上巻，p. 35〕.

(31)　*Ibid.*, p. 53–54〔邦訳，同上書，p. 65〕.

(32)　Popper, *Conjectures and Refutations*, p. 233–35〔邦訳『推測と反駁』p. 394–399〕．また，これらの最終のページの終りの所での，二つの理論の相対的な真理近似性についてのカール卿の比較は，「背景知識に何らの革命的変化もないこと」に依存していることに注意されたい．この仮定に関して彼は他のどこでも論じてはいないが，その仮定は革命による科学変化という彼の考え方とは調和させにくいものである．

(33)　Braithwaite, *Scientific Explanation* (1953), pp. 50–87, 特に p. 76, および，私の *Structure of Scientific Revolution*, pp. 97–101〔邦訳『科学革命の構造』pp. 110–115〕.

(34)　生物属の成員間の類似はここでは学習された関係であるが，学ばないでも知っている関係であるということに注意されたい．「欧米人にとっては，すべての

中国人が同じように見える」という古いことわざを熟考していただきたい．このことわざの例は，ここで導入した単純化のうちで最も徹底的なものを際立たせている．より十分な議論のためには，生物属の間のより高次なレベルにおける類似関係についての属の階層性を考慮に入れなければならない．

(35)　こうした経験は，「ハクチョウ」というカテゴリーや「ガチョウ」というカテゴリーの廃棄を必要ならしめるようなものではないであろう．しかしそれは，それらのカテゴリーの間に恣意的な境界線を導入することを必要ならしめるだろう．〔そしてまた，〕「ハクチョウ」や「ガチョウ」という属はもはや生物分類における属科ではないことになろう．新たに発見されたハクチョウに似た鳥の特徴については，ガチョウにも当てはまらないようなものは，何も結論を下せはしないであろう．生物分類における属の成員か否かが認知できるような内容をもつためには，属の間に知覚的な空隙が不可欠である．

(36)　何らかのそうした定義が不自然であることのさらなる証拠は，次のような問いを考えることによって与えられる．ハクチョウを定義づける特徴として「白いということ」を含めるべきなのだろうか．もしそうだとすれば，「すべてのハクチョウは白い」という一般化は経験によって左右されるようなものではないことになる．しかし「白いということ」を定義から排除するならば，「白いということ」の代わりとなるような他の何らかの特徴を定義に含めなければならない．どの特徴を定義の一部とすべきなのかとか，どの特徴が一般法則の言明に利用可能であるのかということに関する決定は，しばしば恣意的である．しかも，そうした決定が実際になされることは滅多にない．知識は普通そのような仕方では明確にされない．

(37)　定義のこうした不完全性は，しばしば「開かれた構造」とか「意味の曖昧性」と呼ばれている．しかしそうした語句は，決定的に歪んでいるように思われる．おそらく定義は不完全なものなのである．しかし意味には何も誤りはない．それが意味の振舞い方なのである．

(38)　D. Hawkins, review of *Structure of Scientific Revolutions* in *American Journal of Physics* 31 (1963): 534–55.

(39)　Kuhn, "The Role of Measurement in the Development of Physical Science," *Isis* 49 (1958): 161–93 を参照のこと．

(40)　cf. Kuhn, *Structure of Scientific Revolutions*, pp. 102–8〔邦訳『科学革命の構造』pp. 116–122〕を参照のこと．

(41)　Ibid., pp. 161–69〔邦訳，同上書，pp. 181–191〕．

(42)　Popper, *Logic of Scientific Discovery*, p. 22, pp. 31–32, p. 46〔邦訳『科学的発見の論理』上巻，pp. 23–24, pp. 35–36, pp. 56–57〕，および，Popper, *Conjectures and Refutations*, p. 52〔邦訳『推測と反駁』p. 89〕．

(43)　Popper, *Conjectures and Refutations*, p. 51〔邦訳『推測と反駁』pp.

87-88〕（強調は原文による）.

〔訳注1〕 1965年7月13日にロンドンで「批判と知識の成長について」という題で開かれたシンポジウムのことである．そのシンポジウムでの報告を基礎とした論文集が，I. Lakatos and A. Musgrave. eds., *Criticism and the Growth of Knowledge* (Cambridge, 1970)（邦訳『批判と知識の成長』森博監訳，木鐸社，1985）である．

〔訳注2〕 ラカトシュの死後に，これらの論文を含む単行本 I. Lakatos, *Proofs and Refutations* (Cambridge U. P., 1976)〔邦訳『数学的発見の論理』佐々木力訳，共立出版，1980〕が，J. ウォラル (J. Worral) と E. ザハール (E. Zahar) の編集によって出版されている．

第12章　パラダイム再考

* 初出掲載は，*The Structure of Scientific Theories*, ed. Frederick Suppe (Urbana: University of Illinois Press, 1974), pp. 459-82.

(1) 私のこの本に対する誤解の他の問題や源泉については，*Criticism and the Growth of Knowledge*, ed., I. Lakatos and A. Musgrave (Cambridge: Cambridge University Press, 1970)〔邦訳『批判と知識の成長』森博監訳，木鐸社，1985〕の中の私の論文 "Logic of Discovery or Psychology of Research"〔邦訳「発見の論理か探究の心理か」，本書第2巻に収録〕の中で論じられている．"Response to Critics" を増補した論文〔訳注1〕も収録されているこの本は，1965年7月にベッドフォード大学で開催された科学哲学国際コロキウムの議事録の第四巻にあたるものである．『科学革命の構造』の1962年に出版された初版 (Chicago: University of Chicago Press, 1962) に対する批判的反応についてのより簡潔でよりバランスの取れた議論〔である "Response to Critics"「補章一, 1969年」，中山茂訳前掲書，pp. 197-242〕は，『科学革命の構造』の邦訳書のために準備したものである．それの英語版は，その後で〔訳注2〕アメリカで出版された第2版の中に収録されている．この注の中で挙げたこれらの論文はいくつかの箇所で，本論文では取り扱っていない事柄を論じている．たとえば，本論文で展開された考えと，共約不可能性や革命といった概念との関係が明確にされている．

(2) この問題に関して最も考えぬかれた，そして，徹底して否定的な説明としては，Dudley Shapere, "The Structure of Scientific Revolutions", *Philosophical Review* 73 (1964): 383-94 がある．

(3) Margaret Masterman "The Nature of a Paradigm", in *Criticism*

and the Growth of Knowledge, ed. I. Lakatos and A. Musgrave〔中山伸樹訳「パラダイムの本質」『批判と知識の成長』木鐸社，1985年．pp. 87-130〕．本文中の括弧内のページ数は，『科学革命の構造』のページ数である．

(4) これらの帰結のうちで最も損害を与えているのは，個別科学の発達に関して初期と後期を区別するときに私が「パラダイム」という用語を用いていることから生じるものである．『科学革命の構造』の中で「プレ・パラダイム期」と呼んでいる期間には，科学に実際に携わっている人びとは多数の競合学派に分かれ，それぞれの学派が同一の主題に対する自らの能力を主張し合いながらまったく異なる仕方でその主題にアプローチしている．こうした発達段階に続いて，普通は何らかの卓越した科学的業績からの余波を受けて，すべての学派あるいはほとんどの学派の消滅によって特徴づけられるいわゆるポスト・パラダイム期への相対的にすみやかな移行がなされる．そうした変化によって，残った科学者集団の成員はそれ以前よりはるかに強力な専門職業的行動を取ることが可能になる．私は今でもなおそうした発達パターンが典型的であり重要であると考えているが，しかしそのこと自体はパラダイムがもたらした第一の効用とは無関係に議論できる．パラダイムがどのようなものであるにせよ，それはプレ・パラダイム期のいくつかの学派を含む，何らかの科学者集団によって所有されているものである．私がその点をはっきりと見てとることができなかったために，パラダイムとはカリスマのようにそれにかぶれている人びとを変容させる半ば神秘的な存在あるいは性質であると思わせてしまったのである．変容は起るのだが，しかしそれはパラダイムの獲得によって引き起されるのではない．

(5) W. O. Hagstrom, *The Scientific Community* (New York: Basic Books, 1965), chaps. 4 and 5; D. J. Price and D. de B. Beaver, "Collaboration in an Invisible College," *American Psychologist* 21 (1966): 1011-18; Diana Crane, "Social Structure in a Group of Scientists: A Test of the 'Invisible College' Hypothesis," *American Sociological Review* 34 (1969): 335-52; N. C. Mullins, "Social Networks among Biological Scientists," (Ph. D. thesis, Harvard University, 1966), and "The Development of a Scientific Specialty," *Minerva* 10 (1972): 51-82.

(6) インタビューやアンケート調査といったテクニックを通常は利用することができない歴史家にとって，共有されている資料が，科学者集団の構造を解明するための最も重要なカギをしばしば提供する．そういうことが，ニュートンの *Principia*〔邦訳，「自然哲学の数学的原理」河辺六男訳，中央公論社，世界の名著第26巻『ニュートン』，1971年〕のような広く読まれている著作を，『科学革命の構造』の中であんなにもしばしばパラダイムとして言及している理由の一つである．今なら私は，集団の専門母体 disciplinary matrix における諸要素の特に重要な源泉としてそれらを記述するであろう．

(7) E. Garfield, *The Use of Citation Data in writing the History of Science* (Philadelphia: Institute for Scientific Information, 1964): M. M. Kessler, "Comparison of the Results of Bibliographic Coupling and Analytic Subject Indexing," *American Documentation* 16 (1965): 223- 33 ; D. J. Price, "Net-works of Scientific Papers," *Science* 149 (1965): 510-15.

(8) 私の *Structure of Scientific Revolutions*, pp. 38-42〔中山茂訳前掲書, pp. 43-47〕を見られたい.

(9) 原子，場，あるいは遠隔作用力などをモデルという項目に含めることを普通はしない．しかし目下のところ，そのように用法を拡張しても別にさしつかえはないと思う．科学者集団の関与の度合いは，発見法的なモデルの場合と形而上学的なモデルの場合とでは明らかに異なる．しかしモデルの認識機能の本質は同じであるように思われる．

(10) この困難は，ニュートン力学の法則を，たとえばラグランジアンを用いた形式やハミルトニアンを用いた形式で述べることによって回避することはできない．逆に，そのような形での定式化は，ニュートンによる定式化とは違って，法則というよりも法則の下書きであるということは明白である．ハミルトンの〔運動〕方程式やラグランジュの〔運動〕方程式から出発するならば，手近な個々の問題を解くためにはハミルトニアンやラグランジアンをやはり個別的に書き下ろさなくてはならない．しかしながら，それらの定式化の決定的な利点は，個々の問題に適した定式化を個別的に同定することがそれによって以前よりもはるかに簡単になるということにあることを注意されたい．それゆえそれらの定式化は，ニュートンの定式化と対比して，通常の科学発達の方向を典型的に例示するものなのである．

(11) この論文を口頭発表した後に，前の段落で述べた二つの問いを省略するならば，この点や以下の点において混乱を引き起す源泉を導き入れることになるということに気づいた．通常の哲学的用法では，対応規則とは，単語を他の単語と結合するだけのものにすぎず，単語を自然と結合するものではない．それゆえ理論的な用語は，前もって意味を与えられた基本的語彙とそれらとを結びつける対応規則を通じて，意味を獲得することになる．自然と直接に結びついているのは基本的語彙だけである．私の議論は，部分的にはこうした標準的な見解に向けられたものであり，それゆえ何らの問題も引き起すはずがない．理論的な用語と基本的語彙との区別は現在のような形式では役に立たないであろう．というのも多くの理論的な用語は，基本的な用語と同じ仕方で——それがどのような仕方であるにせよ——自然と結びついていることを示すことができるからである．しかし私はさらに，理論的な用語にせよ，基本的語彙にせよ，「直接的な結びつき」ということがどのように機能しているのかということを探究したいと思っている．

その過程で私は，次のようなしばしば暗黙裡に仮定されている前提を攻撃するつもりである．その前提とは，基本的な用語を正しく用いる仕方を知っている人は誰でも，そうした用語を規定する一群の基準，あるいは，そうした用語の適用を支配している必要十分条件を提供する一群の基準を，意識的にしろ無意識的にしろ，利用できるという前提である．基準によるそうした結びつけの様式に対して「対応規則」という用語をここでは用いているが，これは通常の用法には反している．用法のこうした拡張に対する私の弁解は，対応規則に対する明確な信頼と，基準に対する暗黙の信頼のどちらも，同じ手続きへと導くとともに同じような仕方で注意を誤った方向に向けさせるものである，という私の信念である．どちらへの信頼も，言語使用を，実際にそうであるよりもずっと規約的な問題であるように思わせてしまう．その結果としてそれらは．日常言語あるいは科学言語を習得する人が，そのことと同時にどの程度まで，自然に関する事柄を学ぶのかということ——言語的一般化の中ではそれら自体は具体的には表現されていない——を隠蔽するものとなっているのである．

(12)　私の *Structure of Scientific Revolutions*, pp. 48–57〔中山茂訳前掲書，pp. 48–57〕を見られたい．

(13)　科学哲学者たちが言語と自然のつながりに対していかにほとんど注意を払ってこなかったかということは目立つことであると私は思う．確かに，形式主義者の活動がもつ認識上の力は，言語と自然のつながりを問題としないことが可能か否かに依存している．科学哲学者たちが言語と自然のつながりを無視してきた一つの理由は，感覚所与言語から基本的語彙への移行によっていかに多くのものが認識論的視点から見て失われるのかに気づいていないということによるのではないか，と私は思う．感覚所与言語に見込みがあると思われていた間は，定義や対応規則が特別な注意を引くことはなかった．「そこにある緑色の布切れ」という言明は，さらなる操作的明確化をほとんど必要としなかった．しかしながら「ベンゼンが 80 度で沸騰する」という言明はそれとはたいへんに異なる種類の言明である．そのうえ私が以下で示唆しているように，形式主義者たちは科学理論の形式的要素の明晰性や構造を改良する仕事と科学知識を分析するというそれとはまったく異なる仕事をしばしばごっちゃにしているが，後者だけが現在関心を向けている問題を引き起すのである．ハミルトンはニュートン力学に関してニュートンが行なったよりも優れた定式化を生み出したが，科学哲学者はさらなる形式化によって一層の改良を成し遂げようと希望するであろう．しかしそうした科学哲学者も，自らが改良を施した理論が元と同一の理論であるということや，理論のどの改良版もその形式的要素に関して元の理論それ自身と同一の外延をもつということを当然のこととは考えてはならない．完成されたフォーマリズムは，改良されるべきフォーマリズムを用いている科学者集団によって展開された知識を説明するものに結果的に ipso facto なっているという前提の典型例としては，

Patrick Suppes, "The Desirability of Formalization in Science", *Journal of Philosophy* 65 (1968): 651–64 を見られたい．

(14)　より人為的ではない例においてはいくつかの記号的一般化を同時に取り扱うことが求められよう．それゆえ，ここで利用できるよりももっと大きなスペースが必要となろう．しかし，法則や定義として保持されている記号的一般化がもたらす効果の差異を示すような歴史的事例を見出すことは困難ではない（*Structure of Scientific Revolutions*, pp. 129–34〔中山茂訳前掲書，pp. 146–152〕におけるドルトンとプルースト＝ベルトレの論争に関する議論を見られたい）．また現在の例が歴史的基礎を欠いているわけでもない．オームは電圧を電流で割ることによって抵抗を測定した．それゆえ彼の法則は，抵抗の定義の一部を提供したものであった．オームの法則が特になかなか受け入れられなかった理由の一つは，オームの法則がオームの研究以前に受け入れられていた抵抗概念と両立しないものだったということである（オームが無視されたということは，革新への抵抗に関して科学史が提供する最も有名な例である）．オームの法則が電気に関する諸概念の再定義を要請するものであったからこそ，オームの法則を同化することが電気理論における革命を生み出したのである（この話のいくつかの部分に関しては，T. M. Brown, "The Electric Current in Early Nineteenth-Century Electricity", *Historical Studies in the Physical Sciences* 1 (1969): 61–103 や，M. L. Schagrin, "Resistance to Ohm's Law", *American Journal of Physics* 31 (1963): 536–47 を見られたい）．それまで半ば分析的なものとみなされてきた記号的一般化の修正を，科学革命は要求するのに対して，通常の科学発達はそれを要求しないということで，両者をきわめて一般的に区別することができるのではないかと私は思っている．アインシュタインは，同時性の相対性を発見したのだろうか，あるいは，同時性という用語に対してそれ以前に与えられていた同語反復的な含意を破壊したのだろうか．

(15)　この例に関しては，René Dugas, *A History of Mechanics*, trans. J. R. Maddox (Neuchâtel: Éditions du Griffon and New York: Central Book Co., 1955), pp. 135–136, 186–93 や，Daniel Bernoulli, *Hydrodynamica, sive de viribus et motibus fluidorum, commentarii opus academicum* (Strasbourg: J. R. Dulseckeri, 1738), sec. 3 を見られたい．一つの問題の解を他の問題の解にならって作ることによって力学が18世紀の前半に進歩した度合いに関しては，Clifford Truesdell, "Reactions of Late Baroque Mechanics to Success, Conjecture, Error, and Failure in Newton's *Principia*", *Texas Quarterly* 10 (1967): 238–58 を見られたい．

(16)　当然のことながら，標準例としての「パラダイム」という意味が，パラダイムという用語の選択へと私を導いたのである．残念なことに，『科学革命の構造』の読者のほとんどは，私にとってパラダイムという用語の中心的な機能であった

ものを見過ごし，私が今では「専門母体」という用語で示唆していることに近い意味でパラダイムを用いる．「パラダイム」という用語に関してその元来の用法，すなわち，いやしくも言語学的に見て適切な唯一の用法を取り戻す可能性は私にはほとんどないように思える．

(17)　模範例（そしてまたモデル）は，〔科学者〕集団の下部構造の規定要因として記号的一般化よりもはるかにずっと有効なものであるということに注意されたい．たとえば，多くの科学者集団がシュレディンガー方程式を共有している．そして科学者集団の構成員は彼らの科学教育の比較的初期にその方程式と出会う．しかしそうした訓練が続けられ，たとえば一方の構成員が固体物理学へと，また他方の構成員が場の理論へと向かうにつれて，彼らが出会う模範例は異なることになる．その後は，彼らが疑問の余地なく共有していると言うことができるのは，解釈されたシュレディンガー方程式ではなく，未解釈のシュレディンガー方程式だけであるということになる．

(18)　私は『科学革命の構造』の中で，特にその第10章において，異なる科学者集団の成員は異なる世界に生きているのであり，科学革命とは科学者がその中で研究を行なっている世界を変化させることである，と繰り返し主張している．私は今では，異なる科学者集団の成員は同一の刺激から異なるデータを得るというように言いたい．しかしながら，そうした変更によって「異なる世界」というような語句が不適切なものになるわけではないということに注意していただきたい．日常的世界であれ，科学的世界であれ，与えられている世界は，刺激の世界ではないのである．

(19)　以下の絵に関して，私はサラ・クーンのペンと忍耐に感謝したい．

(20)　刺激を処理するこうした方法に特有な事柄はすべて，データが空虚な空間で隔絶されたいくつかのかたまりに分類できるという可能性に依存している，ということが以下で明らかになろう．空虚な空間がなければ，定義と規則を頼りとする処理戦略——すべての可能なデータの世界に対して考案された処理戦略——に取って代れるような他の方策は存在しえない．

(21)　同じ理由から，「意味の曖昧性」とか「概念の開かれた構造」というような語句をここでは差し控えるべきであろう．どちらの語句も，不完全さを，すなわち，後で与えられる何かが欠けているということを，暗に意味している．しかしながらそうした意味での不完全さを生みだすものは，すべての可能なデータを含む世界において，単語や語句の適用可能性に対する必要十分条件を我々がもっていることを要求する規範だけなのである．いくつかのデータが登場することが絶対にないような世界では，そのような基準は不必要である．

(22)　「すべてのハクチョウは白い」に対するジョニーの関与は，ハクチョウに関する法則に対する関与であるか，ハクチョウについての（部分的な）定義に対する関与であるかのどちらかであろう，ということに注意されたい．すなわち彼は

その一般化を，分析的なものか，総合的なものかのどちらかとして受け取るであろう．先に注（14）で示唆したように，この違いは重要である．色以外の点ではハクチョウときわめて似ている黒い水鳥にジョニーが次に出会うとすれば特にそうである．観察から直接に引き出された諸法則は少しずつ訂正することが可能であるが，定義はそうすることが一般に不可能である．

〔訳注1〕これは "Reflections on my Critics" in *Criticism and the Growth of Knowledge*〔立花希一訳「私の批判者たちに関する考察」『批判と知識の成長』木鐸社，1985年〕のことである．

〔訳注2〕邦訳書の出版は1971年であり，英語版第2版が出版された1970年よりも実際には後であるが，邦訳書の「訳者あとがき」によれば日本語訳の完成は1969年であるので，ここでクーンはこのように書いているものと思われる．

第13章　客観性，価値判断，理論選択

＊　1973年にファーマン大学で行なわれたマシェット講義の未発表論文

(1)　*The Structure of Scientific Revolutions*, 2d ed. (Chicago, 1970), pp. 148, 151-52, 159〔邦訳『科学革命の構造』p. 167, p, 171-172, p. 179〕．これらの断片的文章が取り出されてきたすべての段落は，1962年に出版された第1版においても同じ形になっている．

(2)　Ibid., p. 170〔邦訳，同上書，p.192〕．

(3)　Imre Lakatos, "Falsification and the Methodology of Scientific Research Programmes", in I. Lakatos and A. Musgrave, eds., *Criticism and the Growth of Knowledge* (Cambridge, 1970), pp. 91-195〔中山伸樹訳「反証と科学的研究プログラムの方法論」『批判と知識の成長』pp. 131-278〕．ここに引用した句は，同書の253頁のものであり，原書ではイタリック体になっている．

(4)　Dudley Shapere, "Meaning and Scientific Change", in R. G. Colodny, ed., *Mind and Cosmos: Essays in Contemporary Science and Philosophy*, University of Pittsburgh Series in the Philosophy of Science, vol. 3 (Pittsburgh, 1966), pp. 41-85. 引用は，67頁からのものである．

(5)　Israel Scheffler, *Science and Subjectivity* (Indianapolis, 1967), p.81.

(6)　多産性というこの最後の基準は，これまでなされてきたよりももっと強調するに値する．二つの理論のどちらかを選択しようとしている科学者は，自らの決断が自分の将来の研究経歴に関係することを通常は知っている．当然のことながら科学者は，通常はそれに対する報酬を受け取れる具体的な成功を約束してくれ

る理論の方に特に強くひきつけられる.

(7) Scheffler の *Science and Subjectivity* の第4章が，こうした立場をきわめて明確に表した具体例と言えよう.

(8) 集団が小さければランダムなゆらぎのためにその集団の成員が共有する一群の価値は変則的なものとなりがちになり，その集団の成員がなす選択は，より大きくより代表的な集団によってなされる選択とは異なったものになる，というようなことがより起り得るであろう．知的環境，イデオロギー的環境，経済的環境といった外的な環境は，〔科学者集団を一部として含む〕より大きな集団の価値体系に体系的な影響を与えるに違いない．その結果として，〔科学活動に対して〕非友好的な価値をもった社会の中へ科学活動を導入することに困難がもたらされ得る．あるいは，科学の営みがかつては盛んであった社会の中へ科学の営みの終了がもたらされることさえあるであろう．しかしこうした領域においては，大いに注意することが必要である．科学が営まれる環境の変化は，研究に実り豊かな影響を与える場合もある．たとえば科学史家たちはしばしば国家環境の違いに訴えて，イギリスにおけるダーウィン主義やドイツにおけるエネルギー保存則などの場合のように，なぜある特定の革新がある特定の国で開始され〔他の国と比べて〕不釣合いなほどその国の中で追究され始めたのかの説明を行なう.〔ただし,〕現在のところ我々は，科学のような活動が盛んになるための社会環境の最低限の必要条件について実質的には何も知らないのである.

第14章　科学と芸術の関係について

* 初出掲載は，*Comparative Studies in Society and History*, 11 (1969), pp. 403–12.

著者略歴

(Thomas S. Kuhn, 1922–1996)

1922年，アメリカのオハイオ州でドイツ系ユダヤ人の土木技師の子として生れる．ハーバード大学で物理学を学び，1949年Ph. D. を得る．ハーバード大学，カリフォルニア大学，プリンストン大学で教えた後，1979年からマサチューセッツ工科大学（MIT）科学史・科学哲学教授．著書には本書のほか『コペルニクス革命』(1957，邦訳：常石敬一訳，講談社学術文庫，1989)『科学革命の構造』(初版1962，第2版1970，邦訳：中山茂訳，みすず書房，1971)『量子物理学史資料』(1967)『黒体理論と量子論的不連続性1894–1912』(1978)『構造以来の道』(2000，邦訳：佐々木力訳，みすず書房，2008）などがある．1996年癌のために逝去，73歳．

訳者略歴

安孫子誠也〈あびこ・せいや〉1942年東京に生れる．1964年東京大学理学部物理学科卒業．1975年同大学院理学系研究科博士課程修了．理博．現在　聖隷クリストファー大学名誉教授．著書『歴史をたどる物理学』(東京数学社，1981)『エントロピーとエネルギー』(大月書店，1983)『エントロピーとは何だろうか』(共著，岩波書店，1985)．訳書　プリゴジン『存在から発展へ』(共訳，みすず書房，1984)『確実性の終焉』(共訳，みすず書房，1997）ニコリス，プリゴジン『複雑性の探究』(共訳，みすず書房，1993）ほか．

佐野正博〈さの・まさひろ〉1954年富山県に生れる．1976年東京大学教養学部教養学科（科学史・科学哲学分科）卒業．1983年同大学理学系研究科科学史・科学基礎論博士課程修了．現在　明治大学教授．著書『制度としての科学』(共著，木鐸社，1989)『科学における論争・発見』(共著，木鐸社，1989)『認識・知識・意識』(共著，創風社，1992)『日本における原子力発電のあゆみとフクシマ』(共著，晃洋書房，2018)．訳書　A. F. チャルマーズ『科学論の展開』(共訳，恒星社厚生閣，1985）J. パワーズ『思想としての物理学』(共訳，青土社，1990）ほか．

トーマス・S・クーン
科学革命における本質的緊張
安孫子誠也・佐野正博 訳

1998年10月20日　初　版第1刷発行
2018年12月7日　新装版第1刷発行

発行所　株式会社　みすず書房
〒113-0033　東京都文京区本郷2丁目20-7
電話　03-3814-0131(営業)　03-3815-9181(編集)
www.msz.co.jp

本文印刷所　理想社
扉・表紙・カバー印刷所　リヒトプランニング
製本所　松岳社
装丁　安藤剛史

ISBN 978-4-622-08779-3
[かがくかくめいにおけるほんしつてききんちょう]